AF809821

Strobel

Die Galater

Band 1

Karl Strobel

Die Galater

Geschichte und Eigenart
der keltischen Staatenbildung auf
dem Boden des hellenistischen Kleinasien

Band 1

Untersuchungen zur Geschichte
und historischen Geographie
des hellenistischen
und römischen Kleinasien I

Akademie Verlag

Die Deutsche Bibliothek – CIP-Einheitsaufnahme

Strobel, Karl:
Die Galater : Geschichte und Eigenart der keltischen Staatenbildung auf dem Boden des hellenistischen Kleinasien / Karl Strobel. – Berlin : Akad. Verl.
ISBN 3-05-003044-5
Bd. 1. Untersuchungen zur Geschichte und historischen Geographie des hellenistischen und römischen Kleinasien. – 1. – 1996
ISBN 3-05-002543-3

© Akademie Verlag GmbH, Berlin 1996
Der Akademie Verlag ist ein Unternehmen der VCH-Verlagsgruppe.

Gedruckt auf chlorfrei gebleichtem Papier.
Das eingesetzte Papier entspricht der amerikanischen Norm ANSI Z.39.48 – 1984 bzw. der europäischen Norm ISO TC 46.
Printed on non-acid paper.
The Paper used corresponds to both the U. S. standdard ANSI Z.39.48 – 1984 and the European standard ISO TC 46.

Alle Rechte, insbesondere die der Übersetzung in andere Sprachen, vorbehalten. Kein Teil dieses Buches darf ohne schriftliche Genehmigung des Verlages in irgendeiner Form – durch Photokopie, Mikroverfilmung oder irgendein anderes Verfahren – reproduziert oder in eine von Maschinen, insbesondere von Datenverarbeitungsmaschinen, verwendbare Sprache übertragen oder übersetzt werden.
All rights reserved (including those of translation into other languages). No part of this book may be reproduced in any form – by photoprinting, microfilm, or any other means – nor transmitted or translated into a machine language without written permission from the publishers.

Satz: Dörlemann-Satz, Lemförde
Druck und Bindung: Druckhaus „Thomas Müntzer", Bad Langensalza
Einbandgestaltung: Hans Herschelmann

Printed in the Federal Republic of Germany

Inhaltsverzeichnis
Band 1

Vorwort

Betrachten wir die Ausführungen in den Klassischen Altertumswissenschaften und ihre Teildisziplinen, ebenso aber auch die sehr beschränkte Berücksichtigung der kleinasiatischen Galater in der eigentlichen Keltenforschung, so wird das Auftreten der Kelten respektive der Galater im Osten des Mittelmeerraumes in traditioneller Weise - häufig unter Fortführung der antiken Topik in Literatur und Bildsprache wie auch der charakteristischen Züge des antiken Kulturmodells für barbarische Völker (oder neutraler gesagt für Randvölker)[1] - als Einbruch von Barbarenstämmen in die hellenische bzw. hellenisierte Kulturwelt und in Kleinasien als eine vermeintlich permanente Bedrohung von Frieden und Stabilität gezeichnet. Von der Form des in den Galatern verkörperten Keltentums oder von dem Prozeß einer Volkswerdung wird demgegenüber kaum eine Vorstellung entwickelt, obwohl dies für das Verständnis der Landnahme und Stammesexistenz in Kleinasien nach den zahlreichen Parallelen der Völkerwanderungszeit, aber auch nach den heute sichtbaren differenzierten Prozessen der Bewegungen innerhalb des keltischen Raumes selbst oder der Etablierung von Latène-Keltengruppen im nördlichen Italien wie auf dem Balkan von grundsätzlicher Bedeutung sein muß. Eine Einordnung in die dynamischen Prozesse der keltischen Migrationsphase des 4. und 3. Jh. ist nur oberflächlich, so in der durchgängigen, undifferenzierten Bewertung als Wanderbewegungen, oder in der Form knapper stereotyper Hinweise erfolgt. Ebenso wird der zielgerichtete, propagandistische Charakter des im Rahmen der Ideologie des Kelten- respektive Galatersiege(r)s aufgebauten und politisch funktionalisierten Barbarenbildes ungenügend wahrgenommen, ja dieses Bild ist zum Ausgangspunkt für die Betrachtung der historischen Vorgänge und

1 Vgl. allgemein K.E. Müller, Geschichte der antiken Ethnographie und ethnologischen Theoriebildung von den Anfängen bis auf die byzantinischen Historiographen I, Wiesbaden 1972, bes. 53ff.; auch S. Schmal, Feindbilder bei den frühen Griechen. Untersuchungen zur Entwicklung von Fremdenbildern und Identitäten in der griechischen Literatur von Homer bis Aristophanes, Frankfurt u. a. 1995.

sogar für die bisherige Einschätzung des wenigen archäologischen Materials geworden. Dies gilt in besonderer Weise für die Sicht der Auseinandersetzungen zwischen den pergamenischen Königen und den kleinasiatischen Galatern, deren ideologische und ikonographische Umsetzung in den Werken der pergamenischen Kunst bis in die Gegenwart allgemein prägend wirkt. Die Frage, welches die Voraussetzungen, welches die durch die Politik, die Konflikte wie die machtpolitischen Situationen der zeitgenössischen hellenistischen Mächte selbst geschaffenen Bedingungen waren, die das Auftreten der Kelten im östlichen Mittelmeer erst ermöglicht, ja die Errichtung von keltischen Stammesstaaten in Zentralanatolien durch nur sehr kleine keltische Bevölkerungsgruppen erst initiiert und dauerhaft gemacht haben, tritt hinter das überlieferte Galaterbild, hinter das traditionelle Bild des »galatischen Barbaren«, zurück.

Ein weiteres grundsätzliches Problem ist es, daß die archäologische Erforschung selbst in dem Bereich der surveymäßigen Feldforschungen für Zentralanatolien in hellenistischer Zeit, im Grunde aber auch für die anderen Epochen noch völlig ungenügend ist und hier durch den raschen Ausbau des Landes wie die modernisierten Methoden illegaler Grabungstätigkeit große Gefahren für eine rechtzeitige, ausreichende Erfassung des Materials drohen. Es war bisher nicht möglich, ein auch nur annähernd fundiertes Bild der historischen Geographie und Topographie wie der Kultur der Galaterterritorien in vorrömischer Zeit zu zeichnen, von der völlig unzureichenden Kenntnis der ländlichen Besiedlung der hellenistischen wie auch der römischen Zeit einmal ganz abgesehen. Auch ist die grundsätzliche Frage zu stellen, ob wir von den Galatern im hellenistischen Kleinasien eine keltische Kultur im Sinne der Stil- und Formenwelt der Latènekultur Europas erwarten dürfen oder ob die Identität ihres Kelten- bzw. Galatertums von diesen traditionellen Identifikationskriterien des Keltentums im archäologischen Material zu trennen ist. Es ist zu fragen, welche Elemente der Zivilisation keltischer Völker des europäischen Raumes in den kleinasiatischen Befunden zu erkennen sind und welche Prozesse der Kulturation, der Weitergabe, Entwicklung und Veränderung von sozialen und kulturellen Konventionen hier abliefen[2], während wir über mehr als 800 Jahre eine nach innen wie nach außen wirksame, aber erst in der 1. Hälfte des 3. Jh. v. Chr. neu geschaffene, ethnisch definierte und in der Bewahrung der Sprache dokumentierte galatische Identität beobachten können. Hier wird ein für das Verständnis des Keltentums und der keltischen Expansion in historischer Zeit grundsätzliches Problem angesprochen, das Verhältnis zwischen Keltisierung und Latènisierung[3], zwischen ethnographischem und sprachwissenschaftlichem Kom-

2 Vgl. K. Frerichs, Begriffsbildung und Begriffsanwendung in der Vor- und Frühgeschichte, Frankfurt a.M. 1981.

3 V. Kruta, Les Celtes, Paris 1978, 26ff. versuchte Latènisierung in einem allgemeineren Sinne als Ausbreitung einer aristokratischen Kultur mit längerem Eisenschwert und mit zweiräderigem (Kriegs-)Wagen zu definieren. Doch eine solche soziale Stratifizierung

plex respektive ethnischer Selbst- und Fremdzuordnung einerseits und spezifischem Formgut der Latènekultur andererseits[4].

Das zentrale Anliegen des von mir verfolgten Forschungsvorhabens zu Geschichte, Geographie, ethnisch-kultureller Formung und historischer Stellung der Galater in Kleinasien sowie im weiteren Rahmen des östlichen Mittelmeerraumes ist es, die traditionellen Sichtweisen und Bewertungen wie die in ihnen wirksamen antiken Bilder und Topoi zu hinterfragen und die eigenständigen Perspektiven dieses historischen Phänomens innerhalb der hellenistischen Staatenwelt nachzuzeichnen. Die beiden Bände meiner monographischen Darstellung „Die Galater. Geschichte und Eigenart der keltischen Staatenbildung auf dem Boden des hellenistischen Kleinasien", deren erster hier vorgelegt wird, sind der Versuch, diesem Ziel

---

reicht viel weiter und differenzierter zurück; ein deutliches Aufsteigen sozialer, hierarchisierter Eliten ist seit der ausgehenden Spätbronzezeit festzustellen, wenn auch mit verschiedenen Entwicklungsbrüchen bzw. Brüchen in dem für uns allein faßbaren, materiell dokumentierten Ritualen und Verhaltensmustern. Auch ist eine Aussage über die Natur des Wagens, den wir seit der Übergangsphase der Spätbronzezeit zur frühen Urnenfelderzeit als Grabbeigabe der herausgehobenen sozialen Spitzengruppe der »Wagenfahrer« finden (in HaC mit deutlichem Schwerpunkt im östlichen Teil der zentralen Hallstattzone), in den Fällen problematisch, in denen im Gegensatz zu den vierräderigen Zeremonialwagen oder deren Teilen nur Trensen bzw. Zaumzeug beigegeben wurden. Die Deutung dieser Beigaben im herausgehobenen Grabensemble der Hallstattzeit als Kontext von Reiterkriegern ist keineswegs sicher. Vgl. u. S. 76; W. Torbrügge, JRGZ 38, 1991, 389f.; auch die Beiträge in: Les premiers princes celtes (2000 à 750 ans avant J.-C.), Grenoble 1990. Der Sammelband wurde durch den Fund des Grabes von Saint-Romain-de Jalionas (Isère) aus dem 9./8. Jh. v. Chr. mit dem enormen Reichtum seiner Grabausstattung (Goldtorques, langes Bronzeschwert mit Holzscheide und speziellem Schwertgehänge mit Bronzeringen, Metallgefäße) veranlaßt. Es ist die Grablege eines aristokratischen Kriegsherrn, dessen Familie die Region bereits länger dominiert hatte (vgl. bes. A. Bocquet a.a.O. 30ff.; S. Verger a.a.O. 53ff.). Vgl. auch A. Daubigney (Hg.), Fonctionnement social de l'Âge du Fer, Lons-le-Saunier 1993.

4 Vgl. zum Problem von Akkulturationsphänomenen und ethnischer Kategorisierung auf der Basis archäologischen Materials auch V. Kruta, „Quali Celti?", in: Atti del II Convegno Archeologico Regionale, Como 1986, 323–330. Während sich in Norditalien keltische Bevölkerungsteile eng an südlichen Lebensstil anpassen (so keltische Grabausstattungen bei Senonen und Boier mit italischem Trinkgeschirr, Toilettenartikeln, Strigiles, Spielsteinen etc.), haben italische Bevölkerungsgruppen Bestandteile keltischer Tracht oder Bewaffnung übernommen. Im historischen Bild zeigt sich die kulturelle und politische Entwicklung von Teilen Oberitaliens nach 400 als eine vielschichtige Keltisierung, in der die ethnisch-soziale und politische Definitionsgröße der keltischen Stämme als das herrschaftsbildende Element ein ethnisch-kulturelles Mosaik zu Einheiten zusammenfaßt, sieht man von den keltischen Altsiedlungsgebieten in Nordwestitalien ab.

in der Zusammenschau der literarischen, epigraphischen und ikonographischen Quellen sowie der Aufarbeitung der historischen Landeskunde Galatiens, seiner Geographie und Topographie wie seiner archäologischen Befunde, nahezukommen. Es ist der Versuch einer Gesamtanalyse, in die nicht zuletzt die Ergebnisse der von mir in den vergangenen drei Jahren in Zentralanatolien durchgeführten Untersuchungen und Forschungsreisen eingegangen sind.

Zu analysieren ist die dauerhafte Herrschafts- und Ethnosbildung der kleinasiatischen Galater in ihrer historischen Umwelt, die Formung einer neuen, ethnisch definierten Landschaft, welche die traditionelle historisch-geographische Gliederung des antiken Kleinasien auf Dauer verändert hat. Zum anderen müssen wir das Erscheinen der Kelten im östlichen Mittelmeerraum in seiner Bedeutung für die Entwicklung und das Kräftespiel der hellenistischen Mächte nach dem Ende der Ära der Diadochen 281 v. Chr. sehen: als ein grundlegendes Moment bei der Konstituierung der hellenistischen Staatenwelt mit ihren drei großen Monarchien der Antigoniden, Seleukiden und Ptolemäer. Die Lösung von der antiken und modernen Barbarentopik, von dem Bild der Galater als der »Geisel Kleinasiens«, als von Natur aus räuberischen, unberechenbaren und wortbrüchigen Barbaren, kann eine unvoreingenommene Sicht für die Tatsache ermöglichen, daß die Galater in Kleinasien schon von Anfang an ein von ihrer hellenistischen und dann römisch dominierten Umwelt gewollter politisch-militärischer Faktor waren und daß sie in kurzer Zeit zu einem integrierten Bestandteil der politischen Welt Kleinasiens und des dortigen Beziehungsgeflechts der zeitgenössischen Groß- und Mittelmächte wurden. Hellenistische Monarchen, die einander mit keltischen Söldnern bekämpften und dies jeweils ideologisch zur Rettertat für die Hellenen vor der Barbarengefahr erhoben, diese historische Realität ist vielfach hinter die antiken propagandistischen Ansprüche und die modernen Schemata nationalen Denkens zurückgetreten. Die Konfrontation zwischen den Kelten und der hellenistischen Welt des 3. Jh. v. Chr. zeigt sich in einem politischen Mythos funktionalisiert[5], der zu einem grundlegenden ideologischen Element in der Selbstdarstellung und in den Legitimationsstrategien von monarchischer Macht und hegemonialem Anspruch wurde und dessen Schemata und Bilder bis heute das Geschichtsbild prägen.

Eine besondere Aufgabe liegt weiter in der systematischen Aufarbeitung und Erweiterung des historisch-geographischen Wissens und der archäologischen Befunde, um dem Ziel einer historischen Landeskunde Galatiens und damit eines Kernbereiches Anatoliens näherzukommen[6]. Die oft zu beobachtende Beschränkung auf die vielfach nicht in ihrem jeweiligen Kontext gesehenen Passagen aus

5 Vgl. bereits Verf., in: Forschungen in Galatien, Asia Minor Studien 12, Bonn 1994, 67–96.
6 Vgl. bereits Verf., in: Forschungen in Galatien, Asia Minor Studien 12, Bonn 1994, 29–65.

Reiseberichten oder auf ältere Beschreibungen durch Forschungsreisende kann heute nicht mehr genügen. Hier muß der Versuch unternommen werden, die naturräumlichen Gegebenheiten und Voraussetzungen, die Muster in der Veränderung der Landschaft und die Wandlungen des Raumes vor dem Einsetzen von neuzeitlichen Reise- und Forschungsberichten zu berücksichtigen. Zugleich sind derartige Aufgabenstellungen ohne eine direkte Feldforschung nicht mehr in Angriff zu nehmen. Auch verlangt der ständig fortschreitende Ausbau Zentralanatoliens, wobei man nur auf die nicht ausreichende, falls überhaupt vorhandene, archäologische Betreuung von Straßenbau- und Infrastrukturmaßnahmen, auf die Intensivierung der Bodennutzung oder den Aufschwung illegaler Grabungstätigkeit hinzuweisen braucht, dringend, die vor Ort erschließbaren Informationen vor ihrem Verlust zu bewahren. Diesen Fragestellungen konnte der Verfasser 1993–1995 bei mehreren Reisen in den verschiedenen Teilen des hellenistischen Galatien nachgehen. Dabei ist es in einem erheblichen Umfange gelungen, die Grundlagen der historisch-politischen Geographie und Topographie Galatiens, der Territorien der galatischen Stämme und Teilstämme, zu erschließen. Die dabei festgestellten Fundkomplexe, Siedlungen, Festungen und Residenzburgen, deren Auswertung das Ziel einer Weiterführung des Forschungsvorhabens sein muß, geben zusammen mit den jüngsten Ausgrabungen in Gordion, an denen ich dank des Entgegenkommens der amerikanischen Kollegen teilhaben konnte und welche die frühhellenistischen und galaterzeitlichen Phasen dieses zentralen Ortes in einem neuen Licht erscheinen lassen, erstmals den Ansatz zu einem realeren Bild der kulturellen Entwicklung im 3. bis 1. Jh. v. Chr. Dies relativiert jene Sicht, die Prozesse der Assimilierung an die hellenistische Umwelt, das Aufgehen der Barbaren im hellenistisch-römischen Kleinasien, in den Mittelpunkt der Betrachtung stellt, und zeigt den genannten Sektor nur als Teilaspekt, ja vielfach als historisch sekundäres Phänomen, dem als primärer Prozeß die sich rasch vollziehende und für Jahrhunderte wirksame Galatisierung eines beachtlichen Teiles Zentralanatoliens durch die Landnahme einer kleinen, isolierten keltischen Fremdgruppe vorausgeht. Erst die vereinheitlichende Wirkung der byzantinischen Periode und ihrer Administration, des Griechischen als der offiziellen Kirchensprache und nicht zuletzt der kirchlichen Orthodoxie mit ihrem Kampf gegen die regional verbreiteten, nicht selten in eigenen Sprachmilieus verankerten Häresien respektive Sonderkirchen scheint dieses Phänomen zu einem Ende geführt zu haben.

Die hier angesprochenen Aspekte des Gesamtphänomens sollen - mit Ausnahme der Grundzüge einer naturräumlichen Landeskunde, die bereits im zweiten Abschnitt dieses Bandes enthalten sind - einen Schwerpunkt des vorbereiteten zweiten Bandes dieser Studie bilden. Im Zentrum dieses nachfolgenden Bandes wird die Geschichte der Eigenstaatlichkeit der Galaterstämme in Zentralanatolien stehen, die zugleich die wesentlichen Entwicklungen Kleinasiens seit 133 v. Chr. berücksichtigen wird. Schließlich wird der Übergang in die Provinzordnung sowie in die Strukturen des römischen Kleinasien zu behandeln sein. Der zweite Band soll auch die ergänzenden Karten, die ausführlichen Register und eine Dokumentation durch ausgewählte Abbildungen für beide Bände enthalten. Er wird in Kürze folgen.

Die Ausarbeitung der Studie wurde durch die Förderung im Rahmen des Heisenberg-Programms der Deutschen Forschungsgemeinschaft ermöglicht und durch die Zuerkennung des Nipperdey-Forschungsstipendiums der Fritz Thyssen Stiftung im Jahre 1993/94 wesentlich gefördert. Der Deutschen Forschungsgemeinschaft habe ich weiter für die Unterstützung bei Sachmitteln und bei den Aufenthalten in der Türkei zu danken. Herrn D. Timpe gilt mein Dank für die Einrichtung großzügiger Arbeitsmöglichkeiten am Seminar für Alte Geschichte der Universität Würzburg, wo ich auch bei zahlreichen Kolleginnen und Kollegen freundliche Unterstützung fand. Mein Aufenthalt während des akademischen Jahres 1993/94 als Member des Institute for Advanced Study in Princeton hat die Ausarbeitung der vorliegenden Monographie durch die dort gegebenen einzigartigen Bibliotheks- und Arbeitsmöglichkeiten, aber ebenso durch die außergewöhnliche Atmosphäre und den intensiven Gedankenaustausch in wesentlicher Weise gefördert. Das vorliegende Buch wird stets mit dieser Zeit am Institute for Advanced Study in Princeton verbunden bleiben. Mein Dank gilt hier der historischen Fakultät des Institute, seiner Direktion, seinem Stab und den Mitarbeitern seiner Bibliothek. Der Aufenthalt in den U.S.A. wurde mir durch die Förderung der Fritz Thyssen Stiftung und des Fulbright Programms ermöglicht.

Vorüberlegungen zu dem Projekt wurden vor längerer Zeit durch ein Gespräch mit Herrn H. Heinen, Trier, angeregt und konnten noch mit meinem verehrten Lehrer Hermann Bengtson kurz vor seinem Tode weitergeführt werden. Die ausführlichen Gespräche mit Herrn F. Gschnitzer, Heidelberg, und Herrn H. Hauptmann, jetzt Erster Direktor des DAI, Abt. Istanbul, haben den Fortgang der Arbeiten gefördert. Herrn Hauptmann gilt mein besonderer Dank für seine Unterstützung bei den Aufenthalten in der Türkei. Anregungen kamen im Laufe der Arbeit an dem Forschungsprojekt von zahlreichen Kollegen insbesondere in Würzburg und Princeton, von denen ich hier D. Timpe, G. Neumann, Chr. Habicht, G. W. Bowersock, Homer A. Thompson, Hugo Meyer sowie K. Bringmann, Frankfurt, R.R.R. Smith, New York/Oxford, und J.-L. Ferrary, Paris, besonders nennen möchte. Fruchtbar waren auch die Diskussionen im Rahmen von Kolloquien und Vorträgen an verschiedenen Universitäten und Institutionen des In- und Auslandes, so bei dem Galatien-Kolloquium der Asia Minor-Forschungsstelle Münster oder am Institute of Fine Arts in New York, um nur diese stellvertretend zu nennen. Mein Dank gilt weiter zahlreichen in der Türkei tätigen Kollegen, wobei ich die freundschaftliche Zusammenarbeit mit den Kollegen des amerikanischen Teams der Ausgrabungen in Gordion in besonderer Weise hervorheben möchte. Die freundliche Einladung des Leiters des Gordion-Projekts, Herrn K. Sams, ermöglichte mir die Teilnahme an dem dort tätigen internationalen Team. Frau

Mary Voigt hat mir auch in den U.S.A. Einblick in die neueren Befunde gewährt, Herr De Vries machte mir ältere Aufzeichnungen des University Museum in Philadelphia über die Ausgrabungen unter R.S. Young zugänglich. Auch den anderen Mitgliedern des Teams in Gordion möchte ich für die Zusammenarbeit und Unterstützung danken. Besonders nennen möchte ich hier den Geologen Ben Marsh (Bucknell University). Durch die Zusammenarbeit mit den Kollegen in Gordion ist es möglich, diese wichtigen neuen Befunde einzubeziehen. Zugleich gilt mein Dank dem Deutschen Archäologischen Institut, Abt. Istanbul, für einen gewährten längeren Forschungsaufenthalt im Jahre 1995.

Das Manuskript ist in den wesentlichen Teilen im WS 1994/95 ausgearbeitet gewesen. Durch das Entgegenkommen des Verlages war es mir möglich, die grundlegenden Ergebnisse meines jüngsten Forschungsaufenthaltes zu berücksichtigen und die Studie in einem thematisch erweiterten Rahmen als zweibändiges Werk neu zu konzipieren. Mein Dank gilt dem Akademie Verlag, Berlin, der diese Studie in sein Verlagsprogramm aufgenommen und sich auch mit der Erweiterung der Publikation zu einem zweibändigen Werk einverstanden erklärt hat. Herrn M. Karras möchte ich als verantwortlichem Lektor für die vertrauensvolle und geduldige Zusammenarbeit sowie für die Betreuung der Drucklegung meinen Dank aussprechen.

Augsburg/Würzburg, im Frühjahr 1996 Karl Strobel

I. Einführung

Spricht man außerhalb des Kreises altertumswissenschaftlicher Spezialisten und besonders interessierter Zuhörer von den Galatern, von ihrem keltischen Volkstum oder von ihrer keltischen Stammes- und Staatenbildung auf dem Boden des hellenistischen Kleinasien, so findet man nicht selten ein gewisses Maß an Überraschung. Selbst dann, wenn mit dem Galaterbegriff konkretere Vorstellungen verbunden werden, so beziehen sich diese vielfach nur auf die Existenz des Briefes des Apostels Paulus an die Galater. Die aus Heimatpflege oder lokaler archäologischer Forschung im mitteleuropäischen Raum bekannten Kelten werden in der Regel kaum mit einem Volk und der Ausbildung einer neuen historischen Region im zentralanatolischen Raum um die heutige türkische Hauptstadt Ankara in Verbindung gebracht. Ebensowenig bewußt ist die Tatsache, daß nicht nur die Geschichte des heute türkischen Kleinasien über Jahrhunderte von einer nach Sprache und Eigenidentität als Kelten verstandenen und sich so auch selbst darstellenden Volksgruppe mitgeprägt wurde, sondern daß das Auftreten der Kelten im östlichen Mittelmeerraum, auf dem Balkan, in Griechenland wie in Kleinasien, die Geschichte der hellenistischen Welt wie die endgültige Ausformung der Nachfolgestaaten des Alexanderreiches nach dem Ende der Epoche der Diadochen entscheidend mitgestaltet hat. Das Faktum, daß von den Kelten, die sich in Zentralanatolien niederließen, eine prägende und dauerhafte Wirkung auf Kleinasien ausgegangen ist und hier eine neue, nach ihnen ethnisch definierte, historisch-geographische Landschaft ausgebildet wurde, welche die traditionelle Gliederung des Raumes durch diese neue Einheit Galatiens nicht nur überlagerte, sondern auf Dauer ersetzte, hat in der Forschung nicht die eigentlich zu erwartende Aufmerksamkeit gefunden. Dabei sind derartige wichtige historische Prozesse kaum je so konkret im Spiegel eines, wenn auch bruchstückhaften Mosaiks der Quellen zu verfolgen, wie dies im Falle der Galater möglich wird. Galatien trat als geographische Einheit neben die traditionellen Landschaften wie Phrygien oder Lydien, ja erlangte in der letzten Phase seiner Eigenstaatlichkeit und dann seit 25 v. Chr. als römische Provinz eine übergeordnete Bedeutung für einen Großteil Zentralanatoliens.

Die literarischen Quellen, die uns dieses Mosaik an Informationen liefern, sind das gleiche Konvolut der historiographischen Überlieferung aus Fragmenten, nur teilweise erhaltenen Werken, überformten Traditionen und verkürzten Fassungen, die uns für die Geschichte des östlichen Mittelmeerraumes in hellenistischer Zeit insgesamt zur Verfügung stehen[1]. Es sind dies vor allem Polybios, Diodor, Pompeius Trogus in den Auszügen des Iustin und in den erhaltenen Prolegomena der einzelnen Bücher, Livius, Strabon, Plutarch, Appian, Pausanias und auch Polyainos. Einen Sonderfall der Quellenlage stellt die Lokalgeschichte von Herakleia dar, die uns in der kaiserzeitlichen Fassung des Memnon von Herakleia vorliegt, aber auch sie nur in den byzantinischen Exzepten aus B. 9–16 (364/3–47 v. Chr.) in der *Bibliothek* des Photios, des Patriarchen des 9. Jh.[2] Memnon verwendete als Haupt- bzw. einzige Quelle bis 247/6 das Geschichtswerk des Nymphis, des von ca. 310 bis in die 40er Jahre des 3. Jh. v. Chr. lebenden Historikers und politisch führenden Bürgers der Stadt Herakleia[3].

Die historiographischen Darstellungen, welche das Erscheinen der Galater in Kleinasien und ihre frühe Geschichte in diesem Raum zum eigentlichen Gegenstand hatten, sind für uns alle nur mehr in Notizen oder wenigen Fragmenten faßbar[4]. Dies gilt besonders für Demetrios von Byzanz, einen Autor des 3. Jh. v. Chr., der nach der Notiz des Diogenes Laertios 13 Bücher über den Übergang der Galater nach Asien und ein weiteres Geschichtswerk von 8 Büchern

---

1 Vgl. etwa Nachtergael 15ff.; J. Seibert, Das Zeitalter der Diadochen, Darmstadt 1983, 1ff.; H.D. Richter, Untersuchungen zur hellenistischen Historiographie. Die Vorlagen des Pompejus Trogus für die Darstellung der nachalexandrinischen Geschichte (Iust. 13–40), Frankfurt u.a. 1987; H. Bengtson, Die hellenistische Weltkultur, Stuttgart 1988, 38ff.; O. Lendle, Einführung in die griechische Geschichtsschreibung, Darmstadt 1992, 180ff.; G. Wirth, Kleines Wörterbuch des Hellenismus, Wiesbaden 1988, 205–230.

2 FGrHist 434; vermutlich 2. Jh. n. Chr. Exzerpte in Cod. 224 von Phot. bibl. (ed. P. Henry I-III, Paris 1959–1962); vgl. zu Photios' Werk sowie der Methode der Exzerpierung und Zusammenfassung K. Ziegler, RE XX 1, 1941, 667–737, bes. 684ff., 698ff. Vgl. zu Memnon F. Jacoby, FGrHist IIIb, p. 267ff., bes. 269f.; M. Janke, Untersuchungen zu Memnon von Herakleia Kap. 18–40 FGrHist 434, Diss. Würzburg 1963, bes. 1ff., 136; zur Lokalgeschichte von Herakleia R. Laqueur, RE XIII 1, 1927, 1098–1102; Jacoby a.a.O. 254ff.; S. M. Burstein, Outpost of Hellenism. The Emergence of Heraclea on the Black Sea, Berkeley u. a. 1976, 1ff.

3 FGrHist 432; vgl. FGrHist 432 T 1; R. Laqueur, RE XVII 2, 1937, 1608–1623, bes. 1619ff.; F. Jacoby, FGrHist IIIb, p. 259ff.; P. Desideri, SCO 16, 1967, 366–416; ebd. 380ff. zur Benutzung durch Apollonius Rhodius; zu der Überlieferung für die Auseinandersetzung mit den Seleukiden ders., SCO 19–20, 1970–71, 487–537; zu seiner Verbannung J. Seibert, Die politischen Verbannten und Flüchtlinge in der griechischen Geschichte, Darmstadt 1979, 515, 592.

4 Eine zusammenfassende Diskussion bei Nachtergael 49ff.

über Antiochos I., Ptolemaios II. und Magas geschrieben hatte[5]. Das Interesse an den Vorgängen um die Kelten war sicherlich durch ihre Bedeutung für die Lokalgeschichte der Stadt Byzanz bestimmt. Der jüngere Eratosthenes von Kyrene, der nicht mit dem berühmten alexandrinischen Gelehrten identisch ist, hat vermutlich im späteren 2. oder 1. Jh. v. Chr. eine *Galatiká* in mindestens 7 Büchern verfaßt[6]. Die wenigen bei Stephanos von Byzanz erhaltenen Auszüge zeigen, daß er neben dem Übergang der drei Stämme nach Kleinasien[7] auch das Vorspiel wie die weiteren Ereignisse in Thrakien[8] beschrieben haben muß. Seine Geschichte der kleinasiatischen Galater, die auch die Auseinandersetzungen zwischen Prusias I. von Bithynien und Attalos I. von Pergamon ausführlicher erwähnte[9], hat jedenfalls noch eine Schilderung des Feldzuges des Cn. Manlius Vulso enthalten[10]. Dem Kampf des Antiochos I. mit den Galatern und seinem Sieg in der sogen. Elefantenschlacht hatte Simonides von Magnesia eine epische, zweifellos panegyrische Darstellung gewidmet, die für uns gleichfalls verloren ist[11]. Eine grundlegende zeitgeschichtliche Quelle war die Darstellung der Diadochengeschichte durch Hieronymos von Kardia, die bis zum Tode des Pyrrhos im Jahre 272 herabführte[12]. Sie war ohne Zweifel eine überaus wertvolle Darstellung der Züge der Kelten und der Kämpfe gegen sie, auf der die weitere Tradition wesentlich aufbaute, wenn auch, wie im Falle der Schilderung des Brennos-Zuges bei Pausanias, über eine zu erschließende athenische Zwischenquelle vermutlich bereits des 3. Jh., welche die Rolle Athens überhöhte und die konkreten Details und Grundinformationen aus Hieronymos in ein literarisches Konstrukt einband, das Herodots Darstellung des Xerxeszuges von 480 auf das Geschehen übertrug[13]. Eine politische Situation,

---

5 FGrHist 162 T 1; vgl. Nachtergael 51f.

6 FGrHist 745; vgl. Knaack, RE VI 1, 1907, 388f.; Nachtergael 54f.

7 Vgl. F 1 aus B. 1.

8 F 2.3 aus B. 2 bzw. 4.

9 F 5 aus B. 7; die Zuweisung der genannten Schlacht von Boos Kephalai schwankt zwischen Attalos I. und II. bzw. Prusias I. und II.; vgl. Hansen 49, 128 Anm. 15. Der frühere Ansatz dürfte wahrscheinlicher sein.

10 Vgl. F 6.

11 H. Lloyd-Jones - P. Parsons (Ed.), Supplementum Hellenisticum, Berlin - New York 1983, 349 Nr. 723; vgl. auch Nachtergael 53f.

12 Vgl. F. Jacoby, RE VIII 2, 1913, 1540–1560; J. Hornblower, Hieronymus of Cardia, Oxford - New York 1981; Nachtergael 56ff.; Lendle a.a.O. 190–192; zur Frage der Vorlage des Pausanias Habicht 133, 137; ders., Untersuchungen zur Geschichte Athens im 3. Jahrhundert v. Chr., Göttingen 1979, 87–94; ders., Pausanias und seine »Beschreibung Griechenlands«, München 1985, 83ff. mit Anm. 72, 95f.; Strobel, Keltensieg 71f. Anm. 30, 77 mit Anm. 67.

13 Vgl. auch Strobel a.a.O. Die Annahme, die proathenische Tendenz sei erst das Ergebnis einer Umarbeitung seiner hellenistischen Vorlage durch Pausanias selbst (so Nachtergael 21f., 91f.; vgl. Hornblower a.a.O. 72ff.), kann nicht überzeugen.

welche die Bedeutung Athens herauszustellen suchte, war vor allem in der Phase der „prekären Freiheit" (Habicht 154) seit 229 v. Chr., in der Athen seine Eigenständigkeit nicht zuletzt dem Achäischen Bund gegenüber deutlich demonstrierte[14], gegeben. Spätestens die Verdichtung der Beziehungen Athens zu Delphi in der 2. Hälfte des 2. Jh. v. Chr. müßten eine athenische Fassung des »delphischen Keltensieges« hervorgebracht haben. Doch ist hier bereits auf die besondere Stellung der athenischen dionysischen Techniten bei den delphischen Soteria schon 278/7 hinzuweisen[15], ebenso auf die überragende Bedeutung, die das Geschehen des ersten panhellenischen Abwehrsieges seit 480/79 als neue politische und ideologische Bezugsgröße für die Identität und Selbstdarstellung der beteiligten Poleis und Staaten hatte[16]. Die Abfassung einer entsprechenden athenischen Version, welche sich mit der bereits vorliegenden Darstellung des Hieronymos auseinandersetzte, ist deshalb in den Jahren der unabhängigen Stadt im Kreise der griechischen Mächte bis 262, nicht zuletzt im Umfeld des Chremonideischen Krieges[17], durchaus denkbar. Doch auch die sicher relativ frühe, nach Herodots Vorgabe ein zweites »480« zeichnende und dabei die Führungsrolle für Athen als erneutem Retter von Hellas beanspruchende Darstellung des Geschehens lag Pausanias offenbar nur in der Form einer Kompilation vor, die seiner eigenen proathenischen Einstellung entsprach, deren Autor aber auch die Geschichte der kleinasiatischen Galater mit der zugehörigen Legendenbildung[18] und ihre Auseinandersetzungen mit Pergamon behandelt hatte[19]. Eine genauere Zuweisung der von Pausanias für die Galaterthemen verwendeten unmittelbaren Vorlage muß hypothetisch bleiben.

Die Kelten, die sich seit dem 4. Jh. als Söldner im gesamten Mittelmeerraum ganz selbstverständlich bewegten, haben in der Welt der hellenistischen Mächte und des hellenistischen Kleinasien seit 280 v. Chr. eine wesentliche Rolle gespielt, die mit ihrer historischen Bedeutung im Westen, insbesondere für die Entwicklung Italiens vom 5./4. bis zum 2. Jh. v. Chr. und nicht zuletzt für die Geschichte des Aufstiegs Roms zur dominierenden Macht des Mittelmeerraumes, prinzipiell vergleichbar ist, auch wenn sie sich in anderen Konstellationen und demographischen Dimen-

---

14 Entsprechend die Kritik des Pol. 5, 106, 6–8; vgl. Habicht 177ff., auch 183f.

15 Vgl. Habicht 277; Nachtergael 195, 297 (Der Bezug auf die Soteria ist aber kaum zu bezweifeln.

16 Vgl. Strobel, Keltensieg passim; u. S. 221ff. mit Anm. 291.292; 226.

17 Die antimakedonische Allianz knüpfte damals bewußt an die Tradition der Persersiege an (vgl. Walbank 276ff., bes. 277f.), vermutlich auch eine gezielte Anwort auf die Propaganda des Antigonos Gonatas und seinen Anspruch auf Rettung und Schutz der Hellenen vor der Barbarengefahr (vgl. u. S. 227ff.; Strobel, Keltensieg 72).

18 Vgl. Paus. 10, 30, 9; 32, 4.

19 Vgl. Paus. 1, 4, 5–6; ähnlich Nachtergael 91f., allerdings mit anderer Schlußfolgerung.

sionen entfaltete[20]. Wir brauchen nur an den *dies ater* der römischen Geschichte schlechthin, an die Niederlage des römischen Heeres am 18. 7. 387 v. Chr. an der Allia gegen einen Heereszug der norditalischen Kelten und an die folgende Besetzung Roms durch das Gallierheer zu erinnern. Wie für die hellenistische Welt in den Jahren 280–277/6 v. Chr. war das militärisch aktive Auftreten der Kelten auch im Westen des Mittelmeerraumes rund ein Jahrhundert zuvor ein traumatisches Ereignis für die Betroffenen auf der italischen Halbinsel gewesen. Die Niederlage an der Allia, die einzige Einnahme der Stadt Rom durch ein fremdes Heer und die Kette der militärischen Auseinandersetzungen zwischen Römern und Galliern, die sich über die außerordentlich lange Zeitspanne von 387 bis 50 v. Chr. erstreckte, ließen die Kelten zu den »Angstgegnern« Roms schlechthin werden. Ihnen begegnete man mit tiefsitzenden und dauerhaften Angst-, ja irrationalen Furchtgefühlen; man beobachtete sie in dem Bewußtsein einer subjektiv gesehenen ständigen und existentiellen Bedrohung und man entfaltete für sie ein krasses Feind- und Schreckbild, wie es die Römer für kein anderes Volk entworfen hatten[21]. Dieses mental verankerte und über die Eroberung Galliens hinaus wirksame Zerrbild, das wir schlagwortartig mit den antithetischen Begriffen von *furor Gallicus* und *metus Gallicus* umreißen können, prägte die annalistische Tradition der römischen Republik, wie wir in besonderer Weise bei Livius sehen. Das mentale und politische Potential dieses Bildes war nach der dramatischen Aktualisierung durch die Züge der ja damals noch zu den Galliern gerechneten Kimbern und Teutonen[22] gerade

---

20 Allerdings ist hier das traditionelle Bild, das ein Erscheinen der keltischen Stämme in Oberitalien um 400 v. Chr. annimmt (vgl. etwa H. Bengtson, Römische Geschichte, HdA III 5, München [3]1982, 62f. oder J. Bleicken, Geschichte der römischen Republik, München - Wien [4]1992, 19f.) zu korrigieren, da ein Teil Norditaliens bereits während des ganzen 1. Jt. v. Chr. von einer keltischen Bevölkerung besiedelt war; vgl. u. S. 146ff.

21 Vgl. zu dem Nimbus der Kelten, zum Motiv der Furcht und des römischen Gallierkampfes bzw. -sieges C. Jullian, Histoire de la Gaule I, Paris 1908, 333ff.; C. Peyre, REL 48, 1970, 277–296; H. Bellen, Metus Gallicus - Metus Punicus. Zum Furchtmotiv in der römischen Republik, Abh. Mainz, Geistes- und sozialwissenschaftl. Kl. 1985,3, Mainz 1985, bes. 9ff., 36ff.; J.-L. Desnier, MEFRA 103, 1991, 605–654; Kremer, bes. 62ff., 330f.; allgemein zu den römisch-keltischen Auseinandersetzungen T.J. Cornell, CAH[2] VII 2, 1989, 302ff., bes. 321f. Für den literarischen Niederschlag des ausgeprägten römischen Feindbildes vom keltischen Barbaren und für die politische Instrumentalisierung des Bildes dieses »Erbfeindes« vgl. jetzt B. Kremer, Das Bild der Kelten bis in augusteische Zeit. Studien zur Instrumentalisierung eines antiken Feindbildes bei griechischen und römischen Autoren, Stuttgart 1994; bes. zu Cic. prov. ebd. 111ff., zu Caesar ebd. 133ff.

22 Zu Kimbern bzw. Kimbern und Teutonen sowie zur Entwicklung des Germanenbildes der Römer auf der Basis der Vorstellungen über die Kelten als des bisherigen Inbegriffs des nördlichen Barbaren vgl. Chr. Trzaska-Richter, Furor teutonicus. Das römische Germanenbild in Politik und Propaganda bis zum 2. Jahrhundert n. Chr., Trier 1991, bes. 48ff.; Kremer a.a.O., bes. 65ff., 202ff., 261f., 306ff.; bes. D. Timpe, in: B. u. P. Scardigli,

im 1. Jh. v. Chr. präsent und in der Innenpolitik der ausgehenden Republik wirksam zu instrumentalisieren, wie dies vor allem von Caesar vorgeführt wird[23].

Der Kimbernzug zwischen 113 und 102/101 v. Chr. entfaltete eine große psychologische Wirkung, der die Kimbern und Teutonen zu herausragenden Protagonisten der Gegnerschaft zwischen Nord und Süd, zu einem Prototyp der nordbarbarischen Bedrohung in der Form der Aggression barbarischer nomadischer Räuber werden ließ, zur Verkörperung dualistischer Polarität von primitiver, barbarischer Kraft und hochzivilisierter Ordnung[24]. Er gab den Nährboden für ideologische und rhetorische Klischees, unter denen der *furor Teutonicus*[25] das geschichtsmächtigste und bis heute wirksame geworden ist. Mit ihnen schien den Zeitgenossen die akute Bedrohung durch die keltischen Nordbarbaren wiedergekehrt zu sein, zu denen man die germanischen Wanderverbände zuerst zählte. Für die Kimbern wurde ein ganzes Psychogramm der Nordbarbaren entworfen, das sich klimatheoretisch auf die nördliche Extremlage, moralisch und psychologisch auf die Eigenschaften der Asebie und der abnormen Grausamkeit, der Wildheit, der barbarischen Unvernunft und der räuberischen Habgier stützte[26]. Eine fremdartige, unzivilisierte, aggressive und räuberische Wesensart steht im Vordergrund. Die Konzeption der antiken Zeugnisse sah hier eine Aggression barbarischer Räuber gegen das römische Italien, ja gegen die mediterrane Kulturwelt. Das Kimbern- und Teutonen-Erlebnis wurde zu einem aktuellen Verständnismuster verarbeitet, in dem sich halbmythologische Bilder und ältere historische Erfahrungen aus den Keltenkämpfen wie die allgemein präsente rhetorisch-ideologische Tradition für die Nordvölkerinvasionen zu einem kulturanthropologischen Typus verbanden. Als solcher traten sie dem Imperium Romanum als ihrem quasi naturgegebenen Ziel

---

Germani in Italia, Rom 1994, 23–60 (a.a.O. Anm. 79 gegen Trzaska-Richters Versuch einer Differenzierung des Kimbernbildes nach Entwicklungs- und Erfahrungsstufen); allgemein A.A. Lund, Zum Germanenbild der Römer. Eine Einführung in die antike Ethnographie, Heidelberg 1990, bes. 3ff.

23 Vgl. zu den entsprechenden ikonographischen Typen etwa die Prägungen des L. Hostilius Saserna 48 v. Chr. (Crawford 448/1-3; Sydenham 951-953), bes. den klassischen keltischen Barbarentypus des Galliers und der Gallierin (Cr. 448/2.3; Syd. 952.953; Desnier a.a.O., Fig. 1h, 2a.c, 3.4); Desnier, MEFRA 103, 1991, 605–654, bes. 615ff.; R. Albert, NNB 11, 1995, 259–262.

24 Vgl. zusammenfassend Timpe ebd. Der Wanderverband der Teutonen ist wahrscheinlich erst nach der Schlacht von Arausio (105 v. Chr.) in Gallien zum Kimbernzug gestoßen; sie waren wohl ein nicht oder nur lose mit den Kimbern in Verbindung stehender Nachzug über den Rhein nach Gallien. Nur in der romzentrischen Konzeption erscheint Italien als das von Anfang an feststehende Endziel des Wanderzuges.

25 So Luc. 1, 254f.

26 Vgl. das Opfer der Schlachtbeute von Arausio (Oros. 5, 16, 3–6); Timpe a.a.O., bes. 29ff.; Strobel, Keltensieg, passim.

und Gegner sowie der Schutzfunktion Roms für die zivilisierte Welt geradezu als ein dualistisches Prinzip gegenüber.

In einer pseudoethymologischen und pseudohistorischen Verknüpfung bzw. diffusen Assoziationskette wurden die Kimbern respektive Kimbern und Teutonen mit den historischen Prototypen solchen Verhaltens, zum einen den Kimmeriern und zum anderen den Kelten, die Italien heimgesucht sowie Delphi geplündert hätten, ja selbst mit dem Szenario der kleinasiatischen Galater, des »Schreckens Asiens«, verbunden[27]. Erst der caesarische Germanenbegriff und die direkten frühkaiserzeitlichen Erfahrungen in Mitteleuropa ließen dann die Züge der Kimbern und Teutonen zum Beginn der Konfrontation mit den nördlichen germanischen Barbaren werden, wie wir dies in Tacitus' Germania finden[28]. Die Niederlage gegen die Kimbern bei Noreia 113 v. Chr. wurde damit zum Auftakt des römisch-germanischen Gegensatzes. Ja die augusteischen Konstruktion der Fasti Capitolini verlegte diesen noch auf die Schlacht von Clastidium vor[29], indem sie den Triumph des Consuls M. Claudius Marcellus am 1. 3. 221 v. Chr. als über die gallischen Insubrer und die Germanen gefeiert angeben, also die transalpinen Verbündeten der Insubrer als Germanen interpretieren und so zu den Vorläufern der Kimbern und Teutonen machen. Die Germanienpolitik des Augustus wurde damit in die Tradition einer zwei Jahrhunderte zurückreichenden Abwehr der germanischen Bedrohung gestellt und gegenüber dem Kampf Roms gegen die Kelten gleichrangig.

Wir erleben gerade seit den 80er Jahren eine neue »Hochkonjunktur« der Kelten, die sich neben einer Schwemme esoterischer Literatur in einer Vielzahl von Fachbüchern und wissenschaftlichen Publikationen[30] sowie einer Fülle von Aus-

---

27 Vgl. Diod. 5, 32, 3–6; Plut. Mar. 11; App. Ill. 4; G. Dobesch, in: Studien zur Alten Geschichte. Festschrift S. Lauffer I, Rom 1986, 169-206, bes. 171ff., 186ff.; Timpe a.a.O., bes. 29f.

28 Tac. Germ. 37, 2.

29 IIt XIII, p. 78f.; gegen diese in der italienischen Forschung vielfach akzeptierte Nennung der Germanen vgl. zuletzt L. Polverini, in: B. u. P. Scardigli (Hg.), Germani in Italia, Rom 1994, 1–10.

30 Vgl. charakteristisch etwa für Großbritannien die englische Neuauflage der Werke von Henri Hubert, The Rise of the Celts, London 1987; The Greatness and Decline of the Celts, London 1987 (= Les Celtes et l'expansion celtique jusqu'à l'époque de la Tène, Paris ²1950; Les Celtes depuis l'époque de la Tène et la civilisation celtique, Paris ³1973) oder für Frankreich etwa: Les Princes Celtes et la Méditerranée, Paris 1988; Chr. Goudineau, César et la Gaule, Paris 1990; ders.- Chr. Peyre, Bibracte et les Éduens, Paris 1993; B. Cunliffe, La Gaule et ses voisins. Le grand commerce dans l'Antiquité, Paris 1993; M. Py, Les Gaulois du Midi, de la fin de l'âge de bronze à l'époque romaine, Paris 1993, auch die Neuauflage von C. Jullian, Histoire de la Gaule, Paris 1993 (¹1908–1926), bes. Vol. I-III (¹1908–1909). Stark der marxistischen Geschichtsauffassung verplichtet ist M. Clavel-Leveque, Puzzle Gaulois. Les Gaulois en mémoire. Images, textes, histoire, Paris 1989.

stellungen mit dem Ziel einer großen, auch politischen Breitenwirkung in Publikum und Öffentlichkeit dokumentiert[31]. Auffallend ist die dichte Serie großer Ausstellungen zu den Kelten und ihrer Kultur[32], die in der internationalen Ausstellung „I Celti" im Jahre 1991 in Venedig[33] ihren Höhepunkte erlebte. Die bayerische Landesausstellung „Das keltische Jahrtausend" des Jahres 1993 stand dem im Anspruch kaum nach, auch wenn hier ein regionaler Schwerpunkt für die Kerngebiete der Hallstatt- und Latènekultur Deutschlands zum Tragen kam[34]. Das bereits im Titel formulierte Kontinuitätspostulat[35] für die Entwicklung seit der Urnenfelderzeit hat geradezu programmatischen Charakter für eine neue historische Sichtweise des Keltentums.

Eine Grundlage und Voraussetzung für diese Kelten-Konjunktur sind ohne Zweifel die großen Fortschritte der regionalen archäologischen Forschung[36] in den letzten 45 Jahren besonders in Frankreich, Großbritannien, Deutschland, Norditalien und im mittleren Donauraum, die mit dem sensationellen Fund des sogen. Fürstengrabes von Hochdorf und seiner publikumswirksamen Präsentation[37] eine wesentliche Stimulierung erfuhren. Hinzu kommt die in der Altertumswissenschaft zunehmende Gewichtung der grundsätzlichen Fragestellungen nach dem geographisch wie chronologisch zu differenzierenden Verhältnis zwischen den Hochkulturen des Mittelmeerraumes, ihrer zivilisatorischen wie ökonomisch-sozialen Ausstrahlung und den sich in Europa anschließenden Randzonen, die mit der Frage nach dem Werden und der Identität Europas respektive seiner historischen Regionen aufs engste verbunden sind. Letztere haben stets die sogenannten Randvölker und Randkulturen mit national definierten Schwerpunkten neben Griechenland und Rom, neben die Hellenen und Römer als die traditionellen Brennpunkte unseres Antikeverständnisses, treten lassen. Heute sucht man das

---

31 Vgl. für diese Folge die beiden programmatischen Ausstellungen: Die Hallstattkultur. Frühform europäischer Einheit, Steir 1980 (Katalog: Linz ²1980), Die Kelten in Mitteleuropa. Kultur, Kunst, Wirtschaft, Hallein 1980 (Katalog: Salzburg 1980), dazu auch E. Lessing, Hallstatt - Bilder aus der Frühzeit Europas, Wien 1980. Die Serie der großen Keltenausstellungen setzte 1957 in Schaffhausen ein.

32 Vgl. besonders etwa den Ausstellungskatalog: Trésors des Princes Celtes, Paris 1988.

33 Dazu das große, als Kompendium des Forschungsstandes angelegte Kataloghandbuch: I Celti, Mailand 1991.

34 H. Dannheimer - R. Gebhard (Hg.), Das keltische Jahrtausend, Mainz 1993.

35 Zur Problematisierung vgl. H.P. Uenze ebd. 7ff.

36 Vgl. die Zusammenstellung des Forschungsstandes für Südwestdeutschland in: K. Bittel - W. Kimmig - S. Schiek (Hg.), Die Kelten in Baden-Württemberg, Stuttgart 1981.

37 Der Keltenfürst von Hochdorf. Methoden und Ergebnisse der Landesarchäologie. Katalog zur Ausstellung Stuttgart 1985, Stuttgart 1985, bes. 32ff.; J. Biel, Der Keltenfürst von Hochdorf, Stuttgart 1985, sowie die große Resonanz in den nationalen wie internationalen Medien.

Aufeinandertreffen des jeweils Fremden und seine spezifische Rezipierung, das Ineinandergreifen von Einflüssen und Traditionen, die Bewahrung oder den Wandel von Identitäten und Lebenswelten sowie die Akzeptanz respektive Abwehr von Assimilation und Integration prinzipiell und konzeptionell zu fassen[38]. Die zeitgenössische Problematisierung solcher Phänomene nach dem Ende des Zeitalters des Kolonialismus hat hier ebenso prägend gewirkt wie die direkte Konfrontation der europäischen Staaten und Völker mit nichteuropäischen Kulturen, wie sie in dieser Zweiseitigkeit seit der spanischen Reconquista und den Türkenkriegen in Europa nicht mehr erlebt worden war und nun auch nicht länger durch das europäische Selbstverständnis der grundsätzlichen westlich-abendländischen Überlegenheit, der »weißen«, in der jeweiligen eigenen Nation gipfelnden Superiorität, kompensiert wird. Der zeitgeschichtliche Bezug zu den aktuellen Problemkreisen von europäischem Kolonialismus, westlicher Weltkultur und Dritter respektive nicht westlich-europäischer Welt ist als Hintergrund dieser Neuakzentuierung von Forschungsansätzen und Betrachtungsweisen deutlich zu erkennen.

Erinnern wir uns aber auch des populären Keltenbildes unserer Tage, dem sich eine wissenschaftliche Behandlung von historischen Phänomenen der Kelten ganz zwangsläufig gegenübersieht, da es bei Studenten, Zuhörern oder Lesern mitschwingt, ja die zeitgenössischen Vorstellungsmuster für eine keltische Identität und ihr Verhältnis zu ihrer einstigen Umwelt für die Jugend prägt. Wir können an dieser Stelle den Siegeszug von Asterix und Obelix, der Cartoon-Figuren von Goscinny und Uderzo, nicht übergehen, die ein ganz bestimmtes, stereotypes Bild der Kelten bzw. Gallier festgeschrieben haben. Dieses beinhaltet nicht zuletzt einen Spiegel und eine Parodierung des französischen Nationalverständnisses[39], die ihrerseits wieder prägend und verstärkend zurückwirken. Diese Stereotypen, die uns hier in der Gegenrichtung der antiken Barbarentopik einen Blickwinkel der Betroffenen, der keltischen Gegenseite, zu zeichnen scheinen, bauen aber in hohem Maße auf der literarisch überlieferten antiken Topik und auf den daraus entwickelten populären Geschichtsbildern der Romantik und insbesondere des späteren 19. wie des frühen 20. Jahrhunderts auf.

---

38 Entsprechende Akzentsetzungen in: Assimilation et résistance à la culture gréco-romaine dans le monde ancien, Bukarest - Paris 1976; G. Dobesch, Vom äußeren Proletariat zum Kulturträger. Ein Aspekt zur Rolle der Germanen in der Spätantike, Amsterdam 1994 (vgl. dazu u. S. 61ff.).

39 Vgl. bereits Honoré d'Urfé, L'Astrée, 4 Bde., Paris 1607–1624, der das »alte Gallien« als Spiegel und Modell des höfischen Frankreichs des 17. Jh. verwendet. Urfés Werk ist keineswegs zufällig in den Namensgebungen der Cartoons zitiert, sondern für deren Verständnis durchaus wesentlich. Auf die politischen Komponenten dieser barocken Rezeption in der Zeit nach dem Ende der Glaubenskriege in Frankreich und unter Heinrich IV. sowie Ludwig XIII. kann hier nur hingewiesen werden.

Die Entwicklung einer spezifischen Vorstellung des Galliers können wir dabei in Frankreich bereits seit dem 16. Jh. verfolgen[40]. Die »keltische Tradition« stellt dort bis heute ein wesentliches Element für die nationale Selbstdefinition dar, besonders gegenüber dem seit der Mitte des 19. Jh. erstarkenden Deutschland, ebenso in ideologischer Sicht gegenüber dessen lange Zeit so charakteristischer Germanen-Fixierung. Auch in das Zerrbild der Römer, das die Asterix-Cartoons von den Gegnern der Gallier zeichnen, sind unverkennbar die typischen Klischees des französischen Deutschenbildes einschließlich Besetzung und Resistance eingeflossen, und für den aufmerksamen Beobachter bleiben auch dessen Wandlungen auf Grund der jüngsten Entwicklung des deutsch-französischen Verhältnisses nicht verborgen. Die Kelten ihrerseits sind gerade im gegenwärtigen Frankreich von neuem ein zunehmend emotionaler und politisch bedeutsamer historischer Bezugspunkt[41] für das eigene Selbstverständnis in dem sich wandelnden Europa, und zwar im Denken aller politischen Lager.

Blickt man andererseits auf das breite Interesse, das heute den Kelten in Europa entgegengebracht wird und das implizit wie explizit im Hintergrund der Forschungsaktivitäten und ihrer Geldgeber steht, so wird man zum einen, gerade was die Betonung keltischer Traditionen im Rahmen der Ausbildung regionaler Identitäten im zeitgenössischen Europa betrifft, bisweilen durchaus an die französische »Gallophilie« des 19. Jahrhundert oder an die Stilisierung des Germanentums in Deutschland erinnert. Die Suche nach den kulturellen und historischen Wurzeln von Landschaften und Regionen der Gegenwart führt offenkundig in wachsendem Maße über das »internationalisierende« Phänomen des Imperium Romanum zurück. Eine Analyse für das aktuelle »Keltenphänomen«, das eine »Wiederbelebung keltischer Tradition« bis hin zu einem Nachleben »altkeltischen Brauchtums«, so der Nachahmung heidnischen Kultes, neben die noch lebenden Sprach- und Volkstraditionen des Keltischen in Europa treten läßt, zeigt die Kelten als eine positiv definierte und zu einer schillernden, vielfach romantisch stilisierten Identität verdichtete Größe, die dem negativen Bild der antiken Überlieferung gegenübertritt, aber zugleich von diesen Vorgaben wesentlich mitgestaltet ist[42]. Sie ist zugleich ein

---

40 Vgl. C.-G. Dubois, Celtes et Gaulois au XVIème siècle. Le développement littéraire d'un mythe nationaliste, Paris 1972.

41 Siehe etwa das Gespräch „Les Gaulois n'étaient pas des Barbares" mit C. Goudineau in: L'Histoire 176, 1994, 34–45; weiter J.-L. Cadoux, „Les sacrifices humains ont-ils existé?", ebd. 46–51, beide verbunden mit der erneuten aktuellen politischen Bedeutung des Bezugs auf die Gallier als einer historischen Wurzel, die in ihrer positiven Konnotation abzusichern ist. Vgl. auch den bezeichnenden Titel „Nos ancêtres les Gaulois", Actes du colloque international de Clermont-Ferrand, Clermont-Ferrand 1982.

42 In Frankreich in der Regel unter Gleichsetzung von „les Celtes" und „les Gaulois", d. h. von Kelten und Galliern. Zur aktuellen politischen Bezugnahme vgl. etwa die emotionale Stellungnahme zum Verhältnis zwischen »Kelten« und »Angelsachsen« anläßlich

aktualisierter historischer Bezugspunkt in den Modellvorstellungen für das sich zusammenschließende Europa, der neben das auf ein Kerneuropa konzentrierte Modell des Reichs Karls des Großen[43] und das Imperium Romanum mit seinem Schwerpunkt im Mittelmeerraum, seiner Integration durch Herrschaftsbildung und seiner Überlagerung der vorrömischen Kulturen tritt. Die Kelten stehen im Blickfeld der Suche nach einer europäischen Identität, nach einer gemeinsamen Wurzel Europas, wie es in dem Vorwort des Katalogs der großen Keltenausstellung in Venedig eindeutig zum Ausdruck gebracht wird[44]. In dem Konstrukt einer ethnisch-kulturellen Oikumene der Kelten wird die Basis für ein Modell Europas gesehen, das West- und Zentraleuropa sowie den Donauraum integriert und über die Ausstrahlung der keltischen Kultur auch die germanisch geprägten Räume anzuschließen vermag und doch einer Dominanz des »germanischen Elements« in Mittel-, Zentral- wie Nordeuropa und selbst innerhalb Deutschlands entgegengestellt werden kann. Auf regionaler Ebene spiegelt sich hier das Bestreben, mit der Berufung auf die keltische Vergangenheit und Tradition historische Eigenidentität aufzuzeigen, zu vertreten oder zu entwickeln. Besonderes Gewicht hat dies nicht zuletzt für die Auseinandersetzungen in den zentralistischen westeuropäischen Nationalstaaten gewonnen, und in Großbritannien bilden die regionalen Gruppen keltischer Identität einen erheblichen gesellschaftlichen, politischen und kulturellen Faktor, von Irland einmal ganz abgesehen. Diese Identitäten werden durch den Rückgang des aktiven Gebrauchs der keltischen Sprachen keineswegs hinfällig, eher sogar in ihrer Bedeutung für die Abgrenzung der eigenen Identität noch verstärkt.

Gerade in diesen Kontexten, aber ebenso im wissenschaftlichen Bereich finden wir eine ganz selbstverständliche Verwendung von Begriffen wie „Europe celtique", „the Celtic people", „the power of the Celts" oder auch „The Celtic Empire", letzteres der griffige, aber zugleich die Realität verfälschende Titel des auf ein breites Publikum ausgerichteten Buches von P. Barresford Ellis mit seinem traditionellen Geschichtsbild[45]: „The Celts were the first European people north of the Alps to emerge into recorded history. At one time they dominated the ancient

---

der Frage engerer sprachgenetischer Beziehungen zwischen dem Keltischen und Germanischen bei D. Ellis Evans, BBCS 29, 1980, 255 „Both Celts and Germans were in turn expanding, marauding, and conquering peoples, markedly different from each other and for ever, it seems, consciously or unconsciously rejecting each other because of a deep-seated and pernicious incompatibility. They came from different cradles and mercifully, I believe, are a very long way from being indissolubly fused together".

43 Vgl. etwa D. Alibert, L'Histoire 176, 1994, 72f.

44 F. Benvenuti, in: Celts 11 „it is commonly agreed that all European cultures can trace their roots to Celtic origins".

45 P. B. Ellis, The Celtic Empire. The First Millennium of Celtic History c. 1000 BC – 51 AD, London 1990. Zu seinem vagen, aber an Implikationen umso reicheren Begriff „empire" ebd. 1f.

world from Ireland in the west to Turkey in the east, and from Belgium in the north, south to Spain and Italy. They even made their presence felt in the Egypt of the Ptolemy pharaos ... They sacked Rome, invaded Greece and destroyed every army the Greek city states could throw at them“[46]. Das moderne Konstrukt oder besser der Mythos einer »keltischen Nation«[47], einer einheitlichen ethnischen oder ethnisch-nationalen Größe des Keltischen nach Volkstum, Bewußtsein, Sprache, Sitte, Gesellschaft und Kultur, wird vielfach zur Grundlage des Zugangs zu dem geschichtlichen Phänomen der Kelten respektive des Keltischen und wirkt noch heute in die Konzepte von Keltenforschung und Archäologie hinein[48]. Die Romantik hat die Vorstellung eines spezifischen keltischen Volkstypus mit dauerhafter Kraft entfaltet, eine Konzeption, die bis in die jüngste, auch wissenschaftliche Literatur[49] ihre prägende Wirkung zeigt[50].

Hier berühren wir zugleich einen für die Betrachtung der kleinasiatischen Galater und für die Erwartungen, die an deren Existenz im hellenistischen und römischen Kleinasien herangetragen werden, zentralen Punkt, nämlich die Definition des Keltenbegriffs selbst respektive die Frage, was wir unter einem keltischen Volk oder einer »nationalen« keltischen Identität zu verstehen haben. Dem werden wir zu Beginn unserer Untersuchung nachzugehen haben. Zudem verbinden sich die angesprochenen Vorstellungen in der älteren und auch in jüngerer Fachliteratur mit einem nationalen Verständnis des Hellenentums, das den »galatischen Barbaren« entgegengestellt wird. Daß in dem traditionellen Schema des Hellenen-Barbaren-Gegensatzes und der Barbarentopik die Möglichkeiten der Sicht und der Einordnung der historischen Ereignisse und Informationen erheblich eingeschränkt, vor allem aber vorgeprägt und in ganz bestimmte Bahnen gelenkt sind, ist

---

46 Ellis a.a.O. 1. Die bereits hier greifbare Vergröberung und Verzerrung hinsichtlich der Ereignisse im östlichen Mittelmeerraum bedarf keines weiteren Kommentars.

47 Ganz charakteristisch sind Begriffe wie »nationale Erhebung«, »Verrat an der keltischen Nation« etc., welche wir im Zusammenhang mit der Eroberung Galliens und Britanniens durch Rom finden. Bezeichnend sind Titel und Themenstellung bei E. Thevenot, Les Éduens n'ont pas trahi, Brüssel 1960. Sichtweisen und Fragestellungen dieser Art sind aus dem Volks- und Nationenbegriff des 19. Jh. hervorgegangen.

48 Siehe zu der Problematik auch F. Le Roux, Introduction générale à l'étude de la tradition celtique, Rennes 1967, 12ff., 18f. M. Chapman, The Celts. The Construction of a Myth, London – New York 1992 geht in seiner kritischen Analyse des modernen Keltenbegriffs und -mythos zwar in die richtige Richtung, im Ergebnis aber doch zu weit, wenn er eine konkrete Verwendbarkeit des Keltenbegriffs in der Antike zu verneinen sucht und dabei einer überzogenen anthropologischen Kritik an der vergleichenden Sprachwissenschaft folgt. Bisweilen fallen aber auch bei Chapman grobe Mißverständnisse auf (so etwa 33f. zur Deutung von Keltoi, Galatai, Galli; 42 zu den ‚Salzminen von Hallstatt' als Ausgangspunkt des Kulturhorizonts).

49 Vgl. hierzu etwa H.D. Rankin, Celts and the Classical World, London – Sydney 1987, 296–298.

50 Vgl. Chapman a.a.O., bes. 120ff.

vielfach deutlich zu fassen[51]. Ein charakteristisches und zugleich die Problematik aufzeigendes Beispiel finden wir bei Chr. Eluère, wenn sie die keltischen Wanderungen und Vorstöße des 4. und 3. Jh. v. Chr. in der folgenden These zusammenzufassen sucht: „Diese Versuche, die Mittelmeerländer zu erobern, nahmen schließlich ein verhängnisvolles Ende: Die Kelten wurden aus Italien zurückgeschlagen, und ihr Feldzug nach Delphi führte in die Katastrophe. Diese Invasionen beendeten das friedliche Zusammenleben der klassischen und »barbarischen« Völker Europas"[52]. Die mediterrane Kulturwelt erscheint als das von Anfang an feststehende Endziel der barbarischen Aggressoren, was ganz der antiken Schematisierung entspricht. Eluère folgt zugleich einem äußerst problematischen Keltenbegriff, der von einer keltischen Kernzone des 6.–5. Jh. v. Chr. vom ostfranzösischen Vix bis zum österreichischen Hallstatt und zum württembergischen »Fürstengrab« von Hochdorf ausgeht und alle übrigen Räume einschließlich der für die Entwicklung der frühen Latène-Kultur zentralen Zonen der Champagne bzw. der Hunsrück-Eifel-Region ebenso wie ganz Norditalien und die Britannischen Inseln erst einer keltischen Expansion des 4.–1. Jh. v. Chr. zuweist[53]. Der Keltenbegriff wird hier auch im ethnischen Sinne mit den archäologischen Horizonten eines Teiles der Hallstattkultur und der Ausbreitung der Elemente der Latènekultur gleichgesetzt.

Es ist allerdings überraschend, daß gerade solche generellen Ansätze wie die Frage der theoretischen Entwicklungsmodelle (s. u.) das Phänomen der kleinasiatischen Galater, einen hierfür eigentlich zentralen Gegenstand, weder thematisiert noch die Forschung über den traditionellen Rahmen hinausgeführt haben. Letzterer wird selbst in der neueren Keltenforschung von antiken Topoi, traditionellen Bildern und der Darstellung der Galater in der antiken, insbesondere pergamenischen Kunst vorgegeben, die das Geschichtsbild noch heute im Sinne ihrer antiken Auftraggeber akzentuieren. Andererseits sind die kleinasiatischen Galater in der Keltenforschung nie mehr als ein Randphänomen gewesen. Nur die Frage von latènezeitlichen Objekten oder ihrer Abbildung in antiken Darstellungen wurde hier zum Gegenstand neuerer Arbeiten[54], ebenso die Frage einer möglichen Verbindung zwischen der bemalten späthellenistischen Keramik Ostgalatiens, der

---

51 Vgl. etwa nur die Darstellung der kleinasiatischen Galater bei T.G.E. Powell, The Celts, London 1958, 23 : „These tribes enjoyed a period of almost unchecked banditry".

52 Chr. Eluère, Das Gold der Kelten, München 1987 (= L'or des Celtes, Fribourg 1987), 8; sie bietet hier im Grunde eine Zusammenschau der Goldschmiedekunst außerhalb der mediterranen Kulturen, um sich dann auf die Hallstatt- und Latènezeit zu konzentrieren, ohne die Definition des Keltenbegriffs aufzuarbeiten.

53 Karte ebd. 86. Unverständlich ist die hervorgehobene Einfärbung Kleinasiens und eines sehr ausgedehnt gesehenen keltiberischen Raumes auf der Iberischen Halbinsel als „nichtkeltische Gebiete".

54 Vgl. H. Polenz, BJ 178, 1978, 181–216; A. Müller-Karpe, MDAI(I) 38, 1988, 189–199.

sogenannten Galatischen Ware, und der latènezeitlichen Buntkeramik Europas, eine These, die von der Ähnlichkeit zwischen beiden Waren ihren Ausgang genommen hatte und die kleinasiatischen Galater mit der mitteleuropäischen Entwicklung zu verknüpfen suchte[55]. Beide Phänomene gehen jedoch unabhängig voneinander auf die Übernahme des Vorbildes der bemalten, helltonigen hellenistischen Keramikware des mediterranen Raumes zurück[56], wobei die sogenannte Galatische Ware eine spezielle Feinkeramik darstellt, die verschiedene Traditionen der griechisch-kleinasiatischen und ostmediterranen polychromen Keramik in sich aufgenommen hatte und im Trokmergebiet östlich des Halys produziert wurde[57]. Beide Entwicklungen verlaufen auf der Grundlage des unmittelbaren Kontakts mit der mediterranen Ware und einer sich an deren Standards und Geschmacksvorgaben anschließenden Konsumentenschicht, die in Ostgalatien offensichtlich ein breites Spektrum der ländlichen Siedlungen einschließt.

Ein Interesse an der archäologischen Erforschung der Galater in Anatolien bestand im Grunde bisher überhaupt nicht. Eine Ausnahme stellte nur Kurt Bittel dar, der von der südwestdeutschen Keltenforschung zur Archäologie Anatoliens kam. Allerdings haben die von ihm verfolgten Ansätze, die mit seiner Tätigkeit in der alten hethitischen Hauptstadt Hattuša (Boğazköy) verbunden waren[58], bis zu seinem Tode keine konkrete Gestalt angenommen. Noch bis in jüngste Zeit wurde galaterzeitliches Mate-

---

55 Vgl. F. Maier, JDAI 78, 1968, 219–255; K. Bittel, in: Assimilation (o. Anm. 38) 227–237.

56 Vgl. zur Entwicklung der buntbemalten keltischen Keramik Europas, die sich bis Mitte bzw. 2. Hälfte 2. Jh. bis an die untere Donau, nach Kleinpolen und in die Ukraine ausgebreitet hatte, F. Maier, Die bemalte Spätlatène-Keramik von Manching, Stuttgart 1970; ders., Germania 71, 1993, 571–575; U. Geilenbrügge, in: F. Maier u. a., Ergebnisse der Ausgrabungen 1984–1987 in Manching, Stuttgart 1992, 65ff. (Typenzusammenstellung LtC2-D2); La céramique peinte dans son contexte européen, Reims 1991 (zum 4. und 3. Jh. ebd. 95ff.; zum 3./2.-1. Jh. ebd. 171ff.). Die bemalte Spätlatènekeramik Mitteleuropas stellt eine perfekte Angleichung auf braun- bis rottoniger Materialbasis und einem im ganzen spätlatènezeitlichen Raum einheitlichen, bewährten Verfahren an die helltonige hellenistische Ware dar, wobei Farbgebung und Verzierung keltischer Tradition verhaftet bleiben. Die Gesamtentwicklung der bemalten Keramik ist von der späten Hallstattzeit bis zur römischen Okkupationsphase zu verfolgen, wobei besondere Impulse von der Keramik der frühlatènezeitlichen Marne-Kultur ausgingen, die ihrerseits durch die Vorbilder griechischer und etruskischer Importgefäße beeinflußt war. Die Entwicklung basiert auf mediterran beeinflußter Form-, Zier- und Maltradition. Das massive Einsetzen bemalter Keramik ist Teil des mittellatènezeitlichen Umbruchs in der Tradition im gesamten Raum der Latènekultur. Zur polychromen Keramik der Mittelgebirgszone der 1. Hälfte des 2. Jh., die sich aus dem jüngeren mediterranen (italischen) Importstrom entwickelt, vgl. M. Menke, Germania 69, 1991, 398f.

57 Vgl. weiter u. Bd. II.

58 Vgl. K. Bittel, Kleinasiatische Studien, Istanbul 1942; ders., Beobachtungen an und bei einer römischen Straße im östlichen Galatien, Heidenheim 1985.

rial, sieht man von den türkischen Grabungen in Karalar, der Residenzburg des Deiotaros I., ab, nur bei Ausgrabungen, die selbst andere archäologische Ziele verfolgten, erfaßt und bisher kaum systematisch aufgearbeitet. Archäologische Befunde liegen lediglich für die galatische Siedlung von Boğazköy (Hattuša) und in Gordion, der ehemaligen Königsmetropole des phrygischen Reiches, vor, wo die hellenistischen Schichten nun seit der Wiederaufnahme der Grabungen 1988 stärkeres Interesse erfahren. Auch bei den älteren Grabungen in Gordion unter R. Young ist für die späten Perioden des Platzes in Funddokumentation und -aufbewahrung eine anders gelagerte Gewichtung der Forschungsinteressen deutlich zu beobachten. Auch geht man bei der Bewertung und der Chronologie teilweise bis in jüngste Arbeiten von einem Schema aus, daß von den Vorannahmen Youngs geprägt war[59]. Wichtige Fundkomplexe sind bis heute nicht aufgearbeitet und durch das allmähliche Abtreten der Ausgräbergeneration der 50er Jahre für die Forschungen in Gordion gefährdet. In Ankara ist nun bei einer staatlichen Baumaßnahme im Stadtzentrum erstmals die hellenistische Stadt, vermutlich auch ihre Befestigungsmauer, angeschnitten worden[60]. Zu den Funden gehört ein von den Ausgräbern als voraugusteisch angesetztes Depot von Pferdestatuetten, offensichtlich Votivgaben, welche die Bedeutung der Pferdehaltung dokumentieren und vielleicht mit galatischen Reiterkriegern in Verbindung gebracht werden können. Doch ist dies in Ankara, dieser schon in phrygischer Zeit bedeutenden Festungsstadt des 1. Jt. v. Chr., ein bisher singuläres Ergebnis.

Zentralanatolien in hellenistischer Zeit steht hinsichtlich seiner archäologischen Erforschung und der Aufnahme seiner bestimmenden ländlichen Siedlungsstrukturen[61] ganz im Schatten der städtischen Zentren in Westkleinasien und in den südlichen Küstenregionen Anatoliens, obwohl auch dort flächendeckende surveymäßige Feldarbeit oft noch am Anfang steht[62]. Die Schwerpunkte der ar-

---

59 In seinem Führer (R.S. Young, Gordion. A Guide to the Excavations and Museum, Ankara 1968; vgl. ferner die Folge der Vorberichte) spricht Young von einer bäuerlichen Ansiedlung der Galaterzeit auf dem Stadthügel, die er durch einen Hiat von der vorgalaterzeitlichen Periodenfolge getrennt sieht und mit dem Sieg des Attalos I. über die Galater verbindet, womit er der antiken Tradition folgt, die Pergamon das Verdienst zurechnet, die Galater zur Seßhaftigkeit gezwungen zu haben. Den Beginn der Galateransiedlung setzt er entsprechend erst um 240 an, worin ihm, mit allen Konsequenzen für die Auswertung, die Gordion-Schule in Philadelphia bisher gefolgt ist. Vgl. u. Bd. II.

60 Für die Auskünfte danke ich dem Direktor des Anadolu Medeniyetleri Müzesi, Herrn İlhan Temiszoy.

61 Selbst in der bereits intensiv begangenen Region von Gordion ist erst ein Teil der ländlichen Besiedlung erfaßt; die chronologische Präzisierung der Belegung muß auch hier noch vertieft werden.

62 So selbst in der Ebene von Sardes und ihrem Umland, einer Region, deren Bevölkerung in lydisch-persischer Zeit auf 40 000–80 000, im 3.–4. Jh. n. Chr. auf über 100 000 Menschen geschätzt wird; vgl. G.M.A. Hanfmann - C. Foss, in: Hanfmann (Hg.), Sardis from Prehistoric to Roman Times, Cambridge Mass.- London 1983, 4f., 13ff.

chäologischen Forschung in Zentralanatolien sind durch die Zentren der Vorgeschichte wie der altanatolischen Kulturen bestimmt. Bis heute ist für Zentralanatolien nicht einmal eine präzise Keramikchronologie der 2. Hälfte des 1. Jt. v. Chr. erarbeitet. Die Grundlagen werden in Gordion und wenigen anderen gut stratifizierten Ausgrabungsorten gerade gelegt. Stratigraphisch fixierte Funde sind in Galatien außer in Gordion und Boğazköy überhaupt kaum vorhanden. Die meisten Fundgegenstände gelangen, wenn überhaupt, aus unbeobachteten Zusammenhängen und nichtautorisierter Aufdeckung in die Museumsdepots oder erscheinen unter Verlust des archäologischen Informationswertes im Kunsthandel. Bisher fehlt für die Regionen Galatiens die notwendige Aufnahme von Fundstellen und Besiedlung in hellenistischer Zeit. Auch die Zusammenstellungen archäologischer Beobachtungen in der ungedruckten Oxforder Dissertation von Stephen Mitchell aus dem Jahre 1974 spiegelt diese Situation; auch bleibt sie zwangsläufig chronologisch zu wenig differenziert, zumal sich Mitchell auf das kaiserzeitliche Galatien im Sinne der römischen Provinzordnung konzentriert[63]. Das Interesse ist in Zentralanatolien noch eher auf die römisch-byzantinische Zeit ausgerichtet[64]. Auf umfangreichere Vorarbeiten konnte nur die Sammlung des in Galatien, sieht man von der Grabinschrift des Deiotaros II. ab, erst spät in augusteisch-tiberischer Zeit einsetzenden und in seinem Umfange außerhalb von Ankara beschränkten epigraphischen Materials durch Mitchell zurückgreifen[65]. So hat Mitchell jüngst zu Recht betont, daß die meisten Gebiete Zentralanatoliens archäologisch noch eine *terra incognita* sind[66]. In Galatien war bislang nicht einmal die Frage der literarisch überlieferten galatischen Befestigung des Mons Olympus verfolgt worden[67]. Der Verfasser konnte dieses tolistobogische Stammesreduit nun nach historischen und geographischen Kriterien lokalisieren und 1994–1995 seine Strukturen auf dem Gipfelkamm des Çile Dağ nur wenig von Gordion entfernt erstmals aufnehmen. Weiterführende Ergebnisse sind bei einer entsprechenden Zielsetzung der Forschung ohne weiteres möglich. Ein für eine ganze Region zentraler und, wie Oberflächenbeobachtungen zeigen, zumindest seit dem mittleren Neolithikum besiedelter Ort wie Tavium, der Vorort Ostgalatiens, ist bisher ohne eine Untersuchung geblieben; hier wäre die Möglichkeit zu erwarten, durch Grabungen gerade für die hellenistische, römische und byzantinische Zeit eine für ganz Zentralanatolien bedeutsame Stratigraphie zu entwickeln.

---

63 S. Mitchell, The History and Archaeology of Galatia, 2 Bde., Diss. Oxford 1974 (MS.).

64 Vgl. TIB 4, 1984 oder die Erforschung des römischen Straßensystems durch D. French.

65 S. Mitchell, RECAM II. The Ankara District. The Inscriptions of North Galatia, BAR Internat. Ser. 135, Oxford 1982.

66 Mitchell I, p. VIII.

67 Vgl. Mitchell I, 58 „still unlocated"; K. Bittel, Kleinasiatische Studien, Istanbul 1942, 37 hielt eine Identifizierung des Mons Olympus und des Mons Magaba für nicht möglich.

Obwohl sich mit der Etablierung der keltischen Galater in Kleinasien nicht nur ein für den gesamten Problemkreis der Ausbreitung des Latènekeltentums paradigmatischer Vorgang, sondern ein für den gesamten Fragenkreis von Migration, Akkulturation, Assimilation, Bewahrung der Identität von Fremdgruppen wie des Verhältnisses von materieller Kultur und ethnischer bzw. sprachlicher Zuordnung zentrales Phänomen vollzog, hat dies bisher zu keiner entsprechenden Forschungsinitiative geführt. Gerade in speziellerer Literatur machen sich deutliche Defizite bemerkbar[68]. Dabei steht es heute außer Frage, daß die Ergebnisse der Archäologie und der Sprachwissenschaft im allgemeinen nicht kompatibel sind und die vielfach vorgetragene Identifizierung von territorial faßbarer archäologischer Kultur und sprachwissenschaftlich sowie durch zurückprojizierte antike Informationen bestimmten Ethnien stets nur eine unbeweisbare, mehr oder weniger plausibel zu begründende Hypothese bleibt[69]. Nur in den vergleichsweise wenigen Fällen, wo dies durch konkrete antike Angaben hinsichtlich einer ethnischen Identität in Verbindung mit sprachwissenschaftlichen Kriterien und territorial umrissenen, differenzierten archäologischen Befunden analysiert werden kann, können wir solchen komplexen Phänomenen näherkommen. Ein derartiges Feld liefert die zunehmende Dichte unseres Wissens über die norditalischen Keltengebiete. Doch liegen dort konkretere Quelleninformationen erst aus der Phase der römischen Eroberung, d.h. ab 225/222 v. Chr. vor und auch sie sind, wie Polybios und Livius zeigen, von vorgegebenen antiken Vorstellungsmustern und historiographischen Schemata geprägt, von der Frage der antiken Begrifflichkeit einmal ganz abgesehen[70]. Für die Phase der Landnahme latènekeltischer Verbände ab der Wende vom 5. zum 4. Jh. liegen dagegen keine wirklich verwertbaren, detaillierteren Nachrichten vor[71]. Ganz anders ist die Situation im Falle der kleinasiatischen Galater, wo wir

68 Siehe etwa J. Harmand, Les Celtes au Second Âge du Fer, Paris 1970, 43–45, wo die Galater nur kurz gestreift werden und das Galatergebiet in einer wenig präzisen geographischen Vorstellung erscheint; Ellis (o. Anm. 45) 73–91 („The Sack of Delphi"), 92–109 („Galatia"), mit teilweise bedenklichen Versehen. Charakteristisch auch die Mißverständnisse bei Chapman (o. Anm. 48) 34, 41. Es findet sich die charakteristische Fortführung von antiker Topik und Stereotypen der älteren Forschung einschließlich der aus dem europäischen Bild des »Unzivilisierten« stammenden Elemente. Vgl. auch u. S. 55 Anm. 4; 58ff.

69 Vgl. auch U. Fischer, Germania 65, 1987, 175–195, bes. 181ff.; R. Gebhardt, KeltJt 2, 4.

70 Vgl. etwa R. Urban, in: Hellenistische Studien. Gedenkschrift für H. Bengtson, München 1991, 135–157; Kremer passim; zum generalisierenden Begriff *oppidum* etwa E. Kornemann, RE XVIII 1, 1939, 708–725; H. v. Petrikovits, in: H. Jankuhn u. a. (Hg.), Das Dorf der Eisenzeit und des frühen Mittelalters, Göttingen 1977, 87; zur Problematik der modernen Kategorisierung auch R. Laurence, European Review of History 1, 1994, 9–18.

71 Die Versuche, die von Livius in dieser Form konstruierte und mit zeitgenössischem ethnographischem Wissen formulierte Wandersage konkret zu verwerten, müssen abgelehnt werden; vgl. u. Bd. II.

gerade über das Umfeld und den Hintergrund sowie die Bedingungen der Landnahme bei einer Analyse, die sich von antiker Topik löst, wesentliche Aussagen gewinnen können. Hier mangelt es dagegen an der archäologischen Erforschung, wohl nicht zuletzt deshalb, weil man die antiken Aussagen über das Barbarentum der Galater im 3. und 2. Jh. einschließlich plastischer Darstellungen für eine ausreichende Zeichnung ihrer Kultur hielt und für das 1. Jh. v. und n. Chr. von einer Assimilierung ausging, die bekannten Verlaufsmodellen folgen sollte. Wir haben hier aber das Beispiel einer auf die Wanderungen latènezeitlicher keltischer Stammesgruppen zurückgehenden, aber in einem vielschichtigen Prozeß realisierten Bildung eines neuen Volkstums im hellenistischen Kleinasien vor uns, das weder in der Ethnogenese noch in der kulturellen Entwicklung mit der bloßen Präsenz »keltischer Barbaren« zu erklären ist. Daß dieser Prozeß außerdem in historischer Zeit eine neue historische, ethnisch definierte Landschaft schuf, welche die vorherige traditionelle ethnisch-geographische Gliederung Anatoliens in dem von den galatischen Stammesstaaten fest umrissenen Raum vollständig ablöste, ist eine weitere Tatsache von grundsätzlicher Bedeutung bis hinein in die vergleichende ethnologische Forschung. Die Galater vermögen ein Forschungsobjekt zu stellen, das für eine Reihe von Fragestellungen den Rückgriff auf die Folgerungen ersetzen bzw. verifizieren kann, welche die Ethnologie uns als Vergleichsmaterial aus dem Spektrum der primitiven Völker und Kulturen der Neuzeit vorlegt. Das Erscheinen der Galater im östlichen Mittelmeerraum war ein in Verlauf und Folgen spezifischer, aber in den Grundmechanismen, wie wir wohl mit guten Gründen erschließen können, ein durchaus nicht untypischer Teil der latènezeitlichen keltischen Wanderbewegungen. Es war ein historisch wichtiger und auf Dauer erfolgreicher Aspekt der tatsächlichen keltischen Expansion, die hier in Kleinasien die Existenz des galatischen Ethnos in einer anatolisch-hellenistischen, nach 189 v. Chr. von Rom dominierten und seit Augustus römisch-hellenistischen Umwelt begründete, dessen Identität und Sprache sich aber trotz Akkulturation und schließlich Assimilation bis weit in die Spätantike behaupteten. Gerade ausgehend von der Frage nach den spezifischen Charakteristika des komplexen Prozesses von Landnahme, Herrschaftsbildung, Ethnogenese und wechselseitiger Akkulturation, in dem sich die Etablierung und Formung des galatischen Ethnos vollzog, bietet sich die vergleichende Betrachtung für viele Ebenen des Gesamtphänomens an. So ist keineswegs vorgezeichnet, in welcher Weise die unterschiedlichen Traditionen des Alltags oder der Keramik in einen Landnahme- und Akkulturationsprozeß eingehen, wenn die schon lange als Prestigeobjekte von der keltischen Oberschicht geschätzten Güter griechischer bzw. hellenistischer Machart nun allgemein verfügbar wurden. Hier läßt sich in einem sehr viel konkreteren Kontext nach den Vorgaben eines solchen Prozesses wie Größe und Dichte der Vorbevölkerung oder deren wirtschaftliche und politische Struktur fragen, und der Verlauf von Einsiedlung, von Land- und Leutenahme wird in seinem konkreten politischen Hintergrund faßbar.

Bisweilen fallen aber krasse Entstellungen ins Auge, wenn etwa die französische Keltenforschung zunehmend von einem „royaume galate“ spricht, das durch die „passage en Asie Mineure“, durch den (eigendynamischen) Übergang der wandernden Keltenstämme nach Asien, errichtet worden sei, oder wenn man Deiotaros I., den Galaterfürsten des mittleren 1. Jh. v. Chr., im Rahmen hypothetischer Überlegungen zur keltischen Religion als Träger eines sakralen keltischen Königtums sehen möchte[72]. Es ist aber ebenso kennzeichnend, daß auf altertumswissenschaftlicher Seite die Fortschritte in der sprachwissenschaftlichen wie kulturgeschichtlichen Forschung zu den Kelten oft nicht in dem erforderlichen Maße berücksichtigt werden, ganz abgesehen von dem in der Regel völlig unreflektierten Kelten- respektive Galaterbegriff[73]. Dies gilt nicht zuletzt für die Arbeiten von Mitchell. Es ist aber eine grundsätzliche Frage, was wir mit dem Begriff des Keltischen verbinden, welche Axiome wir bewußt oder unbewußt daraus für die historische Wertung ableiten, ja wie wir uns in der Suche nach historischer Evidenz dadurch leiten lassen. Auch die weiterführenden Folgerungen, die Mitchell für soziale und wirtschaftliche Strukturen wie für die vorausgesetzte Fähigkeit bzw. Unfähigkeit zur Entwicklung von Organisationsformen zu ziehen sucht, machen dies deutlich[74]. In welcher Form wir den Niederschlag eines galatischen »Keltentums« im archäologischen Befund und in den soziokulturellen Strukturen zu erwarten haben, ja welcher Art eine keltische Identität der Galater überhaupt war, sind Fragen, denen eine Behandlung der Galater und ihrer Staatengründung in Anatolien nachgehen muß. Die grundsätzliche Dichotomie von sprachwissenschaftlichem und archäologisch-kulturellem Keltenbegriff tritt hierbei in den Vordergrund. Damit ist das Grundproblem der Definition des Keltenbegriffs verbunden, die auf archäologischer, sprachwissenschaftlicher und historischer Ebene von prinzipiell verschiedenen Kriterien getragen wird, deren gegenseitiger Bezug keineswegs eindeutig oder auch nur notwendig ist.

Die dingliche Hinterlassenschaft bildet, mangels anderer Quellen, für die Erforschung der Kelten in ihrer europäischen Oikumene die Grundlage, deren Aussage man durch stilistisch-kunsthistorische Beurteilung, Analyse der Lebensform und

---

72 Vgl. C. Goudineau, L'Histoire 176, 1994, 36; J.L. Brunaux, The Celtic Gauls: Gods, Rites ans Sanctuaries, London 1988 (= Les Gaulois. Sanctuaires et rites, Paris 1986), 50, 60, 114 mit der Annahme, dieses Königtum habe sich in Galatien am längsten erhalten.

73 Vgl. etwa Bleicken (o. Anm. 20) 19f. „Die Kelten waren, wohl gedrängt durch germanische Stämme, im 6. Jh. nach Westen geströmt. In zahllosen Einzelaktionen ... haben sie im 5. und 4. Jh. Gallien, die britannische Insel, Irland und schließlich Spanien, wo sie mit der einheimischen iberischen Bevölkerung eine Mischkultur entwickelten, besetzt ... Auch in die Balkanhalbinsel und, Anfang des 3. Jhs., nach Griechenland und Kleinasien stürmten keltische Scharen“.

74 Vgl. u. S. 73ff.; dazu B. Arnold – D. Blair (Hg.), Celtic Chiefdom. Celtic State, Cambridge 1995.

die zwangsläufig stark hypothetische Interpretation religiöser Kontexte zu erschließen sucht. Die Frage der volksmäßigen und sprachlichen Identität kann daraus aber nicht gefolgert werden. Die Wende vom 5. zum 4. Jh. v. Chr. trennt die historisch faßbaren Kelten von den in Mittel- und Westeuropa vorausgehenden archäologischen Kulturen. Das traditionelle Bild der »keltischen Expansion« als einer auf die Wanderungen keltischer Völker zurückgehenden ethnischen gleich kulturellen Expansion[75] gründet sich einseitig auf das Vorhandensein von materiell faßbaren Elementen der Latènekultur und verbindet damit zugleich die Vorstellung einer »Entstehung des Keltentums« in einem Ursprungsgebiet, das sich in der späten Hallstattzeit von Burgund bis Bayern oder Böhmen erstreckt habe. Dies läßt aber die Dichotomie des Keltenbegriffes und die fundamentalen Prozesse von Stammesbildung bzw. Ethnogenese, von Akkulturations- und Akkumulationsprozessen, die bei den Bewegungen von Bevölkerungsgruppen und ihrer neuen Territorialisierung stets zu beobachten sind, in den Hintergrund treten. Die Erklärungsmodelle bleiben nicht selten von »naiv-primitivistischen« anthropologischen Deutungen geprägt, können aber auch im anderen Extrem von überzogenen Theoriebildungen der »New Archaeology« überwuchert sein. In der Realität zeigt sich aber, daß in vielen der später historisch faßbaren keltischen Siedlungsgebiete in Westeuropa und nördlich der Alpen bereits im Verlauf des frühen 1. Jt. v. Chr. Prozesse und Phänomene deutlich sind, in denen man die Wurzeln der für uns spezifisch keltischen Zivilisation der Latènekultur erkennen kann[76].

Für die Kelten, wir sollten genauer sagen, für die historischen Kulturhorizonte der Hallstatt- und Latènezeit werden vielfach unterschiedliche Struktur- und Evolutionsmodelle vorgeschlagen, welche die Deutungen der materiellen Befunde, der Beziehungen zum Mittelmeerraum und der hierfür postulierten Entwicklungsabhängigkeiten schematisieren und die auf theoretischen, kultursoziologischen sowie anthropologisch begründeten Modellbildungen beruhen[77]. Vorgeschichtliche

75 Vgl. beispielhaft etwa die Kartenbeilage „Expansion of the Celts during the first millennium B.C." bei Ellis (o. Anm. 45), 10 mit Karte): eine ethnische Expansion, die mit der „Celtic cultural expansion" gleichgesetzt wird, zuerst des hallstattzeitlichen Keltentums nach Gallien und Noricum und schließlich die Expansion der Kelten der Latènekultur über den Rest Galliens, über Britannien und Irland, nach Spanien und Norditalien sowie über den gesamten Donauraum bis nach Kleinasien.

76 Vgl. H.P. Uenze, KeltJt 7, 13f.; auch H. Parzinger ebd. 28f.; im Einzelnen die Beiträge in: KeltJt.

77 Vgl. hierzu U. Fischer, Germania 65, 1987, 175–195, bes. 189ff. (zur Tendenz der Übernahme ethnologischer und sozio-anthropologischer Modelle); C.L. Redman, American Anthropologist 93, 1991, 295–307. Verfehlt ist die theorieorientierte Kritik an der deutschen Forschung bei R. Sanson, ScottArchRev 4, 1987, 116–126. Deutlich wird die Problematik an H. Härke, AKorr 13, 1983, 461–477, dessen theoriegestützte Aussagen am Material nicht oder nur schwer nachzuvollziehen sind. Vgl. zur Frage eines überzogenen

Kulturgruppen, die man oftmals zu einseitig im Sinne von Volk und Volkstum gedeutet hatte, werden dabei einerseits zu ökonomisch-sozialen Adaptationssystemen reduziert, die verallgemeinerten, hypothetisch deduzierbaren und zugleich kausal wie intentional aussagekräftigen Gesetzmäßigkeiten oder Mustern folgen sollen[78]. Zum anderen werden über die Theoriediskussion, den archäologischen »Diskurs«, jeweils gerade prominente zeitgenössische Denkmodelle, Tendenzen der sozial- wie literaturwissenschaftlichen Theoriebildung und weltanschauliche Strömungen nicht nur auf die Interpretation des Materials, sondern auf die vergangene Lebenswelt selbst rückprojiziert[79]. Dabei hat die Theoriediskussion für die Entwicklung von „interpretative archaeologies" besonders im anglo-amerikanischen Raum längst jede Fruchtbarkeit verloren und sich selbst als Hauptgegenstand einer so verstandenen Fachdisziplin verselbständigt, wo die Auslegung von Klassikern wie Marx, Freud, Levi-Strauss, Derrida oder Foucault respektive die jeweiligen intellektuellen Modeströmungen in den Vordergrund treten[80]. Die Ansätze von »New Archaeology« mit ihren Schulen der Prozessualisten, der Postprozessualisten, der Strukturalisten wie Neomarxisten, oder der Postmodernisten und dekonstruktivistischen Poststrukturalisten, sind besonders im angelsächsischen Raum wie auch in Frankreich wirksam; als Long-Term-Ethnographie und Ethnoarchäologie werden unter Einbeziehung allgemeiner anthropologischer bzw. ethnologischer Analogien wie der Schulen der modernen Psychologie räumlich-zeitliche Evolutionsmodelle oder gegenüber der jeweils konkreten historischen Entwicklung als vorrangig betrachtete Strukturmodelle vorgeschlagen.

Es ist verständlich, daß der sogenannte keltische Fürstenhorizont der späten Hallstattzeit mit seinen Kontakten zum Mittelmeerraum und seinem spektakulären Fundniederschlag für solche theoriebezogene Betrachtungen ein besonderes Interesse findet. Doch greift die mit solchen Modellen verbundene Problematik auf

---

Zentralortmodells etwa P. Schauer, KeltJt 62. Den aktuellen theoretischen Trends folgend etwa L. Hedeager, Iron-Age Societies. From Tribe to State in Northern Europe 500 BC to AD 700, Oxford - Cambridge Mass. 1992.

78 Vgl. L.R. und S.R. Binford (Hg.), New Perspectives in Archaeology, Chicago 1968; J. Bintliff (Hg.), European Social Evolution. Archaeological Perspectives, Bradford 1984; ders. (Hg.), Les Annales School and Archaeology, Leicester 1991.

79 Vgl. C. Tilley (Hg.), Reading Material Culture, Oxford 1990; bes. Tilley ebd. 3–81 (neomarxistisch und Kritische Theorie); M. Shanks - C. Tilley, Social Theory and Archaeology, Oxford 1987; im strukturalistischen Ansatz gegen die »prozessualistische Orthodoxie« gerichtet I. Hodder, The Present Past, New York 1982; ders., Symbols in Action, Cambridge u. a. 1982; ders. (Hg.), Archaeology as Long-Term History, Cambridge u. a. 1987.

80 Charakteristisch dafür I. Bapty - T. Yates (Hg.), Archaeology after Structuralism. Poststructuralism and the Practice of Archaeology, London 1990; I. Hodder u. a. (Hg.), Interpreting Archaeology. Finding Meaning in the Past, London - New York 1995, bes. 3ff., 37ff.

die Analyse von Migration und Wandel im keltischen Bereich aus[81], ebenso auf die Vorstellungen, die für das Aufeinandertreffen von »barbarischen Randvölkern« und mediterraner Zivilisation entwickelt werden, für Beziehungsaufnahme wie für die Wirkung sozioökonomischer Gefälle. Die Galater selbst sind dabei bisher zwar noch nicht erkennbar thematisiert, doch kann eine Zeichnung dieses historischen Phänomens natürlich von zeitgenössischen Theoriekonzepten abhängig werden. Diese Modelle drohen jedoch das Verständnis der Phänomene ebenso einseitig zu prägen oder vorzustrukturieren wie das traditionelle, aus der Antike und der abendländischen Geisteswelt kommende Barbarenbild respektive das abendländisch-westliche Schema von »zivilisiert« und »unzivilisiert«[82], wobei nicht übersehen werden darf, daß gerade solche traditionellen Vorstellungen sehr wohl ihrerseits in die anthropologische Modellbildung eingeflossen sind. Archäologische Kulturgruppen stehen als Relikte für ein verlorenes soziales *und* ideelles Gesamtsystem. Der ethnographisch-anthropologische Analogieschluß in der Deutung von materiellen Befunden, besonders von Gräbern, direkt auf das soziale und materielle System ist ohne Kenntnis des religiösen Kontexts nicht aussagekräftig, sondern nur subjektiver Interpretationsversuch. Der Verlust des ideellen und ideologischen Teils der Kultursysteme läßt nur eine »Trümmersprache« von Symbolen und – von uns subjektiv bzw. nach Modellvorstellungen gedeuteten – symbolischen Handlungen zurück. Es ist deshalb völlig überzogen, Bestattungen[83] als fossilierten endgültigen sozialen Status eines Individuums aufzufassen und daraus nicht nur die direkte Identifizierung der sozialen Stellung, sondern auch der gesamten Sozialstruktur ableiten zu wollen, und zwar unter ethnologischer Parallelenbildung und Anwendung von anthropologischen bzw. sozialwissenschaftlichen Modellen[84]. Die Interpretation im Rahmen einer neo-evolutionistischen Sozialty-

---

81 P.S. Wells, Farms, Villages and Cities. Commerce and Urban Origins in Late Prehistoric Europe, Ithaca-New York 1984, bes. 28ff., 132ff., entwirft ein einseitiges Modell der „raids", der gewaltsamen Zirkulation von Gütern neben dem Handel, wobei er auch die Bewegungen des 5.–3. Jh. auf „raids" kleiner Kriegergruppen bzw. auf Diffusion reduzieren möchte; 125ff. „Raids and Migrations into Southern Europe 400–200 BC" kann der historischen Entwicklung nicht gerecht werden.

82 Vgl. hierzu W. Nippel, Griechen, Barbaren und «Wilde», Frankfurt a. M. 1990; aufschlußreich ein Vergleich zum Bild des »Wilden« im 16. Jh. (H. Porter, The Inconstant Savage, London 1979).

83 Vgl. zur Diskussion der Gräberauswertung H. Steuer, Frühgeschichtliche Sozialstrukturen in Mitteleuropa, Abh. Göttingen, Phil.-Hist. Kl. III 128, Göttingen 1982.

84 Vgl. C.B. Moore (Hg.), Reconstructing Complex Societies, New York 1974; A.C. Renfrew ebd. 69–95 (Kategorisierung von „group-oriented social structures" und entsprechenden Grabgattungen und „individualising structures, where lavish tombs complement modest communal facilities", gefolgt etwa von R. Bradley, The Social Foundations of Prehistoric Britain, London 1984, bes. 68ff., 157ff.

pologie soll aus der Zahl und Struktur der „soziotechnischen Artefakte" die Sozialstruktur aufzeigen; aus dem Bestattungsritual ergäben sich so die „social persona" wie die Größe und Zusammensetzung der sozialen Gruppen[85]. Dies bietet keine überzeugenden neuen Konzepte, vielmehr primär theoretisch entwickelte Modellkonstruktionen, die Vorrang vor dem Material erhalten und primär der Theorieentwicklungen in der Sozialanthropologie folgen[86]. Geistige und mentale Faktoren werden in einem evolutionistischen Überbauschema gesehen oder theoriegestützten strukturalistischen wie funktionalistischen Modellbildungen untergeordnet[87]. Zu den heute zu unbedenklich verallgemeinerten und besonders für Entwicklung und Expansion des keltischen Raumes angewandten Konzepten zählt das Modell der sogen. Prestigegüterwirtschaft bzw. „gift-economy"[88], das gerade für die Deutung der Entwicklungen der späten Hallstatt- und der frühen Latènezeit herangezogen wird. Das Modell der Prestigegüterwirtschaft ist an anthropologischen Auswahlmodellen, dem Primitivismuskonzept für frühen Austausch und materialistischen Evolutionshypothesen hypothetisch-deduktiv abgeleitet; es kann aber spätestens die komplexen Gesellschaften der Urnenfelderzeit in den Räumen keltischsprachiger Bevölkerung im mittleren Europa nicht mehr ausreichend erfassen.

Für die Entwicklung der keltischen Welt entwirft P. Brun ein zugespitztes, im Ansatz zugleich diffusionistisches[89] und primitivistisches wie auch anthropologisch abgeleitetes neo-evolutionistisches Modell[90], wobei er Migrationsphänomene zu einseitig durch sozio-ökonomische Veränderungen ersetzt[91]. Den vorge-

---

85 Vgl. H. Härke, AKorr 19, 1989, 185–194 mit weiterer Literatur. Die Summe der sozialen Identitäten eines Individuums sei zugleich im Begräbnis ausgedrückt; so A.A. Saxe, Social Dimensions of Mortuary Practices, Diss. Univ. of Michigan 1970 (MF.).

86 Vgl. etwa L.R. Binford (Hg.), For Theory-building in Archaeology. Essays on Faunal Remains, Aquatical Resources, Spatial Analysis and System Modeling, New York u. a. 1977; M.B. Schiffer, Formation Processes in Archeological Record, Albuquerque 1987.

87 Vgl. auch R.W. Chapman u. a. (Hg.), The Archeology of Death, Cambridge 1981, bes. R.W. Chapman - K. Randsborg ebd. 1ff.

88 Vgl. zum Primitivismusmodell des frühen Austausches K. Polanyi, in: J.A. Sabloff - C.C. Lamberg-Karlovsky (Hg.), Ancient Civilisation and Trade, Albuquerque 1975, 133–154 (einseitige Aktion: Raub, Jagd; zweiseitig: a) gift-trade, b) administered or treaty trade, c) market trade). Wenig befriedigend etwa die Adaptation bei S. Verger, in: Les princes (o. Anm. 30) 60ff.

89 Vgl. M.J. Rowlands u. a. (Hg.), Centre and Periphery in the Ancient World. Relations between the Near East, the Mediterranean World and Europe, Cambridge u. a. 1987.

90 Gestützt auf E.R. Service, Primitive Social Organisation: An Evolutionary Perspective, New York ²1971; ders., Origins of the State and Civilization. The Process of Cultural Evolution, New York 1975.

91 P. Brun, in: A. Duval (Hg.), Les Alpes à l'Âge du Fer, Paris 1991, 313–332, bes. 314 Fig. 1, 322 Fig. 7 (das hier als Gegenpol vorgeführte „modèle traditionnel", das einseitig Migrationen und Entwickungsschwellen verbindet, war bereits überholt); ders., in: 109e Congrès

stellten Schematismen insbesondere für die Bildung der Zentren des sogen. Fürstenhorizonts von HaD kann man nur mit Skepsis begegnen: „Au VIe siècle ... le stimulus méditerranéen permet un acroissement de l'intégration socio-economique. Les chefs qui parviennent à monopoliser l'échange et la redistribution des biens de prestige gréco-étrusques ... C'est la mise en place de «principautés» de 30 à 40 kilomètres de rayon"[92]. Es ist dabei bedenklich, mit welchem großen Echo die stark durch ein Epigonentum im Sinne von Braudel, Durkheim und Mauss geprägten Konzeptionen Bruns vor allem in der französichen Keltenforschung rezipiert werden. Brun baut vereinfachend auf dem „modèle spatial" einer mediterranen Weltökonomie von F. Braudel[93], einem Peripherzonenkonzept und dem Modell des „don reciproque" von M. Mauss auf, verbunden mit dem Primitivismuskonzept vormoderner Wirtschaft. Problematisch wirkt seine zentrale Formel des „complexe techno-économique" der Entwicklung, die allein die Ökonomie als Basis der Veränderung kennt. Den Verfall der HaD-Fürstentümer erklärt er mit dem Ausbleiben der Prestigegüter aus dem Mittelmeerraum, und somit das Ende von HaD mit der Entwicklung des mediterranen Handels[94]. Größere Wanderungen um 400 v. Chr. als Teil der weiteren Entwicklung lehnt er ab.

Die diffusionistisch-evolutionistischen Theoriegebäude, die auf dem Konzept einer Prestigegüterwirtschaft im Kontakt mit dem Mittelmeer aufbauen und die Monopolisierung dieser Prestigegüterwirtschaft als Grundlage für die Entstehung herausragender sozialer Stellung sehen, scheitern an den Fortschritten der Chronologie. Das Zentralgrab des monumentalsten Großgrabhügels Europas, des Magdalenenbergs bei Villingen, ist nach den dendrochronologischen Daten 622 v. Chr. errichtet worden[95]. Brun, der wie andere von der in Frankreich lange bevorzugten

---

de Sociétés Savantes, Dijon 1985, 261–277; ders., Princes et princesses de la Celtique de premier âge du fer en Europe 850–450 av. J.-C., Paris 1987, bes. 160ff. (Zirkelschlüsse hinsichtlich des Prestigegüteraustausches); ebd. 163f. werden primitivistische anthropologische Modelle sogar auf die städtische etruskische Gesellschaft übertragen.

92 A.a.O. 1991, 323.

93 Ebd. 329: Es passe „parfaitement au premier âge du fer européen".

94 A.a.O. 1987, 165ff.; 177ff. wird die Schwäche der Argumentationsketten besonders deutlich (z.T. verzerrte Vorstellungen von der Geschichte des Mittelmeerraumes als Ausgangspunkt).

95 Vgl. W.E. Stöckli, AKorr 21, 1991, 369–382 mit Anm. 14–18; S. Kurz ebd. 507–516; L. Sperber, Untersuchungen zur Chronologie der Urnenfelderkultur im nördlichen Alpenraum von der Schweiz bis Oberösterreich, Bonn 1987, bes. 132ff., 253ff.; ferner sind die Hölzer der nördlichen Pfostenreihe 622–621, der südlichen 617–616 geschlagen. Die zahlreichen Nachbestattungen erstrecken sich über 2 bzw. 3 Generationen, zu ihrer Analyse vgl. B. Teržan, PZ 67, 1992, 73–89. Notwendige Höherdatierung des Einsetzens des sogen. Fürstenhorizonts HaD1 auf 650/640–610/600 v. Chr., Höherdatierung von HaC1 (Mitte 8. bis Mitte 7. Jh.) durch die korrigierte dendrochronologische Festlegung des Endes der Seeufersiedlungen auf Mitte 9. Jh. und damit der Urnenfelderspätphase auf 850–750.

niederen Chronologie ausgeht, datiert den Magdalenenberg noch ins 6. Jh.[96]. Die politischen und sozialen Entwicklungen, die mit der Ausbildung dieses offensichtlich ältesten überregionalen Machtzentrums in Südwestdeutschland verbunden waren, sind der vorausgehenden Generation des mittleren 7. Jh. zuzuweisen[97]. Vergleichbare Widersprüche ergeben sich aus dem Fund des herausragenden, bereits als monumentales Denkmal angelegten Grabhügels von Saint-Romain-de Jalionas (9./8. Jh.)[98] oder der mediterranen Vorbildern der Befestigungsarchitektur folgenden Heunischenburg im Oberfranken des 9. Jh. v. Chr.[99], ebenso aus dem Erkennen der gleichrangigen Bedeutung der Späthallstattzentren in Nordbayern bis Böhmen, die sich in keiner Weise in die Hypothesen einer Abhängigkeit der Entwicklung vom mediterranen Fernhandel einfügen. Wohlstand und politische Macht waren schon in der Urnenfelderzeit weiter Teile Mitteleuropas Folge weitreichenden Handels und der Bronzeindustrie, Höhensiedlungen wurden zu befestigten politischen und wirtschaftlichen Mittelpunkten entwickelt.

Entgegen solchen sozio-ökonomischen Evolutionsschemata ist zu betonen, daß zuerst die politische und ökonomische Machtbildung erfolgen muß, welche die Kontrolle über die Netzwerke interner und externer politisch-sozialer Beziehungen und Abhängigkeiten aufbaut, die dann zum Bezugspunkt von Fernbeziehungen und Fernkontakten wird. Die Entstehung solcher Konzentrationen aus den externen Beziehungen zum Mittelmeerraum und aus der Monopolisierung der »Prestigegüterwirtschaft«[100], des Zugangs zum Import von Prestigegütern, erklären zu wollen, führt nicht weiter. So möchte J.M. Rowlands „dominance through might“ verneinen[101], wobei er von dem hypothetischen Bild der „relative peaceful Western Hallstatt chiefdoms“ ausgeht. Primitivistische anthropologische Schemata fassen hier aber nicht mehr. Macht ist nicht nur Bündelung von Heirats-, Innen- und Außenbeziehungen im Sinne des horizontalen und vertikalen Austauschnetzwerks, nicht nur Aufrechterhaltung von Monopol wie Kontrolle des Zugangs zur „gift-economy“. Die mediterranen Importgüter treten ja bezeichnenderweise in den Riesengrabhügeln der Gründergenerationen solcher späthallstattzeitlicher Zen-

---

96 Brun a.a.O. 202.

97 Auch die erste Phase des hallstattzeitlichen Herrschaftsmittelpunktes der Heuneburg mit dem Großgrabhügel des Hohmichele setzt in der 2. Hälfte des 7. Jh. ein. Vgl. o. Anm. 95. Die Modellbildungen müssen auch für die frühe und mittlere Bronzezeit revidiert werden, vgl. S. Gerloff, PZ 68, 1993, 58–102.

98 Vgl. o. S. 9 Anm. 3.

99 Vgl. B.-U. Abels, KeltJt 83–87.

100 Vgl. C. Renfrew - J.F. Cherry (Hg.), Peer Polity Interaction and Socio-political Change. The Development of Socio-cultural Complexity, Cambridge 1986; ders.- S.J. Shennan (Hg.), Ranking, Resource and Exchange, Cambridge 1982.

101 M.J. Rowlands, in: J. Barrett - R. Bradley (Hg.), The British Later Bronze Age I-II, Oxford 1980, 15–55, bes. 29ff.

tren gar nicht auf. Hier wird eine monumentale, bisherige Ressourcen weit übersteigende, als Denkmal konzipierte Repräsentation von herrschaftlicher Dominanz, von offensichtlich charismatischem politisch-sozialem Prestige entfaltet, die auf der Basis der Akkumulierung militärischer Macht und des Aufbaus überregionaler Herrschaft zu sehen ist. Verfügbarkeit und Ausübung militärischer Macht respektive politische Herrschaft sind auch hier nicht durch Theoriemodelle zu ersetzen. Eine Verneinung eines breiten Handels und die Reduzierung auf den Austausch von Prestigegütern, auf „gift-exchange", ist abzulehnen. Prestigegüter sind nur ein kleiner, den Fernaustausch nachweisender Teil des Güter- und Personenverkehrs. Die Kontakte waren nicht nur gelegentlicher Austausch und Übertragung von Prestigegütern, sondern bekannte und oft lange etablierte Handelswege, die Übermittlung von Luxusgütern war nicht die Ursache, sondern eine Begleiterscheinung der Fernhandelsbeziehungen, nicht Ursache, sondern Folge der vorausgegangenen Entwicklung exklusiver sozialer Hierarchien[102]. Nicht mit der differenzierten tatsächlichen Entwicklung und den chronologischen Problemen zu vereinbaren sind die Konzeptionen, die ein Erklärungsmodell für die gesellschaftliche Fortentwicklung, etwa der westlichen Späthallstattregion oder dann der LtA-Kernräume, entwerfen, das von der schrittweisen Integration der Peripherzonen in das mediterrane Wirtschaftssystem und der weiter nach außen geschobenen Neubildung solcher peripherer Randzonen ausgeht, die jeweils der Zentralraum aggressiver, sozial fragmentierter Kriegeraristokratien seien[103]. Für das Verständnis der historischen Vorgänge des 4. Jh. sind solche einseitigen Modellbildungen mit Sicherheit nicht ausreichend.

Die Skepsis gegenüber dem älteren Standardschema der Erklärung von kulturellem Wandel oder sich verbreitenden Moden durch Völkerbewegungen bei gleichzeitiger Identifizierung von archäologischen Kulturgruppen mit Völkern ist natürlich berechtigt[104]. Weder kultureller noch sprachlicher Wandel sind zwingend an radikalen Wandel, den Kulturbruch durch den Wechsel von Bevölkerung, oder an eine Verbreitung archäologischer Kulturgruppen allein durch Bevölkerungsverschiebungen gebunden; archäologische Kulturgruppen als Trümmersprache verlorener sozialer und geistiger Gesamtsysteme sind die Relikte der Entwicklung, Weitergabe und Veränderung von Gruppenregeln und Individualverhalten im weiteren Sinne. Wanderungen oder Bevölkerungsausbreitung sind nur ein Teilspektrum der historischen Mechanismen für die Ausbreitung von Kulturkreisen oder charakteristischen Phänomenen einschließlich sozialer Formen, die vielfach

---

102 Vgl. etwa auch S. Gerloff, PZ, 68, 1993, 58–102, bes. 85.

103 Vgl. so B. Cunliffe, Greek, Roman and Barbarians Spheres of Interaction, New York 1988, bes. 34ff., 91ff (Rolle der Beute in der Gesellschaft); ders., La Gaule et ses voisins. Le grande commerce dans l'Antiquité, Paris 1993.

104 Vgl. etwa U. Veit, Saeculum 35, 1984, 326–364.

auf der Übernahme, Diffusion und Adaptation von Modellen, Normen, Moden und Vorstellungen beruhen; aber auch eine theoretisch wenig zu konzeptualisierende Beschreibung als Einfluß oder Kontakt muß dabei sehr wohl ihre Berechtigung haben. Migrationsbewegungen als externe Entwicklungsfaktoren aber weitgehend zu negieren, wie dies in der New Archaeology zu einer lange dogmatischen Ansicht wurde[105], ist ebenso abzulehnen[106]. Diese Frage ist gerade für das Verständnis der keltischen Expansion nach Südosteuropa und damit für die Struktur der Keltenverbände von grundsätzlicher Bedeutung, mit denen sich die hellenistische Welt seit 280 v. Chr. direkt konfrontiert sah und die in der Gestalt der kleinasiatischen Galater Teil dieser ostmediterranen Welt wurden[107]. Wanderbewegungen von politisch-sozial organisierten Völkerschaften und von kleineren Gruppen in ethnogenetischen Formierungsprozessen sind ein wesentliches Element für die Geschichte wie für die sozialen und kulturellen Entwicklungen[108]. Die

105 Vgl. W.Y. Adam - D.P. Van Gerven - R.S. Levy, Annual Review of Anthropology 7, 1978, 483–532. Die Ablehnung der Bedeutung solcher externer Faktoren ist charakteristisch für die neofunktionalistischen, systemorientierten und strukturalistischen Ansätze. Vgl. etwa C. Renfrew (Hg.), The Explanation of Cultural Change: Models in Prehistory, Pittsburg-London 1973; C. Renfrew u. a. (Hg.), Theory and Explanation in Archaeology, New York 1982.

106 Vgl. D.W. Anthony, American Anthropologist 92, 1990, 895–914. Problematisch ist das diffusionistische „Wave of Advance"-Modell (hohe Geburtenrate, Frontier-Situation, Zufallsbewegungen über kürzere Distanz), das von einer kontinuierlichen Ausbreitung und fortschreitenden „short-distance-migrations" für die Verbreitung des Neolithikums ausgeht (vgl. A. Ammerman - L.L. Cavalli-Sforza, in: Renfrew a.a.O. 1973, 343–358; dies., The Neolithic Transition and Genetics of Populations in Europe, Princeton 1984). Dem gegenüber ist gerade für die Ausbreitung der neolithischen Lebensform im bandkeramischen Kulturkreis von Sprüngen auszugehen, die gezielt geographisch-ökologischen Voraussetzungen folgten und eine rasche großräumige, sich erst in der Folge verdichtende Verbreitung ermöglichten (vgl. bes. J. Lüning, RGZM 35, 1988, 50).

107 Die jüngst von B. Sergent, REA 90, 1988, 329–358 vorgetragene These, eine erste Einwanderung von „Kelten" hätte in Kleinasien bereits im 7. Jh. v. Chr. stattgefunden, ist nicht haltbar und wird auch in ihrer sprachwissenschaftlichen Argumentation allgemein abgelehnt.

108 Vgl. zur allmählichen Abwendung von der bisher vorherrschenden, vor allem angelsächsischen und französisch-strukturalistischen Theoriediskussion etwa Anthony a.a.O.; I. Rouse, Migrations in Prehistory. Inferring Population Movement from Cultural Remains, New Haven - London 1986; M. Leone - P.B. Potter - P.A. Shackel, Current Anthropology 28, 1987, 283–302; es ist bezeichnend, wie man sich um theoriegerechte Formulierungen (prozessualistische sowie konstruktivistische Definitionen bei Anthony a.a.O. 895f.) bemüht, die im Grunde historisch selbstverständlichen Inhalten nichts hinzufügen. Rouse betont zu Recht, daß die Heranziehung von anthropologi-

Fixierung auf ökonomisch-soziale und strukturelle Zusammenhänge, auch wenn diese von den berechtigten Bemühungen um eine Revision der einseitigen Modelle ausgeht, darf weder die entscheidende Rolle von persönlichen und politischen Momenten, von Gruppenwillen und machtbestimmtem Einzelhandeln leugnen noch geistige und religiöse Umwälzungen, die stets zugleich eine politisch-soziale Dimension haben, nur mit Mühe zur Kenntnis nehmen[109]. Gerade in den letztgenannten Komplexen muß der Schlüssel der Ausbildung der Latènekultur in den sprachlich längst keltischen Räumen West-, Mittel- und Zentraleuropas gesehen werden, der unmittelbar in die Frage des kulturellen Keltenbegriffes führt, wie er im zweiten Teil dieser Untersuchung für die Wertung der kleinasiatischen Galater kurz umrissen werden muß. Doch ist die Geschichte der Latènephase Europas wie die Latènisierung und Ausbreitung der sprachlichen Keltisierung entscheidend mit Migrationsvorgängen verbunden. Im Falle der Sprache muß dabei stets von dem direkten und intensiven Kontakt mit den Trägern der Sprache und ihrer Präsenz im Leben der Gemeinschaften ausgegangen werden. Die historische Realität von Migrationen und Bevölkerungsbewegungen bei kultureller Veränderung und Sprachverbreitung bzw. -entwicklung kann nicht zugunsten einer rein statischen oder primär sozioökonomischen Sicht der Prozesse aufgegeben werden, wobei die Existenz auch von Rückwanderungsphänomenen in die alten Ursprungsgebiete offensichtlich ist. Zurückweisende Kontakte und Verbindungen sind allerdings auch in der traditionellen Sicht nie in Frage gestanden und haben gerade für die Latènezeit deutliche Spuren hinterlassen. Es ist überaus bezeichnend, daß die deutschsprachigen Forschungen zur Ethnogenese und Stammesbildung an den im Gegensatz zur Vorgeschichte viel besser faßbaren Phänomenen der Völkerwanderungszeit in der angelsächsischen Forschung und Theoriediskussion nicht zur Kenntnis genommen werden[110].

---

schen und soziokulturellen Untersuchungen zu modernen Wanderbewegungen nur äußerst bedingt möglich ist; dies gilt vor allem für Versuche, das Rückwanderungsverhalten bei Arbeitskräfteströmen des Industriezeitalters auf diese Phänomene zu übertragen. Für das Söldnerwesen der antiken Welt, nicht zuletzt der Kelten in den hellenistischen Reichen ergeben sich dagegen, wie nicht anders zu erwarten, durchaus ähnliche Verhaltensmuster. In den Söldnern haben wir die klassische Form des qualifizierten »Gastarbeiters« vor uns.

109 Problematisch ist aber auch der Versuch, Migrationen völlig in die „structural causations" im Rahmen von „world systems theories" einzubinden (vgl. etwa B. Trigger, Annual Review of Anthropology 13, 1984, 275–300; P. Kohl, Advances in Archaeological Method and Theory 11, 1987, 1–35). Die Problematik der letztgenannten, zum überzogenen Konstrukt neigenden Modellbildungen wird gerade in der Suche nach strukturell zu konstruierender Kausalität für die Entwicklung der Hallstatt- und Latènekultur deutlich.

110 Vgl. etwa nur die Definitionsversuche im Sinne der territorialen Invasion und Etablierung eines Volkes bei Rouse a.a.O.

Betrachten wir die Frage der historischen Keltenwanderungen seit dem späten 5. Jh. v. Chr., so können wir auch nicht von verallgemeinernden Primitivismus-Modellen für Migration und ihren politisch-sozialen Hintergrund ausgehen[111], noch von den stereotypen antiken Modellen für die Einfälle von Barbaren, auch wenn die Anziehungskraft materiell hochentwickelter Kulturen und des möglichen Gewinns von materiellem Reichtum als Motiv natürlich immer vorhanden war. Die keltischen Wanderungen sind für uns vor allem ein Phänomen der Bewegungen über größere Distanzen, wobei aber immer wieder charakteristische Etappenbildungen zu erkennen sind und keineswegs aus den Endstadien auf von vornherein festgelegte Ziele geschlossen werden darf. Ihr Umfeld ist darüber hinaus durch die seit Generationen ausgeprägten Kontakte und persönlichen Beziehungen zur Mittelmeerwelt gekennzeichnet, welche die politisch, sozial und wirtschaftlich dominierenden Schichten gerade im 5. Jh. pflegten, ebenso durch entwickelte Muster diplomatischer Kontakte über weite Distanzen, wie es in Italien im Falle der Kontaktaufnahme mit Dionysios I. oder auf dem Balkan in dem von den Kelten geschlossenen Abkommen mit Alexander deutlich wird. Wanderbewegungen waren aber kein Teil der regulären Existenz dieser Bevölkerungen des west-, mittel- und zentraleuropäischen Raumes, auch nicht in der Zeit des 4. und 3. Jh. v. Chr. Das Vorhandensein von Hirtentranshumanz in der Viehhaltung, des Wechsels zwischen Sommer- und Winterweiden, oder der Wechsel von bebauten Böden nach der Nutzung durch eine bisweilen relativ kurze Generationenfolge oder nach der Erschöpfung brandgerodeter Flächen ändern an dem grundsätzlich seßhaften Charakter der Bevölkerung nichts[112]. Nomadismus und Weidewirtschaft sind keine verallgemeinernd anwendbaren Kategorien, denn zwischen Viehhaltung oder Weidewirtschaft und grundsätzlicher Mobilität von Bevölkerungsgruppen besteht keine eindeutige Korrelation[113]. Es ist vielmehr zwingend zwischen den verschiedenen Formen von Weidewirtschaft und den Typen nomadischer Hirtenbevölkerung zu unterscheiden, zum einen Transhumanz als ein spezifischer Zweig seßhaf-

---

111 Vgl. u. S. 60ff.

112 Vgl. u. S. 60ff., 82, 86, 94ff. Dahinter steht das traditionelle Denkschema, Migration als generelle, auf entsprechenden eindeutigen Strategien der Subsistenzwirtschaft basierende Mobilität zu deuten, nicht als spezifischen, in den konkreten Faktoren individuell zu sehenden historischen Vorgang.

113 Vgl. hierzu bes. F. Braudel, La méditerranée et le monde méditerranéen I, Paris ^{2}1966, 76ff.; A.M. Khazanov, Nomads and the Outside World, Madison WI ^{2}1994, XXIIff., bes. XXIIf., XXVIIf., 15ff., 37ff., 40ff.; auch ders.- O. Bar Yosef (Hg.), Pastoralism in the Levant: Archaeological Materials in Anthropological Perspectives, Madison WI 1992; allgemein J.G. Galaty - D.L. Johnson (Hg.), The World of Pastoralism. Herding Systems in Comparative Perspektive, New York 1990; T.J. Barfield, The Nomadic Alternative, Eaglewood NJ 1993; C.R. Whittaker (Hg.), Pastoral Economics in Classical Antiquity, Cambridge u.a. 1988.

ter bäuerlicher Wirtschaft, von dem nur der Personenkreis der Hirten temporär betroffen ist, dann die halbseßhafte ackerbäuerliche Viehhaltung, ferner die halbnomadische Weidewirtschaft und schließlich der tatsächliche Hirtennomadismus, der eine grundsätzliche Lebensweise mit spezifischer Wirtschaftsform darstellt.

Bei den historischen Wanderungen und Unternehmungen der Kelten können wir zwei Grundelemente der Mobilität früher europäischer Gesellschaften erkennen, einmal den Kriegerzug[114], den Heereszug gegen ein durchaus erst über weite Landstrecken zu erreichendes Ziel, der von dem Kriegerverband, von dem mobilen Gefolgschaftswesen oder von dem aggressiven Verhaltenskodex der *iuventus* von Clans und Stämmen[115] getragen wurde, zum zweiten die Wanderung einer verschieden akkumulierten Bevölkerungsgruppe mit dem Ziel neuer Wohnsitze, ein Ziel der Landnahme, das auch mit dem Streben nach Entfaltung von Machtdominanz verbunden sein konnte[116]. Insgesamt folgten die keltischen Bewegungen seit dem späten 5. Jh. v. Chr. alten und bekannten Verkehrswegen oder Kommunikationslinien. Für das Verständnis dieser Phänomene ist es aus meiner Sicht entscheidend, die Migrationsvorgänge und Ethnogeneseprozesse der Völkerwanderungszeit vergleichend in die Betrachtung einzubeziehen. Die Gruppen der Tolistobogier und Trokmer waren 279–278 tatsächlich auf einer Wanderbewegung befindliche, als «Gens in Waffen» auftretende, aber in ihrer Struktur bäuerliche Bevölkerungsverbände mit dem Ziel der Landnahme. Gerade die kleinasiatischen Galater bieten das Beispiel für eine historische Ethnogenese und Landschaftsbildung im Rahmen von Landnahme und Akkulturation, wobei sich die Bedeutung des sprachlichen Elements besonders dokumentiert. Auch zeigen sie, daß eine solche historisch gesicherte Landnahme und Durchsetzung in Sprache wie ethnischer Identität archäologisch keineswegs in vorgezeichneten Mustern zu fassen ist, sondern die Erwartungen an das Material vielmehr in jedem Einzelfalle zu überprüfen sind.

Für die Problematik prinzipieller Erwartungsmuster ist in diesem Zusammenhang ferner darauf hinzuweisen, daß sich die Vorstellungen von einem vermeintlichen Nomadentum, einer grundsätzlichen Mobilität und Aggressivität der Kelten aufs engste mit den Konzepten berühren, die für die Entwicklung und Ausbreitung

---

114 Caes. b.c. 1, 51, 1–3.6 beschreibt den Zuzug von gallischen Auxilia und Nachschub für den spanischen Kriegsschauplatz mit einem großen folgenden Troß als typisch für die Gallier: rutenische Bogenschützen, gallische Reiter, d. h. Adelskrieger, mit vielen Wagen und großem Gepäck; außerdem befand sich dabei ein ungeordneter Zug von zusammen etwa 6000 Menschen aller Art, darunter Angehörige aristokratischer Jugend, Delegationen der Civitates und die Gesandten Caesars, einschließlich des (abhängigen Gefolge) aus Freien und Sklaven.

115 Vgl. Caes. b.G. 6, 23, 6; Tac. Germ. 14, 1–3; 14, 2; 15, 1; vgl. G. Perl, Tacitus. Germania, Berlin 1990, 170ff.

116 Vgl. Caes. b.G. 1, 2.3.5.

der indoeuropäischen Völker und Sprachen ausformuliert wurden. Die Modelle für die Bildung und Expansion der keltischen Bevölkerung Europas sind von diesem Kontext überhaupt nicht zu lösen[117]. Die heftig umstrittene Frage eines Ursprungsgebietes der indoeuropäischen Völker und ihrer Ausbreitung sowie ihres Verhältnisses zur neolithischen Revolution, zur Verbreitung agrarischer Lebensformen in Europa, bietet ein archäologisch nicht zu klärendes, nur in hypothetischen Rekonstruktionen unterschiedlicher Plausibilität zu behandelndes Problem, wobei die besondere Betrachtung kontinuierlicher vorgeschichtlicher Entwicklungen noch den besten Ansatz bietet[118]. Eine traditionelle Anschauung sieht die mit Pferd und Streitwagen vertrauten indogermanischen Hirten- und Nomadengruppen der osteuropäischen Steppenzone die militärisch weniger geübten Ackerbauern Südost-, Mittel- und Nordeuropas unterwerfen, überlagern und indogerma-

---

117 Vgl. D.E. Evans, in: Proceedings of the First North American Congress of Celtic Studies, Ottawa 1988, 209–222; auch J.P. Mallory, JIES 1, 1973, 21–65; u. Anm. 123.

118 Vgl. J.P. Mallory, In Search of the Indo-Europeans. Language, Archaeology and Myth, London 1989 (zur Referierung der Theoriebildungen ebd. 16ff., 143ff); dazu B. Schlerath, PZ 67, 1992, 132–140; zusammenfassend L. Kilian, Zum Ursprung der Indogermanen, Bonn [2]1988; S. Zimmer, Ursprache, Urvolk und Indogermanisierung, Innsbruck 1990 (mit Übertragung des Modells der Kreolsprachen, d. h. der Mischsprachenentwicklung, für die Möglichkeit eines sprunghaften Prozesses bei der Entstehung des Indoeuropäischen); Schlerath a.a.O.; ders., GGA 241, 1989, 31–49; J. Makkay, JIES 20, 1992, 193–238. Das von C. Renfrew, Archaeology and Language: The Puzzle of the Indo-European Origins, London 1987, entwickelte „wave of advance"-Modell (vgl. auch A. Ammerman – L.L. Cavalli-Sforza, The Neolithic Transition and the Genetics of Population in Europe, Princeton 1984) einer Ausbreitung der indoeuropäischen Sprachen und Völker von (Ost-)Anatolien aus im Rahmen der Verbreitung des Ackerbaus (Koppelung von Sprache und demographisch-gesellschaftlicher Wirkung der Neolithisierung) wurde zu Recht widersprochen; vgl. etwa Meid a.a.O.; Schlerath a.a.O. 133, 137; Schmidt a.a.O. 48f.; vgl. auch die Artikel in Antiquity 61, 1988 (Ausbau der theoretischen Verbindung zu sozialen Phänomenen wie Austausch und Elitedominanz bzw. ökologischen und demographischen Konsequenzen der Verbreitung des Ackerbaus). Die von C. Renfrew, Man 27, 1992, 445–478 als Weiterentwicklung vorgeschlagene Verbindung von Archäologie, Genetik und historischer Linguistik als potentielle Synthese von „bio-socio-linguistics" erweist sich als wenig überzeugendes Theoriekonstrukt. Abzulehnen ist J. Robb, Antiquity 67, 1993, 747–760 mit der Theorie der Formung bei aufeinanderfolgenden Wellen sozialen Wandels (Erweiterung um das Modell der „gender-associated languages", das die Entwicklung und Verbreitung der indoeuropäischen Sprachen mit der Entwicklung von „prestige-systems" und einer neuen „male oriented gender ideology" verbindet und sie als „trade prestige gender associated languages" definiert). Auf Theorievorgaben beruhen hier solche Konstrukte wie „Bronze Age sociolinguistic developments" als „developing gender and social stratification"; diese Theoriebildungen arbeiten vielfach mit älteren vorgeschichtlichen Modellen („urnfield-expansion") oder einer geradezu scholastischen Exegese der theoretischer Klassiker.

nisieren; der Streitaxt-Schnurkeramik-Kultur wird dabei eine entscheidende Rolle für die Indogermanisierung Europas zugewiesen[119]. Es wird auf die Einführung der Pferdehaltung verwiesen und die Dynamik der Entwicklung mit der Verwendung des Pferdes als Reit- bzw. Zugtier erklärt[120]. Viehhaltung ist aber keine Entwicklung aus dem Jäger- und Sammlermilieu, sondern der Domestizierungsprozeß folgt erst dem Übergang zu ackerbäuerlichen Lebensweise und setzt Seßhaftigkeit voraus[121]. Hirtennomadismus ist eine sekundäre Entwicklung.

M. Gimbutas hat die in einem hohen Grade kulturphilosophisch beeinflußten Vorstellungen über eine Indoeuropäisierung als Wanderung und Überlagerung durch „warlike and mobile Proto-Indo-Europeans", der „Dnjeper-Volga steppe pastoralists" sowie der „North Pontic-North Caucasian pastoralists", die mit dem gemeinsamen Terminus „Kurgan-People" umschrieben werden sollen, zu einem weitverbreiteten Modell entwickelt[122]. Die Wurzeln des Bildes von einem Nomadentum der Kelten und Galater stehen hier über antike wie abendländische Vorstellungsmuster insbesondere für das Steppennomadentum in deutlicher Beziehung zu den grundsätzlichen Vorstellungen über die »Wesensart« und die ökonomisch-sozialen Strukturen der Indoeuropäer. Das antike und ihm folgend das abendländische Barbarenbild wirken erkennbar nach. Gimbutas, deren in den Details mehrfach geänderte Theorie gerade in der Sprachwissenschaft stark rezipiert wurde[123], sieht das Neolithikum und die Kupferzeit Europas ganz von

119 Vgl. etwa E. Wahle, Deutsche Vorzeit, Basel ^{2}1952 (^{1}1932).

120 Vgl. zu diesem grundsätzlichen Vorstellungsmuster etwa A. Azzaroli, An Early History of Horsmanship, Leiden 1985; V.N. Toporov, Orpheus 1990, 46-63, bes. 53f.; Anthony a.a.O. 905ff.; ders., Current Anthropology 27, 1986, 291-313 unter der fälschlichen Annahme, Pferdedomestikation und Reiten in der frühen Steppenkultur des Dnjepr-Don-Raumes nachgewiesen zu haben.

121 Vgl. o. S. 43f.; kritisch zu Mythos und stereotypen Bildern Khazanov (o. Anm. 113), bes. XLff., 1ff., 85ff., 228ff.; ebd. XLI zur Problematik der Übertragung rezenter ethnologischer Analogien von pastoralen Systemen auf die Frühphase der Entwicklung.

122 Zusammengefaßt bei M. Gimbutas, in: W. Bernhardt - A. Kandler-Pálsson (Hg.), Ethnogenese europäischer Völker, Stuttgart - New York 1986, 5-20; dies., Die Ethnogenese der europäischen Indogermanen, Innsbruck 1992 (Literatur ebd. 27-29) vgl. dies., JIES 5, 1977, 277-338; 8, 1980, 273-317; 13, 1985, 185-202; S.N. Skomal - E.C. Polemé (Hg.), Proto-Indo-European: The Archaeology of a Linguistic Problem. Studies in Honor of M. Gimbutas, Washington 1987, bes. 384ff.; I.M. Diakonoff, JIES 13, 1985, 92-174; A.I. Jones, JIES 20, 1992, 31-44; D.G. Zanotti, Orpheus 1990, 7-17 (zu dieser Variation des Kurganmodells Gimbutas ebd. 18-23).

123 Vgl. W. Meid, Archäologie und Sprachwissenschaft, Innsbruck 1989, bes. 9ff.; K.H. Schmidt, ZCP 45, 1992, 38ff., bes. 47 (Gimbutas' „wave 3" (3000/2800) der Ausbreitung der Dnjepr-Don-Hirtenvölker ins östliche Zentraleuropa folgend, aber gegen ihr Ausgliederungsmodell der europäischen Sprachen); eine problematische Vermischung

nichtindoeuropäischen, matriarchalisch geprägten Völkern ohne Kriegerklasse oder Pferde getragen[124]. Die Indoeuropäisierung sei in den drei Wellen der Kurganleute zwischen 4200 und 2800 v. Chr. erfolgt, die von einem Zentrum der „Proto-Indoeuropean culture", das zuletzt zwischen Wolga, Ural und Kaspischem Meer lokalisiert wird, ihren Ausgang genommen hätten. Jede dieser Wellen habe einen „kurganisierenden" Effekt und erheblichen kulturellen Wandel zur Folge gehabt; nach der zweiten Welle in der 2. Hälfte des 4. Jt. hätten indoeuropäische oder indoeuropäisierte Gruppen Südost- bis Zentraleuropa erfaßt gehabt. Die Kurganleute seien in einer patriarchalischen Sozialstruktur mit einem Kriegeradel organisiert gewesen, hätten ein von männlichen Kriegergottheiten dominiertes Pantheon und eine pastorale Wirtschaftsform besessen. Durch den militärischen Erfolg hätten sie bei ihrer Ausbreitung die Vorbevölkerung durch ihre Sozialstruktur, Religion und Sprache überschichtet und so schließlich in Zentraleuropa ein zweites Heimatgebiet der indoeuropäischen Völker entstehen lassen, das zum Ausgangspunkt der Migrationsbewegungen seit 3000 v. Chr. geworden sei, welche die dritte Welle, der Vorstoß von Hirtenvölkern aus dem Dnjepr-Wolga-Raum an die untere Donau, ausgelöst hätte. Der wiederholte Vorgang der Überschichtung habe neue kulturelle Komplexe und wohl auch neue sprachgeschichtliche Zweige des Indoeuropäischen geschaffen. Die Theorie des Eindringens von Indoeuropäern als einer nomadisierenden Viehzüchterbevölkerung mit der Kenntnis der Domestikation des Pferdes und seiner Nutzung als Reit- und Zugtier, wobei der Steppenraum nördlich des Schwarzen Meeres bis zu Wolga und Ural zur Ausgangszone der frühen indoeuropäischen Völker wird, bestimmt in starkem Maße das Denken über Migrations- und Expansionsphänomene[125]. Die Erstdomestizierung des Pferdes

---

von Modellen bei S. Paliga, JIES 17, 1989, 309–334. Mallory a.a.O. 186ff. (zur Expansion ebd. 222ff.) kommt zu einem gegenüber der direkten Gleichsetzung von Indoeuropäern und »Kurgan-Kultur« modifizierten Ergebnis, indem er die Proto-Indoeuropäer in den frühneolithischen und eneolithischen Kulturen des pontisch-kaspischen Raumes ab dem 6. Jt. v. Chr. repräsentiert sieht und als letzten proto-ide. Horizont den Jamnaja-Kultur-Horizont annimmt, der mit verschiedenen regionalen Gruppen vom Karpatenrand bis über den Uralfluß hinaus rekonstruiert wird.

124 Vgl. M. Gimbutas, The World of the Goddess, New York 1987; dies., The Language of the Goddess, London 1989; dazu kritisch etwa R. Hutton, The Pagan Religions of the Ancient British Isles: Their Nature and Legacy, Oxford u. a. 1991, 39ff.

125 Vgl. auch J. Lichardus, in: ders. (Hg.), Die Kupferzeit als historische Epoche, 2 Bde., Bonn 1991, bes. 189ff., 763ff., 787f. (ebd. 189 wird die soziale Entwicklung, die im Gräberfeld von Varna dokumentiert ist, hypothetisch auf nomadische Hirtenkulturen der nordpontischen Steppe und ihre angenommenen grundsätzlich neuen sozialen Systeme zurückgeführt). Der unfangreichere Besitz von Vieh kann aber noch kein Nomadentum bezeugen, und die angenommenen Interaktionen mit den Ackerbauern im westlichen Schwarzmeerraum bleiben spekulativ.

im pontisch-kaspischen Steppenraum wird dabei als sicher angenommen[126]. Diesen Modellen der Entwicklung der indoeuropäischen Völker- und Sprachenfamilie Europas wurde mit gut begründeten Argumenten widersprochen[127]. So ist eine frühe nordpontische Pferdedomestikation in der von Fischerei, Jagd und Ackerbau mit Hausschwein und Getreideanbau geprägten Srednij-Stog-Kultur im Gebiet zwischen Dnjepr und Don[128] gar nicht nachzuweisen, ebensowenig die Benutzung früher Trensen[129]; es kann nicht einmal die frühe Kenntnis des von Rindern gezogenen Wagens in der Ukraine erwiesen werden[130]. Die Funde aus Dereivka an der Grenze zur Waldsteppe sind mit einer verstärkten Jagd auf Wildpferde zu interpretieren[131]. Eine Untersuchung der Domestizierung des Pferdes in Europa[132] zeigt, daß die Verbreitung der Pferdehaltung von verschiedenen Gebieten ausging. Die spätneolithischen domestizierten Pferderassen Mitteleuropas, wo die Pferdehaltung in den letzten Jahrhunderten des 4. Jt. beginnt, leiten sich von autochthonen Wildpferdpopulationen ab, so im spätneolithischen Süddeutschland aus dem Donautiefland. Im Karpatenraum setzt die Pferdehaltung auf der Basis der Wildformen der Donauebenen mit der Badener Kultur ein, im Osten die Domestizierung im Cucuteni-Tripolje-Komplex, der klassischen Ackerbaukultur des 4. Jt. in Moldawien und der Westukraine. Im Tiefland des Karpatenbogens und der unte-

---

126 Vgl. D.Y. Telegin (Hg.), Dereivka. A Settlement and Cemetery of Copper Age Horse Keepers on the Middle Dnjeper, BAR Internat. S. 287, Oxford 1986, bes. V.I. Bibikova ebd. 135–180.

127 Vgl. A. Häusler, Altertum 38, 1992, 3–16; ders., Germania 73, 1995, 41–68; zum Konstrukt der Kurgan-Kultur(en) ebd. 60f.; Makkay a.a.O., bes. 194ff., 197ff., 203ff.; H.L. Thomas, JIES 20, 1992, 1–29; ders., in: Perspectives on Indo-European Language, Culture and Religion. Studies in Honor of E.C. Polomé, Washington 1991, 12–37.

128 Vgl. etwa D.J. Telegin, in: Lichardus a.a.O. 55–83.

129 Vgl. hierzu U.L. Dietz, Germania 70, 1992, 17–36, ebenfalls zur Widerlegung der Annahme vorbronzezeitlicher Trensen in Mitteleuropa und anderen Fundplätzen. Die These von D.W. Anthony - D.R. Brown, Antiquity 65, 1991, 22–38, die Verwendung von Trensen an zumindest einem Pferdegebiß (Ausgangspunkt des Vergleichs sind Veränderungen durch Metalltrensen!) nachweisen zu können, hat keinen Bestand. Die Verwendung von Trensen ist im übrigen nicht mit dem Reiten zu verbinden, sondern mit der Entwicklung des Pferdewagens.

130 Vgl. Häusler a.a.O.; ders., Ethn.-Arch. Zeitschr. 25, 1984, 629–682; ders., Die Indogermanen und das Pferd, in: Festschrift B. Schlerath, Budapest 1994, 217–257; Dietz a.a.O.

131 Vgl. M.A. Levine, Antiquity 64, 1990, 727–740; sie nimmt die Möglichkeit einer gelegentlichen Zähmung bzw. versuchten Domestizierung nur auf Grund der Hypothesen von D.W. Anthony an. Ein Beweis für eine Domestikation ergibt sich im Skelettmaterial nicht.

132 Vgl. H.P. Uerpmann, MDAI(M) 31, 1990, 108–153; R.H. Meadow - H.-P. Uerpmann (Hg.), Equids in the Ancient World I-II, TAVO-Beih. A 19, 1–2, Wiesbaden 1986–1990; N. Benecke, BRGK 74, 1993, 30–42.

ren Donau waren ebenso wie in der ukrainisch-südrussischen Steppe die Voraussetzungen für die Domestizierung des Wildpferdes gegeben. In der chalkolithischen Glockenbecherkultur hat sich in Mittelportugal, Südspanien und Südwestfrankreich bis Irland eine Domestizierung des Pferdes in jeweils regionalem Rahmen und auf der Basis der regional vorhandenen Wildpferdpopulationen entwickelt.

Aus der sprachgeschichtlichen Analyse ergibt sich ein nur sehr vages und auf weite Räume von Zentraleuropa bis in die Zone nördlich des Schwarzen Meeres zutreffendes Bild des Umfeldes der proto-indoeuropäischen Sprachstufe[133]: die grundsätzlichen Jahreszeiten Frühling, Sommer, Winter, die Kenntnis von Schnee und Eis, von Bergen, offenen Flächen und Bewaldung, von Flüssen und Feuchtgebieten, eine auf einfachem Ackerbau und Viehhaltung basierende Subsistenzwirtschaft[134]. Hierbei waren Rinderhaltung und -zucht, verbunden mit Milchwirtschaft, von zentraler Bedeutung, daneben domestiziertes Schwein und Schaf. Der gemeinsame Wortschatz für Ackerbau ist stärker beschränkt, kennt jedoch die Termini für Pflug, Sähen, Sichel, Getreide (allgemein) und die offene (genutzte) Fläche. Keramik war bekannt, ebenso Metallgegenstände, Wortgleichungen für die Verarbeitung von Metall sind jedoch nicht vorhanden. Ebenso gehört die Bezeichnung des Pferdes, dessen Bedeutung sich in seinem Eingang in das Material der Personennamen spiegelt, zum indoeuropäischen Gemeingut, ohne jedoch eine lexikalische Unterscheidung zwischen Wildpferd und domestiziertem Pferd zu besitzen[135]. Zudem ist diese Wortbildung morphologisch jünger als die für Rind, Schwein, Schaf und Hund. Das Wildpferd, dessen Häufigkeit mit der Öffnung und Erschließung von Flächen bei der Ausbreitung der neolithischen Wirtschaftsformen stark zunahm und für die Bevölkerung als Fruchtschädling und verstärkt als Jagdobjekt in Erscheinung trat[136], hat für die frühen Indoeuropäer offenkundig erst sekundär Bedeutung erlangt[137]. Eine gemeinsame Terminologie für Reiten fehlt,

---

133 Vgl. Mallory a.a.O. 110ff.; E. Benveniste, Indo-European Language and Society, Coral Gables, Flor. 1973; B. Schlerath, in: W. Meid (Hg.), Studien zum indogermanischen Wortschatz, Innsbruck 1987, 249–264; Makkay a.a.O. 215ff.; reicher Überblick bei F. Bader (Hg.), Langues indoeuropéennes, Paris 1994.

134 Vgl. Mallory a.a.O. 114ff.; Benecke a.a.O. 5–47. Die Rinderrassen sind aus Vorderasien herzuleiten.

135 Vgl. Schlerath (o. Anm. 118) 1992, 138, auch zu Meid a.a.O. 1989, 14ff., 26, der von der Kurgan-These ausgehend eine frühe Pferdehaltung voraussetzt und den späteren Verlust einer allgemein-ide. Terminologie für das Reiten annimmt. Auch für andere Wildtiere (Schädlinge und Fleischlieferanten) liegen Wortgleichungen vor. Vgl. allgemein die Beiträge in: Festschrift B. Schlerath, Budapest 1994.

136 Vgl. Uerpermann a.a.O. 1990, 110; Benecke a.a.O. 30ff.

137 Mallory a.a.O. 135ff.; auch ders., JIES 9, 1981, 205–226 (die Bedeutung des Pferdeopfers als ein ide. Element überbewertet).

dafür ist jene für den Wagen mit Rädern, allerdings ohne Pferde als Zugtiere, stark ausgeprägt[138]. Eine größere oder gar sozial prägende Bedeutung für das Reiten oder eine Charakterisierung als berittene Völkerschaften scheidet aus[139]. Das Reiten in einem größeren Umfang ist generell erst eine späte Erscheinung[140].

Die heute überzeugendste prinzipielle Rekonstruktion[141] geht von einer proto-indoeuropäischen Sprachstufe der größten Gemeinsamkeit aus[142], deren Ausformung im Übergang vom Mesolithikum zum Neolithikum zu sehen ist, wo mit sich entwickelndem Ackerbau und Viehhaltung unter Formierung permanenter Siedlungsstrukturen eine massive und dynamische Bevölkerungsverdichtung einsetzt, welche die mobile Jäger- und Sammlerbevölkerung ablöst, die sich über relativ

---

138 Vgl. A. Häusler, Die Gräber der älteren Ockergrabkultur zwischen Ural und Dnepr, Berlin 1974; ders., Die Gräber der älteren Ockergrabkultur zwischen Dnepr und Karpaten, Berlin 1976; ders., Ethn.-Arch. Zeitschr. 22, 1981, 581–647; ders., Altertum 28, 1982, 16–26 mit Abb. 12; auch Mallory a.a.O. 211ff. Die ersten Nachweise von zwei- und vierräderigen, von Rindern gezogenen Wagen im pontisch-kaspischen Raum geben die Gräber des sich von den Karpaten bis über den Uralfluß hinaus erstreckenden, durch einige gemeinsame Züge geprägten Jamnaja-Kulturhorizonts (sogen. Ockergrabkultur) des 3. Jt. (vgl. Makkay a.a.O. 206). Rindergezogene Wagen finden sich davon unabhängig in West- und Zentraleuropa und insbesondere in der ungarischen Tiefebene des 4. Jt. Pferdegezogene vier- und zweiräderige Wagen sind in der eurasischen Waldsteppe erst für das 2. Jt. belegt, wobei die zweiräderigen Pferdewagen als Fortbewegungsmittel beim Viehtreiben dargestellt sind (vgl. S. Sorokin, Iranica Antiqua 25, 1990, 97–147).

139 Vgl. auch Schlerath a.a.O. 136, 138.

140 Vgl. auch Khazanov (o. Anm. 113) XLII.

141 Vgl. bes. Makkay a.a.O; H.L. Thomas, in: Perspektives on Indo-European Language, Culture and Religion. Studies in Honor of E.C. Polomé I, Washington 1991, 12–37; ferner Zimmer a.a.O.; auch C.-H. Boettcher, EtInd 10, 1991, 9–69. Die Frage nach der räumlichen Zone der Stufe des ide. Sprach- und Dialektkontinuums ist innerhalb der Formierung der neolithischen Kulturen aus dem frühen Verbreitungsgebiet des Ackerbaus im 6. Jt. von der Ägäis bis in den Süden des mittleren Donauraumes zu suchen, von wo die bäuerliche Wirtschaftsform in die untere Donauregion und den angrenzenden moldavischen Raum ausstrahlte, während sie sich mit der Ausbreitung der noch im 6. Jt. beginnenden donauländischen Bandkeramik im 5. Jt. bis in das Pariser Becken, in den mittleren Elb-Weser-Oder-Raum und in das weitere Weichselgebiet verbreitete und zu einer erstmaligen Aufsiedlung und Bevölkerungsverdichtung führte, der wiederum eine weitere Siedlungsverdichtung folgte; vgl. J. Lüning, JRGZ 35, 1988, 27–93. Eine zweite Ausbreitung erfolgte vom westmediterranen Frühneolithikum aus (Italien bis Südspanien); vgl. J. Lüning - U. Kloos - S. Albert, Germania 67, 1989, 355–393; Ph. Kalb, MDAI(M) 30, 1989, 31–54. Die ältere Bandkeramik traf bereits am Rhein auf diese bäuerlichen, sicher nichtindoeuropäischen Gruppen.

142 Schlerath a.a.O. 138f. weist auf das einheitliche Phonemsystem des rekonstruierbaren Proto-Indoeuropäisch hin, für das eine Stufe ohne eine wesentlichere dialektale Differenzierung vorauszusetzten ist.

große Räume unter geringer sprachlicher Diversifizierung erstreckt und eine geringe Dichte aufgewiesen hatte. Die Entstehung des Horizontes der proto-indoeuropäischen Bevölkerungsgruppe geht offensichtlich den Kulturen des 4. Jt. im Raum von Zentraleuropa bis in den Steppenraum nördlich von Schwarzem und Kaspischem Meer voraus und ist in den neolithischen Kulturen des 6.–5. Jt. zu suchen. Das proto-indoeuropäische Sprachkontinuum, in dem bereits der Prozeß der Desintegration einsetzt, ist am wahrscheinlichsten in dem europäischen Altneolithikum des östlichen Balkan- und Karpatenraumes (Bulgarien, Ostserbien, Banat, rumänische Gruppen) zu vermuten. Die Ausbreitung der neolithischen bandkeramischen Bevölkerung Zentraleuropas und des mittleren Donauraumes scheint bereits die erste Stufe der Bildung der alteuropäischen Dialektgruppe des Indoeuropäischen zu enthalten, während die Indoeuropäisierung des nordpontischen Steppenraumes die indo-iranische Dialektgruppe ausbildete. Deren spätere Westausdehung über die alte, bis ins Mesolithikum zu verfolgende Dnjepr-Kulturgrenze hinweg scheint insbesondere Dialektgruppen des Balkan-Komplexes wie auch das Proto-Slavische beeinflußt zu haben[143]. Der Streitaxt-Schnurkeramik-Horizont ist keinesfalls mit dem Eindringen oder der Ausbreitung bzw. Präsenz indogermanischer Völker identisch; er ist eine im wesentlichen autochthone, von zahlreichen Kontinuitäten geprägte Entwicklung, die Streitaxtsitte kein Hinweis auf die Überschichtung durch eine kriegerische Bevölkerungsschicht, etwa durch „battle ax-pastoralists“[144].

Aus den traditionellen Vorstellungen über die Indoeuropäer respektive die Indoeuropäisierung Europas lassen sich keine grundsätzlichen mobilen Verhaltensmuster ableiten, die der Wertung der keltischen Bewegungen des 4. und 3. Jh. v. Chr. zugrunde gelegt werden könnten. Grundsätzliche bäuerliche Seßhaftigkeit und die Fähigkeit von Teilgruppen oder ganzen Verbänden zur temporären Mobilität stehen nebeneinander. Die spezifische Entwicklung der indo-iranischen Steppenbevölkerung Eurasiens kann nicht das Muster für ein Verständnis der Kelten abgeben[145]. Es erweist sich im übrigen auch als problematisch, aus hypothetischen Rekonstruktionen von allgemeinen religiösen und weltanschaulichen Vorstellungen der indoeuropäischen Völker auf die Vorstellungswelten innerhalb des keltischen Sprachraums in seiner vielschichtigen Entwicklung seit dem 2. Jt. v. Chr. schließen zu wollen, wie dies eine auf G. Dumézil[146] gegründete Schule in unter-

143 Vgl. Makkay a.a.O. 214ff.

144 Vgl. Makkay a.a.O. 210f.; H.L. Thomas, JIES 20, 1992, 1–29, bes. 12ff.; auch H. Nortmann, PZ 60, 1985, 16–46; M. Zápotocký, Streitäxte des mitteleuropäischen Eneolithikums, Weinheim 1992, bes. 202.

145 Vgl. zu dem Bild noch bei Mitchell u. S. 75ff.

146 G. Dumézil, L'idéologie tripartite des Indo-Européens, Brüssel 1958; Heur et malheur du guerrier. Aspects mythiques de la fonction guerrière chez les Indo-Européens, Paris 1969; Mythe et épopée, I.II, Paris 1968–1971; Les dieux souverains des Indo-Européens, Paris 1977.

schiedlichem Maße versucht[147]. J.J. Hatt suchte mit einem überzogenen ikonographischen Ansatz, verbunden mit einer nicht mehr tragfähigen Fortführung der Thesen Dumézils, ein geschlossenes keltisches und gallo-römisches Religionssystem zu konstruieren, das allerdings, nicht zuletzt angsichts grundsätzlicher methodischer Mängel, eher die Züge eines Phantasieproduktes hat[148]. G. Dumézil suchte die komparatistische indoeuropäische Religionsgeschichte und Mythenanalyse[149] zu einer grundlegenden allgemeinindoeuropäischen „Ideologie" zusammenzufassen, die der Rekonstruktion der frühen wie der historischen vorrömischen Sozial- und Religionssysteme zugrunde gelegt werden könne. Die von ihm ausgebaute These dieser „idéologie tripartite", die in neueren, insbesondere französischen Arbeiten zur Rekonstruktion der keltischen Religion eine wesentliche Rolle spielt, ist aber keineswegs abgesichert, und die daraus entwickelten weitreichenden Folgerungen sind nur mit entsprechender Vorsicht aufzunehmen[150]. Es gibt keine sprachlichen Gleichungen, die Dumézils Annahme einer allgemeinindoeuropäischen, in allen geistigen wie sozialen Bereichen grundsätzlichen Dreiteilung der strukturellen Ebenen und Funktionen stützen. Das Modell Dumézils berücksichtigt weder innere soziale Dynamik noch die Möglichkeiten grundsätzlichen religiösen Wandels oder die Konsequenzen einer Überlagerung autochthoner Kulturen. Eine prinzipielle Dreiteilung in die Funktionen des Priesters, des Kriegers und des Nahrungsproduzenten in Mythologie, Sage und göttlichen Funktionsebenen kann zudem kaum als eine singuläre Besonderheit der Indoeuropäer gelten. Vielmehr zeigen gerade die Arbeiten zur keltischen Religion, daß die postulierte Dreiteilung von Götterfunktionen nicht selten einem sich tatsächlich breiter entfaltenden Funktionsspektrum künstlich aufgesetzt werden

---

147 Teilweise gezwungen die Anwendung von Dumézils „idéologie tripartite" bei C.-J. Guyonvarc'h - F. Le Roux, Les Druides, Paris 1986, 35ff.; vgl. etwa Guyonvarc'h - Le Roux, La civilisation celtique, Rennes [5]1990, 97ff.

148 J.J. Hatt, Mythes et Dieux de la Gaule, Paris 1989; vgl. dazu J.-M. Pailler, AnnESC 45, 1990, 916–919; G. Bauchhenß, Gnomon 64, 1992, 378f.; C. Sterckx, Latomus 51, 1992, 679.

149 Vgl. J. Puhvel, Comparative Indo-European Mythology, Baltimore 1988; mit weitreichenden Überlegungen C.S. Littleton, The New Comparative Mythology: An Anthropological Assessment of the Theories of Georges Dumézil, Berkeley - Los Angeles [3]1982; auch ders., From Scythia to Camelot: A Radical Reassessment of the Legend of King Arthur, the Knights of the Round Table, and the Holy Grail, New York 1994, wo die Grenzen der Methodik und die Breite der spekulativen Hypothesen besonders deutlich werden.

150 Vgl. die grundlegende Infragestellung der linguistischen Grundlagen etwa bei Schlerath (o. Anm. 118) 1992, 135. Die älteste Stufe der Rigveda zeigt gerade keine Unterscheidung zwischen den Sphären der Priester und der Krieger. Eine Weiterentwicklung im Sinne einer Vierteilung legen A. u. B. Rees, Celtic Heritage, London 1961, 112ff., bes. 154; E. Lyle, Archaic Cosmos: Polarity, Space and Time, Edinburgh 1990 vor.

muß[151]. Deutlich ist die Existenz von prinzipieller wie funktionaler Zweiteilung respektive von klaren dualistischen Vorstellungen, von der Ausprägung spezifischer lokaler Funktionszuweisungen an Gottheiten ganz abgesehen. Gemeinsame Strukturen einer frühen indoeuropäischen Religiosität sind nur in einem begrenzten und eher allgemeinen Umfange wirklich zu erschließen[152]. Für die stets mit vielen Unsicherheiten und spekulativen Interpretationen verbundenen Rekonstruktionen der keltischen Religion[153] stehen hier nur beschränkte Möglichkeiten zur Verfügung; allerdings ist die sprachliche Analyse einer weit zurückreichenden Begrifflichkeit für religiösen Glauben und kultisches wie soziales Ritual von grundsätzlicher Bedeutung[154].

Eine vergleichende Betrachtung, wie sie auch im zweiten Teil dieser Untersuchung für die inneren Strukturen der kleinasiatischen Galater vorgelegt wird, muß primär von den Traditionsebenen innerhalb des keltischen Raumes und von konkreten Befunden ausgehen, soweit sie für uns in ihrer Aussage zu verifizieren oder zu entschlüsseln sind[155]. Hierbei gewinnt neben dem Mosaik an Informationen, das wir den antiken Nachrichten entnehmen können, die konservative Überliefe-

151 Vgl. dazu M.-L. Sjörstedt, Gods and Heroes of the Celts, Berkeley - Los Angeles 1982, bes. 4; P. Mac Cana, Celts 601ff.; M. Green, in: P. Garwood u. a. (Hg.), Sacred and Profane, Oxford 1991, 100–109; eine differenzierte Übertragung Dumézils bei F. Le Roux - C.-J. Guyonvarc'h, Mórigan - Bodb - Macha. La souveraineté guerrière de l'Irlande, Rennes ^{3}1983, bes. 3ff., 183ff.

152 Vgl. etwa Schlerath a.a.O.; allgemein E. Benveniste, Le vocabulaire des institutions indoeuropéennes II, Paris 1969, 179–207 („le sacré"); E.C. Polomé, in: Meid (o. Anm. 133) 201–217 (Wortschatz im religiösen Bereich); W. Meid, Aspekte der germanischen und keltischen Religion im Zeugnis der Sprache, Innsbruck 1991.

153 Vgl. L.M. Sjoestedt, Dieux et héros des Celtes, Paris 1940; J. De Vries, La Religion des Celtes, Paris 1977 (= Die keltische Religion, Stuttgart 1961); Le Roux - Guyonvarc'h a.a.O.; C. Sterckx, Eléments de cosmogonie celtique, Brüssel 1986; M. Green, The Gods of the Celts, Totowa NY - Gloucester 1986; dies., Symbol and Image in Celtic Religious Art, London - New York 1989; R.J. Stewart, Celtic Gods. Celtic Goddesses, London 1990.

154 Vgl. etwa G. Pennard, EtInd 11, 1992, 81–90; zur hierfür grundlegenden Voraussetzung der Sprachgeschichte vgl. u. S. 142ff.

155 Vgl. zum Bereich des Religiösen etwa Kruta, Celts 499–507; T. Lejars, EtCelt 28, 1991, 237–257 (teilweise sehr spekulativ); KeltJt 170–192; O. Buchsenschutz - O. Laurent - L. Olivier (Hg.), Les Viereckschanzen et les enceintes quadrilatères en Europe celtique, Paris 1989; J.-L. Brunaux (Hg.), Les sanctuaires celtiques et leurs rapports avec le monde méditerranéen (Dossiers de Protohistoire 3), Paris 1991; zu einzelnen Komplexen etwa ders.- P. Meniel - F. Poplin - A. Rapin, Gournay I-II, Paris 1985–1988; J.-L. Cadoux, Gallia 42, 1984, 53–78; ders., in: Les Celtes en France du Nord et en Belgique VIe-Ier siècle avant J.-C., Valenciennes 1990, 131–137 (Ribemont-sur-Ancre); F. Dijoud u. a., DocArchMér 14, 1991, 7–88 (Roquepertuse); A. Haffner, Heiligtümer und Opferkulte der Kelten, Stuttgart 1995.

rung des inselkeltischen Bereiches wesentliche Bedeutung, wo in vielfältiger Weise Traditionsgut einer archaischen, vorchristlichen Entwicklungsstufe herausgearbeitet werden kann[156]. Wichtige Aspekte für das Verständnis von Verhaltenskodex[157], Gefolgschaftsstrukturen und stammesbildenden Vorgängen können in dem Informationsschatz der altirischen epischen Tradition vergleichend analysiert werden, wobei der Traditionsgang mit der literarischen Fixierung des Materials erst in christlicher Zeit für die Auswertung zu berücksichtigen ist[158]. Die archaische irische Rechtsüberlieferung, die eine frühe, teilweise bis in die voreinzelsprachliche Entwicklungsstufe des Keltischen zurückweisende rechtliche Begrifflichkeit und deutlich vorchristliche Sozial- sowie Rechtsstrukturen bewahrt hat[159], kann im Verbund mit den Informationsbruchstücken der antiken Überlieferung wesentliche Anstöße für das Verständnis des historischen Phänomens der Galater und ihrer Staatenbildung im hellenistischen Kleinasien geben.

---

156 Vgl. u. Bd. II; allgemein M. Dillon, The Archaism of Irish Tradition, Oxford 1948; ders., Early Irish Literature, Cambridge 1948; P. Mac Cana, EtCelt 13, 1972, 61–119; ders., The Learned Tales of Medieval Ireland, Dublin 1980; ders., Celts 596–604; ferner etwa ders., Celtic Mythology, Feltham 1983; ders., in: Proceedings of the First North American Congress of Celtic Studies, Ottawa 1988, 319–341; V.A. Dunn, Cattle-raids and Courtship, New York - London 1989, bes. 19ff.; auch L. u. J. Laing, Celtic Britain and Ireland AD 200–800, New York 1990, 142ff.; ein Überblick bei M. Green, Dictionary of Celtic Myth and Legend, London 1992.

157 Vgl. etwa F. Le Roux, Ogam 17, 1965, 175–188.

158 Vgl. o. Anm. 156; zur epischen Tradition und ihrer mündlichen Tradierung G.S. Olmsted, EtCelt 16, 1979, 171–185; J.F. Nagy, Oral Tradition 1, 1986, 272–301; D. Edel, EtCelt 29, 1992, 161–170; E.M. Slotkin, Evidence of Oral Composition in Early Irish Saga, Diss. Harvard 1973; ders., in: P.K. Ford (Hg.), Celtic Folklore and Christianity, Santa Barbara - Los Angeles 1983, 213–225; allgemein A.B. Lord, Epic Singers and Oral Tradition, Ithaca NY - London 1991, bes. 15ff.; ders., in: J.M. Foley (Hg.), Oral Tradition in Literature. Interpretation in Context, Columbia Miss. 1986, 19–86; K. Mc Cone, Pagan Past and Christian Present in Early Irish Literature, Maynooth 1990 kann mit seinem Hinweis auf die christliche Beeinflussung der schriftlichen Fixierung die substantielle Überlieferung vorchristlicher Traditionen nicht widerlegen; nicht überzeugend auch die Einwände, so unzutreffend die versuchte archäologische Argumentation, bei H.C.L. Tristram, EtCelt 29, 1992, 403–414; ebenso dies., in: dies. (Hg.), Studien zur Táin Bó Cuailuge, Tübingen 1993, 6, 231–243; vgl. dagegen a.a.O. 1992, 409f., 412 selbst; nicht zutreffend T. Ó Cathasaigh, in: Tristram a.a.O. 1993, 115–132; eine minimalisierende Tendenz auch bei R. Ó h Uiginn ebd. 133–157; unbefriedigend J.P. Mallory ebd. 192–230, bes. 226ff.

159 Vgl. zur Rechtsüberlieferung D.A. Binchy, The Linguistic and Historical Value of the Irish Law Tracts, London 1943; ders., in: Proceedings of the Sixth International Congress of Celtic Studies, Dublin 1983, 149–164; N. McLeod, ZKP 42, 1987, 41–115; F. Kelly, A Guide to Early Irish Law, Dublin 1988; ders., EtCelt 29, 1992, 15–25; ders., Celts 657f.

II. Galatien und die Galater: Ethnos und Landschaft

Bild, Forschungsstand und Deutungsmuster

Knapp ein Jahrhundert ist seit der Baseler Dissertation von Felix Stähelin „Geschichte der kleinasiatischen Galater bis zur Errichtung der römischen Provinz Asia"[1] vergangen, deren zweite, erweiterte und überarbeitete Auflage des Jahres 1907[2] bis zum heutigen Tage die grundlegende, in allen Arbeiten zum hellenistischen Kleinasien wie zur Expansion der Kelten herangezogene oder zitierte Arbeit geblieben ist[3]. Die knappen, im wesentlichen auf W.M. Ramsay und F. Stähelin basierenden Ausführungen in dem an ein breiteres angelsächsisches Publikum gerichteten Buch von H.D. Rankin „Celts and the Classical World" haben an dieser Feststellung nichts geändert[4] und auch die kurze historische Darstellung in dem 1994 erschienenen Werk von Stephen Mitchell, auf das weiter unten einzugehen sein wird, ersetzt Stähelins Werk nur in begrenztem Maße, dem sie trotz der teilweise verschiedenen Akzentsetzung eng verbunden bleibt. Neben Stähelin treten in der englischsprachigen Literatur die zahlreichen Beiträge von W.M. Ramsay zu Geschichte und Kultur Kleinasiens hervor, auf denen die For-

---

1 Diss. Basel 1897.

2 F. Stähelin, Geschichte der kleinasiatischen Galater, Leipzig 1907 (ND. Osnabrück 1973).

3 Knappe Zusammenfassungen finden wir bei Bürchner - Brandis, RE VII 1, 1910, 519–534 (Bürchner).534–559 (Brandis) s.v. Galatia, Galatike (chora), Gallograikia; A.H.M. Jones, Cities of the Roman Eastern Provinces, Oxford ²1971, 110–122, 407–410; H. Heinen, CAH² VII, 1984, 422–425, 429. Die Beiträge von A.J. Reinach, RCelt 29, 1907, 225–240; 30, 1909, 47–72, die sich vielfach mit Stähelin auseinandersetzten, blieben eher von sekundärer Bedeutung.

4 H.D. Rankin, Celts and the Classical World, London - Sydney 1987, 188–207; nicht anders J. James, Exploring the World of the Celts, London 1993; bedenklich die Fehler und Mißverständnisse bei M. Szabó, Celts 304f., 307f.; ders., EtCelt 28, 1991, 13f. (die Ansiedlung in Kleinasien als Folge des Rückzugs von Delphi, unrichtig auch die Formulierung, der »keltische Stamm der Skordisker« sei dabei an die Donau zurückgekehrt).

schungen zu Regional- wie Kirchengeschichte vielfach bis heute aufbauen. Seine Ergebnisse zu Galatien im engeren wie vor allem im weiteren Sinne der römischen Provinz Galatia fanden in dem Kommentar zum paulinischen Brief an die Galater ihren Niederschlag[5].

Das bei Stähelin ausgeformte, heute traditionelle Bild der Geschichte der kleinasiatischen Galater hatte den ihm zugänglichen Wissensstand aufgearbeitet[6] und dabei erstmals ein in sich kohärentes, in vielen Aspekten mit großen Fortschritten verbundenes Bild entworfen. Dabei konnte er sich besonders für seine zweite Auflage bereits auf die erfolgreichen Ausgrabungen in Kleinasien, insbesondere in Pergamon, und auf eine fruchtbare epigraphische Sammel- und Editionstätigkeit stützen, ebenso auf die Tätigkeit zahlreicher Forschungsreisender[7]. Für den letztgenannten Aspekt sind neben den Arbeiten von W.M. Ramsay, die aus seinen Studien zum Christentum in Kleinasien hervorgingen, die Ergebnisse der Reisen von W. von Diest und M. Anton hervorzuheben[8]. Die Erträge der epigraphischen Forschung besonders der Jahre zwischen 1880 und 1914 flossen in die Darstellung

5 W.M. Ramsay, A Historical Commentary of St. Paul's Epistle to the Galatians, London ²1900, bes. 1–234; ferner ders., The Historical Geography of Asia Minor, London 1890 (ND. Amsterdam 1962); The Cities and Bishoprics of Phrygia, 2 Bde., Oxford 1895–1897 (ND. New York 1975); The Cities of St. Paul, London 1907; The Social Basis of Roman Power in Asia Minor, Aberdeen 1941; auch ders., Studies in the Roman Province of Galatia, JRS 7, 1917, 229–283; 8, 1918, 107–145; 12, 1922, 147–186; 14, 1924, 172–205; 16, 1926, 201–215.

6 So etwa A. Zwintscher, De Galatarum tetrarchis et Amynta rege quaestiones, Diss. Leipzig 1892.

7 Vgl. bereits Ch. Texier, Description de l'Asie Mineure, faite par l'ordre du gouvernement français de 1833 à 1837, I-III, Paris 1839–1848; W.F. Ainsworth, Travels and Researches in Asia Minor, Mesopotamia, Chaldea, and Armenia I-II, London 1842; G. Perrot - E. Guillaume - J. Delbet, Exploration archéologique de la Galatie et de la Bithynie, d'une partie de la Mysie, de Phrygie, de la Cappadoce et du Pont I-II, Paris 1862; G. Perrot, De Galatia provincia Romana, Paris 1867; ferner A. Mordtmann, Anatolien. Skizzen und Reisebriefe aus Kleinasien (1850–1859), hg. v. F. Babinger, Hannover 1925 (ND. Osnabrück 1972); ders., Gordium, Pessinus, Sivri Hissar, SB München 1860, 169–200; auch H. v. Moltke, Briefe über Zustände und Begebenheiten in der Türkei in den Jahren 1835–39, Berlin 1841 (⁶1893). Eine Zusammenstellung der entsprechenden Publikationen auch bei Bürchner, RE VII 1, 1910, 520–522; vgl. auch B. Kellner-Heinkele - I. Hauenschild (Ed.), Türkei. Streifzüge im Osmanischen Reich nach Reiseberichten des 18. und 19. Jahrhunderts, Frankfurt a.M. 1990.

8 W. v. Diest, Von Pergamon über den Dindymos zum Pontus, Petermanns Mitteilungen, Erg.-Heft 94, Gotha 1889; W. v. Diest - M. Anton, Neue Forschungen im nordwestlichen Kleinasien, ebd. 116, Gotha 1895. Siehe ferner R. Leonhard, Paphlagonia. Reisen und Forschungen im nördlichen Kleinasien, Berlin 1915; J.G.C. Anderson, Exploration in Galatia cis Halym II. Topography, Epigraphy, Galatian Civilization, JHS 19, 1899, 52–134, 280–318.

von T.R.S. Broughton zur Wirtschaftsgeschichte des römischen Kleinasien[9] und vor allem in D. Magies „Roman Rule in Asia Minor“[10] ein. Die von Magie in dem reich dokumentierten Anmerkungsteil zusammengefaßten Materialien und Problemdiskussionen sind bis heute eine Grundlage für die Behandlung des Raumes in der Phase der Errichtung der römischen Herrschaft sowie für zahlreiche Fragen seiner historischen Entwicklung. Nicht vergessen darf man die zahlreichen RE-Artikel zur historischen Geographie Kleinasiens von W. Ruge. Die neuere Aufarbeitung von historischer Geographie und Topographie wird mit dem Schwerpunkt für die römisch-byzantinische Zeit in den bisherigen einschlägigen Bänden der Reihe „Tabula Imperii Byzantini“ zusammengestellt, welche die Österreichische Akademie der Wissenschaften herausgibt[11]. Daneben ist der Überblick über die Befunde in der ungedruckten Dissertation von S. Mitchell zu nennen[12], den TIB 4 bereits berücksichtigt. Einen beispielhaften, die neuere Forschung methodisch prägenden Beitrag zur Aufarbeitung von Fragen der Geschichte und historischen Geographie Kleinasiens hat L. Robert geleistet, der inschriftliche, numismatische, onomastische und landeskundliche Untersuchungen zusammenführt[13]. Ebenso paradigmatisch war die von G. Nachtergael vorgelegte Untersuchung zum Heereszug der Kelten gegen Griechenland und zur Institution der Sôteria in Delphi[14]. Er unterzieht die literarische Überlieferung unter Zusammenschau der epigraphischen, numismatischen und bildlichen Dokumente einer kritischen Aufarbeitung, die sich bewußt von traditionellen Stereotypen löst. Damit wurden die erste histori-

---

9 T.R.S. Broughton, Roman Asia Minor, in: T. Frank (Hg.), An Economic Survey of Ancient Rome IV, Baltimore 1938, 499–918.

10 D. Magie, Roman Rule in Asia Minor to the End of the Third Century after Christ, 2 Bde., Princeton 1950 (ND. New York 1975).

11 F. Hild - M. Restle, Kappadokien, TIB 2, Wien 1981; K. Belke - M. Restle, Galatien und Lykaonien, TIB 4, Wien 1984; F. Hild - H.-G. Hellenkemper, Kilikien und Isaurien, TIB 5,1.2, Wien 1990; K. Belke - N. Mersich, Phrygien und Pisidien, TIB 7, Wien 1990.

12 S. Mitchell, The History and Archaeology of Galatia, Diss. Oxford 1974, 393–477 (Archaeology of North Galatia); auch D. French - S. Mitchell, Ankara. A Guide to the City and District. Ankara turizmi, eskiesenleri ve müzeleri sevenler derniği yayınları 5 (Ankara 1975).

13 L. Robert, Études anatoliennes, Paris 1937 (ND. Amsterdam 1970); Les gladiateurs dans l'orient grec, Paris 1940 (ND. Amsterdam 1971); Villes d'Asie Mineure, Paris ²1962; A travers de l'Asie Mineure, Paris 1980; Documents d'Asie Mineure, Paris 1990; Hellenica: Recueils d'épigraphie, de numismatique et d'antiquités grecques I-XIII, Paris 1940–1965; Opera Minora Selecta I-VII; Paris 1969–1990; J. u. L. Robert, La Carie. Histoire et géographie historique, 2 Bde., Paris 1954; diess., Nomes indigènes dans l'Asie Mineure gréco-romaine, Paris 1963.

14 G. Nachtergael, Les Galates en Grèce et les Sôtéria de Delphes. Recherches d'histoire et d'épigraphie hellénistiques, Brüssel 1977.

sche Barbareninvasion in die hellenische Welt und ihre programmatische Verarbeitung in ein neues Licht gestellt.

Obwohl sich Stähelin bereits in Teilen bewußt von verschiedenen stereotypen Vorstellungsmustern und Topoi in Überlieferung wie Literatur zu lösen begann, ist das Grundkonzept seiner Darstellung doch in vielem deutlich von antiken und abendländischen Barbarenvorstellungen, von den typisierenden europäischen Vorstellungsmustern von «zivilisiert» und «unzivilisiert» sowie von den Vorgaben der antiken Keltensiegideologie und ihrem Niederschlag in Kunst und literarischer Überlieferung[15] geprägt. Es genügt, hier beispielhaft auf die Fortschreibung des Stereotyps vom „Räuberleben" der Galater hinzuweisen, auf jene aus der Antike kommende Konzeption der galatischen Wesensart, deren Wirkung wir in Stähelins Verständnis der historischen Vorgänge immer wieder mit Händen greifen können[16]. Ebenso charakteristisch ist die auf einer einseitigen, traditionellen Sichtweise beruhende Wertung für die Erhebung der Galater gegen die Herrschaft des Eumenes II. von Pergamon, die Stähelin als „Einfälle in die Kulturländer Vorderasiens" sieht, wobei er den pergamenischen Sieg „als Triumph der hellenischen Kultur über die Barbaren" charakterisiert, der die „geängstigten Kleinasiaten" habe wieder aufatmen lassen[17]. In Stähelins Urteil ist die Anwerbung der Kelten durch Nikomedes I. von Bithynien ein „bedenklicher Schritt" (im Sinne der Kulturnatio-

15 Vgl. hierzu Strobel, Keltensieg (mit weiterer Literatur); W. Nippel, Griechen, Barbaren und „Wilde", Frankfurt a.M. 1990; M. Chapman, The Celts. The Construction of a Myth, London - New York 1992, 2ff., 17f., 28ff.; einen Vergleich lohnt etwa C. de Peyssonnel, Observations historiques et géographiques sur les peuples barbares, Paris 1765. Typisch auch die in moralischen Wertkategorien (grausam, unmenschlich, barbarisch) der europäisch-christlichen bzw. aufgeklärt-humanistischen Moral- und Wertvorstellungen gehaltenen Urteile im Zusammenhang mit dem kriegerischen Auftreten der Kelten bzw. Galater und ihren Menschenopfern, welche die antike Wertung und Barbarentopik in charakteristischer Weise fortsetzen (vgl. dazu F. Le Roux, Introduction générale à l'étude de la tradition celtique, Rennes 1967, 59ff.). Vgl. auch das Bild des Druiden als des »unzivilisierten Wilden«, der intellektuell des Schreibens gar nicht fähig gewesen sei (vgl. dazu Le Roux a.a.O. 71).

16 Vgl. Stähelin 7f. Seine Annahme etwa, Lutarios habe nach dem Übergang über den Hellespont die dort liegenden Landschaften verwüstet und sich erst dann mit dem „Hauptschwarm" unter Leonnorios vereint (Stähelin 6f.), bleibt ohne Grundlage. Ziel des Überganges war die Aufnahme des Söldnerdienstes für Nikomedes I. von Bithynien; zudem mußte die Gruppe des Lutarios der Bedrohung durch seleukidisches Militär ausweichen.

17 Stähelin 69–71, auch ebd. 59f., wo er davon spricht, daß sich die Galater am Anfang des 2. Jh. n. Chr. „nach alter Gewohnheit" wieder erlaubt hätten, Städte und Länder Kleinasiens mit ihren Raubzügen heimzusuchen; doch sei den verängstigten Bewohnern in Rom und Cn. Manlius Vulso endlich ein Retter erschienen.

nen), und obwohl Stähelin die eigentliche Zielsetzung des Nikomedes als gegen Antiochos I. gerichtet erkannte, folgerte er doch mit entlarvender Einseitigkeit: „Und doch werden die Kleinasiaten ihren Pakt mit den Barbaren bald bereut haben, lange bevor Antiochos selbst mit jenen in Kampf geriet“[18]. Die im Grunde augenfällige Einordnung der überlieferten Aktionen der Galater seit 278/7 v. Chr. in den Zusammenhang der Auseinandersetzungen zwischen den Mächten in Kleinasien und innerhalb der hellenistischen Staaten wurde von Stähelin in bezeichnender Weise nicht vollzogen. Vielmehr sieht er das aktive Bündnis zwischen Nikomedes I. von Bithynien und den Galatern auf 278–277 v. Chr. beschränkt: „Es scheint daß sie gleich nach ihrer Entlassung aus dem bithynischen Dienste das frühere Räuberleben im außerbithynischen Kleinasien auf eigene Faust fortsetzten. Der Bithynierkönig ... schob sie auf die hellenischen Küsten ab, und natürlich müssen diese das begehrenswerteste Objekt gebildet haben“[19].

Für das traditionelle Bild der Galater ist das von Stähelin übernommene Verdikt von Theodor Mommsen charakteristisch, welcher von der „Vergesellschaftung von Raubgenossen“ und von der „regulierten Räuberwirtschaft“ sprach und die Staatengründung der Galater sowie ihre Rolle im hellenistischen Kleinasien mit diesen negativen Kategorien bedachte; den „Einfällen der wilden Horden“ werden die „von nationalem Bürgersinn getragene hellenische Kriege“ Pergamons gegenübergestellt[20]. Ebenso stereotyp erscheint das Wort vom „Nomadentum“ der Galater[21], das als Erklärungsmuster ihrer »Wesensart« und ihrer Geschichte im 3. Jh. oder bis 189 v. Chr., d. h. bis zum Krieg mit Attalos I. respektive bis zum Eingreifen Roms, dient. Dementsprechend meinte H. Polenz noch 1978 in seiner auf einem völlig unzureichenden Forschungsstand aufbauenden Zusammenstellung der keltischen Funde in Kleinasien, die Galater bis ins 2. Jh. v. Chr. hinein als Wanderstämme erweisen zu können[22].

---

18 Stähelin 7.

19 Ebd.

20 Th. Mommsen, Hermes 19, 1884, 321 mit Anm. 1 = Gesammelte Schriften V 2, Berlin 1908, 438–443; vgl. ders., Römische Geschichte I, Berlin [14]1933, 690f. (diese „nordischen Eindringlinge“ ließen weder von ihrem „Freibeuterhandwerk“ noch von ihrer Sitte und Sprache. „Diese rohen aber kräftigen Barbaren waren der allgemeine Schrecken der verweichlichten umwohnenden Nationen [schon antiker Topos des Orientalen bzw. des orientalischen Barbaren!] ja der asiatischen Großkönige selbst ... Dem kühnen und glücklichen Auftreten gegen diese gallischen Horden verdankte es ein reicher Bürger von Pergamon, Attalos, daß er von seiner Vaterstadt den Königstitel empfing“, letzteres ein völlig verzeichnetes, politisches Gedankengut des 19. Jh. spiegelndes Bild des Aufstieges der Attaliden), 741ff. Vgl. auch G. Droysen, Geschichte des Hellenismus, hg. v. E. Bayer, Darmstadt 1980, III 126f., 181 („Überhaupt lagen die Galaterhorden zunächst noch wie eine unorganische Masse in die Mitte Kleinasiens hineingewälzt da“).

21 Siehe etwa Wörrle 62, der vom „unsteten Nomadentum“ der Galater spricht.

22 Polenz 181–216, bes. 205ff. Vgl. dazu Strobel, Galater 126ff.

Die von Polenz postulierte erste, zeitlich ältere »Fundzone« im küstennahen westlichen Kleinasien besteht jedoch im wesentlichen aus bildlichen Darstellungen von Galatern und mit ihnen verbundenen Objekten etwa in den pergamenischen Siegesdenkmälern oder den Terrakotten aus Myrina. Eine primäre Präsenz der Galater in diesen Zonen läßt sich damit für die Zeit vor 189 v. Chr. nicht erweisen, zumal Polenz das in allen hellenistischen Staaten verbreitete galatische Söldnerwesen zu wenig beachtet. Die Frage der ländlichen Besiedlung der zentralanatolischen Gebiete in hellenistischer bis frührömischer Zeit wurde von der bisherigen Forschung nicht aufgegriffen, obwohl eine Bereisung des Landes in den Regionen, die noch nicht von den immer stärker ausgreifenden modernen Bau- und Infrastrukturmaßnahmen betroffen sind, eine große Fundstellendichte erkennen läßt. Mitchell hat in seiner jüngsten Publikation zur Forschungslage in Zentralanatolien treffend bemerkt, daß es hier, wenn überhaupt, kaum irgendwelche archäologische Forschungen zu einer nichtstädtischen Fundstelle gibt und daß auch keiner der bisherigen Surveys ein zutreffendes Bild von der Dichte und der Natur der ländlichen Siedlungen in hellenistischer und römischer Zeit zu geben vermag[23].

Im Hintergrund dieser allgemein verbreiteten Vorstellungen steht der antike, die Überlieferung prägende Barbarentopos von der Wesensart der Kelten, der Galater wie der Gallier, den Caesar für seine Darstellung des Helvetierzuges nochmals prägnant verdichtet hat: die *cupiditas bellandi* als *conditio sine qua non* der Existenz des Stammes, dessen Wesen durch das *late vagari* und das *finitimis bellum inferre* bestimmt sei[24]. Caesar greift hier ganz gezielt das typische Feindbild der Kelten in der römischen Tradition auf, um sein Eingreifen in die innergallischen Vorgänge zu rechtfertigen[25]. Dieses assoziiert mit ihnen das im klassischen Barbarenschema[26] verankerte Bild eines nomadisch-kriegerischen, sich von Beute- und Plünderungszügen nährenden Volkes, dessen grundsätzliche Aggressivität für alle seine Nachbarn eine ständige Bedrohung dargestellt habe.

Das Vorstellungsmodell, das den antiken Quellen und damit der historischen Sicht des Phänomens zugrunde liegt, ist das der Wanderung, verstanden als die auf eine Raubexistenz zielgerichtete Dauermobilität eines aggressiven ethnischen Ver-

---

23 Mitchell I, 172; vgl. bereits o. S. 28ff.

24 Caes. b.G. 1, 2, 4. Zu Caesars Sichtweise sozialer Strukturen, ihrer Schematisierung wie vorgegebenen Vorstellungsmustern vgl. auch S.B. Dunham, in: B. Arnold - D. Blair (Hg.), Celtic Chiefdom. Celtic State, Cambridge 1995, 110–115.

25 Vgl. hierzu Kremer 133ff.; auch u. S. 105ff.

26 Vgl. Strobel, Keltensieg, bes. 69 mit Anm. 17, 81f., 91ff. mit den entsprechenden Angaben; zusammenfassend I. Opelt - W. Speyer, RAC Suppl. I, 1992, 813–895; Schneider 895–962.

bandes. Räuberisch-mobile Existenzweise galt als ein Charakteristikum vieler Nordbarbaren: Kimmerier, Skythen, Kelten. Es war ein ethnographischer Gemeinplatz, die nördlichen Barbaren als Nomaden oder Halbnomaden darzustellen, die hauptsächlich von Viehzucht, Raub oder Jagd lebten[27]. Das topische und zugleich ideologische Bild der Antike, das den Typus des Barbaren und des Nomadischen wechselseitig verbindet und hierbei graduelle Abstufungen in beiden Kategorien parallel verlaufen läßt, wirkt dabei deutlich in die modernen Vorstellungsmuster, in den abendländischen Begriff des Primitiven hinein. Archäologie und Sprachwissenschaft müssen hier als Korrektiv zu diesem Bild der schriftlichen Überlieferung, die natürlich auf das Geschichtsbild prägend wirkte, herangezogen werden.

Mobile Existenzformen bei Kelten oder Germanen sind jedoch in keinem Falle Ausdruck von Nomadismus oder Halbnomadismus, wie archäologische Befunde und Siedlungsforschung längst erwiesen haben[28]. Der keltische Raum war seit der alteuropäischen Bronzezeit von seßhafter bäuerlicher Bevölkerung bestimmt. Auch Mobilität im Rahmen der Transhumanz von Fernweidewirtschaft mit Hirten, wie sie vielfach anzunehmen ist, steht damit im Einklang. Die Siedlungsmobilität von keltischen Bevölkerungsgruppen und die kriegerische Mobilität sind keine Dauermobilität; sie treten nur temporär neben die primäre bäuerlich-seßhafte oder auch wehrbäuerliche Lebensweise und Mentalität. Auch weiträumige kriegerische Mobilität kann sehr wohl mit Ortsbindung verbunden sein. Eine grundlegende Struktur kann vielmehr in der Verbindung von bäuerlichen und kriegerischen Existenzformen gesehen werden. Die Mobilität einer Kriegeraristokratie und ihrer Kriegergefolgschaften ist ein anderes und allgemein verbreitetes Phänomen. Charakteristisch für die verfehlte Generalisierung der Nordbarbaren unter Zugrundelegung eines skythisierenden Klischees ist Strabons Aussage, die er im Zusammenhang der Sueben gibt, daß allen diesen Völker durch ihre Lebensweise ohne Ackerbau und Vorratshaltung und nur mit den Bau temporärer Hütten die Leichtigkeit des Wanderns gegeben sei und sie mit ihren Herden und Wagen, auf denen sich Hausrat und Gut befänden, wie in einer nomadischen Lebensweise nach Gutdünken umherzögen[29].

G. Dobesch hat ausgehend von dem Kimbernzug, den er unter Heranziehung ethnologischer Vergleiche und unter Aufgabe der volkstumsgeschichtlichen Betrachtung zu fassen sucht, das Deutungsmuster formuliert, solche Wandervölker

27 Vgl. etwa auch Wolfram 18f.; B.D. Shaw, AncSoc 13/14, 1982–83, 5–31 (mit Einzelnachweisen).

28 Vgl. etwa F. Audouze – O. Buchsenschutz, Villes, Villages et campagnes de l'Europe celtique, Paris 1989 (= Town, Villages and Countryside of Celtic Europe, London 1992); die Beiträge in: Celts; KeltJt; auch o. S. 43f.; zur Problematik primitivistischer und theoretischer anthropologischer wie ethnologischer Modellbildungen o. S. 34ff.

29 Strab. 7, 1, 3, C 291; vgl. Strab. 4, 4, 2, C 195f., hier Kelten und Germanen.

hätten eine prinzipielle Raubexistenz gelebt[30]; das Motiv der Landsuche wird dabei mit dem Hinweis auf die grundsätzliche Umstellung der Lebensweise zurückgewiesen. Wanderbewegungen „solcher Völker“ werden durch das Bild des Heuschreckenschwarms und des „Abgrasens“ noch unausgeschöpfter Möglichkeiten des Raubens erklärt. Doch nimmt diese These, die zugleich das Vorstellungsmuster präsentiert[31], das für die Galater so häufig explizit oder zumindest implizit zum Tragen kommt und das auch Dobesch zum Ausdruck bringt[32], nur das grundle-

30 G. Dobesch, MÖUrFrühGesch 32, 1982, 51–78, bes. 57ff., 68; ders., in: S. Deger-Jalkotzy, Griechenland, die Ägäis und die Levante während der „dark ages“ vom 12.–9. Jh. v. Chr., SB Wien, Phil.-hist. Kl. 418, Wien 1983, 179–230; ders., Vom äußeren Proletariat zum Kulturträger, Amsterdam 1994, bes. 3. Im Konzept des „äußeren Proletariats“, dessen häufigster Fall in dem räuberischen Verhältnis kriegerischer Randvölker gegenüber reicheren Kulturräumen vorliege, folgt Dobesch A.J. Toynbee (vgl. ders., Der Gang der Weltgeschichte I, Zürich ^{5}1961, 398ff., 416ff.); dieses ist jedoch durchaus problematisch, zumal es mit dem korrespondierenden Begriff des „Vorzugsraumes“ einen teleologischen Zielpunkt des Wollens, ja der existentiellen Ausrichtung vorgibt. Das klassische Denkschema ist schon in der antiken Überlieferung das pauschalisierte Bild des Dranges von Norden nach Süden, zur Kulturwelt des Mittelmeerraumes mit seinen materiellen wie klimatischen Vorzügen (a.a.O. 1994, 6 „Hingegen wurden sie [die Kelten] zu einer Gefahr für den Süden“). Zum Problem der Gaesaten vgl. R. Wyss, ZAK 38, 1981, 227–238.

31 Ebd. 6 „In ihrem großen Wanderzeitalter ... erfüllten sie den weiten Raum vom Atlantik bis Anatolien mit ihren Zügen, ... suchten Italien wie die Balkanhalbinsel und die kleinasiatischen Griechen heim. Die Kelten in den unmittelbaren Grenzgebieten zur Hochkultur zeigten sogar die Neigung, auf Dauer und immer wieder die reichen Gebiete der Städte und der entwickelten Landwirtschaft auszuplündern, sich also als äußeres Proletariat zu etablieren. So geschah es von Oberitalien aus, am Balkan und bei den Galatern Kleinasiens ... waren sie weder gegenüber Halbinselitalien noch in Kleinasien geneigt, den Vorzugsraum zu erobern. Lieber blieben sie bewußt außerhalb desselben, ließen seine Einwohner gleichsam für sich arbeiten und holten sich von Zeit zu Zeit die Früchte ihres Fleißes ... So waren sie im kulturellen und ökonomischen Sinn [als Raubexistenz] ‚Barbaren‘.“ Unklar ist, wie sich die Heereszüge der in Dobeschs pauschalem Bild „immer wieder plündernd einfallenden Stämme der Cisalpina“, der „in der Vollkraft ihrer Aggressivität stehenden keltischen Stämme“ in dieses Schema einordnen, wenn diese Züge Teil des politisch-militärischen Geschehens der Apenninhalbinsel waren oder sich gegen die römische Expansion richteten (vgl. T.J. Cornell, CAH^{2} VII 2, 1989, 302ff., 319ff.; auch der Zug von 387/6 ist als Söldnerunternehmen, mit Clusium als erstem und dem Dienst für Dionysios I. v. Syrakus als weiterem Ziel, zu interpretieren).

32 Ebd. 6f., 7f. „Übrigens nahmen sie unvermeidbar zwar mancherlei kulturelle Anregungen auf, ... verweigerten aber, solange sie frei blieben, eine weitergehende Akkulturation. Die ungezähmte Wildheit eines heroischen Kriegerdaseins schien ihnen viel erstrebenswerter und ehrenvoller ... Die Galater Kleinasiens wandelten sich notgedrungen [durch die gelungene Abwehr dieses äußeren Proletariats] zu einem gezähmten und sich zivilisatorisch immer mehr an die hellenistische Umwelt angleichenden Kulturvolk“.

gende antike Klischee für derartige Wanderstämme wieder auf, die den betroffenen Zeitgenossen natürlich zuerst als »Räuber« erschienen[33]. Der zwingend notwendige Kontext und die Voraussetzungen solcher Phänomene können damit aber nicht erfaßt werden, zumal wenn eine solche Lebensform als Handlungsstereotyp einer Gruppe formuliert wird. Überfälle („raids"), d. h. Beutezüge als äußere barbarische Feinde mit Rückkehr in die Ausgangsgebiete, und das Einbrechen wie Plündern als (barbarische) Hilfsvölker im Dienste eines Gegners aus dem eigenen Umfeld mußten für die Betroffenen in den Folgen gleich erscheinen. Sie sind es jedoch nicht in der Sache[34]. Als drittes historisches Phänomen kommt die Versor-

33 Vgl. hierzu bes. Timpe (o. S. 19 Anm. 22) 32f., 50

34 Auch die Kimmerier, neben den Kelten der antike Prototyp solcher Verhaltenstopik, sind in Kleinasien und im Mittleren Osten nach ihrem Einbruch sehr schnell in die politisch-militärischen Konstellationen eingebunden worden, und zwar als Verbündete der Gegner Assyriens, wobei die beiden Reiche, die um 700 v. Chr. von ihnen zuerst überrannt worden waren, sich ihrer als Symmachoi bedienten, nämlich Phrygien und Urartu. Ihre Präsenz und ihre Aktionen während des 7. Jh. in Kleinasien sind nicht ohne diese Formen der Kooperation zu denken. Vor allem das Phrygerreich, das die Kimmerierkrise um 700 sehr rasch überwunden hatte, wie der schnelle und großartige Wiederaufbau von Gordion und die Neuanlage von Zentren wie Hacıtuğrul zeigen, hat sich diese Kräfte wohl unter territorialer Gewährung offenbar in seinen Grenzregionen zu Nutze gemacht. Die Auseinandersetzungen seit ca. 665 zwischen Kimmeriern und dem nun machtpolitisch aufstrebenden Lyderreich, die kimmerischen Aktionen in Westkleinasien (kurz nach 650 Tod des Lyderkönigs Gyges und Zug der Kimmerier nach Ionien), sind m. E. in diesem Zusammenhang zu sehen. Die Verdrängung der Kimmerier fiel mit der Ausdehnung des Lyderreiches über den westlichen Teil des Phrygerreiches bis zum Halys zusammen. Die Abfolge in Gordion, für die R. Young auf Grund des traditionellen Bildes einer Zerstörung des Phrygerreiches durch die Kimmerier einen großen zeitlichen Hiat zwischen dem Zerstörungshorizont und der Wiederaufbauphase postuliert hatte, ist heute korrigiert. Vgl. zusammenfassend zur Diskussion der zeitgenössischen Quellen A.I. Ivantchik, Les Cimmériens au Proche-Orient, Göttingen 1993; V. Parker, Klio 77, 1995, 7–34 (Nach vorausgehendem Bündnis zwischen Phrygern und Kimmeriern sei die Zerstörung des Phrygerreiches erst vor oder um 657 v. Chr. anzusetzen. Sein Vorschlag, den nun zusammengesetzten Text LAS 300+110, der für 657 die durch die Kimmerier über „Amurru", d. h. ein Land westlich von Assyrien, errungene Herrschaft erwähnt, auf Phrygien zu beziehen, ist aber nicht zwingend); zu Tabal vgl. M. Wäfler, Orientalia 52, 1983, 181–193; zu den altphrygischen Inschriften mit der singulären Nennung des Midas-Namens im sonst luwischen Milieu der Tyanitis E. Variulioğlu - C. Brixhe, in: B. Le Guen-Pollet - O. Pellon (Hg.), Cappadoce méridionale jusqu'à la fin de l'époque romaine, Paris 1991, 29–46; das Königreich von Tyana (Südkappadokien) gehörte im ausgehenden 8. Jh. zum phrygischen Machtbereich. Es sind m. E. drei phrygische Könige des späten 8.– 1. Hälfte 7. Jh. zu unterscheiden, die in der griechischen Überlieferung in der Gestalt des Midas verschmolzen sind, von denen der erste den Machthöhepunkt im späten 8. Jh. bildete, der zweite beim Kimmeriereinbruch den Tod fand, während der dritte neben Gyges Weihegeschenke nach Delphi schickte (Hdt. 1, 14, 2–3).

gung durchziehender Verbände hinzu, sei sie vereinbart oder zugestanden gewesen, sei sie als Zugeständnis erzwungen oder mit Gewalt genommen worden. Die Betroffenen konnten sie in allen Fällen als Aussaugen, Erpressen oder Plündern erleben, von den zu allen Zeiten typischen Begleitumständen solcher Durch- und Vorbeimärsche, von Raub und Nötigung dort, wo nicht ausreichend Schutz vorhanden war, einmal ganz abgesehen. Die Postulierung einer politisch-ökonomischen Lebensform als mobile, barbarische Raubexistenz[35] wird den Phänomenen weder der keltischen noch der germanischen Bewegungen gerecht.

Die Stellung der Wanderstämme respektive -verbände schwankte in ihrer Bewertung zwischen den Polen als Klienten, Söldner, Bundesgenossen und Beisassen einerseits und räuberischen Gegnern bzw. zu mächtig, zu Bedrückern gewordenen Bundesgenossen andererseits[36]. Bei den Zügen solcher Wanderverbände war eine Grundform der angestrebten und zumindest zeitweise realisierten erneuten Festsetzung die Vereinbarung nach dem Grundsatz „Land gegen Kriegsdienst". Verhandlungen und Absprachen über Aufnahme, Soldleistungen, Geschenke und Beuteanteile auch über größere Distanzen hinweg gehörten zur geläufigen Praxis. Die Ausstrahlung materieller und kultureller Überlegenheit und das Streben nach neuer Landnahme wurden hier durch das Angebot materiellen Gewinns oder der Landgewährung bzw. Aufnahme im Rahmen vertraglich vereinbarten Kriegsdienstes für fremde Konflikte kanalisiert[37]. So sind auch, um nochmals dieses klassische Beispiel aufzugreifen, die Kimbern als Bundesgenossen gallischer Faktionen respektive als militärische Kraft im Dienste gallischer Stammespolitik und nicht als landfremde Eroberer in Gallien eingebrochen, auch wenn sich für ihre gefürchtete und verhaßte Kriegführung im Dienste keltischer Herren und Stämme das Bild einer Heimsuchung verfestigte[38]. Als sie diesen unerwünscht geworden waren, war ihrer Existenz

35 Dobesch a.a.O. 1994, 10 zu den Kimbern: „stellten sich politisch-ökonomisch auf eine mobile Raubexistenz um und suchten nun systematisch die wohlhabenderen Gebiete Europas heim ... Sie bedrohten das Zentrum der Mittelmeerwelt mit völlig sinnloser, barbarischer Zerstörung".

36 Vgl. zu den grundsätzlichen Überlegungen zusammenfassend Timpe a.a.O. 40ff., 46f., 53.

37 Vgl. hierzu Ariovist, unter dessen Führung ganze Stammesgruppen nach Gallien gezogen waren und noch laufend zu ihm nachzogen (vgl. Caes. b.G. 1, 31, 10); er betont, er sei nicht *sua sponte*, nicht von sich aus nach Gallien gekommen, sondern auf Bitte und Einladung der Gallier, und er habe seine Heimat, *domum propinquosque*, nur wegen der Aussicht auf großen Lohn verlassen; als vereinbartes Entgelt stünden ihm Land und Tribute zu, die Geiseln seien ihm zur Absicherung freiwillig gestellt worden; Tribute und Beute von den Besiegten gehörten ihm nach Kriegsrecht (Caes. b.G. 1, 44, 2-3.5, dazu 6, 12, 1-3). Caesar zeigt hier die politischen Mechanismen zutreffend auf.

38 Vgl. Caes. b.G. 7, 77,14 *depopulata Gallia ... magnaque inlata calamitate*, jedoch ohne Bedrohung der Freiheit und der inneren Ordnung der betroffenen gallischen Stämme, ganz im Gegensatz zu dem römischen Wollen.

in Gallien politisch den Boden entzogen; die Möglichkeit zu einer Etablierung als selbständiger (Groß-)Stamm gegen den Willen der gallischen Stämme oder zu einer Integration bestand offensichtlich nicht[39]. Das Ziel der Kimbernwanderung wie anderer Wanderbewegungen war der Gewinn einer dauerhaften und damit territorialen Lebens- und Nahrungsbasis[40]. Auch ihr Zug nach Spanien war sicher kein Raubzug, sondern der Versuch, eine solche Existenzgrundlage in einem Randteil der keltischen Welt zu gewinnen. Die Wanderbewegung der Kimbern war nicht durch ein beliebiges Ausplündern und Unterdrücken der Länder, die etwas zu bieten hatten, nicht durch willkürliche Entschlüsse raubgieriger Aggressoren gekennzeichnet, sondern grundsätzlich auf der Kooperation mit Stämmen und Stammesfraktionen, durch das angebotene und angenommene Potential der Waffenhilfe und des Machtzuwachses für den Auftraggeber im Wechsel für Land und Beute bestimmt. Dabei haben Bewegung und Konsolidierung während einer gewissen Verweildauer sowie die aus dem Erfolg der kriegerischen Existenz resultierende Anziehungskraft und weitere Akkumulationsmechanismen eine ständige Neuformierung des mobilen Verbandes bewirkt, der mit komplexen Prozessen der Sozialisation und Integration, aber auch Akkulturationserscheinungen verbunden war. Die Voraussetzung für derartige Wanderbewegungen waren eine konkrete Zielvorstellung bei relativ detaillierten politisch-geographischen Kenntnissen und eine entsprechende intensive politisch-diplomatische Vorbereitung, wo die möglichen Ansatzpunkte und Kontakte, angebotene Kooperation oder Indienstnahme ausgelotet und Vereinbarungen über mögliche territoriale Aufnahme oder Durchzugsgewährung angestrebt wurden. Weitreichende Stammeswanderungen geschahen nie ohne Plan und konkreteres Ziel. Für die Wirkung des Auftretens mobiler Verbände war der Unterschied entscheidend, ob es sich um die männerbündisch-gefolgschaftlich organisierten Unternehmungen einer *iuventus* respektive eines Kriegerverbandes, eines Heerbanns, handelte oder um eine Stammeswanderung mit Troß und Familien. Für letztere mußten sich eine ganz andere Kohärenz und Dauerhaftigkeit der Wirkung ergeben sowie das Ziel der Wiederansiedlung und deren Sicherstellung in den Mittelpunkt treten. Nur Landbesitz konnte eine dauerhafte Existenz gewährleisten. Beute und Geschenke erhöhten das Prestige eines Kriegerverbandes und seiner Gefolgschaftsführer, doch konnte die Akkumulation von Beutegut die Abhängigkeit der Existenz von der Versorgung durch andere, sei es in der Form von Entgelt oder in der Form von Raub wie „Tributen", und damit den prekären Charakter der Existenz nicht beseitigen. Existenzgefährdende Situationen bildeten sich immer dann heraus, wenn Krieger- oder Wanderverbände keine Existenzgrundlage auf der Basis von

39 Vgl. zu einem derartigen, gegen die Nachbarn militärisch erfolgreich durchgesetzten und in einer Integration stabilisierten Vorgang, zur Behauptung des Kleinstammes der Atuatuker, Caes. b.G. 2, 29.

40 Eine weitere Parallele ist der Wanderverband des Ariovist, der von seinen sequanischen Auftraggebern ein Drittel des Landes als Siedlungsraum erhielt (Caes. b.G. 1, 31, 10).

Land respektive durch Integration entwickeln konnten und ein permanenter Krieg, verbunden mit der Ausplünderung zahlenmäßig überlegener Gegner, auf Dauer zum Scheitern führen mußte. Ein wandernder Stammesverband, dem die erneute Festsetzung nicht gelang, war zudem im Innern einer Destabilisierung der Zusammenhänge seiner sozialen Strukturen ausgesetzt. Wanderzüge landnehmender Stammesverbände erfolgten, wie zahlreiche historische Beispiele im Rückblick zeigen, bereits über mittlere Distanzen in Stufen, in denen Wanderphasen sich mit vorübergehender oder auch längerdauernder erneuter Territorialisierung des Verbandes abwechseln. Jede dieser Stufen ist mit ethnogenetischen Prozessen der Formung, Umwandlung oder Neukonstituierung verbunden[41]. Kennzeichnend für den Ablauf solcher Bewegungen sind im keltischen Bereich in der Regel Staffelbewegungen entlang traditionsreicher geographischer und kommerzieller Kommunikationslinien. Die erste Phase einer solchen Staffelbewegung wird durch diplomatische Aufklärung und Kontakte gebildet, die folgende durch Vorstöße (raids) oder durch Söldnerdienst von Kriegerverbänden, jeweils mit (zumindest beabsichtigter) Rückkehr in die Ausgangsgebiete, die dritte Phase schließlich von dem Aufbruch von Stammesverbänden mit dem Ziel der Landnahme oder territorialen Aufnahme. Die zweite und dritte Phase einer solchen, sich erst über einen gewissen Zeitraum entwicklenden Staffelbewegung können sich durchaus überlagern.

Prägend für den Zugang wie für das Verständnis der historischen Phänomene wurde in der modernen Fachliteratur das pauschale Bild von den raubenden und plündernden Horden der Galater, ihrer unzivilisierten, ja zivilisationsfeindlichen (dauer)mobilen Wesensart, welche die ionische Zivilisation bedroht[42] und nach langdauernden Zügen durch Kleinasien eigentlich erst mit dem römischen Eingreifen von 189 v. Chr. wirklich seßhaft geworden wären, wobei letzteres dem ideologischen Anspruch Roms auf die endgültige Befreiung Asiens vom Gallierschrecken entspricht[43]. Noch in H. Knells „Mythos und Polis" sind die Galater als Gegner Pergamons in der stereotypen Formel der „Geisel Kleinasiens" gezeichnet[44]; nicht anders erscheinen sie bei W. Radt[45] oder H. Polenz[46]. Und für U. Wilcken hatten die Galater den

41 Vgl. hier u. Bd. II.

42 Vgl. etwa U. Süssenbach, Der Frühhellenismus im griechischen Kampfrelief, Bonn 1971, 48. B. Bar-Kochva, PCPhS 199 (N.S. 19), 1973, 1 spricht gar von einer Erschütterung der Wurzeln der ionischen Zivilisation durch den Einbruch der barbarischen Galater.

43 Vgl. Strobel, Keltensieg, bes. 91 mit Anm. 128; u. S. 109.

44 H. Knell, Mythos und Polis. Bildprogramme griechischer Bauskulptur, Darmstadt 1990, 170; vgl. ebenso etwa W. Radt, Pergamon, Köln 1988, 28.

45 Er spricht pauschal vom „Raubvolk der Gallier", von den raubenden und plündernden Horden der Gallier als den Gegnern Pergamons im späteren 3. und im 2. Jh. v. Chr. (Radt a.a.O., bes. 28, 34).

46 Bezeichnend die Wortwahl „Raubzüge galatischer Horden" bei Polenz 199.

Griechen den höheren Wert des Gegensatzes zwischen Hellenen und Barbaren ins Bewußtsein zurückgerufen[47]. Bei A. Schober finden wir schließlich völkisch-national bestimmte Urteile[48], in denen zugleich der Gedanke seine Übersteigerung findet, daß der Kampf gegen die Galater die Attaliden als Verteidiger allgemeingriechischer Interessen zu weltgeschichtlicher Bedeutung erhoben habe - was zwar den von ihnen propagierten ideologischen Anspruch wiedergibt[49], nicht jedoch die Realität ihres Aufstiegs im Kampf gegen die Seleukiden erfaßt. Das zuletzt skizzierte Denkmuster ist auch heute allgemein präsent. So wird die Machtpolitik des Attalos I. in Westkleinasien traditionell unter das Vorzeichen des Kampfes gegen die galatischen Barbaren gestellt. Die Tatsache wird ignoriert, daß Attalos' Vorgehen von Anfang an gegen die seleukidische Machtposition in Kleinasien gerichtet war, um eine eigene Vormachtstellung im Kampf gegen Antiochos Hierax zu errichten, der als Usurpator in seiner Position und Herrscherlegitimation angreifbar war. Zur Legitimierung der pergamenischen Machtansprüche führten Attalos I. und Eumenes II. die nach 278 v. Chr. entfaltete Ideologie des Kelten- bzw. Galatersieges als des idealen Barbarensieges der hellenistischen Zeit zur Vollendung[50]. Der Sieg über die galatischen Barbaren wurde zur ideologischen Grundlage der Attaliden, obwohl Attalos I. den Galatern allein, genauer lediglich dem Stamm der Tolistobogier, nur einmal, nämlich in der Schlacht an den Kaïkos-Quellen, gegenüberstand. Der nächste wirkliche Galatersieg der Pergamener gehörte erst an das Ende der Erhebung der Galater gegen die pergamenische Herrschaft 168–166 v. Chr. und wurde durch die Intervention Roms zugunsten der Autonomie der Galater konterkariert. Die für die Propagierung und Manifestation der pergamenischen Siegesideologie, ihrer Legitimierungsstrategien und politischen Ansprüche geschaffenen Werke der pergamenischen Repräsentationskunst haben für das moderne Galaterbild und für die Sicht der historischen Rolle Pergamons eine überaus starke suggestive Kraft entfaltet[51].

---

47 U. Wilcken, Griechische Geschichte, Darmstadt [10]1973, 271. Vgl. allgemein J. Jüthner, Hellenen und Barbaren. Aus der Geschichte des Nationalbewußtseins, Leipzig 1923.

48 A. Schober, Die Kunst von Pergamon, Wien - Innsbruck - Wiesbaden - Bregenz 1951, bes. 16ff. („volksbiologische Grundlagen"), 32f. Die antiken Topoi werden mehrfach zur Penetranz rassenideologischer Sichtweisen gesteigert.

49 Vgl. bezeichnend R.B. McShane, The Foreign Policy of the Attalids of Pergamum, Urbana Ill. 1964, 58 mit der charakteristischen Formulierung „The Defence of Hellenism" bzw. dem Prädikat „anti-Greek" für die Galater ebd. 60.

50 Vgl. Strobel, Keltensieg, passim; u. Bd. II.

51 Siehe bezeichnend bei U. Wilcken, RE II 2, 1896, 2163; Wenning 52, der die historische Wertung der Pergamener in direkten Bezug zur Einmaligkeit der überlieferten Bildwerke setzt. Vgl. auch Stähelin 32f., wo er sich gegen die im Grundsatz richtige Beobachtung von Niebuhr wendet, Attalos habe den Sieg über die Galater „nicht als Nation, sondern als des Antiochus gedungene Hilfsvölker" errungen; die offiziellen Siegesinschriften in Pergamon liefern keine Grundlage für Stähelins Gegenposition.

Auch ist es ein oft wiederholtes, aber nicht zu erweisendes Axiom, daß die Schaffung der „Norm des Galatertums“ wie auch die statuarische Fassung des Themas der Galatomachie erst die Schöpfungen der pergamenischen Kunst seien[52], also erst das attalische Pergamon die Ideologie und Bildsprache des Galatersieges entwickelt hätte. Die Galater in Kleinasien endgültig besiegt und befriedet zu haben, das hatten nacheinander Antiochos I., Attalos I. und in der dynastischen Tradition Eumenes II.[53] zu ihrem Verdienst erklärt, das 189/8 v. Chr. Cn. Manlius Vulso und Rom ganz für sich in Anspruch nahmen. In der Propaganda und Selbstdarstellung all dieser Mächte wurde der siegreiche Kampf gegen die Galater zu einem zentralen Element. Nicht anders hat Prusias I. von Bithynien die Vernichtung der von Attalos I. angeworbenen und am Hellespont angesiedelten keltischen Aigosagen offenkundig in gezielter Konkurrenz zu dem Attaliden ebenfalls als einen überragenden Sieg über die Barbaren stilisiert, der für die Hellenen und Kleinasien von grundsätzlicher Bedeutung gewesen sei[54]. In diesen Zusammenhang gehört auch die in der modernen Literatur vielfach vertretene Überschätzung der Siege des Cn. Manlius Vulso im Jahre 189 v. Chr. über die Galater[55]; sie entspricht dem ideologischen Anspruch Roms, der wirkliche Keltensieger nicht nur im Westen, sondern auch im Osten zu sein[56]. In der Realität haben sich die Galater aber bereits in den Jahren vor 183 wieder mit militärischer Macht gegen die pergamenische Dominanz wenden können, und ihre Erhebung gegen die Oberherrschaft des Eumenes II. hat das pergamenische Reich 168–167/6 v. Chr. in eine schwere Krise gestürzt.

Es ist bezeichnend, wie sich hier die Vorstellungen und Wertungen halten, die sich aus der antiken Topik und der hellenistischen Politik respektive Propaganda, aus der zeitgenössischen Ideologie, ihrer Programmatik wie Metaphorik, und aus den entsprechenden Bildprogrammen der Kunst herleiten[57]. Sie bestimmen zum

52 So etwa Schober a.a.O. 61–63; J. Marcadé, Au Musée de Délos, Paris 1969, 362f.

53 Charakteristisch Paus. 1, 8, 1; vgl. Strobel, Galater 104f.

54 Vgl. Pol. 5, 111, 1–7; u. S. 243.

55 Bis hin zu der verbreiteten Annahme, der römische Sieg und die Bestimmungen des Friedens von Apameia hätten die Galater nunmehr zur Seßhaftigkeit gezwungen. Vgl. Bleicken (o. S. 19 Anm. 20) 53, der den Zug des Manlius Vulso gegen die Galater, „deren schwer zu zügelnde kriegerische Gesinnung eine immerwährende Bedrohung besonders für die benachbarten griechischen Städte bedeutete“, als eine Art Vernichtungsfeldzug sieht, der Teile der Kelten physisch soweit geschwächt habe, daß sie künftig Ruhe gegeben hätten.

56 Entsprechend die Zeichnung des römischen Erfolgs bei Polybios und Livius; vgl. Fest. brev. 11 *in perpetuam pacem redegit*; Strobel, Keltensieg 69, 91.

57 Charakteristisch H. Köhler, HZ 47, 1882, 12 „Wie ein verderbliches Naturphänomen waren die nordischen Barbaren inmitten der Hyperkultur der hellenistischen Welt erschienen. Das Fremdartige ihrer Erscheinung und Kampfesweise erhöhte noch den Schrecken, den ihre frevelhafte Raublust und ihr tollkühner Muth den Bewohnern

einen die unterschwelligen Geschichtsbilder, zum anderen aber auch die expliziten Deutungsmuster und tradierten Sichtweisen. Die suggestive Kraft antiker Metaphern und Topoi wird am Beispiel der Galater in besonderer Weise bis in die Gegenwart deutlich.

Eine bemerkenswerte Parallele finden wir etwa in der bis jüngst vertretenen traditionellen Sicht der Pisider als einer undisziplinierten, unkultivierten und kriegerischen Urbevölkerung im westlichen Taurus-Gebirge, die man als kriegerische und raubgierige Barbaren klassifizieren könne[58]. Ihre ständige Kriegsbereitschaft zur Verteidigung der Interessen und der Freiheit ihrer jeweiligen Stadtgemeinden wird als unzivilisiertes Barbarentum von „warlike tribes ruled by petty chieftains" verstanden[59], die Existenz einer größeren Zahl von Städten zwar eingeräumt, diese jedoch mehr als befestigte Stammeszentren mit einer nur sehr oberflächlichen Hellenisierung betrachtet und eine generelle Rückständigkeit angenommen. Das Bild der griechischen Quellen, wie es Strabon zusammenfaßt[60], zeigt als charakteristische Elemente die geographische Unzugänglichkeit sowie das Unvermögen fremder Mächte, die Pisider zu beherrschen, wobei eine mit topischen Elementen gekennzeichnete politischen Rückständigkeit postuliert wird. Die neuen Forschungen betonen demgegenüber zu Recht die seit dem 4. Jh. einsetzende Hellenisierung und die Selbstorganisation der Pisider in griechischen Poleis, deren kulturelle Höhe, politische wie wirtschaftliche Entwicklung und städtische Infrastruktur sich in hellenistischer Zeit sehr wohl mit anderen, traditionell als hellenisiert betrachteten Regionen Westanatoliens messen können. Die Übernahme des autonomen griechischen Gemeindestaates als Grundprinzip des politischen und staatlichen Lebens stellte eine grundsätzliche Veränderung von politisch-sozialer

---

Kleinasiens einflößten. Der Ruhm darf Attalos nicht geschmälert werden, in den langjährigen Kriegen gegen Antiochos [s.c. Hierax] zwar nicht die rohe Kraft der Gallier gebrochen, aber ihre wilde Raubsucht gebändigt, ja sie auf die von Antiochos [s.c. Hierax] ihnen überlassenen Wohnsitze zurückgeworfen zu haben". Dabei hat Köhler a.a.O. 1–14, bes. 12ff. die Herausstellung des Galaterkampfes und die Zurückdrängung des Kampfes gegen die Seleukiden bereits als eine geschichtsverfälschende Tradition beurteilt. Den Grund sah er allerdings in einer Entstellung der Überlieferung, da „die politische Seite der Kriege des Attalos vor der militärisch-nationalen Seite zurückgetreten und in Vergessenheit gerathen" sei, entsprechend der „sehr natürlichen Tendenz", das nationale Moment zu betonen, die schon zur Zeit des Attalos I. selbst zu beobachten sei.

58 Vgl. etwa B. Levick, Roman Colonies in Southern Asia Minor, Oxford 1967, 16ff.; H. v. Aulock, Münzen und Städte Pisidiens I, Tübingen 1977, 13; dagegen die Beiträge in: E. Schwertheim (Hg.), Forschungen in Pisidien, Asia Minor Studien 6, Bonn 1992, bes. Mitchell ebd. 1–27, bes. 3f.

59 Levick a.a.O. 17.

60 Strab. 12, 6, 5, C 569; 12, 7, 2.3, C 570f.

Struktur, Wirtschaft, Religion und Kultur der Pisider dar, wobei aber die eigene Tradition in Sprache und Onomastik bewußt bewahrt wurde[61]. Die allgemeinen Strukturen der pisidischen Gemeindestaaten des 4./3.–1. Jh. v. Chr. entsprachen in grundsätzlichen Zügen etwa den griechischen Poleis auf Kreta oder nicht zuletzt zahlreichen Poleis des 6.–4. Jh. im griechischen Mutterland. Daß die ländlichen Gebirgsregionen Pisidiens im Gegensatz zu den städtischen Zentren stärker in anatolischen Traditionen verharrten, entspricht einem allgemeinen Entwicklungsmuster.

In die angesprochenen Vorstellungsmuster des traditionellen Galaterbildes reiht sich auch A.H.M. Jones ein, wenn er von dem fehlenden Interesse der Galater am Landbau und von einem Leben von Raubzügen spricht; er charakterisiert sie als ein Hirtenvolk, das über die „submissive population of Phrygians and Cappadocians" geherrscht habe[62]. Damit ist eine weitere, sehr verbreitete und zur traditionellen Sicht des Galaterphänomens gehörende Vorstellung verbunden, daß nämlich die Galaterstämme als feste ethnische Größen nach Kleinasien gekommen seien, sich nach einer längeren Wanderphase als dünne herrschende Schicht von kriegerisch-mobiler Natur und mit einer mitgebrachten, schon voll ausgebildeten politischen Struktur bzw. inneren Gliederung über die anatolische Vorbevölkerung gelegt hätten und daß es dort über lange Zeit zu keiner Interaktion zwischen dieser Herrenschicht und der ansässigen Vorbevölkerung gekommen sei, wenn man nicht gar von dem Axiom ausgeht, daß sich die Galater in einem bevölkerungsleeren Gebiet angesiedelt hätten. Für letzteres wird mit dem – aus mangelnder archäologischer Erfassung resultierenden[63] – Fehlen archäologischer Befunde argumentiert oder auf die vermeintlich grundsätzliche Öde des Landes hingewiesen, das doch

---

61 Vgl. Mitchell a.a.O. 25f.

62 Jones 112; vgl. entsprechend Rankin (o. Anm. 4) 190, 199 (Krieger und Hirten, die ihre archaische Kultur besonders in den »wilden Landstrichen Nordgalatiens« bewahrt bewahrt hätten; ohne Grundlage ebd. 195). Für Magie 6 erfolgte die Ansiedlung der Galater mit ihren mitgebrachten Familien in ihrer eigenen Stammesorganisation als die einer militärischen Aristokratie, welche die einheimische Bevölkerung in Unterwerfung gehalten habe, aber trotz der Landnahme weiterhin Reichtum durch die Plünderung der zivilisatorisch höherstehenden Nachbarn zu gewinnen suchte; ihre Anwesenheit in Kleinasien sei eine ständige Bedrohung für die griechischen Städte und die Herren von Pergamon gewesen.

63 Hinzu kommt die Frage der Chronologie keramischer Lesefunde des 5.–3. Jh. v. Chr., die noch einer ausreichenden Feindatierung der Keramik dieser Gebiete in der 2. Hälfte des 1. Jt. v. Chr. entbehrt. Die groben Zeitraster wie mittel- oder spätphrygisch sind ungenügend und gehen zudem nicht selten von einer problematischen Interpretation der wenigen stratigraphischen Befunde aus, die oft von älteren Vorannahmen wie den lange angenommenen Siedlungshiaten in Gordion beeinflußt sind.

einstige Kerngebiete des Hethiter- wie Phrygerreiches und der lydisch-persischen Periode Kleinasiens umfaßte.

In einem anderen Extrem[64] wird die von Strabon 12, 5, 1, C 567 überlieferte innere Ordnung der drei galatischen Stämme, der Tolistobogier, Tektosagen und Trokmer, ihre Gliederung in jeweils vier „Tetrarchien“, über der ein föderativer Zusammenschluß der drei Großstämme mit einem Bundesheiligtum und einem repräsentativen Versammlungsgremium errichtet war, als das Ergebnis erst des direkten Einflusses der hellenistischen Umwelt angesehen, konkret als die Folge des ordnenden Eingreifens der Attaliden in der Zeit ihrer Vorherrschaft über Galatien nach 184/3 v. Chr. Dabei habe sich die Neuregelung der traditionellen Pagus-Einteilung der Keltenstämme und ihrer gentilen Gliederung bedient. W.M. Ramsay wiederum bezog sich bei seinen Vorstellungen für die Ansiedlung der Galater auf das Modell der Überlagerung eines Landes durch eine aristokratische Elite, wofür er den unmittelbaren Vergleich mit den Normannen Englands gegeben sah[65]. Mitchell (s. u.) geht in ähnlicher Weise von einem Phänomen aus, das auf die Herrschaftsbildung beschränkt gewesen sei und sehr lange keine Interaktion mit der einheimischen Bevölkerung gekannt habe[66]. Stammesbildende Prozesse werden bisher von der Forschung für die Galater in Anatolien kaum in Erwägung gezogen und die Entwicklungen auf den Gesichtspunkt der Assimilation an die hellenistische Umwelt beschränkt, wobei man ein Verschmelzen der anatolischen und keltischen Bevölkerungselemente erst seit der ausgehenden hellenistischen und in der römischen Zeit annehmen möchte. Die notwendige Einbeziehung der vergleichenden Forschungen zu Ethnogenese und Stammesbildung, wie sie insbesondere für die Periode der Völkerwanderung vorliegen, ist unterblieben.

S. Mitchell kann durch die knappe Darstellung der Galater und ihrer Geschichte bis in römische Zeit im ersten Band seines Werkes „Anatolia. Land, Men, and Gods in Asia Minor“[67] Stähelin zwar in vielem aktualisieren, aber nur in einem begrenzten Umfange ersetzen. Der Schwerpunkt des ersten Bandes liegt auf dem kaiserzeitlichen Zentralanatolien, auf Galatien im Sinne der römischen Provinz seit

64 So etwa Stähelin 44f.; zu Mitchell s. u. S. 74f.
65 Ramsay 45ff.
66 Vgl. auch Magie 6.
67 Anatolia. Land, Men, and Gods in Asia Minor I. The Celts in Anatolia and the Impact of Roman Rule, Oxford 1993. Die Darstellung der Galater „I. The Celts in Anatolia“ ebd. 11–58; die Geschichte bis 133 v. Chr. ebd. 11–26, von 133 bis frühaugusteische Zeit ebd. 29–41; „Ethnography and Settlement“ mit einer Palette von kurz angesprochenen Aspekten („Tribes and Leaders“, „Warfare“, „Clients and Slaves“, „Religion“, „Language“, „The Settlement of Galatia“) ebd. 42–58.

augusteischer Zeit[68]. Der zweite Band ist dem spätantiken Zentralanatolien und der Entfaltung des Christentums gewidmet[69]. Die Erfassung der einzelnen Teilregionen und Problemkreise bleibt bei Mitchell zwischen und auch innerhalb der verschiedenen Zeitebenen oft eklektisch und von der Intensität der eigenen Forschungstätigkeit geprägt. Dies ist bei der umfassenden Anlage des Werkes auch kaum anders zu realisieren.

Mitchell faßt den Begriff Anatolien in einer im Grunde befremdlichen Weise nicht als Bezeichnung Kleinasiens auf[70], sondern verwendet ihn für Zentralanatolien, von dem er die Küstenzonen des Mittelmeeres und der Ägäis trennt und die Bezeichnung «Anatolia» mit der Konnotation dieser Scheidung bereits in der Antike gegeben sieht[71]. Der Name wird als „up-country" gedeutet[72] und im direkten Sinne mit dem Zentralplateau Anatoliens identifiziert. Der Begriff Anatolia geht aber zweifelsfrei auf die Bezeichnung des Ostens, des Landes des Sonnenaufgangs, speziell des Ostens des römischen Reiches zurück[73]. Diese Begriffstradition entwickelte sich über den Namen des im 7. Jh. geschaffenen, großen südkleinasiatischen Thema Anatolikon[74], das als Militärbezirk aus dem Heer des *Magister*

---

68 „II. The Impact of Roman Rule" ebd. 59–259. Vgl. bereits St. Mitchell, Population and Land in Roman Galatia, ANRW II 7,2, 1980, 1053–1081. Teilweise greift Mitchell in seiner Monographie über den eigentlichen geographischen Rahmen hinaus und bezieht für einzelne Aspekte etwa Bithynien, Lydien oder Kilikien ein.

69 Anatolia. Land, Men, and Gods, Vol. II („III. The Rise of the Church"), Oxford 1993.

70 Vgl. auch G.W. Bowersock, Times Literary Supplement, May 20, 1994, S. 28; ebd. zum eindeutigen neuzeitlichen Gebrauch des Namens.

71 Mitchell I, 1 „Anatolia, the vast region of mountains and upland plateaus which extend across the interior of modern Turkey"; ebd. 5 „In Antiquity, Anatolia was clearly differenciated from the Mediterranean and Aegean coasts".

72 Ebd. 5.

73 ἡ ἀνατολή = Aufgang der Sonne oder eines Gestirns, zugleich Gegend des Sonnenaufgangs, der Osten; ἀνατολικός = östlich; vgl. auch ἀνατολικοί = *orientales*, so als Bezeichnung einer Truppeneinheit (P. Flor. 278, 3./4. Jh. n. Chr.); vgl. Liddell-Scott-Jones, Oxford 1968 (⁹1940), p. 123; Thesaurus Linguae Graecae. CDRom (027300, University of California) s.v.

74 Erstmals erwähnt 669 n. Chr. (Theoph. 352); ursprünglich von der Ägäis bis zum mittleren Halys und zum Taurus-Gebirge unter Ausschluß des nördlichen und östlichen Zentralanatolien reichend; Sitz des Strategen wurde schließlich Amorion; vgl. zum Thema Anatolikon und zur Entstehung der Themenordnung, die zuerst eine Organisation von Militärbezirken neben der Administration in den älteren Provinzeinheiten darstellte, G. Ostrogorsky, Geschichte des byzantinischen Staates, München ³1963, 80ff. mit Karte II; R.J. Lilie, Die byzantinische Reaktion auf die Ausbreitung der Araber, München 1976, bes. 287ff.; ders., BSl 45, 1984, 27–39, 190–201; Belke, TIB 4, 1984, 59, 62, 64; TIB 7, 1990, 83–85; OByzD I, 1991, 89f.; III, 1991, 2034f. Das als Festung stark ausgebaute Ankyra und der Großteil Galatiens wurden Teil des Thema Opsikion, das ursprünglich

militum per Orientem hervorgegangen ist und auch seinen Namen entsprechend ableitet, zu der im islamischen Bereich eingebürgerten Bezeichnung für den östlichen Teil des byzantinischen Reiches in Kleinasien und schließlich zur Benennung des asiatischen Teils der Türkei. Ein nicht unerhebliches Problem bildet auch Mitchells ambivalente Verwendung des Begriffs Galatien selbst, der bei ihm vorrangig im Sinne der römischen Provinz Galatia und ihrer geographischen Ausdehnung gebraucht wird, den er aber zum anderen vielfach ohne eine kenntliche Differenzierung ebenso für die eigentliche historisch-geographische Landschaft Galatien, d.h. für den Raum der galatischen Stammesterritorien, verwendet[75]. Eine geographische Bestimmung der galatischen Stammesgebiete unterläßt Mitchell, wobei er insbesondere die Ausdehnung der nördlichen Teile des eigentlichen Galatien nur sehr vage anspricht und im wesentlichen von den Grenzen der römischen Provinz Bithynien der augusteischen Zeit ausgeht[76]. Diese Unterlassung einer genaueren geographischen Definition sieht Mitchell durch die „nomadic habits" der Galater gerechtfertigt, was die geographischen Grenzen ihrer Okkupation nicht fest bestimmen lasse[77]. Die grundlegende Frage der historischen Geographie Galatiens wird nur sehr begrenzt angesprochen.

Mitchell folgt hier wie vielfach in seiner Betrachtung der Galater den älteren Stereotypen und traditionellen Schemata[78]. Dies kennzeichnete bereits die entsprechenden Teile seiner unpublizierten Oxforder Dissertation von 1974 „The History and Archaeology of Galatia", auf denen der erste, die Galater behandelnde Abschnitt der Monographie von 1993 sehr stark aufbaut. Dieser erste Teil war bereits zu Beginn der 80er Jahre ausgearbeitet und wurde nur in Details aktualisiert. Den Galatern und ihrer Geschichte bis zur Neuordnung des Pompeius hatte Mitchell schon in seiner Arbeit von 1974 nur begrenzten Raum gewidmet[79]. Auch dort wurde der ideologische wie topische Hintergrund des antiken Galaterbildes und seine Wirkung auf die traditionelle Sicht der Forschung nicht aufgearbeitet. Die 1974 formulierte Aussage, Ziel der Galaterstämme sei nicht Land zur Ansiedlung, sondern seien „money and booty" gewesen[80], führt Mitchell wei-

---

ganz Nordwestkleinasien vom Hellespont bis Paphlagonien umfaßte; vgl. auch C. Foss, Late Antique and Byzantine Ankara, DOP 31, 1977, 27–87. Ostgalatien gehörte zum ursprünglichen Großthema Armeniakon östlich des Halys.

75 Irritierend dabei die Bemerkung Mitchell I, 7, Galatien und Lykaonien bildeten eine Beckenlandschaft im Zentrum Kleinasiens.

76 Vgl. zu den Möglichkeiten einer Präzisierung der historischen Geographie Strobel, Grenzregionen. Das Defizit wird etwa bei Mitchell I, 23 deutlich spürbar.

77 Mitchell I, 51.

78 Vgl. u. a. Mitchell I, 46 mit der übernommenen Topik des negativen Zerrbildes des Livius für die Kelten als Gegner im Kampf.

79 Mitchell a.a.O. 1974, 1–35; der Übergang in die römische Herrschaft ebd. 36–67.

80 Ebd. 2; vgl. die Formel „raiding areas" der Galater ebd. 3f.

ter[81]. Die ersten 150 Jahre der galatischen Geschichte nach der „invasion of Asia Minor“ charakterisiert er dabei wie folgt: „the Galatians lived on the margin of civilized life, plundering temples, sacking cities, and inspiring fear ...“; der Terror, den sie erzeugten, sei bis zum Feldzug des Manlius Vulso im Jahre 189 v. Chr. ungebrochen geblieben[82]. Der Schaden, den ihr Erscheinen in Kleinasien zur Folge gehabt hätte, lasse den einzigen Nutzen, nämlich die Bereitstellung von (zudem noch außerordentlich schwierigen) Söldnern, völlig zurücktreten.

Charakteristisch ist für Mitchells Sichtweise, daß er stets von der Invasion der Kelten in Kleinasien spricht, die bei ihrem „settlement“ im zweiten Viertel des 3. Jh. v. Chr. das zentralanatolische Plateau besetzt hätten und dort mindestens bis zum Ende des 1. Jh. v. Chr. die dominierende, ethnisch fest und einheitlich definierte Gruppe geblieben seien; die Beziehungen „between the newcomers and the cities and indigenious people of Asia Minor“ seien immer „uneasy and often violent“ gewesen[83]. Die Landnahme in Zentralanatolien, die Ende der 60er Jahre des 3. Jh. erfolgt gewesen sein müsse, sieht Mitchell erneut als Folge des Sieges des Antiochos I. in der sogenannten Elefantenschlacht, der zur »Vertreibung« der Galater aus den reichen Gebieten Westkleinasiens geführt habe („as a direct result, the Celts were driven away from the rich and populous areas of the west into the thiny settled hinterland of Anatolia“); es sei nach Mitchell das Anliegen der Seleukiden wie der Attaliden gewesen, die galatischen Invasoren auf das Gebiet „in the centre of Anatolia around Ancyra“ zu beschränken[84]. Eine historische Analyse der Landnahme erfolgt nicht, vielmehr werden die verschiedenen Quellentraditionen zur Ansiedlung der Galater ohne die notwendige Aufarbeitung nebeneinandergestellt und dabei der in App. Syr. 65 überlieferte Anspruch des Antiochos I. auf den entscheidenden Sieg und die Rettung Asiens vor den Barbaren wie bereits von Stähelin in diesem Sinne anerkannt. Die weitere Entwicklung wird allein unter dem Gesichtspunkt der allmählichen partiellen Assimilierung der Galater in die Kultur des hellenisierten Kleinasiens gesehen; Ethnogenese oder stammesbildende Prozesse werden von Mitchell nicht einbezogen, der die Stärke der Galater

81 Mitchell I, 15 (etwas abgeschwächt „various aims“, als letztes Ziel vielleicht Land zur Ansiedlung, aber primär Geld und Beute, wobei er sich auf die entsprechende, der hellenistischen und römischen Keltentopik entstammende Formulierung bei Liv. 38, 16, 1 beruft), 42 „their eyes set on plunder not lands for settlement“.

82 Mitchell I, 29, 42.

83 Mitchell I, 3f.

84 Mitchell I, 7, 19. Zur Begründung einer solchen Politik der hellenistischen Mächte verweist Mitchell wenig konkret und nur im Sinne einer angenommenen geringen Bedeutung des Landes auf die – im Zusammenhang von Ethnogenese- und Akkulturationsprozessen grundlegende – Tatsache, daß die zentralanatolischen Räume Phrygiens, Galatiens, Lykaoniens und Ostanatoliens vor der späthellenistischen und frühkaiserzeitlichen Epoche keine tiefergehende Hellenisierung erfahren hatten.

einerseits in weitgehender Übernahme des antiken Barbarentopos durch ihre große Fruchtbarkeit erklärt, sich dabei aber zugleich zu der Behauptung gezwungen sieht, es müsse einen bedeutenden Nachzug von Kelten nach Kleinasien gegeben haben[85]. Außerdem sucht Mitchell in einer unzutreffenden Interpretation des Epigramms aus Tlos zu erweisen, daß neben den keltischen Galatern noch andere, nichtkeltische Bevölkerungsgruppen als Invasoren nach Kleinasien übergesetzt hätten[86]. Bei seiner Annahme, es habe in Wirklichkeit aber eine größere Zahl von Galaterstämmen als die überlieferten Stämme der Tolistobogier, der Tektosagen und Trokmer gegeben und dies sei in den weiteren überlieferten Stammesnamen dokumentiert, geht er von einer unzulässigen Gleichstellung der identitätstragenden Großverbände und ihrer jeweils von eigenen Stammesfürsten geführten, eigene Namen tragenden Teilstämme und auch der Namen einzelner *populi* im Sinne der Clans aus[87]. Die hier gegebenen Erklärungen für Rolle und Bedeutung der kleinasiatischen Galater können nicht genügen, weder die Annahme, es müßte eben eine sehr viel größere Zahl von Kelten und anderen Barbaren nach Kleinasien übergesetzt haben, noch das antike Motiv des großen Kinderreichtums, mit dem die Galater ganz Kleinasien angefüllt hätten[88], zumal sich dieser Topos in das zeitgenössische Denkmuster einordnet, das den Barbaren und ihrem Verhalten tierische Wesenszüge zuweist[89].

Auch sieht Mitchell die Keltenzüge von 280 und 279 v. Chr. gegen Makedonien und Griechenland in der Tradition eines Teils der Quellen und unter weitgehender Akzeptierung der dort gegebenen, völlig überhöhten Zahlenangaben[90] als Wanderzüge: „The Greek world was clearly facing a whole nation [sic!] on the move“[91]. Er

---

85 Mitchell I, 4, 19.

86 Mitchell I, 18; vgl Strobel, Galater 125f. mit Anm. 166; u. Anm. 473; Bd. II.

87 Mitchell I, 43.

88 Vgl. Iust. 25, 2, 8; Liv. 38, 16, 13. Den Topos der ungewöhnlichen Fruchtbarkeit der keltischen Frauen finden wir auch bei Strab. 4, 4, 3, C 196 mit 4, 1, 2, C 178.

89 Vgl. hierzu Strobel, Keltensieg 80 mit Anm. 83.84, 82 mit Anm. 97, 91f.; Opelt - Speyer (o. Anm. 26) 823f., 836f., 838f., 886f.; Y.A. Dauge, Le barbare. Recherches sur la conception romaine de la barbarie et de la civilisation, Brüssel 1981, 428f. (*feritas* der Barbaren: unzivilisiertes Wesen, das sich zur tierischen Rohheit und Wildheit steigert; steht vornehmlich für die Nordvölker, besonders für Gallier und Germanen); zur häufigen Verwendung von Begriffen aus dem Tierhaften und von Gleichsetzungen mit wilden Tieren bei Livius offensichtlich besonders in der Tradition der römischen Annalistik vgl. Dauge a.a.O. 604f.; J. Rueger, Barbarus. Wort und Begriff bei Cicero, Livius, Caesar, Diss. Göttingen 1965, 29ff.; Kremer 50f.

90 Der grundsätzliche Topos der barbarischen Menschenmassen bestimmt die überlieferten Zahlenstärken; vgl. Rueger a.a.O., bes. 31. Iustin, Pausanias und Livius stehen ganz in dieser Tradition; für letzteren ist *multitudo* pauschal die Auftretensweise der Kelten und ein wesentliches Grundelement für den *metus Gallicus*; vgl. auch Kremer 28ff.

91 Mitchell I, 14f.

folgt dabei ebenfalls der weit verbreiteten »naiv-primitivistischen« Gegenüberstellung von seßhafter, zivilisierter Bevölkerung des Mittelmeerraumes und barbarischen, nicht seßhaften Völkern jenseits davon, in welcher die Kelten ganz selbstverständlich als nomadisierende Stämme eingeordnet sind[92]. Ein solches Bild war jedoch gerade in der hellenistischen Geschichtsschreibung gar nicht vorherrschend, gehörte aber als Klischee zum stereotypen Keltenfeindbild der römischen Tradition[93]. Mitchell legt seiner Sichtweise der Kelten -„travelling in carts, on horseback, and on foot; with no fixed home, their eyes set on plunder not lands for settlement“- die axiomatische Verallgemeinerung zugrunde, daß Migration für die Kelten im Osten wie im Westen die Regel, nicht die Ausnahme gewesen sei, eben „for a race [sic!], many of whose tribes buried their dead not in tombs resembling permanent homes but on wagons or chariots“[94]. Aus diesen „vagrant habits“, dem „constant movement of the people“, sucht Mitchell dann weitreichende Hypothesen für die politischen, sozialen und materiellen Verhältnisse der Galater (etwa „land, if held, was only a temporary possession, and might be reallocated ... from one year to the next“) wie auch für die Interpretation ihrer Geschichte zu erschließen[95]. Bei der Argumentation mit den Wagenbestattungen der Hallstatt- und Latènezeit geht Mitchell im übrigen in bezeichnender Weise in die Irre. Die Errichtung von Grabkammern und obertägigen Grabanlagen gehört zum normalen Erscheinungsbild des keltischen Kulturkreises; der vierrädrige Zeremonialwagen wurde als spezifisches Statussymbol der höchsten Funktionsträger in der Gesellschaft der Urnenfelder- und Hallstattzeit im Bestattungsritus beigegeben. In der Frühlatènezeit wird dieses Statussymbol der Spitzengruppe der politisch-sozialen Hierarchie durch die Beigabe des einachsigen Kriegswagens des führenden, nun als heroischer Kämpfer auftretenden aristokratischen Elitekriegers abgelöst[96]. Mit

92 Vgl. zur Bedeutung dieses Stereotyps in der Betrachtung der Kelten auch O. Büchsenschütz, EtCelt 28, 1991 [1993], 65. Siehe dagegen bereits o. S. 51.

93 Vgl. S. 19ff., 60f., 105ff.

94 Mitchell I, 42.

95 Vgl. Mitchell I, 42 u.a.m. Mitchell I, 148 postuliert „Their earlier traditions as a migrating nation ... to make their economy a pastoral one ... It is hardly surprising, then, that there are virtually no archaeological traces of substantial settlements in this [the Hellenistic] period“. Dies widerspricht dem Befund der zahlreichen Siedlungsstellen in den Galaterterritorien; zudem rechnet er Galatien unter Einbeziehung Lykaoniens, die auf einer unrichtigen Deutung der Proseilemmene beruht, fälschlich nur der hochgelegenen ariden Steppe zu.

96 Vgl. zusammenfassend zu Wagen und Wagenbeigaben F. E. Barth u. a., Vierräderige Wagen der Hallstattzeit. Untersuchungen zu Geschichte und Technik, RGZM Monogr. 12, Bonn 1987, bes. Ch.F.E. Pare ebd. 25ff.; D. van Endert, Die Wagenbestattungen der späten Hallstattzeit und der Latènezeit im Gebiet westlich des Rheins, BAR Internat. Ser. 355, Oxford 1987; A. Furger-Gunti, Celts 356–359; M. Egg - Ch. Pare, in: KeltJt 209–

einer vermeintlichen »wesenseigenen« Wandersitte der Kelten haben beide Elemente nichts zu tun.

Mitchells Versuch, vergleichende Ausführungen zu Struktur und Gesellschaft der kleinasiatischen Galater zu entwickeln, greift zu stark auf antike Topoi und Notizen zurück, während er die neuere Forschung zu den Kelten wenig zur Kenntnis nimmt. Ein Bild der sozialen wie ethnischen Entwicklungen in den galatischen Stammesterritorien im 3. und 2. Jh. v. Chr. findet sich bei Mitchell nicht. In der Frage der bei Strabon überlieferten Gliederung und Stammesordnung der Galater folgt er weitgehend den Ansichten Stähelins: Diese Ordnung sei zur Zeit des Zuges des Manlius Vulso noch nicht vorhanden gewesen - Mitchells diesbezügliche Argumentation ist allerdings unzutreffend - und könne erst die Folge des zivilisatorischen Einflusses von Pergamon und anderer kleinasiatischer Königreiche sein bzw. auf die ordnende Hand der Attaliden zurückgehen[97]. Dabei erkennt er an, daß diese Ordnung auch auf keltischen Traditionen basieren müsse. Insgesamt sei diese Entwicklung von den „raiding bands" zu einer Stammesorganisation mit zentralisiertem oligarchischem Regiment, das schließlich den Aufstieg dominierender dynastischer Familien brachte, verlaufen. Als den entscheidenden Zeitraum für diesen Prozeß sieht er das späte 2. und frühere 1. Jh. v. Chr., ohne aber auf die grundlegenden Brüche durch das Massaker des Mithradates VI. unter dem Tetrarchenadel und durch den Eingriff der römischen Neuordnung des Jahres 64 v. Chr. einzugehen. Unverständlich ist die These, die er als Argument für diese Rekonstruktion anführt, daß es nämlich beim Galateradel vor dem 1. Jh. v. Chr. keine ausgearbeiteten Genealogien gegeben habe[98]. Dies widerspricht völlig den typischen Zügen der keltischen Aristokratie, aber auch den allgemein bekannten Grundelementen in vergleichender Anthropologie und Stammesforschung. Die

---

218; ebd. Abb. 186 zu den Wagengräbern der Mittel- und Spätlatènezeit; Pare, Wagons and Wagon-Graves of the Early Iron Age in Central Europe, Oxford 1992. Die Kontinuität des mit der Wagenbeigabe verbundenen sozialen und rituellen Musters von der Spätbronzezeit bis zur Latènezeit zeigt die Adelsgrablege der 2. Hälfte 13. Jh. v. Chr. von Poing in Oberbayern (vgl. S. Winghart, KeltJt 88-93). Es ist die Brandbestattung eines Wagenfahrers unter Beigabe eines vierräderigen Wagens, der vollständigen Schirrung für zwei Pferde, ferner von Waffen, von Sicheln als Zeremonialgerät mit kultisch-herrschaftlicher Symbolik sowie eines reichhaltigen Geschirrsatzes aus Bronze und Keramik. Der Tote ist als Angehöriger der neuen exklusiven Gesellschaftsspitze ausgewiesen, die sich in der Übergangsphase zur Urnenfelderzeit (BzD/HaA1) entwickelt hat.

97 Mitchell I, 27, 43.

98 Vgl. Mitchell I, 42ff., bes. 43 „There is no evidence before the first century BC for elaborate genealogies". Es ist charakteristisch, wie Mitchell I, 149 die „obscure chieftains of the Gauls" der aristokratischen Oberschicht der römischen Provinz gegenüberstellt. Die Grabbauten und Residenzburgen des Tetrarchenadels des 2. und 1. Jh. zeigen ein anderes Bild.

Definition der Identität von Stämmen, Sippen und Familien sowie der Stellung in diesen Personenverbänden und besonders die Rangfolge der Adeligen erfolgte über die Abstammungstradition, deren Formulierung und Tradierung Grundlage der sozialen und politischen Ordnung wie der Existenz des Ethnos war. Mitchell greift hier in unzulässiger Weise auf ein *argumentum e silentio* der Überlieferungslage zurück. Weshalb er die Dauer der staatlichen Unabhängigkeit der Galater auf rund 80 Jahre (ca. 270–189 v. Chr.) beschränkt sehen will[99], ist nicht einsichtig, da die Eigenstaatlichkeit der Galater doch bis 25 v. Chr. bewahrt blieb. Diese galatische Eigenstaatlichkeit wird dadurch geprägt, daß es nicht zur Ausbildung einer hellenistischen Monarchie kam, sondern die Tetrarchenordnung im Prinzip bis zum Ende erhalten blieb, auch wenn sie seit der römischen Neuordnung von 64 die Form der Einsetzung und Bestätigung von Herrschern für die drei Großstämme durch Rom annahm und zuletzt nur mehr auf eine Herrscherperson konzentriert war.

Die Einordnung der Aktionen der Galater in den direkten Zusammenhang der Auseinandersetzungen respektive in die politischen wie militärischen Beziehungen ihrer kleinasiatischen Umwelt, die sich bei einer Lösung von den beschriebenen ideologischen Bildern, Topoi und stereotypen Verständnismustern anbietet, greift Mitchell nicht auf, sondern hält an dem traditionellen Vorstellungsrahmen für die Galater fest[100]. Entsprechend erachtet er den Einsatz der Kelten als Symmachoi des Nikomedes I. von Bithynien schon nach der erfolgreichen Kampagne 277 v. Chr. gegen den jüngeren Zipoites als beendet. Von nun an reiht er die Vorgänge in ein anderes Erklärungsmuster ein: „in effect ... the Celts were free to raid

99 Mitchell I, 1.

100 Vgl. etwa Mitchell I, 20 mit dem Verdikt, sie hätten jeden Vertrag und jedes Bündnis gebrochen, wenn es zu ihrem Nutzen gewesen sei; gerade dies trifft für die Geschichte der kleinasiatischen Galater nicht zu. Unzuverlässigkeit und Treuebruch sind ein Hauptvorwurf in dem von Polybios gezeichneten bzw. übernommenen Keltenbild; vgl. Pol. 2, 7, 5; auch 2, 32, 8; auch Kremer 42 Anm. 1 (mit weiteren Stellen und dem Bezug zu Fabius Pictor; auf die entsprechende Topik der hellenistischen Tradition geht Kremer allerdings nicht ein; seine Ausführungen ebd. 42 zu Poseidonios sind nicht glücklich). Galatern und Thrakern als der ständigen Bedrohung Griechenlands seien Gesetz und Völkerrecht fremd; mit diesem Barbarentopos läßt Polybios T. Quinctius Flamininus in seiner Rede gegen eine Zerschlagung der makedonischen Monarchie argumentieren (18, 37, 9). Für die römische Vorstellung gehört die *perfidia*, das Akzeptieren keines Völkerrechts, also das Gesetz des Stärkeren, das Handeln nicht nach Verträgen und gegebenem Wort, sondern nach Mutwillen und der Gunst der Stunde, schlechthin zum Barbarenschema, als deren Inkarnation die Kelten betrachtet werden (vgl. C. Peyre, REL 48, 1970, 283f.; Kremer 40f., zu diesem »gallischen Wesenszug« bei Livius ebd. 39ff.); Livius verdichtet dies in den Formeln *in armis ius ferre* und *omnia fortium virorum esse* (Liv. 5, 36, 5).

the rest of Anatolia (apart from Bithynia) at will"[101]. Der Begriff der „raids" bestimmt dabei Mitchells Sicht jeglicher Aktivität der Kelten[102].

Eine große Wirkung im traditionellen Verständnis der Galater entfaltete der auf K. Humann und O. Puchstein zurückgehende Gedanke, die Kelten könnten sich in der späteren Landschaft Galatien, also in dem Landstrich vom Gebiet des großen Sangarios-Bogens im Westen bis in den Osten des Halys-Bogens, nur unter Zwang angesiedelt haben[103]. Bei der Zuordnung dieser »Zwangsansiedlung« folgte man in unterschiedlicher Weise den entsprechenden, in der Überlieferung tradierten Ansprüchen des Antiochos I., Attalos I. oder des römischen Eingreifens unter Cn. Manlius Vulso[104]. W. Otto sprach dabei von einer Internierung durch Antiochos I. in der Folge seines Sieges über die Galater in der sogenannten Elefantenschlacht[105], andere folgten in dieser Frage dem von Attalos I. propagierten Siegesanspruch[106].

101 Mitchell I, 16f.

102 Ohne Grundlage Mitchell I, 16 Anm. 38, die Kelten hätten im Winter 280/79 auch den Balkan in drei „raiding areas" aufgeteilt, eine Zahl, die der überlieferten Aufteilung Kleinasiens entspräche und diese zugleich bestätige. Einer eindeutig tendenziösen Überlieferung folgt Mitchell I, 24, wenn er die Beute, die Manlius Vulso im Jahre 189 am Berg Olympos und am Berg Magaba machte, als „booty accumulated during ninty years of raiding and extortion inflicted on the cities of Asia" bezeichnet.

103 Vgl. K. Humann - O. Puchstein, Reisen in Kleinasien und Nordsyrien, Berlin 1890, bes. 25 („wenn man die dürren weißen unfruchtbaren Hügel Galatiens durchmißt"), 46 („wieder in der Öde [südlich Ankara], die für Galatien, soweit wir es gesehen, beinahe durchgehend charakteristisch ist"), 50 („Sollten denn wirklich ... jene Galater sich Kleinasien tributpflichtig gemacht haben und doch im ödesten Strich des Landes geblieben sein ..."); entsprechend etwa Stähelin 40f.; Bürchner, RE VII 1, 1910, 526.

104 Vgl. zu den verschiedenen Thesen etwa Stähelin 40 Anm. 5; Bürchner a.a.O. 526; Magie 731f. Anm. 13; P. Moraux, MDAI(I) 7, 1957, 56–75. Anders H. Van Gelder, Galatarum res in Graecia et Asia gestae, Amsterdam 1888, 136ff., der von einer nur ganz allmählichen Einwanderung in Zentralanatolien aus eigenem Antrieb ausging, wobei sich die letzten Gruppen erst nach der Niederlage gegen Attalos I. dorthin zurückgezogen hätten. Nach Köhler a.a.O. 8f. hätten sie das Land von Antiochos Hierax als Lohn für die Unterstützung im seleukidischen Bruderkrieg erhalten. Vgl. zum Gesamtkomplex Strobel, Galater 120ff.

105 W. Otto, Beiträge zur Seleukidengeschichte des 3. Jh. v. Chr., Abh. München, Phil.-hist. Kl. 34,1, München 1928, 24; mit dem Begriff der Internierung bereits Stähelin 41; vgl. Magie 6, der in der Ansiedlung in Zentralanatolien eine Kompromißlösung des Antiochos I. vermutet, der zwar die Galater besiegt habe, aber diesen „so zahlreichen Gegner" nicht habe vernichten können.

106 Vgl. etwa Ed. Meyer, Geschichte des Königreichs Pontos, Leipzig 1879, 44 („Antiochos' glänzender Sieg scheint keine dauernden Folgen gehabt zu haben; sie blieben der Schrecken der westlichen Länder, und wenn sie nicht im Solde eines Fürsten standen,

Noch H. Heinen sieht in seiner knappen zusammenfassenden Darstellung eine zwangsweise Ansiedlung bzw. Seßhaftwerdung der Galater, wobei letztere erst mit dem Sieg des C. Manlius Vulso im Jahre 189 und der von Rom verordneten Beschränkung der Galater auf ihre Territorien abgeschlossen sei[107]. Der Vorstellung von einer Zwangsansiedlung entsprechend werden dann alle ihre Aktionen als Versuche gewertet, sich aus einer solchen Zwangsansiedlung zu befreien bzw. ihre „Wanderfreiheit" wiederzugewinnen[108].

Diese Vorstellungen, es müsse eine Zwangsansiedlung bzw. eine erzwungene Beschränkung auf diese »unwirtlichen« Siedlungsgebiete Zentralanatoliens[109] vorgelegen haben, gehen jedoch von dem Bild des Landes in spätottomanischer Zeit aus[110], dem Bild einer verödeten, weithin unbebauten, entwaldeten und überweideten Landschaft, durch die Nomaden mit ihren Herden zogen[111]. Das in den älteren Reisebeschreibungen gezeichnete Bild, das durch die Tatsache verstärkt werden mußte, daß man als Reisezeit verständlicherweise die trockenen Monate von Sommer und Herbst wählte und später die Forschungsarbeiten in der Regel nach der Ernte durchführte, prägt bis heute die Vorstellungen über Galatien als Landschaft. Wenn man aber die vermeintlich nur braunen, sonnenverbrannten und ausgetrockneten Gebiete Mittel- und Ostgalatiens im Frühsommer durchreist oder die wald- und almenreichen Bergregionen im Nordteil, einen mit Mitteleuropa vergleichbaren Vegetationsgürtel, besucht, wenn man die Steppenzonen im Frühling bis Mai/Juni oder etwa das fruchtbare Hochland des Çile Dağı betrachtet, so wird man den traditionellen Vorstellungen zur Natur des Landes, in dem sich die Galater niederließen, mit Distanz begegnen.

---

plünderten sie auf eigene Hand. Feste Wohnsitze hatten sie noch nicht"), 48f., Attalos habe den Raubzügen der Galater ein Ende gemacht; sie seien nun gezwungen gewesen, sich in den nordöstlichen Teilen Großphrygiens anzusiedeln, ein Gebiet das ihnen wohl erst Mithradates II. in dieser Zeit überlassen habe. A. Pedroli, Il regno di Pergamo, Turin 1896, 20f. vermutete eine Überlassung des Grenzgebietes zwischen Bithynien, Phrygien, Paphlagonien und Kappadokien durch die Könige Ziaelas von Bithynien und Mithradates II. von Pontos, nachdem die Galater durch den Sieg des Attalos I. am Aphrodision von der Küste abgeschnitten worden seien.

107 H. Heinen, CAH² VII 1, 1984, 424f.

108 Vgl. Humann - Puchstein a.a.O.; auch Bürchner a.a.O.; Stähelin 41 („Versuche, die nicht zuletzt dank der entschlossenen Haltung des Pergameners Attalos I. fehlgeschlagen sind" - womit Stähelin auch den pergamenischen Siegesanspruch wieder eingebunden hatte).

109 Stähelin 41 spricht von einer „unwirtlichen Dürre", die zu keiner Zeit ein einwanderndes Volk zur Eroberung oder Ansiedlung habe locken können.

110 Vgl. Humann - Puchstein a.a.O.; auch Ramsay 12f.

111 Vgl. etwa Ainsworth (o. Anm. 7) 136ff.; J. MacDonald Kinneir, Journeys through Asia Minor, Armenia and Koordistan in 1813 and 1814, Edinburgh 1818, bes. 75ff.

Die Bevölkerungs- und Siedlungsstrukturen Zentralanatoliens waren nach einem ersten Tiefstand im 6.–8. Jh.[112] nach der mittelbyzantinischen Zeit erneut einem dramatischen Verfall unterworfen[113]. Dem Zusammenbruch der militärischen Sicherung für die byzantinische Ostgrenze und des politisch-administrativen Systems seit der Mitte des 11. Jh. n. Chr. folgte in der 2. Hälfte des 11. und im 12. Jh. der Zusammenbruch der byzantinisch-christlichen Bevölkerungsstrukturen Zentralanatoliens[114]. Diese hatten sich während der mittelbyzantinischen Zeit nach ihrem ersten Tiefpunkt im 7. Jh. in regional wie lokal unterschiedlicher Weise wieder stabilisiert, doch blieb ihr Niveau erheblich reduziert und der zivilisatorische Stand

---

112 452 n. Chr. Dürrekatastrophe mit Hungersnot und Seuchen in Phrygien, Galatien, Kappadokien und Kilikien (Euag. 53; Nikeph. Kall. 15, 10 [PG 147, 33]); 456 Heuschrekkenkatastrophe in Phrygien (Marc. Com. 86); seit 541 die verheerenden Pestwellen; 615/16 persische Invasion Kleinasiens, 620 oder 622 persische Eroberung Ankyras, 626 persischer Vorstoß gegen Konstantinopel; seit 644 arabische Invasionen (644 und 646 erste Vorstöße bis Amorion, große Invasion des Jahres 655, 669 Zug durch Phrygien und Galatien bis Chalkedon und Einnahme von Amorion etc.). Vgl. E. Patlagean, Pauvrété éonomique et pauvrété sociale à Byzance. 4e-7e siècles, Paris - La Haye 1977; P. Allen, Byzantion 49, 1979, 5–20; K.-H. Leven, Jb. Inst. Gesch. Medizin Robert Bosch Stiftung 6, 1987, 137–161; J.F. Haldon, Byzantium in the Seventh Century, Cambridge u. a. 1990; C. Foss, JÖB 24, 1975, 11–22; ders., English Historical Review 90, 1975, 721–747; K. Belke, TIB 4, 1984, 59ff.; N. Mersich, TIB 7, 1990, 67; Lilie (o. Anm. 74); zur verstärkenden Wirkung des christlichen Lebensideals von Enthaltsamkeit und Askese auf demographische Entwicklungen vgl. auch P. Brown, Die Keuschheit der Engel. Sexuelle Entsagung, Askese und Körperlichkeit im frühen Christentum, München ²1994, bes. 438ff.; Mitchell II, 109ff. Die Region um den Abant Gölü westlich von Bolu wurde um 690 von Menschen verlassen; vgl. Bottema u. a. (u. Anm. 133) 1993/94, 29.

113 Vgl. zusammenfassend Mersich a.a.O. 62ff., bes. 64f., 68f.; Sp. Vryonis, The Decline of Medieval Hellenism in Asia Minor and the Process of Islamization from the Eleventh through the Fifteenth Century, Berkeley - Los Angeles - London 1971; XVe Congrès Internat. d'Études Byzantines I 2. Composition et mouvement de la population dans le monde byzantin, Athen 1976 (zu den Bevölkerungsbewegungen 1071-1261 n. Chr. S. Vryonis ebd.); S. Vryonis, Nomadization and Islamization in Asia Minor, DOP 29, 1975, 41–71.

114 Vgl. die entsprechenden Berichte zu den Zügen der Kreuzfahrer durch Zentralanatolien, insbesondere des Kreuzzugs von 1101, der zum Teil durch Galatien und Paphlagonien führte (vgl. Belke, TIB 4, 1984, 79); vgl. Recueil des Historiens des Cruisades, Paris 1841–1904 (bes. Albertus Aquensis, in: Historiens occidentaux IV, 1879, 265–713). Der Erste Kreuzug folgte einer Route, die in ihrer Struktur noch besser intakte Gebiete suchte (vgl. N. Mersich, Historische Geographie von Pisidien in byzantinischer Zeit, Diss. Wien 1982, 47ff.; Belke a.a.O. 78f.). Der Versuch von Mitchell, die Aussagen der Kreuzzugszeit für die Beurteilung des Landes zu generalisieren, kann nicht überzeugen. Vgl. ferner teilweise auch die Pilgerreisebeschreibungen in: Palestine Pilgrims' Text Society Library, 13 Bde., London 1890–1897.

rückläufig. Teile der Landschaft blieben bereits seit dem 7. Jh. verödet. An Stelle der christlich-byzantinischen Bevölkerung drängten nun Ende 11. - 13. Jh. die stark anwachsenden nomadisierenden Gruppen von Türken bzw. Turkmenen bis Westanatolien vor, wobei der Zustrom von Nomaden aus Turkestan und Iran durch den Druck der Mongolen und ihren Sieg 1243 über die Großseldschuken weiter verstärkt wurde. Ein besonders dramatisches Beispiel für diesen tiefgreifenden Wandel in Anatolien ist auch die Landschaft Lykien, deren Charakter seit dem 12./13. Jh. weithin von Nomaden und wenigen armseligen Dörfern bestimmt war[115].

Kennzeichnend wurde seit dem Mittelalter eine nomadische bzw. halbnomadische Weidewirtschaft[116], wobei größere Siedlungen weitgehend zurückgingen und die natürliche Regeneration von höherem Bewuchs auf ein Minimum gesunken war, was in den nördlicheren Teilen Galatiens mit dem gezielten Bemühen um offene Weideflächen gefördert wurde. Durch die Türkisierung des Landes drang der Nomadismus als Lebensform, die Wirtschafts- und Siedlungsstrukturen nachhaltig veränderte, in Anatolien ein. In vortürkischer Zeit wurde Weidewirtschaft in nichtnomadischen oder halbnomadischen Formen praktiziert; dies gilt auch für Fernweidewirtschaft als Transhumanz von Hirten. Bäuerliche Kleinviehhaltung war fast überall ganzjährig möglich und die Entwicklung nomadisierender Viehwirtschaftsformen nicht erforderlich. Der Zustrom von Neusiedlern in Folge des Drucks auf die osmanischen respektive islamischen Gebiete des Balkans, im Süden Rußlands und im kaukasischen Raum setzte im 19. Jh. den Prozeß einer erneuten dichteren Aufsiedlung des Landes und intensiveren landwirtschaftlichen Nutzung wieder in Gang[117].

Die Entwicklung der Dominanz offener Weidewirtschaft steht mit der Veränderung der politisch-militärischen Lage und der kulturellen Situation in der Folge der byzantinischen Niederlage von Mantzikert am 26. 8. 1071 in einem direkten histori-

---

115 Vgl. F. Kolb, Jb.hist.Forschung 1993, München 1994, 13f.; ders., in: ders. - B. Kupke, Lykien, AW-Sonderh. 1989, 31 „Mit der Eroberung Lykiens durch Turkvölker zwischen Ende des 11. und des 13. Jhs. wurde Lykien ein Land von Hirtennomaden und erlebte einen gravierenden Zivilisationszusammenbruch“. Zum Bergnomadismus des südlichen Anatolien, der sich erst unter diesen historischen Bedingungen des Mittelalters entwickelte, W.-D. Hütteroth, Türkei, Darmstadt 1982, 205ff.

116 Vgl. hierzu Hütteroth a.a.O. 169ff., 202ff.; X. de Planhol, De la plaine pamphylienne aux lacs pisidiens. Nomadisme et vie paysanne, Paris 1958, bes. 109ff., 186ff.; ders., Geogr. Zeitschr. 53, 1965, 101–116.; allgemein L. Földes (Hg.), Viehwirtschaft und Hirtenkultur. Ethnographische Studien, Budapest 1969; o. S. 43f. mit Anm. 113; u. S. 86f.

117 Vgl. etwa die zahlreichen Angaben bei W. v. Diest, M. Anton und R. Leonhard (o. Anm. 8). Die Bevölkerung lag selbst in der Blütezeit des osmanischen Binnenanatolien im 16. Jh. bis zu 60% unter jener der 2. Hälfte des 19. Jh., wobei der starke Bevölkerungsanstieg erst seit dem Ende des 19. Jh. und nach dem 1. Weltkrieg einsetzte. Vgl. allgemein D.W. Hütteroth, Ländliche Siedlungen im südlichen Inneranatolien in den letzten vier Jahrhunderten, Göttingen 1968; auch de Planhol a.a.O. 1965, 123ff.

schen Zusammenhang[118]. Während der erste türkische Vorstoß 1059 gegen Galatien, die Honorias und Phrygien noch abgewehrt werden konnte[119], drangen die Türken bereits seit der Mitte der 60er Jahre des 11. Jh. in der Folge des Bürgerkrieges zwischen Michael VI. und Isaak Komnenos 1057 sowie der Vernachlässigung der schon 1057 weitgehend entblößten Ostgrenze unter Konstantin X. Dukas (1059–1067) nahezu ungehindert in das Innere Kleinasiens vor, so 1068 über Kappadokien bis Amorion, 1069 nach Lykaonien und Pisidien und 1070 über Galatien nach Phrygien. Die Katastrophe für das byzantinische Anatolien wurde aber vor allem durch die auf Mantzikert auf byzantinischer Seite folgende Kette von Usurpationen, Bürgerkriegen und Rebellionen heraufbeschworen; sie begann mit dem Bürgerkrieg zwischen Romanos IV. und Michael VII. Dukas und leitete in die Zeit der Kreuzzüge über. Dies führte unter dem gleichzeitigen Druck der Türken zum Zusammenbruch der byzantinischen Armee und zur Auflösung der politisch-militärischen Strukturen in Anatolien. Weder eine Abwehr der Türken noch eine geordnete Verteidigung Zentralanatoliens war mehr gegeben, vielmehr wurden türkische Scharen und Emire von den kämpfenden Parteien als Bundesgenossen verwendet und als Garnisonen in Städte gelegt. Bereits Mitte der 70er Jahre des 11. Jh. waren türkische Verbände bis zum Bosporus gelangt, Mitte der 80er Jahre Galatien und Lykaonien sowie 1119 Ostphrygien und Ostpisidien endgültig für Byzanz verloren; die Gebiete waren zum Weide- und Siedlungsgebiet nomadisierender Gruppen geworden. Die byzantinisch-arabischen bzw. türkischen Auseinandersetzungen hatten zu einem Rückgang des Städtewesens auf die überlebenden größeren Festungsstädte und zu einer Entvölkerung der flachen und als Durchgangszonen dienenden Landesteile geführt. Der rasche Durchstoß der seldschukischen Türken seit 1071 weist auf einen bereits nachhaltigen Niedergang von Bevölkerungsdichte und Binnenstrukturen hin. 1116 gab es nur mehr in Westgalatien im Raum um Germa eine byzantinische Grenzverteidigung[120]. Das Land wurde durch die Kämpfe zwischen Byzantinern und Seldschuken, durch die byzantinischen Rückeroberungsanstrengungen, die vielfach mit der Evakuierung der verbliebenen christlichen Bevölkerung verbunden waren, und durch die ständigen Grenzkriege der Byzantiner gegen türkische Nomadengruppen schwer in Mitleidenschaft gezogen, ebenso nun aber auch von Auseinandersetzungen zwischen den türkischen

---

118 Vgl. zur Geschichte Zentralanatoliens zusammenfassend G. Ostrogorsky, Geschichte des Byzantinischen Staates, München ³1963, 279ff., 282ff., 290ff.; K. Belke, TIB 4, 1984, 73ff. (Galatien, Lykaonien); TIB 7, 1990, 99ff. (Phrygien, Pisidien); F. Hild, TIB 2, 1981, 97ff., 105ff. (Kappadokien und Kleinarmenien); auch W.M. Ramsay, Cities and Bishoprics of Phrygia I, London 1895, 299ff.

119 Bereits 1048 erfolgte der erste Einfall der Seldschuken in das byzantinische Armenien; die türkischen Einfälle in Armenien und Kappadokien dauerten in der Folgezeit an.

120 Vgl. bes. Belke, TIB 4, 1984, 80. Zu Amorion in nachbyzantinischer Zeit C.S. Lightfoot – E.A. Ivison, AnatS 45, 1995, 105–138, bes. 136.

Machthabern selbst. Die wichtige byzantinische Festungsstadt Amorion sinkt in seldschukischer Zeit zu einer halbstädtischen, bäuerlichen Siedlung ab, die bei der ottomanischen Übernahme der Kontrolle über das Gebiet zu einem bedeutungslosen Dorf verfällt; das Umland verödet. Die nochmalige Blüte, welche die nicht so stark betroffenen bzw. nicht zur Zone der vordringenden türkischen Militärgrenze gehörenden Teile Zentralanatoliens unter seldschukischer Herrschaft erlebten, wo wir die verbliebene Bevölkerung und die übernommenen Städte rasch integriert finden, ging mit dem Niedergang der Seldschuken 1243–1307 zu Ende. Hinzu kamen die verheerenden Pestwellen des 14. Jh. und schließlich der vorübergehende Zusammenbruch des neuen osmanischen Reiches in Kleinasien durch den Verwüstungsfeldzug Timurs und seinen Sieg 1402 in der Schlacht bei Angora (Ankara). Eine erneute Stabilisierung unter osmanischer Herrschaft folgte. Die städtischen Absatzmärkte für die dörflichen Produkte waren aber bereits entscheidend zurückgegangen. Endgültig wurde das Siedlungsbild Inneranatoliens durch die innere Krisenphase des osmanischen Reiches in der Zeit zwischen 1550 und 1603 verändert, als Steuerdruck, Steueraufstände, Unruhen, Räuberunwesen, Verfall der staatlichen Organisation und der Rechtssicherheit zu einer großen Landflucht- bzw. Auswanderungsbewegung in Inneranatolien führten. Die dörfliche Besiedlung ging flächendeckend zurück; der sich seit dem 16. Jh. entwickelnde Wüstungsprozeß erreichte Größenordnungen von bis zu 90 %, in der Haymana-Region von fast 100 %[121]. Das Siedlungsnetz Inneranatoliens verdichtete sich dann, nachdem seit 1700 Versuche unternommen wurden, durch eine Ansiedlungspolitik die Zahl der Dörfer wieder zu erhöhen, erst wieder seit ca. 1870 in grundlegender Weise durch Seßhaftwerdung von Nomadengruppen, Landnahmebewegung Einheimischer und Bevölkerungszuzug[122]. Wir können diese Krise auch als Kennzeichen für eine entscheidende Verschlechterung der natürlichen Grundlagen für eine seßhafte bäuerliche Bevölkerung in Zentralanatolien sehen, wobei wir heute auf die drastische Zunahme von Erosionserscheinungen in den letzten 500 Jahren hinweisen können (s. u.). Die Unsicherheit während langer Perioden, in der bewegliche Habe für die Existenzsicherung von Vorteil war, mußte die Bedeutung der bäuerlichen Kleinviehhaltung seit byzantinscher Zeit verstärkt haben. In diesem Zusammenhang sind die negativen Folgen hervorzuheben, die von einer intensivierten bäuerlichen und damit gebietskonzentrierten Weidewirtschaft ausgehen, wobei Feldbau, Weide und Brennstoff- wie Holzbedarf auf ein konstantes Einzugsgebiet be-

121 Vgl. de Planhol a.a.O. 112ff.; Hütteroth (o. Anm. 117) 163ff., bes. 200ff. Die Zahl der Dörfer des asiatischen Reiches sank in dieser inneren Krisenphase nach den Steuerlisten von 553 000 auf 75 000. Das Becken von Konya, des im 18. und 19. Jh. von Nomaden geprägt wurde, wies noch im 15. und 16. Jh. eine dichte bäuerliche Bevölkerung mit einer ausgeprägten Bewässerungskultur auf.

122 Vgl. Hütteroth a.a.O. 53ff.; diese Aussagen gelten für ganz Zentralanatolien; vgl. auch o. Anm. 117; Hütteroth (o. Anm. 115) 227ff.

schränkt bleiben[123]. Gleiches gilt für die früh unter den vom 11. bis 14. Jh. eingewanderten nomadischen Verbänden aufgetretene Tendenz zu halbnomadischer Lebensweise mit festen Winterdörfern in geschützten Becken und Tälern[124]; in Zentralanatolien führte dies ebenso zu den zwangsläufig negativen Folgen der örtlich konzentrierten Überweidung und des Holzverbrauchs. Dazu bot Zentralanatolien dem eingewanderten Nomadismus die Möglichkeit, in begrenzten Räumen und unter Ausnutzung der kleinräumigen Differenzierung des Landes weit größere Viehbestände zu halten als in den eigentlichen Nomadenländern mit ihren Trockensteppen und Halbwüsten. In den Wandergebieten der nomadischen wie der halbnomadischen Gruppen konnten sich auf Grund der zwangsläufigen Konflikte keine Dörfer halten; nur die Durchsetzung staatlicher Macht konnte die notwendige Sicherheit für bäuerliche Siedlungen in weniger geschützten Lagen herstellen[125]. Entsprechende Wüstungen gingen in die extensive Weidewirtschaft großer Kleinviehherden, insbesondere der Angoraziege, über. Die zerstörerische Wald- bzw. Gehölzweide von Ziegen[126] war über lange Zeit ein Merkmal des Landes, nicht zuletzt im Umkreis der in geschützten höheren Hanglagen überlebenden älteren Dörfer sowie der Neugründungen in der 2. Hälfte des 19. Jh.

Mitchells Ausführung, das Herz Galatiens gehöre der hochgelegenen ariden Steppe an, geht zum einen von der römischen Großprovinz Galatien aus, von der hier Galatien im eigentlichen Sinne nicht abgehoben wird, und stützt sich ferner unter einseitiger Heranziehung der Untersuchungen von H. Wenzel primär auf den südlichen Teil der Provinz Galatia[127]. Deren Nordteil und die differenzierten Strukturen der Galaterterritorien werden nicht näher dargestellt. Das Bild pastoraler, nomadischer bzw. halbnomadischer Lebens- und Wirtschaftsweise bis in die Mitte des 19. Jh. wird hier zu Unrecht pauschal auf Galatien in hellenistischer Zeit übertragen und ein grundsätzlicher Wandel zu mehr Seßhaftigkeit in römischer

123 Vgl. de Planhol (o. Anm. 116) 1965; Hütteroth a.a.O. 135.

124 Vgl. ebd. 202f.

125 Vgl. Hütteroth (o. Anm. 115) 210ff.; J. MacDonald Kinneir, Reise durch Kleinasien, Armenien und Kurdistan, in den Jahren 1813 und 1814, übertr. v. F.A. Ukert, Weimar 1821, § 14.

126 Die Waldzerstörung durch Ziegen wurde bereits in der Antike festgestellt; vgl. Plin. n.h. 8, 204.

127 Mitchell I, 143ff., bes. 143, 144 (nur die Trockenzone südlich des oberen Sangarios und westlich des Großen Salzsees bis Konya betrachtet), 145. Vgl. H. Wenzel, Sultandagh und Akschehir Ova, Kiel 1932; Aufbau und Formen der lykaonischen Steppe. Forschungen in Inneralatolien I, Kiel 1935; Die Steppe als Lebensraum. Forschungen in Inneralatolien II, Kiel 1937. Auch die Ausführungen von Wenzel a.a.O. 1937, 17f. zur Bodenqualtität sind auf die natürliche Steppenzone des südlicheren Phrygien und Lykaoniens bezogen. Außerdem wird für die in Schichten abgelagerten Lehmböden die rezente Erosion nicht berücksichtigt.

Zeit angenommen, eine Aufsiedlung der »Steppe Galatiens«, die in Parallele zu der Wiederaufsiedlung Zentralanatoliens seit der Mitte des 19. Jh. zu sehen sei, die jedoch nicht auf Einwanderung, sondern auf Bevölkerungswachstum zurückzuführen wäre[128]. Die Ausbreitung der Inschriftensitte darf jedoch nicht mit dem Entstehen neuer Dorfsiedlungen gleichgesetzt werden. Bereits geleistete Surveyarbeiten um den Nordteil des Großen Salzsees, in der Haymana Yaylası oder im Großraum Gordion wiederlegen ein solches Bild[129]. Mitchell läßt die mittelanatolische Steppenlandschaft, die baumlosen Gebiete des zentralen Plateaus Phrygiens, Lykaoniens und Kappadokiens, als allein beherrschendes Landschaftsbild Galatiens erscheinen[130]. Die Darstellung Inneranatoliens als Steppentafel ist unzutreffend; es setzt sich wie auch das eigentliche Galatien aus sehr unterschiedlichen Landschaftseinheiten zusammen, die sich teils klimatisch, hydrologisch und vegetationsgeographisch gegeneinander abgrenzen, teils fließend ineinander übergehen[131]. Innerhalb des binnenanatolischen Raumes sind vor allem auf isolierten Bergmassiven oder auf Gebirgsrücken Verhältnisse anzutreffen, die mit Nordanatolien vergleichbar sind. Auch das nur begrenzt halbnomadische Yayla-Bauertum mit festen Dörfern und Sommeralmen, die von dem ganzen Dorf bezogen werden, ist erst ein Beitrag der Türkisierung zu den altanatolischen Landwirtschaftstraditionen; es ist

128 Mitchell I, 143 („The pattern of exploitation and human settlement ... oscillating between pastoralism and settled agriculture"), 144f., 148f.

129 Vgl. H.H. von der Osten, OIP 5, Chicago 1929; OIP 14, Chicago 1933; H. Karaduman, Anadolu Medeniyetleri Müzesi 1986 Yıllığı, Ankara 1987, 38–44; S. Omura, X. Araştirma Sonuçlari Toplantisi, Ankara 1993, 365–386; XI., Ankara 1994, 311–336; XII., Ankara 1995, 215–244.

130 Die von Mitchell angeführten Stellen stützen diese Generalisierung über die Jahrhunderte nicht („The 10th-century letters of Leon ... imply that central Anatolia was as denuded then as it was in Hellenistic and Roman periods"). Cic. Flacc. 41 (nicht 51) ist nur eine gezwungene Pointe; *arbor* meint hier den Feigenbaum. Vitruv. 2, 1, 5 bezieht sich nur auf die phrygischenen Ebenen, wo die Bewohner Gruben- und Erdhäuser *propter inopiam silvarum* errichteten. Die Angaben in Brief 43 des Bischofs Leon von Synnada (J. Darrouzès (Ed.), Epistoliers byzantins du Xe siècle, Paris 1960, 165–210, bes. 198 (epist. 43); vgl. L. Robert, OMS 7, 1–140, bes. 20ff., 45ff.; ebd. zum einseitigen, rhetorisch ausgerichteten und keineswegs realitätsgetreuen Charakter sowie den Widersprüchen zu anderen byzantinischen Quellen) illustrieren nur die Region von Synnada im 10./11. Jh., jedoch keineswegs objektiv, wie sich für Wein, Ölkultur, Getreidequalität und allgemeine Fruchtbarkeit feststellen läßt (vgl. Strab. 12, 8, 14, C 577 zur großflächigen Olivenkultur bei Synnada). Der Brief an den Kaiser wendet sich gegen die Steuerlast. Mitchells Aussage, „The Central Anatolian Plateau was as treeless in Antiquity as it is today" (I, 7), kann so nur auf die südliche Zone und einige Teillandschaften Galatiens zutreffen, die voll im Bereich der winterkalten Gras- und Buschsteppe Zentralanatoliens liegen.

131 Vgl. O. Erol, Die naturräumliche Gliederung der Türkei, TAVO-Beih. A 13, Wiesbaden 1983, 107, 119ff.; auch H. Louis, Türk Coğr. Derg. 1, 1943, 51–70.

kein Übergangszustand zwischen Nomadismus und definitiver Seßhaftigkeit und es war auch nicht durch die Natur des Landes vorgegeben[132]. Eine Parallele für Mitchells Annahmen zur vorrömischen Zeit und einen ihr folgenden Strukturwandel liegt hier nicht vor. Gerade die ausgedehnten Teile Zentralanatoliens im Verzahnungsgebiet zwischen natürlicher Trockenwaldzone und der Steppenformation gehörten zu traditionellen Vorzugsräumen der bäuerlichen Besiedlung.

Eine größere Veränderung des Klimas ist in der Türkei zwischen 2000 v. Chr. und heute nicht anzunehmen[133]. Dies schließt Fluktuationen, kurzfristige Schwankungen des Klimas und anthropogene Veränderungen im mikroklimatischen Bereich natürlich ein. Die hellenistische Zeit dürfte sogar eine gegenüber dem Durchschnitt geringfügig bessere Situation geboten haben. Der Hauptteil der Becken und Hügellandschaften Galatiens gehört zur sommertrockenen und winterkalten Zone Zentralanatoliens mit ca. 800–1200 m Meereshöhe. Längere Frostperioden sind im Winter durchaus normal. Ernteausfälle und Mißernten drohen in Binnenanatolien, wenn der Gesamtniederschlag während der Wachstumsperiode zu gering ist, insbesondere wenn die Frühjahrsregen nicht bis Ende April bzw. Anfang Mai anhalten, sondern bereits im März aussetzen, oder aber wenn der Regen im Frühjahr und

---

132 Vgl. Hütteroth a.a.O. 220f.; allgemein ders., Bergnomaden und Yaylabauern im mittleren kurdischen Taurus, Marburg 1959, bes. 37ff. zur Bestimmung des Nomadismus-Begriffs wie zu den regionalen Formen und der Bedeutung der Wanderviehzucht im Gegensatz zur ortsfesten Herdenviehzucht, die das periodische Wandern von Herden, die seßhaften Bauern gehören, und von besonderem Hirtenpersonal (Transhumanz) einschließt; Halbnomadismus ist dagegen eine Wirtschaftsform, die Wanderviehzucht mit Ackerbau und periodisch bewohnten Ansiedlungen verbindet. Vgl. o. S. 43f., 82.

133 Vgl. H.J. Beug, in: E. Cushing - H.E. Wright jr. (Hg.), Proceedings of the VII Congress of the International Association for Quaternary Research. Quaternary Palaeoecology 7, New Haven - London 1967, 349–356 (Analysen aus dem Becken von Bolu); W.C. Brice (Hg.), The Environmental History of the Near and Middle East since Last Ice Age, London u. a. 1978 (bes. S. Erinç 87ff., bes. 97f.; Erol 111ff.; Brice 141ff., bes. 141, 143f.); W. van Zeist - H. Woldring - D. Stapert, Palaeohistoria 17, 1975, 53–143, bes. 138, 140f.; S. Bottema - H. Woldring ebd. 26, 1984, 123–149, bes. 139f., 146ff.; J.L. Bintliff - W. van Zeist (Hg.), Palaeoclimates, Palaeoenvironments and Human Communities in the Eastern Mediterranean Region in Later Prehistory, BAR Internat. Ser. 133 I-II, Oxford 1982 (bes. T.M. Wigley - G. Farmer 3ff.; Bottema - van Zeist 277ff.; Bintliff 509ff., bes. 513; auch N. Roberts 235ff.); N. Roberts, Quarternary Research 19, 1983, 154–171 (ehemaliger Konya-See); Hütteroth (o. Anm. 115) 96ff., bes. 108ff., 123ff., 131ff.; P.I. Kuniholm, PTRSL A 330, 1990, 645–655; S. Bottema - G. Entjes-Nieborg - W. van Zeist (Hg.), Man's Role in the Shaping of Eastern Mediterranean Landscape, Rotterdam - Brooksfield 1990 (bes. N. Roberts 53ff.; auch Bottema - Woldring 231ff. mit Übersicht über die bisherigen Untersuchungsgebiete); S. Bottema - H. Woldring - B. Aytuğ, Palaeohistoria 35/36, 1993/94, 13–72, bes. 59ff.; zur Verbesserung der Feuchtigkeitsbedingungen zwischen 1600 v. und 400 n. Chr. ebd. 63.

Frühsommer zu konzentriert in wenigen Starkregen fällt[134]. Die Wundertaten des Theodoros von Sykeon zeigen uns die Extreme der Witterung, die während der letzten Jahrtausende in Zentralanatolien als wiederkehrende Erscheinungen zu gelten haben, nämlich einerseits zu langen oder zu starken Regen, andererseits kürzere, aber für die landwirtschaftlichen Erträge bedrohliche Dürrephasen[135]. Mißernte, Viehverlust durch zu früh verdorrte Weiden und Hunger treten als Folge einer Trockenperiode ohne ausreichenden Schnee und Regen im Winter und ohne genügend Feuchtigkeit im Frühling auf[136]. Folgen zwei Trockenjahre wie 1873–1874, so können die regionalen Folgen katastrophal sein. Der Gefahr der Mißernte konnte in Talbereichen durch Bewässerung begegnet werden. Die höher gelegenen Gebiete Ostgalatiens um Boğazkale und Tavium erhalten Schnee zwischen November/Dezember und Februar/März und im April und Mai sowie Oktober und November Regen.

Naturräumlich hatte Galatien[137] im Norden mit dem ost-west-verlaufenden Tal des mittleren Sakarya (Sangarios), den Bergen um Nallıhan und östlich von Mudurnu Anteil an dem mittleren Sakarya-Gebiet, schloß dort ursprünglich die Beckenlandschaften von Bolu und Gerede mit ein und erstreckte sich über die zentralen Massive der Köroğlu Dağları. Im nördlichen Teil dieser bis 2400 m ansteigenden Gebirgskette mit ausgedehnten Hochflächen sind winterharte Feuchtwälder, auf den Südhängen winterharte Trockenwälder verbreitet. Die Region von Ankara, welche sich zwischen mittlerem Sakarya und Kızıl Irmak (Halys) erstreckt und im Süden bis an das Becken des Tuz Gölü und gegen Sülüklü reicht, ist durch eine Verzahnung von Steppenformationen der Ova und bewaldeten Bergrücken des nordanatolischen Typus gekennzeichnet. Mehrere Senkenfolgen, die Polatlı-Mürtet-Ovasi, Ankara-Çubuk-Ovasi, die Kayaş-Mogan-Senke des zentralen Grundgebirges (Lodumu-Haymana-Plateau) und die Balaban-Kurakçöl-Ovasi, trennen die Hochflächen. Die terrassierte Steppenebene des Hacıbekir-Tals trennt die quergestellten, natürlich von Wald bedeckten Gebirgsrücken Küre und Paşa Dağı. Die Wälder des kuppigen Bergstocks Paşa Dağı am Nordende des Großen Salzsees sind heute zerstört.

---

134 Vgl. Hütteroth (o. Anm. 115) 123 mit Fig. 42.

135 Vgl. Mitchell II, 132f.

136 Vgl. Basil. epist. 27.30.31; homil. 6.7.8 (ed. Y. Courtonne); PG 31, 261–328, bes. 305ff. (Ausbleiben von Schnee und Regen im vorausgegangenen Winter und Frühling, brutales Verhalten von Grundbesitzern und Spekulanten) zur Hungerphase von Sommer 368–369 in Kappadokien (vgl. Greg. Naz. or. 43, 34–36; W.D. Hauschild, Basilius von Caesarea. Briefe I, Stuttgart 1990, 20f. mit Anm. 45). In Winterhalbjahr 365/66 diente Galatien dem Heer des Valens als Aufmarschbasis gegen den Usurpator Procopius (vgl. Amm. 26, 5–10; A. Demandt, Die Spätantike, München 1989, 116f.); ferner F. Christiansen-Weniger, Zeitschr. f. ausländ. Landwirtsch. 3, 1964, 133–147; ders., Mitt. Dt.-Türk. Ges. 68, 1966, 1–4.

137 Vgl. zusammenfassend Erol a.a.O. 107ff., 121ff., 123ff., 131f., 133ff.; auch N. Güldalı, Geomorphologie der Türkei, TAVO-Beih. A 4, Wiesaden 1979, bes. 10ff., 67ff., 144ff.; allgemein Belke, TIB 4, 1984, 43ff., 46f.; auch M. Restle, TIB 2, 1981, 48f., 56.

Die obere Sakarya-Region, der Raum westlich von Ankara und der Schwelle von Haymana-Cihanbeyli stellt im Gegensatz zu zahlreichen Beschreibungen keine Steppentafel dar, sondern gliedert sich in fünf Becken- respektive Plateaulandschaften und mittelhohe Bergmassive, für die winterharte Trockenwälder charakteristisch sind. Die Becken werden bereits von Steppenformationen eingenommen. Während die Sündiken Dağları noch ausgedehnte Wälder aufweisen, tragen die Sivrihisar Dağları nur noch Reste einstiger Bewaldung. Im Zentrum liegen das Längsbecken des Porsuk (Tembris)-Tals mit typischen Merkmalen einer Steppentafel und das Belikköprü-Plateau mit der Senke des süd-nord-verlaufenden mittleren Sakarya-Tals. Die Grundwasserverhältnisse sind in den Beckenbereichen sehr günstig, Auwälder verbreitet. Im Nordosten begrenzt die Beckenlandschaft um den unteren Kirmir Çayı sowie das fruchtbare Kırbaşı-Hochland die Region. Der Sommer ist trocken und gemäßigt warm, der Winter kalt und feucht mit einem Niederschlagsmaximum im Frühjahr sowie relativ ergiebigen Schneefällen.

Die obere Sakarya-Senke ist eine neogene Steppentafel zwischen Sivirhisar und Emir Dağları sowie der Schwelle von Cihanbeyli. Sie gehört südlich des oberen Sakarya zweifellos bereits zur antiken Landschaft Axylos, der baumlosen Steppe, die sich über das Cihanbeyli-Plateau zum Tuz Gölü und nach Lykaonien erstreckte[138]. Das Klima ist durch heiße trockene Sommer, relativ trockene Winter und eine durchschnittliche Niederschlagsmenge von deutlich unter 400 mm gekennzeichnet. Zur südlichen Randzone Galatiens ist hier die Akgöl-Steppentafel zu rechnen. Dagegen gehörte der nördliche Teil des Tuz Gölü-Beckens mit seinen Ausläufern Kulu-Ova und Yeniceoba-Ova nicht mehr dazu. Der Große Salzsee (Tatta Limne) mit seinem periodisch schwankenden Seespiegel liegt jedoch auch nicht in einer extremen Trockensteppe oder Wüste. Unbewässerter Getreideanbau ist bis an den Rand des Sees möglich. Der hohe Salzgehalt von 32% geht nicht nur auf klimatische Bedingungen, sondern auch auf salzhaltige artesische Quellen zurück.

Die mittlere Kızılırmak-Region wird weitgehend von Hochflächen mit 1200–1400 m Meereshöhe sowie dem zentralen Talbecken des Deliceırmak (Kappadox) geprägt und von Bergstöcken von 1500–1700 m überragt. Die Sommer sind trocken und relativ kühl, die Winter kalt. Die Berggebiete gehören zur Zone der natürlichen Trockenwälder, die Becken und Plateaus zur Steppenvegetation bzw. zur höher gelegenen Grassteppe. Die Zone zwischen Kırıkkale, Keskin, Kırşehir und Yozgat zeichnet sich von Natur als Anbaugebiet für Getreide aus[139]. Die Gebirge gehören bis Dinek und Çicek Dağı zu der Zone der inneranatolischen Waldgebirge; der natürliche Aufwuchs von entsprechender Bewaldung kann bei Verhinderung der Beweidung besonders gut um Boğazkale verfolgt werden. Auch hier wird zu Recht betont, daß die Frage nach Entwaldung und rezenter Sedimentierung neu zu stellen ist. Das mittlere Tal des Kızılırmak umrahmt die Region mit seinen Durch-

138 Vgl. u. S. 93f.

139 Louis (u. Anm. 141) 1985, 105.

bruchstrecken und Talweitungen, in denen die Verteilung von Wald-, Wiesen- und Steppenformationen vom Grundwasserstand abhängig ist. Im Bereich des Kerkenes Dağ sind noch Reste des ursprünglichen Eichenwaldes vorhanden; bei dem derzeitigen regionalen Survey wurde treffend festgestellt, daß ohne die bis in die Gegenwart laufende Abholzung und Brennholzgewinnung sowie die rezente Ziegenhaltung der gesamte Gebirgszug des Kerkenes Dağ bewaldet wäre[140]. Nördlich, östlich wie südlich des Bergstocks ist ein reichliches Angebot an Frischwasser vorhanden, das in der Phase einer stärkeren Bewaldung in den Sommermonaten noch ausgeprägter gewesen sein muß. Gleiches gilt für Alişar. Die heute wenig vom Talgrund abgehobene untere Stadtterrasse der wichtigen, neu entdeckten hethitischen Stadt Kuşaklı Höyük am stark mäandierenden und auch im Verlauf sich verändernden Zusammenfluß von Kötü Deresi und Eğri Öz zwischen Yozgat und Sorgun dürfte ursprünglich einen Siedlungshügel im Talgrund dargestellt haben. Der untere Teil des rund 30 km entfernten Siedlungshügels Alişar Höyük liegt heute tief unter den Einschwemmschichten des Tales, wie sie für die Täler des Einzugsbereichs des Kanak Su charakteristisch sind. Bei Beginn der Ausgrabungen Ende der 20er Jahre vermutete man, daß der Tell von Alişar von einem versumpften Gelände umgeben gewesen wäre. Auch diese Situation war offenkundig erst das Ergebnis der rezenten Erosion und Sedimentierung, welche das Gebiet seit byzantinischer Zeit stark verändert hat.

Die steppenwärtige Waldgrenze ist in Anatolien tiefer nach Süden anzusetzen, als dies bisher vermutet wurde[141]. Die charakteristische Entwicklungsfolge der anthro-

140 Vgl. G.D. Summers u. a., AnatS 45, 1995, 43–68, bes. 45. Zu Alişar in byzantinischer Zeit vgl. TIB 2, 139; zur dortigen Landschaft Ende der 20er Jahre H.H. von der Osten, Explorations in Central Anatolia. Season of 1926, OIP 5, Chicago 1929; ders.- E.F. Schmidt, The Alishar Höyük: Season of 1927, OIP 6, Chicago 1930.

141 Vgl. S. Uslu, Untersuchungen zum anthropogenen Charakter der zentralanatolischen Steppe, Gießen 1960; van Zeist u. a. (o. Anm. 133) 1975, 62ff.; Bottema - Woldering (ebd.) 1984, 131, 132ff., 145ff.; van Zeist - Bottema, in: Bintliff (ebd.) 227ff.; Hütteroth a.a.O. 137, 163f.; allgemein H. Louis, Das natürliche Pflanzenkleid Anatoliens geographisch gesehen, Stuttgart 1939, bes. 24ff. mit Karte 4; sein Bemühen um die Abgrenzung des natürlichen Steppenraums und der Waldzonen hat er später korrigiert und die angenommene Steppenausdehung zurückgenommen; ders., Landeskunde der Türkei vornehmlich aufgrund eigener Reisen, Stuttgart 1985, 34ff., 42ff., bes. 49, 97ff.; H. Walter, Die Naturwissenschaften 43, 1956, 97–102; ders., Flora 143,1, Jena 1956, 295–326; Hütteroth a.a.O. 134ff. mit Fig. 50; zur Verbreitung der Eiche O. Schwarz, Repertorium specierum 33, 1934, 321–338; breite Übersicht bei P.H. Davies (Hg.), Flora of Turkey and the East Aegean Islands I-IX, Edinburgh 1965–1985. Die wichtigen Untersuchungen zur historischen Ökologie des Raumes um den mittleren Sangarios, die im Rahmen des amerikanischen Gordion-Projekts von Herrn Ben Marsh und Frau Naomi Miller durchgeführt werden, sollen in Kürze vorgelegt werden. Ihnen danke ich für wichtige

pogenen Veränderung ist Waldzerstörung, der Buschwälder folgen; Buschwald und Gehölzfluren werden schließlich durch anthropogene Steppe ersetzt, die durch Überweidung verarmt[142]. Die Abweidung von Gräsern und Kräutern ab Juni/Juli bis zu den Wurzeln führt zu einer Degradierung der Steppe, wobei eine fortschreitende Überweidung durch intensive Kleinviehhaltung, insbesondere durch Ziegen, eine nachhaltige, bei Starkregen verheerende Schädigung der Vegetation zur Folge hat. Der Trockenwald der sommertrockenen Zone (Kiefer, Sommergrüne Eiche) erzeugt nur eine geringe Menge neuen Bodens, so daß nach Rodungen oder Verhinderung von Waldnachwuchs die Gefahr rascher Bodenabspülung besteht[143]. Die Entwaldung hat mit der verstärkten Wiederaufsiedlung Mitte 19. - frühes 20. Jh. in den nördlichen Teilen Zentralanatoliens und hinsichtlich gestreuter Restwälder und Baumbestände noch erheblich zugenommen[144]. Die heutigen Waldreste, Wiederaufforstung und die teilweise Regenerierung beim Rückgang der extensiven Weidewirtschaft insbesondere mit Ziegen sowie bei Verhinderung des Abbrennens von Flächen zur Offenhaltung als Weide sind deutliche Indikatoren. Die am weitesten nach Süden vorgeschobenen Waldreste bilden Eichen, teils als vereinzelte Bäume, teils als ein in der natürlichen Wuchsform extrem degradierter, vor Verbiß ungeschützter Eichenbusch. Ebenso ist auf unbewässerte Fruchtbaumbestände hinzuweisen. Wald und lichter bzw. gestreuter Baumbestand waren in hellenistischer Zeit erheblich ausgedehnter und erstreckten sich weiter und verzahnt nach Süden gegen die Steppenformationen. Demgegenüber möchte Mitchell einen signifikanten Rückgang der Bewaldung und des Baumbestandes verneinen, obwohl er selbst die Ausdehnung des genutzten Landes und des extensiven Holzeinschlags in römischer und frühbyzantinischer Zeit betont[145]. Der Waldbestand ist seit der Antike rückläufig. Gerade zwischen den stärkeren Einschlagphasen des 8.-6./5. Jh. v. Chr. mit der Blüte der eisenzeitlichen Besiedlung wie Bauleistung und der massierten Bautätigkeit in römischer wie byzantinischer Zeit

---

Informationen. Für die Frage der natürlichen Bewaldung kann ferner auf eigene Beobachtungen und die freundlicherweise von Kollegen in Ankara erteilten Auskünfte verwiesen werden.

142 Vgl. hierzu Hütteroth a.a.O. 134ff., 158.

143 Vgl. Louis a.a.O. 1985, 47.

144 Vgl. die Nachricht bei Perrot (o. Anm. 7) 1862, 182 über die Eichenbewaldung bei Hisarlıkaya. Die weitgehend abgeholzte Bewaldung der Beyşehir-Region hatte sich bis ca. 1000 n. Chr. zuerst wieder voll regeneriert gehabt; vgl. o. Anm. 133.

145 Mitchell I, 7; nur begrenzt vertieft Meiggs, Trees and Timber in the Ancient Mediterranean World, 1982, 370ff., 392ff. (Ausdehnung der Entwaldung in Anatolien erst während der letzten 100 Jahre). Vgl. dagegen G.M.A. Hanfmann - C. Foss, in: Hanfmann (Hg.), Sardis from Prehistoric to Roman Times, Cambridge Mass.- London 1983, 4f., 6f. zu Lydien und dem Raum um Sardes, wo noch im 3. Jh. wesentlich größere bewaldete Flächen vorhanden waren.

dürften weite Teile des Landes bis in die südlichere Hälfte Galatiens hinein keineswegs abschreckend kahl gewirkt haben. Ein hervorragendes Beispiel liefern die Bergrücken des Çile Dağı östlich und nordöstlich von Gordion, wo sich der Baumbestand mit den umfangreichen Bauleistungen der phrygischen Zeit von Eiche und Zeder[146] zu Kiefernbewaldung gewandelt hatte, die Präsenz von Eichenbewuchs dann aber in der Folgezeit erneut zunehmen konnte. Heute ist der Baumbewuchs auf vereinzelte Reste zurückgegangen; die Gipfelregionen werden noch in jüngster Zeit durch Abbrennen als Weiden offengehalten, während auf den Hochflächen ein ausgedehnter und ertragreicher, von Bewässerung völlig unabhängiger Getreideanbau stattfindet.

Der Norden der Galaterterritorien westlich des Gebietes von Gangra erstreckt sich über das im Übergang zum sommertrockenen binnenantolischen Klima liegende Waldgebirge der Köroğlu Dağları, an deren Südhängen die Bewaldung in den winterharten Trockenwald[147] übergeht und schließlich auflichtet. Die von einer weißbunten Neogentafel gebildete, vegetationsungünstige Zone zwischen Nallıhan und der Mürtet Ovası gehört nach dem Auslaufen der ursprünglichen Trokkenwälder an den Südhängen der Karakiris und Karlık Dağı sowie auf den Höhenzügen der südlichen Balaban Dağları zur natürlichen Steppenformation. Gleiches gilt für die südpaphlagonische Landschaft zwischen Karabasan Dağı, Eldivan Dağı, Çankırı sowie Geçmiş Dağı und dem Halys. Doch auch in der Zone der neogenen Tafel zwischen Nallıhan und dem Gebirgszug Abdüsselam Dağı sind verbreitet lichte Bestände von Trockenwald anzusetzen[148]; Reste von Eichenbewuchs finden sich noch an den nord- bzw. nordwestlichen Rücken von Abdüsselam Dağı und Kırbaşı-Hochfläche; letztere weist auch im Innern gute landwirtschaftliche Flächen auf, wie schon die alte Besiedlung mit dem byzantinischen Zentrum Anastasiupolis zeigt.

Die natürliche Verbreitung winterharter Trockenwälder erstreckt sich über die Sündiken und Mihalıççik Dağları, ebenso auf die Gebirgszüge südlich des mittleren Porsuk und die Sivrihisar Dağları insbesondere an ihren nördlichen und nordöstlichen Abhängen. Zwischen Sangarios und Halys reicht die Zone über die Linie Polatlı - Bala bis zu Yenice und Çal Dağı insbesondere mit ihren feuchtigkeitsreicheren Nord/Westseiten, um Karacadağ und Paşa Dağı sowie die Hügel-

146 Das Vorkommen von Zedern in der Zeit um 700 v. Chr. weist auf eine klimatisch bevorzugte Situation des Gebirgsstocks hin; heute ist in der Nordhälfte Anatoliens nur ein isoliertes Vorkommen der Zeder im pontischen Bergwald südlich von Samsun bekannt (vgl. etwa Hütteroth a.a.O. 145, 157).

147 Vgl. etwa Hütteroth a.a.O. 151ff., 156ff.

148 Vgl. auch den Streit um die Waldnutzung zwischen den Dörfern Apoukome und Halioi im Umkreis von Sykeon V. Theod. Syk. 144.150; vgl. Mitchell II, 131.

ketten an der Ostseite des Tuz Gölü mit einzuschließen. Baumbewuchs war aber auch innerhalb der natürlichen Steppenzone auf kleineren Gebirgen und felsigen Bergen möglich[149]. Das Haymana-Hochland, ein alt gefaltetes Hügelland nordwestlich des Beckens des Großen Salzsees, das nicht mit der antiken Landschaft Axylos identisch ist[150], weist ein befeuchtetes Steppenklima von über 300 mm mittleren Niederschlag auf und bot immer gute Möglichkeiten für den Getreideanbau und für den unbewässerten Weinbau. Für die mit Büschen und Streubestand von Laubbäumen sowie flußnaher Bewaldung durchzogenen Talweiten von Sangarios, Tembris, Ankara Çayı und Abschnitte des Halystals sowie für die Beckenlandschaften war ursprünglich ein diversifizierter Steppenbewuchs typisch. Die natürliche Steppe[151] erstreckt sich auf die Beckenebenen mit mächtigen Schwemmlandböden und Lockersedimenten, vor allem aber auf die flachen Tafeln, tiefen Rumpfflächen und Becken um die zentrale Senke des Großen Salzsees, wo ein mittlerer Jahresniederschlag von 300 mm und etwas weniger nur einzelne Auwälder erlaubt. Die baumlose Steppe, das antike Axylos, greift auf die südliche Randzone der Galaterterritorien über, die sich von den nordöstlichen Ausläufern der Emir Dağları bis in den Raum Sülüklü - Kozanli erstreckte, und setzt sich dann über den östlichen Teil Großphrygiens westlich Salzsees in die lykaonische Steppe fort[152]. Geologisch ist diese Landschaft durch die große Neogentafel von Cihanbeyli gestaltet. Doch auch hier ist unbewässerter Getreideanbau ohne weiteres möglich[153] und die Grenze des unbewässerten Weinbaus ist auf Grund der einschlägigen antiken Zeugnisse[154] mit dem Bereich der gegliederten Landschaft der Cihanbeyli-Schwelle zwischen Yaraşlı, Kerpiç, Çeşmelisebil (Gdanmaa) und Cihanbeyli wesentlich weiter im Süden der Steppentafel um den Großen Salzsee anzunehmen, als dies in den neueren vegetationsgeographischen Karten geschieht. Dieses östliche Phrygien an der Grenze zu Lykaonien war eines der drei großen Zentren des phrygischen Weinanbaus. In der gleichen Region liegt auch eine der großen Konzentrationen für die ikonographische Spiegelung des Ackerbaus und seiner

149 So betont von Hütteroth a.a.O. 164. Erfolgreiche Wiederaufforstung am Sivri Tepe; Restbewaldung an Mangal und Gök Dağı nördlich Sülüklü.

150 So zuletzt wieder K. Belke, Asia Minor Studien 12, 1994, 172f.

151 Vgl. Walter (o. Anm. 138) 1956; H. Birand, Botan. Jb. 79, 1960, 255-296; Bottema - Woldering (o. Anm. 133) 1984, 132ff.

152 Liv. 38, 18, 4; vgl. Strab. 12, 6, 1, C 568; Strobel, Grenzregion 54ff., 59f.

153 Vgl. Hütteroth 368f., 49f., 111f. mit 108ff. und Fig. 35 zu der nur im zentralen Tuz Gölü- und Konya-Becken unter 300 mm sinkenden mittleren Niederschlagsmenge, wobei aber unbewässerter Getreideanbau auch bei den hier gegebenen Werten von 270-300 mm gewährleistet ist. Vgl. allgemein F. Christiansen-Weniger, Ackerbauformen im Mittelmeerraum und Nahen Osten, dargestellt am Beispiel der Türkei, Frankfurt a.M. 1970.

154 Vgl. hierzu grundlegend M. Waelkens, AncSoc 8, 1977, 277-315, bes. 277f.; zum Weinbau ebd. 278ff. mit Karte und Belegen 299 Anm. 53, 304 Anm. 76; auch Mitchell I, 147 Anm. 33.

herausragenden Bedeutung im täglichen Leben der Bevölkerung[155]. Die zahlreichen Siedlungshügel und -plätze in dieser ostphrygischen Region zeigen die weit zurückreichende Kontinuität des bäuerlichen Lebens bis in byzantinische Zeit. Die Region zwischen Haymana und dem Großen Salzsee, wo sich für die Dörfer um die Hänge des Karaca Dağ eine klimatisch und hydrologisch günstige Lage mit Getreide-, Gemüseanbau, Weinbau und Weideland ergibt, war spätestens seit hellenistischer Zeit wieder dicht und kontinuierlich besiedelt[156]. Zu beachten ist auch das Gebiet um den periodischen Samsam Gölü nordwestlich von Konzanlı und seinen von Norden, von Güzelcekale mit der großen hellenistischen Burganlage der südlichen Tolistobogiertetrarchie, kommenden Zufluß. Die von Mitchell angenommene „transformation in the economy and in the social profile of the region" in der Kaiserzeit, vergleichbar dem Wandel in spätottomanischer Zeit von der Nomadensteppe zu dörflich-bäuerlicher Besiedlung, geht lediglich von einer unzutreffenden axiomatischen Vorannahme für die Strukturen in hellenistischer Zeit aus[157]. Die Existenz eines Steppenbauerntum war hier nicht in Frage gestellt. Auch im Sommer ist das lokale Weiden eines normalen dörflichen Kleinviehbestandes möglich.

Wir können aus den detailreichen und lebendigen Schilderungen der Vita des Theodoros von Sykeon zentrale Informationen zum ländlichen Leben in Galatien in der 2. Hälfte des 6. und im frühen 7. Jh. erschließen[158]. Ackerbau, Gartenbau und Weinkulturen, verbunden mit bäuerlicher Tierhaltung, insbesondere Rinder, Schweine und Hühner, bildeten die agrarische Lebensgrundlage der Bevölkerung, gerade auch in der Zone östlich von Nallıhan, um Beypazarı, Ayaş und Sarıoba, die von den Schichtkämmen der nicht vegetationsgünstigen weißbunten Neogentafel gebildet wird und zur natürlichen Steppenzone gehört[159]. Dieses Bild einer bäuerlichen dörflichen Landwirtschaft mit einer wirtschaftlichen Grundlage im Ge-

155 Vgl. Waelkens a.a.O. 283ff. mit Karte und 310f. Anm. 120.; zu den großen Gütern Mitchell I, Karte 10;

156 Vgl. auch G.D. Summers, AnatS 42, 1992, 179–206.

157 So Mitchell I, 148f.

158 A.-J. Festugière (Ed.), Vie de Théodore de Sykeon, Brüssel 1970. Vgl. hierzu zusammenfassend Mitchell II, 122ff.; auch C. Foss, Late Antique and Byzantine Ankara, DOP 31, 1977, 56ff.

159 Vgl. zusammenfassend Mitchell II, 122ff., bes. 130ff. In der Vita werden 24 Dörfer in den nur teilweise erfaßbaren Gebieten von Iuliopolis, Anastasiupolis und Mnizios namentlich genannt, sicher nur ein Teil der vorhandenen ländlichen Siedlungen um 600 n. Chr. 1950 wurden in den geographisch weiter ausgreifenden Regionen der Städte Nallıhan (65), Beypazarı (72) und Ayaş (42) 179 Dörfer registriert. Der türkische Geograph Haǧǧī Halīfa (Katib Çelebī), Ǧihannuma, Istanbul 1730, übertr. v. M. Norberg, Hagi Chalifa, Ghihan Numa. Geographia orientalis ex turcico in Latinum versa, 2 Bde., Londini Gotorum 1818, beschreibt das Tal der Kirmir Çayı als eine Region des Reisanbaus.

treideanbau[160] wird durch zahlreiche Belege aus römischer Zeit auch in der südlicheren Hälfte Galatiens und in der mittleren Zone der Großprovinz Galatia bestätigt[161]; eine grundsätzliche Umformung von ökonomischen und sozialen Strukturen, wie sie Mitchell gegenüber der hellenistischen Zeit postuliert, ist dabei nicht anzunehmen, sieht man von dem römischen Landesausbau und der im 2.-4. Jh. vorliegenden Verdichtung der Besiedlung ab. Gerade in Ostgalatien belegen die Siedlungsstellen mit der chronologisch in die spätere hellenistische Zeit bis ins frühe 1. Jh. n. Chr. einzugrenzenden sogenannten Galatischen Ware ein dichtes Siedlungsnetz, das sich in die höher gelegenen Täler des Gebirges um Boğazkale und Tavium hineinzog.

Die *Expositio totius mundi et gentium* bezeichnet im 4. Jh. Galatien als eine *provincia optima sibi sufficiens* und hebt die Qualität des Brotes (Brotgetreides) hervor[162]; territorial sind damit nach der administrativen Neuordnung des frühen 4. Jh. im wesentlichen die traditionellen Galaterterritorien unter Einschluß des nördlichen Axylos von Amorion bis Cihanbeyli gemeint. Unter Vergleich mit den großen Provinzräumen wie Illyricum und Thrakien zitiert HA Trig. Tyr. 18, 8 für einen fiktiven Brief Valerians als eine offensichtlich stereotype Aussage *Galatia frumentis abundat.* Dabei spielte die zweizeilige Gerstenart des *hordeum Galaticum* offenkundig eine wichtige Rolle, ein Sommergetreide („Dreimonatssaat") von hervorragendem Gewicht und hellster Farbe, das in der Verwendung mit Weizen gemischt werden konnte[163]. Als Frühjahrsaussaat in milden Wintern bereits im Januar möglich, wurde es auf fetten, winterkalten und auch höhergelegenen Fel-

160 Galen. De alimentorum facultatibus 1, 312 (= 6, 515 ed. Kühn) hebt das besonders gute Getreide im Raum von Iuliopolis und Klaudiupolis, d. h. im Nordwesten der Galaterterritorien, hervor.

161 Vgl. hier Vol. II.; M. Waelkens, AncSoc 8, 1977, 277-315; Mitchell I, 148; auch ders., ANRW II 7,2, 1980, 1068-1070; Magie 454f. mit 1306-1308 Anm. 7-8. Der Weinbau war außer im Nordwesten Galatiens im Raum um Ankyra (zu Malos vgl. S. Mitchell, AnatS 32, 1982, 93-113, bes. 99ff.) und Tavium sowie in der ganzen Haymana-Region verbreitet; vgl. Mitchell I, 147; zur Verbreitung überdurchschnittlicher natürlicher Weinbaugebiete vgl. Hütteroth a.a.O. 162 mit Fig. 54.; dazu aber o. S. 93f.; zu dem noch vergleichbaren Spektrum der landwirtschaftlichen Produktion im späten 19. Jh. V. Cuinet, La Turquie d'Asie. Géographie administrative, statistique, descriptive et raisonnée de chaque province de l'Asie-Mineure I, Paris 1890.

162 Exp. tot. mundi 41 (ed. Rougé). Vgl. zu 359 als Abfassungszeit J. Rougé (Ed.), Expositio totius mundi et gentium, Paris 1966, 9ff.; zu den Quellen des 2. Teils ebd. 70ff., 83ff. (ältere literarische Vorlagen, eigene Kenntnisse; in der Geographie Kleinasiens liegen gravierende Irrtümer vor, die Provinzaufzählung ist unvollständig). Die Beurteilung der Provinz hat der Autor offensichtlich aus dem ganzen ihm bekannten Spektrum der Informationen gewonnen.

163 Colum. 2, 9, 8.16.

dern angebaut. Die Region von Ankyra wurde bis in die späte Kaiserzeit für die Winterquartiere großer Feldzugsheere gewählt, da hier die Versorgung der Truppen sichergestellt war[164]. Dagegen erscheint intensive Schafhaltung bei Strabon erst in den baumlosen, wasserarmen Gebieten des östlichen, sich bis zum Großen Salzsee erstreckenden Teil Großphrygiens um Orkaorkoi und Petenissos sowie auf dem lykaonischen Plateau, wo auf den Besitzungen des Galatertetrarchen und dort herrschenden Königs Amyntas 300 Schafherden weideten[165]. Doch gerade in der baumlosen Steppe des Axylos im Süden Galatiens findet sich für das 2. Jh. v. Chr. Rinderhaltung belegt, die mit Zugviehhaltung für den Ackerbau gleichzusetzen ist[166]. Traditionelle Lebensgrundlage ist auch hier der Getreideanbau gewesen[167]. Einen direkten Niederschlag hat die Schafzucht in der ikonographischen Spiegelung der zentralen Bereiche des Lebensalltags durch Grab- und Weihesteine nur im Raum von Vetisso, des südlichen Grenzortes der Tolistobogier am Westrand der Akgöl-Steppentafel gefunden[168]. Doch auch hier sind zugleich Ackerbau und auch Weinbau dokumentiert[169]. Charakteristisch ist die gängige Einschätzung der sich in die Ausläufer der Emir Dağları hineinziehende Region südlich von Amorion vorrangig als Weideland. Die jüngsten regionalen Surveys haben aber gezeigt, daß das bisherige Fehlen von phrygischen Türsteinen und anderen Monumenten der Kaiserzeit in diesem Raum nur eine Forschungslücke darstellte[170]. Die dichte und wohlhabende bäuerliche Bevölkerung setzt sich in byzantinischer Zeit fort. Die allgemein verbreitete Darstellung von Wollkorb, Wollkamm, Spindel und Spinnrocken auf Frauengrabsteinen ist dagegen nur als generalisierter Hinweis auf den hauswirtschaftlichen Bereich der Frau zu werten[171]. Hirten, wie sie in den Dedikationen aus den ländlichen Heiligtümern am waldärmeren leeseitigen Teil der Emir Dağları im Territo-

164 Vgl. etwa Bosch Nr. 105f.; HA Trig. Tyr. 18, 8; o. Anm. 135.

165 Strab. 12, 6, 1, C 568.

166 Liv. 38, 18, 4; vgl. Waelkens a.a.0. 283f. Wasserreich ist das Tal des Insuyu entlang der Südflanke der Schwelle von Cihanbeyli.

167 Vgl. o. S. 93f.

168 Vgl. MAMA VII 312; Waelkens a.a.O. 286f mit Anm. 139, 313 Anm. 151 (Sinanlı); zu Vetisso Ptol. geogr. 5, 4, 7 (Veteston); MAMA VII, XXIff., 76ff.; TIB 4, 1984, 242.

169 Waelkens a.a.O. 304 Anm. 76, 310 Anm. 120.

170 Vgl. C.S. Lightfoot u. a., AnatS 45, 1995, 105–138, bes. 134ff.; ebd. zu den neuhethitisch-älterphrygischen Relieffunden (1200–600 v. Chr.). Die Aufsiedlung hat sich in römischer Zeit verdichtet und als Umland der Themenhauptstadt Amorion in mittelbyzantinischer Zeit eine wichtige Rolle gespielt.

171 Vgl. auch Waelkens a.a.O. 277; Mitchell I, 146 Anm. 29 (Die Verteilung entspricht den Vorzugsräumen epigraphischer Denkmäler). In der Wertung anders Mitchell I, 146, dessen Hinweis auf die Hirten als unterste Gesellschaftsschicht, von der Zeugnisse in Stein weniger zu erwarten seien, jedoch die vorrangige Gewichtung anderer landwirtschaftlicher Bereiche gegenüber der Schaftzucht nicht entkräften kann.

rium von Amorion erscheinen, so in dem Höhenheiligtum des Zeus Alsenos bei der antiken Dorfgemeinde Appola, sind gerade keine Gruppen im Sinne von transhumanten Herdenbesitzern[172]. Schaf und Ziege, letztere besonders typisch für die Einzeltierhaltung armer Bevölkerung und dem Schaf im Ertrag weit unterlegen[173], treten dagegen in der bäuerlichen Kultur der Vita des Theodoros von Sykeon nicht besonders in Erscheinung. In den Tierknochen des galaterzeitlichen Gordion treten Rind, Pferd und Schwein hervor, daneben auch Schaf, nicht jedoch Ziegen. Schafhaltung erfolgte in der betrachteten Region offensichtlich vorrangig im Rahmen einer differenzierten bäuerlichen Landwirtschaft, zum anderen in ausgesprochenen Weidegebieten in Herden, die von Hirten in der notwendigen Transhumanz begleitet wurden. Galatien war im 4. Jh. für seine Schafwolle und ihre Verarbeitung zu Stoffen bekannt[174]. Die durch Bewaldung, Wiesenhänge, Hochtäler teilweise mit kleinen Mooren geprägte, gut zu begehende Gebirgszone der Köroğlu Dağları bis zu den Beckenlandschaften von Bolu und Gerede war schließlich schon in der Antike für Milch- und Almwirtschaft prädestiniert[175]. Rinderhaltung war in den Marschen des Akgöl in der Steppenzone südlich des oberen Sangarios begünstigt, ebenso in den Talauen besonders des Sangarios und des Halys[176].

Die keltischen Wanderverbände nahmen in der 2. Hälfte der 70er Jahre des 3. Jh. ein Gebiet in Zentralanatolien in Besitz, das durchaus mittel- bis südosteuropäischen Verhältnissen entsprach, eine wirtschaftlich gute und entwickelte Grundlage bot und dabei den Kelten als einer primär bäuerlich-seßhaften Bevölkerung die Fortführung vertrauter agrarischer Wirtschaftsformen und landwirtschaftlicher Strukturen erlaubte[177]. Die bis auf das in frühhellenistischer Zeit planmäßig neu ange-

172 Vgl. Waelkens a.a.O. 286, 315 Anm. 145; T. Drew-Bear - Chr. Naour, ANRW II 18, 3, 1990, 1915–1921 zum Höhenheiligtum nahe Kurudere bei Çoğu; Appola ist bei Yanal Mevkii zu lokalisieren.

173 Vgl. auch W. Richter, RE X A, 1972, 410ff. Die Schur von Ziegen wird für die Bergregionen Kilikiens überliefert (Plin. n.h. 8, 203; Colum. I praef. 26).

174 Exp. tot. mundi 41 *(negotiatur vestem plurimum)*; Plin. n.h. 29, 33.

175 Vgl. Strab. 12, 4, 7, C 565.

176 Vgl. zur Zucht von Rindern, Pferden und Schafen durch die turkmenischen Nomaden zu Beginn des 19. Jh. etwa Kinneir (o. Anm. 125).

177 Ackerbau in Kombination mit Viehhaltung (Rind, Schwein, auch Schaf) bildete die Lebensgrundlage von Urnenfelder-, Hallstatt- und Latenekultur. Vgl. allgemein zum 3. Jh. O. Buchsenschutz, EtCelt 28, 1991, 65–73; zur Tierhaltung der Kelten, die dem typischen Bild einer seßhaften bäuerlichen Bevölkerung entspricht, J. Boessneck u. a., Die Tierknochenfunde aus dem Oppidum von Manching, Wiesbaden 1971; S. Bökönyí, Celts 429–435 (primär Rind, Schwein, daneben Schaf, das in fast allen Stätten sehr viel häufiger als die Ziege festzustellen ist); M. Green, Animals in Celtic Life and Myth, London - New York 1992, 5–44; A. von den Driesch, KeltJt 126–133; das Rind wurde in

legte Gordion und ältere Zentren wie Ankyra und Tavium fehlende Urbanisierung des Raumes, die dem Entwicklungsstand weiter Gebiete Kleinasiens um 280 entsprach, gibt keinen Grund zu einer negativen Einschätzung des Landnahmegebietes, wie der Vergleich mit dem nördlichen Italien lehrt. Schließt man die Steppengebiete entlang der Donau und im Karpatenbecken mit ein, so waren auch die Schwemmebenen und die südliche Zone der Galaterterritorien den einwandernden Keltengruppen in der Landschaftsform vertraut. Das Gebiet von über 65 000 km^2 mit einer zahlreichen Vorbevölkerung in ländlichen Siedlungsstrukturen stellte für die Landnahme eines bäuerlich geprägten Wanderverbandes von vermutlich nicht mehr als 30 000 Köpfen mehr als nur eine Subsistenzgrundlage. Der inneranatolische Raum von den Gebieten um den mittleren Sangarios im Westen bis zu dem Land im Halysbogen im Osten bis um Yozgat, von den Beckenlandschaften von Bolu und Gerede im Norden bis zur Nordspitze der Großen Salzsees umfaßte die Kernzone des hethitischen Reiches mit der Metropole Hattuša und zahlreichen Zentren bzw. Stadtsiedlungen des 2. Jt., ebenso die Kerngebiete des Phrygerreiches des 8. und 7. Jh. sowie die Zentren des phrygischen Restreiches der 1. Hälfte des 6. Jh. östlich des Halys, insbesondere die Festungsstadt Büyükkale-Südburg von Boğazköy und die Neuanlage der gewaltigen Bergstadt auf dem Kerkenes Dağ. Der Nordteil der ursprünglichen Galaterterritorien wurde von der wald- und almenreichen Gebirgskette der Köroğlu Dağları in ihrer ganzen Breite mit den vorgelagerten fruchtbaren Beckenlandschaften von Bolu und Yeniçaga - Gerede eingenommen. Im Westen stellten die alten Siedlungsgebiete der Senken des mittleren Sangarios (Sakarya) und des unteren Tembris (Porsuk), das wasserreiche nördliche Vorland des Kammes der Sivrihisar Dağları wie deren nordöstliche Hänge fruchtbare Agrarlandschaften dar, ebenso die Ausläufer der Sündiken Dağları[178], das Kırbası-Hochland oder die Talweiten des Ankara Çayı. Gleiches gilt für die Täler, Becken und Hanglagen der Zuflüsse des Sangarios aus den Köroğlu Dağları, besonders Kirmir, Karaboğu und Ihan Çayı. Im Norden von Ankyra kommen die Agrarlandschaften

der Frühlatènezeit zum Hauptlieferanten von tierischem Eiweiß. Zu Umwelt und Ackerbau im mittel- und zentraleuropäischen Raum in: Un monde villageois. Habitat et milieu naturel en Europe entre 2000 et 500 av. J.-C., Lons le Saunier 1990; J. Vital, in: Les premiers princes celtes, Grenoble 1990, 75–91 (Vorgebirgs- und Gebirgszonen); H.-J. Küster, KeltJt 122–125. Die Hochweide mit Viehauftrieb am Beltene-Fest (1. Mai) wurde mit Rindern und, wo die Lage zu trocken war, mit Schafen betrieben. Die hochentwickelte keltische Eisenverarbeitung kam wie im Handwerk auch in der Landwirtschaft zum Einsatz, die sie in wichtigen Bereichen überlegen machte. Die Frage eines möglichen Einflusses auf die Agrartechnik der Bevölkerungsmehrheit in Galatien kann mangels Funden noch nicht beantwortet werden.

178 Vgl. das große, ursprünglich 7 Dörfer umfassende kaiserliche Gut der praedia Considiana in dem fruchtbaren Gebiet westlich von Mihalıçcık, das noch in türkischer Zeit Besitz des Sultans war; vgl. Waelkens, Türsteine 279f.; Mitchell I, 153, 164.

um die Becken von Ova und Çubuk Çayı hinzu, im Süden die Folge von fruchtbaren Senken zwischen Gölbaşı und Karacadağ mit einem erst in historischer Zeit endgültig verlandeten Seegrund nahe Dikilitaş, außerdem die Einzugsbereiche von Balaban und Sofular Çayı mit den fruchtbaren Tälern der Nordhänge des Paşa Dağı[179]. Altes fruchtbares Siedlungsland boten die Beckenlandschaft nordöstlich von Polatlı bis Ankara, das Hügelland um Haymana, Oyaca, Alagöz und der Einzugsbereich des Babayakup Deresi. Südlich von Polatlı kommen die Regionen des Acı Deresi, von Güzelcekale-Balçıkhisar und das Einzugsgebiet des Ilicaözü hinzu, ebenso der Raum um Vetisso und Tolastochora. Nach Osten folgten die einzelnen Talweiten des Halys, die Täler und Hanglagen der Karagüney Dağı sowie die reichen Fruchtlandschaften um den Kappadox (Deliceirmak), insbesondere um Tavium, die Talsenken von Sungurlu – Boğazkale und die alten Siedlungslandschaften der Region zwischen Keskin, Kaman und Yerköy sowie südlich Sorgun. Am Nordostende des Großen Salzsees hatte das Tektosagenterritorium Anteil an der Gewinnung des in der Antike wegen seiner Qualität gerühmten phrygischen Salzes[180].

Wir müssen bei der Betrachtung der landschaftlichen Gegebenheiten in den Galaterterritorien betonen, daß die für weite Teile der Hang- und Tallandschaften charakteristischen starken Erosionserscheinungen und die mit ihnen verbundene Akkumulation bzw. Sedimentablagerung in Tälern und Becken vieler Teilregionen in ihrer heute prägenden Form auf Grund neuerer Untersuchungen erst in die Zeit nach dem 10./11. Jh. n. Chr. zu datieren sind[181]. Rezente flächenhafte Bodenabspülung an geneigten Flächen und Hangrinnenbildung stellen die gravierendsten geomorphologischen Prozesse der Gegenwart dar, die im 19. Jh. mit ansteigender Viehhaltung und Wiederaufsiedlung sowie mit dem seit der Zeit um die Jahrhundertwende expandierenden Ackerbau, der zunehmend in stärker geneigte Hanglagen vorstieß, eine wesentliche Beschleunigung erfuhr. Besonders eindrucksvolle Beispiele jüngster großflächiger Hangerosion finden wir etwa südlich des oberen

179 Vgl. auch H.H. von der Osten, OIP 5, Chicago 1929, 137.

180 Vgl. hierzu Strab. 12, 5, 4, C 568; Plin. n.h. 31, 84; Diosk. mat. med. 5, 109, 1 (ed. Wellmann).

181 Zu nennen sind hier besonders die Arbeiten von Ben Marsh im Rahmen des amerikanischen Gordion-Projekts. Ich danke ihm für seine Auskünfte und für die Hilfe bei der Bewertung meiner eigenen systematischen Beobachtungen von Aufschlüssen. Vgl. zu den Erosions- und Akkumulationsvorgängen und ihrer großen Geschwindigkeit insbesondere im Zusammenhang mit den wiederkehrenden Starkregen Hütteroth (o. Anm. 115) 88ff.; zu der stark beschleunigten Bodenabspülung der Gegenwart etwa in der nördlichen Randzone Anatoliens etwa ebd. 154; zur Winderosion, einer anthropogenen Erscheinung im wesentlichen des 20. Jh., ebd. 86f.; zu den Zyklen der Hangrinnenerosion mit erneuter Entwicklung von Boden und Grundwasserspeicherkapazität und Abflachung der Seitenhänge der Rinnen ebd. 91f.; weiter auch o. Anm. 133.

Sangarios bei İlyaspaşa – Çakmak oder nördlich des unteren Ankara Çayı, wo die rasch fortschreitenden Folgen der Vegetationszerstörung durch fortgesetzte Überweidung zu beobachten sind. Die menschlich verursachten Vegetationsveränderungen durch Entwaldung, Übernutzung von Hangflächen durch Feldbau und Beweidung wirken hier mit den Starkregenfällen zusammen, die ihr Maximum im Frühsommer erreichen. An den tiefer gelegenen Hangpartien geht dabei die Ablagerung von abgeschwemmtem Material mit Abspülungsvorgängen einher. Im Berg- und Hügelland von Haymana waren die Hänge der Täler nach den verschiedenen historischen Perioden anthropogener Erosion um 1960 nur mehr bis zu einem Zehntel angebaut, der Rest als Weide verwendet; dagegen wurden die hochgelegenen landschaftlichen Flachformen bis zu zwei Drittel für den Getreideanbau genutzt[182]. Die aggressiv fortgeschrittene Abspülung der Hänge geht jedoch über die Entwicklungsphase des 19. und 20. Jh. zurück. Die Ablagerungen des abgeschwemmten Feinmaterials erfolgt auf den Tal- und Beckenböden, wo die jüngeren Alluvionen im allgemeinen ein prinzipiell ähnliches Bild von Westanatolien bis zum oberen Euphrat bieten[183]. Als oberer Teil der Aufschlüsse erscheinen Schichten von Lehmen in einer bis zu mehrere Meter betragenden Mächtigkeit, die nur gelegentlich durch die Einlagerung von schmalen Bändern oder Linsen von Geröll, Kies oder Sanden gegliedert sind. In den Ablagerungen tauchen Scherben und Ziegelfragmente auf, welche eine Ablagerung in historischer Zeit belegen. Darunter zeigen Schotter und Sande eine abweichende Phase der Sedimentationsbedingungen an. Eine präzisere chronologische Zuordnung der rezenten Akumulationsvorgänge ist nun erstmals im Raum von Gordion möglich; die Implikationen sind für Zentralanatolien von grundsätzlicher Bedeutung, nicht zuletzt für die Frage der Verschüttung von Siedlungsplätzen.

Das immer stark mäandrierende Flußbett des mittleren Sangarios war in der Antike, wie die Untersuchungen von Ben Marsh ergeben, vorrangig durch Geröll, kleineres Geschiebe, Kies und Sand gekennzeichnet. Dies weist auf stärkere und kontinuierlichere, mehr durch den Charakter von Gebirgszuflüssen als durch Erosionsabschwemmungen gekennzeichnete Zuflüsse hin. Das Niveau des Talbodens wurde von phrygischer bis römischer Zeit nur langsam und relativ wenig angehoben. Dagegen haben die auf Erosionsvorgänge zurückgehenden Ablagerungen im mittleren Sakarya-Tal nach der mittelbyzantinischen Zeit dramatisch zugenommen und wurden durch die Wiederaufsiedlung seit der 2. Hälfte des 19. Jh. noch verstärkt. So liegt die Straße nördlich von Yassıhüyük, die auf der Karte von 1906 noch verzeichnet ist, jetzt ca. 0,5 m unter der heutigen Oberfläche. Der

182 Vgl. O. Erol, Ankara Üniv. Dil Tarih ve Coğrafya Fak. Derg. 21,1–2, Ankara 1964.

183 Vgl. Hütteroth a.a.O. 94f. allgemein C. Vita-Finzi, The Mediterranean Valleys, Cambridge 1969, welche die starke Sedimentierung in Tälern der Küstenregionen in spätrömischer bis mittelalterlicher Zeit hervorhebt.

erhöht geführte römische Straßendamm, auf dem die Straße von Dorylaion bzw. von Amorion und Pessinus über Germa und Gordion-Vindia nach Ankyra die Talniederung durchzog und auf einer Brücke das am Ostrand der ehemaligen phrygischen Unterstadt verlaufende Flußbett überschritt, liegt mit seinem jüngsten Niveau, das in die spätere byzantinische Zeit fallen muß, bis zu 1,5 m verschüttet. Die römisch-byzantinische Straße folgte nach Osten weiter der alten phrygischen Straßenverbindung, die über die südliche Höhe des Gebirgsstocks Çile Dağı von Gordion zu dem großen phrygischen Zentrum des 7. Jh. bei Hacıtuğrul führte, wobei die Paßhöhe, über die der Weg die weite Talsenke östlich von Gordion verließ, durch einen riesigen, bisher nicht zur Kenntnis genommenen phrygischen Tumulus markiert ist. Diese römisch-byzantinische Straßentrasse ist heute im Bereich der kleinen Beckenlandschaft durch Schwemmfächer und Sedimentschichten bis zu 1-2 m überlagert, von den episodischen Abflüssen der Hangrinnen zerschnitten und in Hangbereichen von Erosionsrinnen unterbrochen, ehe der aus Steinen errichtete Unterbau der Straße im Bereich des Paßaufstiegs und des Passes selbst wieder deutlich sichtbar wird.

Die bis zu 7 m mächtigen Schwemmschichten in der Ebene von Gordion überlagern die phrygischen bis römischen Geländeniveaus und haben den Lauf des Sangarios auf die Westseite des Tells der Oberstadt verlagert, der hier durch den Fluß in nachmittelalterlicher Zeit stark erodiert wurde. Der Sangarios umfloß die Stadt ursprünglich in einer Schleife im Osten jenseits des Küçük Hüyük[184]; östlich des Flusses lagen Teile der unbefestigten Außenstadt und Agrarflächen. Hier hat der Fluß noch vor seiner Verlagerung die nach der persischen Eroberung aufgegebene Stadtmauer der Unterstadt[185] in ihrem nordöstlichen und nördlichen Verlauf bis zum Kuş Tepe, dem offensichtlichen Gegenstück zur Festung des Küçük Hüyük, weggespült, während sich die Befestigungslinie im Süden (bis zum rezenten Durchbruch des Flußbetts) und im Südosten deutlich abzeichnet. Diese Erosion der phrygischen Stadtmauer erfolgte offenbar erst nach dem 4. Jh. v. Chr. Die ‚Felskaskaden' im heutigen Flußbett, die A. Körte noch für den felsigen Talboden hielt, sind die massiven Blöcke der unteren Partien von Mauern und Wällen der phrygischen Unterstadt, deren erhaltene Kronen vom Wasser überspült werden. Die rezenten Sedimente betragen über den Schichten der tiefer gelegenen Flächen

---

184 Vgl. hierzu AJA 61, 1957, 324; 62, 1958, 140f.

185 Die beiden großen Festungsbastionen, auf die sich die Ummauerung stützte, einmal die noch heute 10 m hoch anstehende lydische Lehmziegelbastion des Küçük Hühük im Südosten und wohl ebenso das noch unerforschte Gegenstück des Kuş Tepe im Norden, das sicher ursprünglich kein Tumulus war, wurden von den Persern mit Belagerungsrampen erstürmt und anschließend ein Lehmhügel über Bastion und Rampe aufgeschüttet. Damit war die Befestigung der Unterstadt außer Funktion gesetzt, vergleichbar der von den Persern an griechische Städte während des ionischen Aufstands gerichteten Forderung (vgl. Hdt. 1, 164).

der phrygischen Unterstadt, die aber in mittelphrygischer Zeit leicht erhöht und noch in römischer Kaiserzeit wasserfrei lag, durchnittlich 4 m, über dem Niveau der mittelphrygischen Stadt des 7. Jh. selbst ca. 5 m. Das Gelände um den Tell der Oberstadt von Gordion bis Yassıhühük bildete dagegen bis in die 50er Jahre weitflächig eine Sumpflandschaft, durchzogen von kleinen Wasserarmen, von denen einer zwischen dem Tell und dem Küçük Hühük über die phrygische Unterstadt verlief (Luftaufnahme Gordion Project, Archiv Philadelphia). Noch A. Körte und Rodney Young hielten ihn für den möglichen ursprünglichen Lauf des Sangarios. Das Bild der Talniederung war im 19. und frühen 20. Jh. durch dieses Landschaftsbild und die damit verbundenen Gesundheitsprobleme geprägt. Die Ablagerungen im mittleren Sangarios-Tal sowohl im Raum von Gordion wie oberhalb bei Kavuncu Köprü und südlich von Pessinus sind durch mehrere mächtige Sedimentschichten geprägt, die auf große Überschwemmungs- und Erosionsereignisse in den letzten 500–600 Jahren hinweisen. Parallel dazu sind die starken Erosionsvorgänge im Bereich des Beckens zu sehen, das sich östlich von Gordion in den Gebirgsstock bis zur Höhe von Basri hineinzieht; sie haben die hier zum Sangarios führende Talsenke aufgefüllt.

Geologische Untersuchungen und die zahlreichen Zerstörungen der neuzeitlichen Brücken bei Kavuncu Köprü, der «Melonenhändlerbrücke», und Yassıhüyük zeigen eine wesentlich stärkere Wasserführung des Flusses vor dem modernen Ausbau der künstlichen Bewässerung und der Aufstauungen am Ober- und Mittellauf bzw. an den Quellarmen des Sangarios. A. Körte gibt im Jahre 1900 die Breite des Flusses bei der Kavuncu Köprü mit 24 m an[186], wo die Talsohle durch die Yenice Dağı und die Ausläufer der östlichen Sivrihisar Dağları verengt wird, ehe der mittlere Sangarios durch ein breites Tal nach Norden mäandriert; unmittelbar oberhalb der Verengung mündet der Çardaközü Çayı ein, der durch das fruchtbare alte Siedlungsgebiet am Nordfuß der Sivrihisar Dağları fließt. Auch Mitchell betont, daß der Sangarios einst an keiner Stelle durchfurtet werden konnte und deshalb im Mittelalter zahlreiche Brücken, die vielfach in die Antike zurückreichten, vorhanden waren[187]. Die Tautaendia-Brücke, die in der Vita des Theodoros von Sykeon erscheint[188], dürfte mit der römisch-byzantinischen Brücke bei Vindia-Gordion identisch sein, wo der Talgrund zwischen der leichten Geländeschwelle, auf der sich der Siedlungshügel von Gordion aufbaute, und Yassıhüyük stark verengt war. Der mäandrierende Flußlauf war in der Antike sonst durch ausgedehnte, von Wasserarmen durchzogene Sandbänke und sumpfigen Altwasser-

186 A. Körte, Gordion. Ergebnisse der Ausgrabungen im Jahre 1900, Berlin 1904, 30–32. J. MacDonald Kinneir gibt die Breite in der Trockenzeit des Herbstes 1813 mit 30 Fuß an, zeichnet den Fluß jedoch hier als reißend und tief sowie mit hohen Ufern, d. h. tief in die Sedimentschichten eingeschnitten.

187 Mitchell 1974, I 412f.; II 591 Anm. 36; vgl. TIB 4, 221f.

188 V. Theod. Syk. 1, 87.

grund gekennzeichnet. Aus dem heute weitgehend trockengelegten Akgöl war mit stärkerem und kontinuierlicherem, bis in jüngste Vergangenheit auch jahreszeitlich stark anschwellendem Zufluß in den Sangarios zu rechnen. Der Sangarios hatte hier ursprünglich einen Hauptzufluß durch den in einem mäandrierenden Durchbruchstal fließenden Gökpınar Deresi. Dieser Abfluß hat noch in den 40er bis 60er Jahren, wie die durch Hochwasser beschädigte Brücke bei Gökpınar zeigt, erheblich höhere Wasserstände aus dem Akgöl abgeleitet. Der See hatte vor den modernen Ableitungen und Trockenlegungen sowie dem Ausbau der Bewässerung an seinen im Unterlauf im Sommer trockenfallenden Zuflüssen aus den Emir Dağları und südöstlich von Yunak eine Fläche bis Saray/Saryköy eingenommen und periodisch weitere Seebodenflächen überflutet. Die Wasserläufe zeichnen sich sowohl in der neuzeitlichen wie der prähistorischen und antiken Siedlungsverteilung deutlich ab. Dieser See hat für die Wasserführung des Sangarios als großes Reservoir gewirkt. Die ausgedehnten eiszeitlichen pluvialen Seen der Eber-Akşehir-Ilgın-Senke[189], die starken Schwankungen des Seespiegels unterworfen waren, wobei Eber und Akşehir Gölü noch in byzantinischer Zeit eine zusammenhängende Seefläche bildeten, flossen ursprünglich nach Norden über den Akgöl in den Sakarya ab. Noch in historischer Zeit mündete der Abfluß des Çavuşçu Göl mit dem Kökez Deresi und den Einzugsbereichen um Ilgın und Kadınhanı episodisch über die nach Norden führenden eiszeitlichen Trockentalsysteme in den Akgöl.

Ein vergleichbares Bild wie in der Talebene von Gordion oder am oberen Sangarios südlich von Pessinus bieten rezente Erosion und Sedimentablagerung im Tal des unteren Porsuk. Auch das Gebiet des mittleren und unteren Ankara Çayı, besonders der Raum um Sarıoba, ist durch rezente Erosion gekennzeichnet. Gleiches gilt für die Täler des Ilıcaözü, des unteren Demirözü sowie des Caraközü und des Körkuyaözü. Das schmale, in der Neuzeit kaum besiedelte Tal des Çıralıözü ist durch seine Fülle von Hangrinnenbildungen gekennzeichnet, die auf ältere Phasen intensiver Nutzung und Überweidung hinweisen. Dennoch bietet das Bild der Region zahlreiche Variationen; die Aufschlüsse der Talebene des Acı Deresi, der das Gebiet südöstlich und südlich von Polatlı in den Sangarios entwässert, zeigen auch in den oberen Aufschlüssen ein über einen langen Zeitraum langsames Wachsen der Sedimente in dünnen Schichten. Das Tal ist von alten, fruchtbaren Böden bedeckt. Einzelne, sich heute verstärkende Streubestände von Eichen und degradierten Buscheichen sind an den Nordhängen des Gebirgszugs Yenice Dağı festzustellen. Rezente Erosion zeigt sich hier etwa in der Umgebung

189 Vgl. hierzu Erol (o. Anm. 127) 128f.; ders., Jeomorfoloji Derg. 8, 1979, 1–40; ders., in: W. Frey - H.-P. Uerpmann (Hg.), Beiträge zur Umweltgeschichte des Vorderen Orients, TAVO-Beih. A 8, 1981, 101–119; H. Wenzel, Petermanns Mitteilungen 81, 1935, 153–157; zur Blockade periodischer Abflüsse durch erosionsbedingte Schwemmkegelbildungen auch Hütteroth (o. Anm. 115) 56. Für weitere Auskünfte danke ich den hydrographisch-hydrologischen Dienststellen Ankara.

von Çanakcı nur an den beweideten steileren Hängen und Kleinviehpfaden in unmittelbarer Nähe der Siedlung; rezente Erosion findet sich am Osthang des Burgberges, wo ein Fahrweg den Hang anschnitt und heute bereits teilweise abgespült ist.

Die Gebirgszuflüsse nach der Westbiegung des mittleren Sangarios haben, sieht man von den modernen Aufstauungen und Verbauungen ab, den Charakter von Gebirgsflüssen bewahrt. Der antike Siberis, der heutige Kirmir Çayı, bildete unter seinem Namen Hieros Flumen den Grenzfluß zwischen Bithynien und Galatien im Sinne der kaiserzeitlichen Provinzgrenze[190]. Der aus dem Gebirge kommende, Schmelzwasser und Starkregen aus den zentralen Köroğlu Dağları nach Süden abführende Fluß war schon in der Antike für plötzliche Hochwasser und die Gefahr, daß Felder weggespült wurden, bekannt; dem begegnete Iustinian mit dem Bau der steinernen Brücke bei Sykeon, wo die große Heeresstraße Nikaia - Ankyra den Fluß überquerte[191]. Der antike Skopas, der heutige Aladağ Çayı, den die große Heeresstraße bei Iuliopolis überschritt, brachte ähnliche Gefahren bei Starkregen und Schneeschmelze mit sich[192].

Weidewirtschaft mit Schafen und Ziegen bildete im 17.–19. Jh. die Grundlage der Ökonomie des Raumes[193], vor allem in der Form großer Bestände der schon in kleineren Herden umweltschädigenden Angoraziege. Ihre Verbreitung ist mit dem Eindringen turkmenischer Nomaden zu verbinden; der Übergang zu nomadisierender und halbnomadisierender Weidewirtschaft vollendete die Dominanz von Schaf und Ziege in der ländlichen Struktur. Die ausgedehnte Haltung der letzteren, eines vegetationsschädigenden anspruchslosen Grünfressers, ist zugleich als Zeichen für eine Verschlechterung der Nutzungsbedingungen des Bodens und der Überweidung, in unserem Falle als Ursache und Begleiterscheinung von zunehmender Bodenabspülung in geneigteren Lagen zu werten. Eine längerfristige Überbeanspruchung der bebauten Böden und eine intensive Beweidung insbesondere durch eine stark ausgeweitete dörfliche Kleinviehhaltung kann als eine wesentliche Ursache für die Ertragskrise gelten, die während des späteren 16. Jh. im Zusammenwirken mit den Folgen mangelnder Sicherheit für die bäuerliche Existenz bei gleichzeitiger steuerlicher Belastung zum Zusammenbruch der dörflichen Besiedlung Inneranatoliens führte, die sich in mitteltürkischer Zeit wieder stabilisiert hatte; dies löste den bereits angesprochenen dramatischen und weiträumigen Wüstungsprozeß aus[194]. Der französische Botaniker Joseph Pitton de Tournefort (1656–1708) beschrieb 1700/1702 die Region von Beypazarı als trocken und

190 Plin. n.h. 5, 149; zur Identifikation des Flusses TIB 4, 224; Iuliopolis als Grenzstadt Bithyniens Plin. ep. 10, 77, 2–3.

191 Prok. aed. 5, 4, 1–4.

192 Vgl. V. Theod. Syk. 1, 46; 141; Nikephoros Skeuophylax, Enkomion Theod. Syk. 261, 9–13 (ed. K. Kirch, Anal. Boll. 20, 1901, 249–272); TIB 4, 226; Mitchell II, 132f.

193 Vgl. parallel zu Lydien Hanfmann - Foss (o. Anm. 145) 4ff.

194 Vgl. o. S. 84f.

nackt, wo die Weide gerade noch für die Herden von Angoraziegen ausreichte[195]. Auch die Schilderung der anderen Strecken seiner Rückreise aus Armenien durch Zentralanatolien halten sich in diesem Bild.

Abschließend ist, ehe wir uns hier im ersten Band kurz der Problematik des Kelten- und Galaterbegriffes selbst zuwenden, das Galater-Barbaren-Bild der hellenistischen Tradition um das römische Keltenbild zu ergänzen, wie es für die Auswertung insbesondere der livianischen Überlieferung wesentlich ist. Während die Kelten in Italien und die gallisch-römischen Auseinandersetzungen in den bisherigen Untersuchungen zu den Galatern zu geringe Beachtung fanden, hat B. Kremer in seiner Analyse des keltischen Feindbildes in der römischen Tradition bis in augusteische Zeit und seiner Instrumentalisierung in der römischen Innenpolitik[196] wiederum den Verflechtungen zwischen dem römischen Keltenbild und dem hellenistischen Galaterbild wie seiner Ideologie des Barbarensieges zu geringe Aufmerksamkeit gewidmet[197]. Auch hat er auf die für diese Thematik grundlegende Einbeziehung der ikonographischen Tradition für Kelten bzw. Gallier und Galater verzichtet[198]; ebenso fehlt die Auseinandersetzung mit der Frage einer Übernahme hellenistischer Bildmotive, so etwa für die Darstellung plündernder Kelten in der etruskischen und römischen Kunst. Dabei hat sich Rom zumindest

---

195 J. Pitton de Tournefort, Relation d'un voyage de Levant, Paris 1712; 2 Bde, Paris - Lyon 1717-1718; dt. Ausgabe 3 Bde., Nürnberg 1776-1777; Tournefort's Reise in die Levante, Teilausgabe, Königsberg 1801. Ange de Gardane, Journal d'un voyage de la Turquie d'Asie et de la Perse fait en 1807 et 1808, Paris 1809, erwähnt in der Region Beypazarı - Ayaş den Anbau von Reis und Baumwolle, ferner den Export von Rindern als Schlachtvieh nach Konstantinopel und die riesigen Ziegenherden für die Wollindustrie.

196 B. Kremer, Das Bild der Kelten bis in augusteische Zeit. Studien zur Instrumentalisierung eines antiken Feindbildes bei griechischen und römischen Autoren, Stuttgart 1994 (überarbeitete Diss. Trier 1992). Titel und Untertitel lassen eigentlich eine Einbeziehung des hellenistischen Galaterbildes und der damit verbundenen topischen und ideologischen Vorstellungen erwarten. Kremers Untersuchung ist jedoch auf das Keltenbild im Sinne des Gallierbildes ausgerichtet, sieht man von Livius' Darstellung des Feldzuges des Manlius Vulso ab. Auffallend ist das Fehlen wesentlicher Ergebnisse der Keltenforschung, so etwa bei Kremer 135f. Anm. 5, 143f. Anm. 1.

197 Unbefriedigend Kremer 264ff. zur griechischen Überlieferung; die Tradition zu den Kelten vor Delphi wird ebd. 277f. nur mit einem Hinweis auf Nachtergael abgehandelt, das Galaterbild der hellenistischen Welt wird nicht berührt. Wenig glücklich Kremer 44 „Bereits für Poseidonios scheint der Überfall auf Delphi prägende Wirkung gehabt zu haben, und auch im Werk des Polybios lassen sich Spuren dafür ausfindig machen".

198 Vgl. J.-L. Desnier, MEFRA 103, 1991, 605-654 zur Ikonographie insbesondere der römischen Münztypen. Wichtige Literatur aus diesen Bereichen berücksichtigt Kremer nicht.

seit dem Sieg von Telamon in seiner Selbstdarstellung gegenüber Griechenland und der hellenistischen Welt gezielt der dortigen Ideologie des Galater- bzw. Keltensieges bedient. Die Römer haben nach dem vernichtenden Sieg über den Heereszug der Kelten 225 v. Chr. bei Telamon und den sich bis 222 anschließenden Kämpfen in Oberitalien, welche die ganze Gallia Cisalpina der römischen Herrschaft unterwarfen[199], dem pythischen Apollon in Delphi einen goldenen Krater als Weihgeschenk dargebracht[200]. Die Abwehr des vereinigten Heerbanns der Boier, Insubrer, Tauriner, Lingonen sowie der transalpinen Gaesatenkontingente in der Schlacht von Telamon und die folgende römische Gegenoffensive, die mit der Eroberung von Mediolanum und der Unterwerfung der cisalpinen Gallierstämme endete, hatten die Römer in den Jahren 225–222 v. Chr. zum italischen Keltensieger werden lassen.

Mit der Weihegabe in Delphi waren die Römer offenkundig bemüht, sich selbst in die Tradition des Galater- bzw. Keltensieges der hellenistischen Welt als der überragenden, Herrschaft und hegemonialen Anspruch legitimierenden Rettertat vor den Barbaren[201] zu stellen. Ihr italischer Keltensieg wurde in Delphi mit dem Anspruch einer gleichrangigen Leistung dokumentiert, und die Anerkennung dieses Anspruchs eingefordert. Die römische Seite konnte die Entwicklung dieser wesentlichen ideologischen Komponente der hellenistischen Politik und Geisteswelt seit 278 v. Chr. mitverfolgen, die für die Griechenlandpolitik des Antigonos Gonatas, die Machtpolitik der Aitoler und in den 30er und 20er Jahren für den Aufstieg Pergamons und seine Propaganda eine zentrale Bedeutung hatte. Der panhellenische Abwehrsieg gegen die Kelten vor Delphi war für die griechischen Staaten zu einem neuen Moment historischer Identität und politischen Selbstverständnisses geworden[202]. Die Begründung der pergamenischen Monarchie durch Attalos I. und die von ihm entfaltete ideologische Propagierung und Legitimierung seines machtpolitischen Anspruchs hatten die hellenistische Keltensiegideologie eben in diesen Jahren zu einem Höhepunkt geführt.

Die frühen Beziehungen zwischen Rom und der hellenistischen Welt, wie sie 306 v. Chr. zu Rhodos und seit 273 zu den Ptolemäern bestanden[203], zeigen, daß Rom keineswegs erst mit seinem ersten militärischen[204] Engagement jenseits der Adria im 1. Illyrischen Krieg 229/8 v. Chr. in das Beziehungsgeflecht der Staaten

---

199 Vgl. zu den römisch-keltischen Auseinandersetzungen seit 387/6 v. Chr. T.J. Cornell, CAH² VII 2, 1989, 174, 302ff., 320f., 348f., 377ff., 431ff., 453ff.

200 Plut. Marc. 8, bes. 8, 11 (ed. Ziegler); vgl. Strobel, Keltensieg 69 mit Anm. 20.

201 Vgl. Strobel, Keltensieg, passim.

202 Vgl. ebd., bes. 77f., 90ff.

203 Vgl. H.H. Schmitt, Rom und Rhodos, München 1957, 1ff.; H. Heinen, ANRW I 1, 1972, 633–659.

204 Nur in diesem Sinne ist Pol. 2, 2, 1–2; 2, 12, 7 zu verstehen; vgl. auch Th. Corsten, ZPE 94, 1992, 204f.

und Mächte des östlichen Mittelmeerraumes getreten war. Die extreme Ansicht, daß Rom lange ein völliges Desinteresse an Griechenland gehabt hätte[205], kann nicht überzeugen. Ein solches direktes Interesse mußte spätestens[206] durch die Auseinandersetzung mit Pyrrhos in den Jahren 280–275 v. Chr. gegeben sein. Auf der anderen Seite hat der römische Erfolg gegen Pyrrhos große Aufmerksamkeit gefunden[207]. Die rund ein Jahrhundert zuvor liegende Gallierkatastrophe von 387/6 v. Chr. hatte bereits eine erhebliche Resonanz in der historiographischen Überlieferung der griechischen Welt gefunden[208], und der Anspruch auf eine trojanische Abstammung der Römer war schon von Timaios rezipiert worden[209]. Es ist bezeichnend, daß die Initiativen zu den frühen diplomatischen Kontakten im 3. Jh. zuerst von der hellenistischen Seite ausgingen[210]. Wohl 266 v. Chr. sind die Ereignisse um die Gesandtschaft der Stadt Apollonia in Illyrien nach Rom anzusetzen[211]. Bereits in den frühen 40er Jahren des 3. Jh. wurden die Römer auf das Hilfsersuchen des Akarnanischen Bundes hin jenseits der Adria mit einer diplomatischen Mission zu den Aitolern aktiv, um in einen innergriechischen Konflikt einzugreifen; die Mission blieb jedoch ohne Erfolg, zumal Rom durch den 1. Punischen Krieg gebunden war[212]. In der Auseinandersetzung zwischen den römischen Gesandten und den Aitolern argumentierten letztere nach Pompeius Trogus-Iustin, sie allein hätten die in Griechenland eingefallenen Kelten vernichtet, während die Römer von den Galliern geschlagen und ihre Stadt eingenommen worden

---

205 So M. Holleaux, La Grèce et les monarchies hellénistiques au IIIe siècle avant J.-C., Paris 1921; E.S. Gruen, The Hellenistic World and the Coming of Rome, Berkeley - Los Angeles - London 1984, bes. 317ff. (m. E. ist hier die Rolle Roms in der hellenistischen Politik unterschätzt), 721ff.; vgl. dagegen R.M. Errington, CAH^2 VIII, 1989, 81ff. und bes. Corsten a.a.O. 195–210; zu Gruen auch E. Gabba, Athenaeum 75, 1987, 205ff.; Gehrke 208f.; allgemein D. Vollmer, Symploke. Das Übergreifen der römischen Expansion auf den griechischen Osten, Stuttgart 1990; zu den frühen römischen Kontakten ebd. 19ff.; zu den Illyrischen Kriegen ebd. 14ff., 48ff., 70ff.

206 Die erste Dedikation der Römer in Delphi ist 394 v. Chr. nach dem Erfolg über Veii bezeugt, fand damals jedoch noch über die Massalioten und in deren Schatzhaus statt; vgl. Liv. 5, 28, 1–5; Diod. 14, 93, 3–4.

207 Vgl. Cass. Dio 10, frg. 41 = Zon. 8, 6, 11.

208 Theopomp, FGrHist 115 F 317; Herakleides Pont., Frg. 102 (ed. Wehrli) = Plut. Cam. 22, 3; Arist., Frg. 610 (ed. Rose) = Plut. Cam. 22, 4; vgl. auch Gruen a.a.O. 317.

209 FGrHist 566 F 36; vgl. Walbank II, 328.

210 Vgl. auch Kall., Frg. 107 (p. 110, ed. Pfeiffer); Gruen a.a.O. 672ff.

211 Vgl. Val. Max. 6, 6, 5; Cass. Dio 10, frg. 42; Zon. 8, 7, 3; Liv. per. 15; P. Cabanes, L'Épire de la mort de Pyrrhos à la conquête romaine (272–167), Paris 1976, 83ff., 95ff.; ders., Les Illyriens de Bardylis à Genthios, Paris 1988, 268ff.; Gruen a.a.O. 63f.

212 Überliefert nach Pompeius Trogus bei Iust. 28, 1, 1 - 2, 14; vgl. ausführlich Corsten a.a.O.; auch Cabanes a.a.O.; gegen die Historizität vor allem Holleaux a.a.O. 5ff.; auch Gruen a.a.O. 64.

seien und sie sich mit Gold losgekauft hätten[213]. Diese Tradition entspricht historisch zum einen der ideologischen Begründung der Aitoler für ihre machtpolitischen Ansprüche, welche den zentralen Anteil an dem griechischen Abwehrsieg ganz in der Tradition des Persersieges propagierte[214], zum anderen dem von Rom sicher bereits nach den Siegen über die Gallierheere und ihre italischen Bundesgenossen 295 bei Sentinum und insbesondere 283 am Vadimonischen See vertretenen Anspruch, der Sieger über die keltischen Barbaren in Italien zu sein. Ein solcher römischer Anspruch dürfte gerade im politischen und propagandistischen Spiel der Auseinandersetzung mit Pyrrhos zum Ausdruck gebracht worden sein.

Seit Beginn der 20er Jahre nahm dann Rom jenseits der Adria eine direkte Machtposition ein, welche seine Politik unmittelbar mit den Vorgängen im griechischen Raum verband. Gerade in dieser Situation des Aufbaus eines international nach Osten wirksamen Einflusses und des zunehmenden direkten Engagements mußte für Rom die Dokumentation eines herausragenden, international anzuerkennenden Prestiges eine wesentliche politische Aufgabe sein. Hier hat sich Rom 222/1 v. Chr. gezielt der Tradition des hellenistischen Keltensieges bedient, die von dem «Sieg Apollons vor Delphi» ausging. Es handelte sich um einen Akt von grundsätzlicher Bedeutung, der auf eine aktive Rolle in der politischen Welt Griechenlands wie der hellenistischen Staaten ausgerichtet war[215].

Auch Kremer hebt in seiner Untersuchung den für Livius ungewöhnlichen Charakter des detail- und aussagereichen Exkurses zur Einwanderung und Geschichte der kleinasiatischen Galater und die in ihrer Ausführlichkeit ebenfalls auffällige Darstellung des Feldzuges des Cn. Manlius Vulso in Buch 38, 16ff. hervor[216]. Das Unternehmen zeigt sich in der historischen Analyse zu einem Teil durch persönliche Motive des Konsuls bestimmt, vor allem aber zielte es auf die Bereinigung der politischen Lage in Kleinasien und auf die Durchsetzung einer von Rom nach dem Sieg über Antiochos III. zu errichtenden Ordnung bis zum Taurus; diesem Ziel diente das Vorgehen gegen die der römischen Vormacht noch nicht untergeordne-

---

213 Iust. 28, 2, 4–7.

214 Vgl. Strobel, Keltensieg 77f.

215 Es ist bezeichnend, daß Gruen a.a.O. 252 die Dedikation in Delphi nur knapp erwähnt; bei Kremer erscheint der Vorgang überhaupt nicht, auch nicht bei J.-L. Ferrary, Philhellénisme et impérialisme. Aspects idéologiques de la conquête du monde hellénistique, Paris 1988. Der wichtige Faktor des römischen Galatersieges und das Verhältnis Roms zu den Galatern werden von Ferrary nicht berücksichtigt, obwohl dies etwa a.a.O. 124ff. (die Römer als „allgemeine Wohltäter" der Hellenen), 150ff. (Kleinasien) von wesentlicher Bedeutung wäre.

216 Kremer 54f.; insgesamt ebd. 53–61. Vielfach sehr problematisch, so zur Frage der Vorlagen des Livius, und wenig weiterführend B. Pagnon, EtClas 50, 1982, 115–128, dessen Wertschätzung bei Kremer (so ebd. 53 Anm. 2; 61 Anm. 1) nicht begründet ist.

ten Gebiete und Staaten im Südwesten und gegen die seleukidischen Bundesgenossen, gegen die Galater wie gegen die Könige von Paphlagonien und Kappadokien[217]. Die eigenständige Nachricht über die Entscheidung in Rom, erneut einen der beiden Konsuln nach Asien zu entsenden und das Heer nicht zu verringern (Liv. 37, 51, 10), zeigt, daß man im Senat von einer notwendigen weiteren Bereinigung der Situation in Kleinasien diesseits des Taurus im Sinne Roms und seines pergamenischen Bundesgenossen als des vorgesehenen Nachfolgers der seleukidischen Ordnungsmacht ausging und dabei die Galater wohl tatsächlich von Anfang an als den möglichen entscheidenden Gegner in einer solchen militärischen Auseinandersetzung ansah. Die Auseinandersetzung mit den Galatern war aber nur ein Teil des Zuges durch Südwestkleinasien und das westliche Zentralanatolien, der allerdings durch die überragende politische und militärische Bedeutung, die dem Galatersieg der Römer für die Zeitgenossen zukam, sowohl im Ergebnis wie in der Rechtfertigung in den Vordergrund trat.

Kremer berücksichtigt nicht, daß die Sonderstellung der Galater-Episode durch die Hervorhebung der Römer als den wirklichen Siegern über die keltischen Barbaren im Osten des Mittelmeerraumes begründet ist; dies gilt für Polybios wie Livius, der ihm darin selbstverständlich folgt[218]: die Römer als die wahren Befreier Asiens vom Joch der Galater, woraus in den für die hellenistische Politik schon traditionellen Bahnen und unter charakteristischem Zurücktreten des tatsächlich entscheidenden römischen Sieges über Antiochos III. die Rechtfertigung des römischen Machtanspruchs folgt. Der Exkurs kann entgegen Kremer kaum als Komposition des Livius betrachtet werden. Die Darlegungen sind sachlicher als es für Livius zu erwarten wäre; sie stehen deutlich in einer anderen historiographischen Tradition und sind ganz in die politische Tendenz eingebettet, die auf die Darstellung der Größe des römischen Erfolges zielt. Der Exkurs bietet zum einen die auf ein exaktes Informationsgerüst konzentrierte Vorgeschichte der kleinasiatischen Galater, zum anderen eine Verkürzung ihrer Geschichte in Kleinasien hin auf die entscheidende Befreiungstat des römischen Sieges[219]. Kremer verkennt auch die Symbolik in der Feier des Galatersieges des Manlius Vulso durch die

217 Vgl. u. Bd. II. Kremer 53 spricht dagegen fälschlich von der Planung eines großangelegten Feldzuges gegen die Galater; die Annahme, aus der Rede des Manlius Vulso in Liv. 38, 12, 2–5 sei zu schließen, daß der Feldzug gegen die Galater im römischen Heer wohl umstritten gewesen sei, trägt nicht. Die Rede bei der Übernahme des Heeres durch den Konsul trägt einen anderen Charakter; rechtfertigende Züge sind hier keinesfalls bestimmend. Kremer analysiert die grundlegende Frage des historischen Hintergrundes und des Zieles des Feldzuges nicht, obwohl dies für die Beurteilung seiner Deutung als livianische Rechtfertigungskonzeption entscheidend ist.

218 Vgl. Strobel, Keltensieg, bes. 92 mit Anm. 136

219 Kremer 54f. sieht hier zu Unrecht primär eine einstimmende Rechtfertigung des Feldzuges durch Livius.

griechischen Städte mit der Überbringung der 212 goldenen Kränze im Winter 189/8 in Ephesos[220], die diesen Sieg in der politischen wie ideologischen Tradition des hellenistischen Galatersieges als des idealen Barbarensieges und der überragenden Soterleistung feiert, nicht anders als zuvor bei Antiochos I. oder später Eumenes II.

Hier stellt sich zugleich die Frage nach den Quellenvorlagen für die livianische Darstellung des Feldzuges des Manlius Vulso und des politischen Nachspiels in Rom sowie nach Livius' eigenem Anteil[221]. Diese Frage kann überzeugend dahingehend beantwortet werden, daß dem Exkurs von Liv. 38, 16 und auch der folgenden ausführlichen Darstellung des Feldzuges zum einen die Darstellung in den Historien des Polybios zugrunde liegt[222], zum anderen in den Bericht über das Unternehmen und sein politisches Nachspiel wie in die dazu bei Livius ausgeführten Reden die annalistische Tradition eingegangen ist[223]. Anläßlich der Frage der stark differierenden Überlieferung zu den tolistobogischen Verlusten am Mons Olympus zitiert Livius selbst die beiden Annalisten der sullanischen Zeit Q. Clau-

---

220 Pol. 21, 43 (22, 24), 1–2, Liv. 38, 37, 1–4; 39, 7, 1; vgl. Strobel, Keltensieg 91 mit Anm. 127; anders Kremer 56f.

221 Sie wird von Kremer, bes. 53–61 teilweise nicht glücklich und nur ungenügend behandelt.

222 Zum Verhältnis Polybios - Livius vgl. Pol. 21, 38 (22, 21) = Plut. mul. virt. 22 - Liv. 38, 24, 2–11 (Chiomara-Episode); H. Tränkle, Livius und Polybios, Basel 1977, bes. 20ff., 27–44, bes. 27f., 30f., 81, 109, 129f., 165f., zu den parallelen Polybios-Fragmenten in den Exzerpten des Konstantin VII. Porphyrogenitos ebd. 32f.; Walbank III, 140–152, bes. 140; auch J. Briscoe, A Commentary on Livy. Books XXXI-XXXIII, Oxford 1973, 1–12; ders., Books XXXIV-XXXVII, Oxford 1981, 1–3; F. Münzer, RE XIV 1, 1928, 1215–1223, bes. 1217f. (Annahme eines Basierens auf dem vorzüglichen Bericht eines griechischen Teilnehmers), 1221. Die Frage der Quellen des Polybios (Th. Mommsen, Römische Forschungen 2, Berlin 1879, 538ff. hatte die Darstellung zu direkt auf Polybios selbst zurückgeführt) ist wohl nur im Sinne von Polybios' eigenen Recherchen und Zeitzeugenbefragungen (vgl. Pol. 21, 38, 7) sowie der allgemein großen Resonanz der Ereignisse des Jahres 189 im Osten zu beantworten. Charakteristisch für die polybianische Darstellung ist die eingehende Beschreibung der Bewaffnung und Kampftechnik der römischen *velites* in der Schlacht am Mons Olympus (Liv. 38, 21, 13). Livius zieht in B. 38 die polybianische Darstellung der Feldzüge gegen die Aitoler und in Kleinasien zusammen. Die faktische Substanz der Vorlage bleibt in der livianischen Ausgestaltung und Erweiterung gewahrt, zugleich wird Livius' literarisches Gestaltungsvermögen deutlich.

223 G. Walser, Caesar und die Germanen. Studien zur Tendenz römischer Feldzugsberichte, Wiesbaden 1956, 80ff. sieht Livius' Schilderung in der römischen Tradition der Feldzugsdarstellungen und -rechtfertigungen, in der Struktur ähnlich den Konzeptionen Caesars im *Bellum Gallicum* gestaltet, wobei er a.a.O. 81 den direkten Vergleich mit der Rechtfertigungsrede Caesars vor der Schlacht gegen Ariovist zieht. Der Bericht des Livius ginge nach Walser wohl auf den Feldzugsbericht eines Teilnehmers oder auf

dius Quadrigarius und Valerius Antias[224]. Der erstgenannte hatte bezeichnenderweise eine Darstellung der Geschichte Roms vom Gallierbrand bis zur eigenen Gegenwart geschrieben, was die Gewichtung der Auseinandersetzungen mit den Kelten in diesem Geschichtswerk verdeutlichen dürfte. Livius hat seine Darstellung des Feldzuges und des politischen Nachspiels aus den ihm vorliegenden Quellentraditionen erarbeitet und in eine in Tendenz und Konzeption durchdachte wie stilistisch geformte literarische Fassung gebracht, wobei die Gewichtungen, Verkürzungen, Reden, Klimaxbildungen und antithetische Zuspitzungen seine Arbeit kennzeichnen. Die von Kremer vertretene These einer wesentlichen Prägung von bedeutenden Teilen des livianischen Berichts durch Poseidonios[225] ist

---

Manlius selbst zurück. Diesen Parallelen steht jedoch die Existenz unterschiedlicher argumentativer Linien und Tendenzen in der Darstellung des Livius gegenüber. Die rhetorisch-argumentativen Strategien zur Rechtfertigung von Kriegen und Feldzügen waren schon früh in republikanischer Zeit ausgebildet; vgl. S. Albert, Bellum iustum. Die Theorie des „gerechten Krieges" und ihre praktische Bedeutung für die auswärtigen Auseinandersetzungen Roms in republikanischer Zeit, Kallmünz 1980; auch M. Mantovani, Bellum iustum. Die Idee des gerechten Krieges in der römischen Kaiserzeit, Bern u. a. 1990.

224 Liv. 38, 23, 6–9; vgl. H. Peter, HRR I, Stuttgart [3]1967, p. CCLXXXVff., 205ff. (Quadrigarius), CCCVff. (Valerius Antias). Quadrigarius wird erneut im Zusammenhang mit den Kämpfen auf dem Rückmarsch des Manlius Vulso durch Thrakien zitiert (Liv. 38, 41, 12–14), und zwar hinsichtlich seiner Schilderung für den Anmarsch des römischen Heeres zwei Jahre zuvor. Eine weitere, stark moralisiernde annalistische Quelle, die neben Polybios für die Vorgänge im hellenistischen Osten sowie über Claudius Quadrigarius und Valerius Antias besonders für Teile von Liv. 38, 44, 9–39, 44, 9 benutzt wurde, hebt R. Evans, Klio 75, 1993, 180–187 in B. 38 für die Kontroverse um den Triumph des Vulso und die Scipionenprozesse, wo jedoch auch Valerius Antias zitiert wird (38, 50, 5; 55, 8), hervor, ebenso für die Darstellung der inneren Ereignisse in Rom und Italien bis zur Zensur des älteren Cato. Die Quelle sah in Vulsos Führung des Heeres und den aus dem Osten mitgebrachten Reichtümern den Beginn der *luxuria peregrina* (39, 6, 7–9) wie des Verfalls der Disziplin (39, 1, 4; 6, 6; 7, 3) und betonte das Fehlverhalten von Angehörigen der senatorischen Oberschicht, wobei die Wahl und Zensur Catos zu einem positiven Höhepunkt gesteigert wurden. Allerdings ist es fraglich, ob Livius hier tatsächlich Catos eigene Schriften benutzte. Gerade die von Evans erneut betonten vergleichbaren Züge zu Sallust (so Bacchanalien-Affäre – Catilinarische Verschwörung) lassen an eine spätrepublikanische Quelle denken, welche den Beginn des moralischen Verfalls, des Zerbrechens von *mos* und *concordia*, anders als Sallust mit den Ereignissen zwischen 189 und 184 verband und dabei den Kampf des älteren Cato gegen den Luxus und die politischen wie militärischen Menetekel nach dem Sieg über Antiochos III. aufgegriffen hatte.

225 Kremer 21 mit Anm. 2, 33 Anm. 1; entsprechend bereits E. Norden, Die germanische Urgeschichte in Tacitus' Germania, Stuttgart [3]1923 (ND. Darmstadt 1959), 156ff. Zu Poseidonios' Keltenschilderung vgl. J. Malitz, Die Historien des Poseidonios, München

dagegen wenig überzeugend. Die Ansprache des Manlius Vulso an sein Heer in Liv. 38, 17 nimmt in der negativen Zeichnung der Galater als Gegner die festen Topoi der körperlichen Charakterisierung der Kelten auf: weiße Hautfarbe, rötliche und lange Haare und dazu aufgeschwemmte Körper *(fusa corpora)*; nur letzteres ist jedoch eine spezifische Typisierung des Poseidonios, die auf seiner Theorie über die größere Feuchtigkeit der Luft des Nordens aufbaut[226]. Poseidonische Elemente sind in Livius' Ausformung des römischen Keltenbildes, das die Eroberungskriege der Römer in Gallien mit umfaßte, nicht überraschend.

Livius entwirft eine schematische, negative Charakterzeichnung der Kelten, ein antithetisches Keltenbild, in dem das Zerrbild seiner annalistischen Quellen zusammengefaßt wird[227]. Auch auffällige Kleidung und Bewaffnung im Kampf werden bei Livius so zum Ausdruck charakterlicher Mängel bzw. negativer Charaktereigenschaften[228], die Motive der gallischen *vanitas*, der Eitelkeit, Prahlsucht, der

---

1983, 169–198; zur keltischen Ethnographie Poseid. F 169 (ed. W. Theiler, Berlin - New York 1982; dazu ebd. II, 107f.) = Diod. 5, 25–32; Malitz a.a.O. 180ff.; D. Nash, Britannia 7, 1976, 111–126. Zum Keltenexkurs in Diodor, Buch 5 vgl. ferner Kremer 266ff. Zum Keltenbild Strabons und zum Verhältnis zu seiner poseidonischen Vorlage vgl. Kremer 279ff., 304ff., der allerdings nur Gallien und die westlichen Kelten (= Buch 4) betrachtet. Strabon hat das Material eigenständig ausgewählt, ausgestaltet und gegliedert sowie durch eigene Vorstellungen, Wertungen (so Strab. 4, 4, 5, C 197f. die Verurteilung der Kopftrophäensitte als gegen die Normen verstoßend) und Kommentare ergänzt; zur Benutzung von Caesars Commentarii etwa Kremer 302, 310f. Zu Strabons Ethnographie und Barbarenkonzeption vgl. E.Ch.L. Van Der Vliet, in: F. Prontera (Hg.), Strabone. Contributo allo studio della personalità e dell'opera I, Perugia 1984, 27–86, bes. 42ff., 61ff.; P. Thollard, Barbarie et Civilisation chez Strabon. Étude critique des livres III et IV de la Géographie, Paris 1987, bes. 5ff., 27ff.; ebd. 3 zur Fehleinschätzung Strabons nur als Kompilator. Vliet a.a.O. 29 mit Anm. 1 zur Abfassungszeit sowie zur Redigierung mit nur teilweiser Aktualisierung bzw. Revidierung zwischen 7 v. Chr. und seinem Tod nach 17 n. Chr. (Strab. 7, 1, 4, C 291f., Triumph des Germanicus).

226 Vgl. hierzu W. Capelle, Philologus 84, 1929, 353; Malitz a.a.O. 187f. mit Anm. 140.

227 Vgl. dazu Kremer 69ff., 76ff.; auch Desnier (o. Anm. 191), bes. 613ff. Livius' Interesse galt nicht einer sachlichen ethnographischen Information, wie sie etwa das Ziel des Poseidonios und der Übernahme von Passagen seines Werkes bei Diodor oder Strabon war; dies hat Kremer, bes. 24f., 73 gut herausgearbeitet. Bei Livius wird die negative Zeichnung der Kelten als Prototyp des Barbaren zu einem Extrem einseitig negativer Beschreibung. Kremer 67 beachtet allerdings nicht, daß auch mit der Rezipierung des topischen Bildes des keltischen bzw. galatischen Barbaren in der hellenistischen literarischen Tradition und mit dem für Livius und seine Zeitgenossen präsenten Hintergrund der ikonographischen Tradition zu rechnen ist.

228 Vgl. Kremer 24f., 27f. Wagemut und Todesverachtung, welche in der griechischen Tradition als Intentionen des Kampfes in Nacktheit erscheinen (vgl. Pol. 2, 28, 8; 2, 29, 7; 2, 30, 2; 3, 114, 4; Poseid.-Diod. 5, 29, 2; 30, 3; auch Strab. 4, 4, 2, C 195), fehlen hier in

zur Schau gestellten vermeintlichen Überlegenheit wie der rohen Kraft der Barbaren werden zur Antithese für tatsächliche Effizienz im Kampf, für die römische *virtus*. Gleiches gilt für den *clamor Gallicus* in der antithetischen Gegenüberstellung des Verhaltens von Römern und Galliern[229]; der Lärm erscheint als Wesensart des Barbaren, insbesondere aber als charakteristische Verhaltensform der Kelten[230]. Der tatsächlichen *virtus* tritt die von Livius am meisten herausgestellte Eigenschaft der mangelnden Ausdauer, d.h. das schnelle Nachlassen im Kampf sowie der Unwillen und die Unfähigkeit zum Ertragen von Strapazen, Hitze, Hunger, Durst und Kälte gegenüber, letzteres eine charakteristische Erweiterung gegenüber dem traditionellen Bild[231]. Denn sonst gilt das Ertragen von Kälte gerade als Charakteristikum der Nordvölker; die Antithese wird hier von Livius auf die Spitze getrieben. Es war ein bereits feststehendes Schema der annalistischen Tradition, für das Verhalten der Kelten im Feld die Antithese zwischen ihrem nur zu Beginn machtvollen, mit blindwütigem Aktionismus gepaarten *impetus* und dem Mangel an *patientia* zu zeichnen[232].

---

bezeichnender Weise. Der Kampf in (ritueller) Nackheit, der einen zentralen Topos des hellenistischen Galaterbildes und seiner ikonographischen Tradition bildet, erscheint bei Livius der Realität entsprechend nur gelegentlich (vgl. auch Kremer 25; Liv. 38, 21, 9 ist zudem die livianische Fassung des polybianischen Berichts der Schlacht am Mons Olympus gegen die Tolistobogier). Als Sonderfall wird der Nacktkampf auch von Poseid.-Diod. 5, 30, 3; 5, 29, 2 beschrieben; die Vermutung von Kremer 271, es könnte sich hierbei um eine topische, schon nicht mehr der zeitgenössischen Realität entsprechende Anleihe des Poseidonios „bei einem seiner Vorgänger, vielleicht sogar Polybios“ handeln, geht an der bestimmenden hellenistischen Ikonographie des Galaterkampfes und -kriegers vorbei; ob der Nacktkampf am Ende des 2. Jh. v. Chr. tatsächlich noch praktiziert wurde, können wir nicht entscheiden.

229 Dagegen erscheint in Liv. 38, 27, 1 der *clamor Romanorum* als wesentliches Element des Sieges über die Galater am Berg Olympus; wir haben hier ein polybianisches Element mit dem typischen Interesse für die militärische Taktik und die psychologischen Wirkungen im Kampfgeschehen vor uns.

230 Dagegen kennt die griechische Tradition für den keltischen Barbaren nur Kriegslärm und Kriegsgeschrei als Kennzeichen des Auftretens im Kampf, vgl. etwa Pol. 2, 29, 6; Poseid.-Diod. 5, 30, 3.

231 Vgl. auch Kremer 34. Es ist bezeichnend, daß die Kälte der Bergregionen in Liv. 38, 19, 4 zum strategischen Konzept der Galater bei dem Rückzug vor Manlius Vulso in ihre Bergfestungen gehört, da sie glaubten, die Römer könnten die dortige Kälte nicht ertragen. In diesem Strategem haben wir offensichtlich die polybianische Überlieferung vor uns (unbefriedigend Kremer a.a.O.).

232 Vgl. dazu Kremer 31ff., bes. 33, 37; zu Unberechenbarkeit, Leidenschaftlichkeit, Unbedachtheit, Sprunghaftigkeit als grundsätzlichen Charakterzügen im Bild der gallischen Mentalität bei Caesar etwa J.F. Gardner, Greece & Rome 30, 1983, 181–189, bes. 184ff.; zum Gegensatzpaar *ira* - *consilium* Liv. 5, 49, 5; Kremer 37ff., 166.

Die Ansprache, die Manlius Vulso in Liv. 38, 17, 2–20 vor dem Eindringen in das Gebiet der Galater an sein Heer richtet, zeichnet den Gegner ganz in der negativen Charakterisierung des abwertenden römischen Gallierbildes, wie es Livius konsequent ausformte. Die Galater werden mit der römischen, eindeutig abwertend konnotierten Bezeichnung *Gallograeci* genannt und als bereits vom Keltentum degenerierte Bewohner Asiens vorgestellt, die den Kelten als Gegner der Römer in Italien nicht mehr gleichwertig seien[233]. Der gleichen Motive bedienen sich die Gegner einer Zuerkennung des Triumphes für Manlius Vulso im Senat (Liv. 38, 45–46). Dessen Rechtfertigungsrede vor dem Senat (Liv. 38, 47–49) bringt hingegen, wie auch Kremer betont, das früheste uns bekannte Beispiel für die innenpolitische Instrumentalisierung des bedrohend wirkenden Keltenfeindbildes. Die Rede ist in dieser Form eine Komposition des Livius. Konzeptionell steht der hier erfolgten Aktualisierung des bedrohlichen Keltenfeindbildes das abwertende Gallierbild in der Adhortatio des Manlius Vulso (Liv. 38, 17) gegenüber. Doch kann an einer historiographischen Tradition für das politische Nachspiel in den Vorlagen des Livius, sowohl bei Polybios wie vor allem in der annalistischen Überlieferung und ihrer Redentradition[234], nicht gezweifelt werden[235]. Die von Livius übernommene und weiter ausgestaltete Rechtfertigung des Kriegszuges greift die argumentativ wichtigen Elemente des Exkurses wie der Konzipierung des Vorgangs bei Polybios zusammenfassend auf: Betonung der Befreiung von der Barbarenbedrohung durch den römischen Galatersieg (Liv. 38, 37, 2–3; 47, 11–13; 48, 1.5) und konkret Krieg gegen die Galater als Bundesgenossen des Antiochos III. gegen Pergamon und Rom[236]. Nicht überzeugen kann die Deutung der prägnanten

233 Entgegen Kremer 56 kann das Argument der Verweichlichung der Galater in ihrer neuen Heimat, das sowohl in der Adhortatio des Manlius Vulso an sein Heer wie von den Gegnern des Konsuls im römischen Senat jeweils zu Abwertung der Galater als Gegner der Römer gebraucht wird, kaum mit einem Einfluß des Poseidonios und seiner Klimatheorie in Zusammenhang gebracht werden.

234 Dionysios von Halikarnassos bietet in der Camillus-Rede (ant. 14, 9) eine umfassende Zusammenschau des negativen Keltenbildes der späten Annalistik; die für uns verlorenen Prototypen der Feldherrnrede vor der Keltenschlacht in der römischen Historiographie scheinen sehr wahrscheinlich in den parallelen Versatzstücken und Konzeptionen der Camillus-Reden von Dion. Hal. ant. 14, 9 und Liv. 5, 44 sowie auch in der Adhortatio des Manlius Vulso auf.

235 Vgl. Liv. 38, 47, 1 *Manlium in hunc maxime modum respondisse accepi*; auch Münzer a.a.O. 1221f. Die Übereinstimmung in den Zahlenangaben zu den Toten in Liv. 38, 23, 6–9 läßt auf das Geschichtswerk des Q. Claudius Quadrigarius als eine direkte Vorlage schließen.

236 Liv. 38, 12, 3–8, bes. 4f.; entsprechend Pol. 21, 43 (22, 24), 6 die Antwort an die galatischen Gesandten im Winterlager des Manlius Vulso in Ephesos 189/8 v. Chr., der Konsul werde erst den pergamenischen König Eumenes II. abwarten, ehe er einen Vertrag mit den Galatern schließen werde.

Aussage von Liv. 38, 37, 2-3 als eine erst von Livius konzipierte Rechtfertigung für den nicht unumstrittenen Feldzug[237]. Denn nur jene Galater, die als aktive Verbündete des Antiochos III. gegen Pergamon aufgetreten waren, sind Ziel des kriegerischen Vorgehens. Hinzu kommen das allgemein verbreitete Element der keltischen Menschenopfer, das Livius durch den Vorwurf der Kinderopfer verschärft, und die besondere Gewichtung des Angriffs der Kelten auf Delphi, der hier in der Fassung einer tatsächlich erfolgten Plünderung des Heiligtums erscheint[238]. Die zeitgenössischen Hauptelemente antigallischer Vorstellungen sind bei Cic. Font. 30-31 zusammengestellt, der in dieser Rede von ihrer allgemeinen Wirksamkeit und Akzeptanz ausgehen konnte: der Angriff auf Delphi, die Belagerung des Kapitols, die Menschenopfer und das Auftreten als Frevler gegen die Götter. Auch hier ist die Kombination der hellenistischen und römischen Traditionen im zeitgenössischen Gallierbild für uns deutlich faßbar. Der Widerspruch zwischen den *vasta scuta* der Kelten in der Adhortatio des Vulso[239] und dem für Polybios kennzeichnenden Motiv des unzureichenden Schutzes der Kelten durch ihre Schilde vor Geschossen[240] zeigt uns das Gegeneinander von polybianischer Vorlage und der livianischen Konzeption mit den für sie typischen Wandermotiven. Im Gegensatz zu der nach dem argumentativen Kontext wechselnden Sicht und Wertung der kleinasiatischen Galater bei Livius fassen wir das Konzept des Polybios offenkundig in der durchgehenden Bewertungslinie dieser Gegner als eines schwerwiegenden Widersachers der Römer, als den in Asien bis zum römischen Sieg für alle gefährlichsten Gegner, was sich im Galaterexkurs mit der entsprechenden Abwertung des Erfolges des Attalos I. verbindet[241]. Dies war für die historische Gewichtung des römischen Galatersieges durch Polybios im Gesamtrahmen des Ausgreifens der römischen Macht nach Kleinasien von zentraler Bedeutung.

---

237 So Kremer 44f.

238 Liv. 38, 47, 12; 38, 48, 2; vgl. zur Legende der Plünderung des Heiligtums Nachtergael 99ff.

239 Liv. 38, 17, 3.

240 Liv. 38, 21, 4 in der Schilderung des Kampfes am Olympus; vgl. Pol. 2, 30, 3. Unzutreffend Kremer 326 mit Anm. 1, Dion. Hal. und Livius würden darin übereinstimmen, daß das Schild der Kelten unzureichend sei; Dion. Hal. ant. 14, 9, 2 steht gerade in Widerspruch zu Livius' Motiv in 38, 17, 3 *(vasta scuta, praelongi gladii)* und greift vielmehr die bei Polybios präsente Tradition des ungenügenden Schutzes auf (hier Liv. 38, 21, 4).

241 Liv. 38, 16, 14-15; 17, 1 mit 37, 8, 4 *(bellicosiores ea tempestate erant, Gallicos adhuc, nondum exoleta stirpe gentis, servantes animos* (Winter 191/90 v. Chr.); auch 37, 51, 10; dazu Pol. 3, 3, 5; 21, 43 (22, 24), 1-2; auch 2, 35, 9.

III. Galatername und Keltenbegriff

1. Der Galaterbegriff des Paulus

Mit dem Namen *Galater* wird in der Regel meist primär der neutestamentliche Brief des Apostels Paulus an die Galater verbunden. Dies ist die für ein breites Publikum auch vielfach einzige Assoziation mit dem Galaternamen. Nicht nur für die neutestamentliche Wissenschaft, sondern für die Geschichte des frühen Christentums selbst bildet der paulinische Galaterbrief ein zentrales Zeugnis. Die Nennung der Galater als Adressaten des Briefes ist jedoch mit einer sich über Generationen von Forschern hinziehenden Kontroverse verbunden, mit der Frage nämlich, ob unter diesen Galatern als den angesprochenen Partnern des Apostels die Bewohner der großen, weite Teile Zentralanatoliens umfassenden und von Augustus 25 v. Chr. eingerichteten Provinz *Galatia* insgesamt zu verstehen sind und sich Paulus dementsprechend mit seinem Schreiben an die von ihm gegründeten Christengemeinden in den Städten im Süden der Provinz gewandt habe[1] oder aber ob die Galater hier als spezifische historisch-ethnische Gruppe zu verstehen sind, d.h. als Christen in der Bevölkerung der ethnisch definierten Landschaft Galatien im Norden der Provinz[2]. Betrachtet man jedoch den hellenistischen

1 Vgl. bes. Ramsay 308ff.; F.F. Bruce, The Epistle to the Galatians, Exeter 1982, bes. 14ff.; ders., BJRL 51, 1968–69, 292–309; 52, 1969–70, 243–266; 53, 1971–72, 250–267; 55, 1972–73, 264–284; ders., in: P.T. O'Brien - D.G. Peterson, God Who is Rich in Mercy, Homebush West, NSW 1986, 195–212 (zu Gal 2, 1–10); R.Y.K. Fung, The Epistle to the Galatians, Grand Rapids, Mich. 1988, 1ff.

2 Vgl. hierzu sowie zu Gal zusammenfassend A. Suhl, ANRW II 25, 4, 1987, 3067–3134; H.D. Betz, The Anchor Bible Dictionary (= ABD) II, New York u.a. 1992, 872–875; ebd. gegen die Provinz- bzw. Südgalatienthesen und für die Identifikation mit den ethnischen Galatern; Betz, A Commentary on Paul's Letter to the Churches in Galatia, Philadelphia 1979; ders., Der Galaterbrief. Ein Kommentar zum Brief des Apostels Paulus an die Gemeinden in Galatien, München 1988, bes. 34ff. (Adressaten in Nordgalatien), 47ff. (Datierung 50–55 n. Chr.); K. Löning, in: Forschungen in Galatien. Asia Minor Studien 12,

Sprachgebrauch, der sich in der Zeit des selbst tief von hellenistischer Bildung geprägten Apostels nicht geändert hatte, so wird man auch seine Verwendung des Galaterbegriffes nur im Sinne des allgemein üblichen ethnischen Begriffes deuten können. Für die Zeitgenossen war diese historisch und literarisch verfestigte Konnotation des Galaternamens eindeutig. So muß die Streitfrage um die Adressaten des Galaterbriefes in dem Sinne der Galater als des historisch definierten Ethnikons entschieden werden[3], zumal die Galater innerhalb der größeren Provinz als Koinon der Galater mit dem Vorort Ankyra eine spezifische politisch-organisatorische Größe bildeten[4]. Dies wird durch den Sprachgebrauch im Neuen Testament bestätigt; sowohl in 2 Tim 4, 10 wie in 1 Petr 1, 1 wird der Begriff Galatien als konkret zu verstehende Landschaftsbezeichnung benutzt. Die Gebiete im Süden der Provinz Galatia sind in der Apostelgeschichte der Γαλατικὴ χώρα[5] gegenübergestellt und werden durchgehend als Pisidien und Lykaonien bezeichnet[6]. Ebenso erscheinen das dem „galatischen Land" benachbarte Phrygien wie auch Mysien unter ihren traditionellen Landschaftsnamen[7]. Wir müssen in diesem Zusammenhang das Fortleben der traditionellen ethnischen Regionen und historischen Landschaften auch innerhalb der römischen Provinzordnung hervorheben[8]. So werden Phrygia, Lydia und Caria von Asia getrennt, obwohl sie integrierte Bestandteile der Provinz Asia bleiben; dies verbindet sich nicht nur mit dem inoffiziellen Gebrauch des Begriffes ἐπαρχεία als Bezeichnung eines Distriktes in einer Provinz, sondern erfährt seit antoninischer Zeit eine offizielle Anerkennung, als in Kleinasien wie etwa auch in Syrien kleinere, regionale administrative Einheiten unterhalb der Provinzebene geschaffen wurden, die formell konstituierte Provinzbezirke mit eigener Metropolis darstellten[9]. Die entsprechenden Veränderungen in der proku-

---

Bonn 1994, 131–156, bes. 132ff. zur Frage von Lokalisierung und Datierung. J.D.G. Dunn, A Commentary on the Epistle to the Galatians, London 1993, 5ff. hält die Frage aus dem neutestamentlichen Material wegen der Divergenzen zwischen Gal 1–2 und Apg für nicht zu entscheiden.

3 Dies trifft vor allen auf die direkte Anrede als Γαλάται (Gal 3, 1) zu. Man kann hier gerade nicht mit dem Argument operieren, daß Paulus sonst nur die Namen der römischen Provinzen benutzt hätte (so etwa Ramsay 314).

4 Vgl. hierzu Mitchell I, 109ff.; u. Bd. II.

5 Apg 16, 6; 18, 23.

6 Apg 13, 14 Antiocheia als Stadt Pisidiens; 14, 6 Lystra und Derbe als Städte Lykaoniens; 14, 24 Pisidien.

7 Apg 16,6; 18, 23; auch 2, 10.

8 Vgl. jetzt zusammenfassend G.W. Bowersock, Martyrdom and Rome, Cambridge 1995, 85–98 (Ich danke Herrn Bowersock für die Überlassung des Manuskripts).

9 Syrien besitzt bereits vor der Teilung durch Septimius Severus vier Metropoleis für die vier Eparchien (neben Antiochia Samosata/Kommagene, Tyros/Phoinike, Damaskus/Koele Syria); Antiochia rühmt sich in hadrianischer Zeit der Funktion einer Metropolis für die vier Eparchien der Provinz. Vgl. Bowersock a.a.O., bes. 89f.

ratorischen Administration nähern diese traditionellen Regionen bereits unter Marc Aurel dem Status regulärer Provinzen an[10]. Damit zeichnet sich heute eine langfristige Entwicklung ab, die über die Provinzteilungen seit severischer Zeit dann zur Schaffung der Provinzordnung Diokletians führen sollte.

Der kanonische Galaterbrief selbst wird zu Recht in einem Zusammenhang mit der „zweiten" Missionsreise des Paulus und seinem erneuten Aufenthalt in Galatien während der ersten Phase der „dritten" Reise (52 n. Chr.) gesehen und ist wahrscheinlich um 54 n. Chr. in Ephesos geschrieben[11]. Er war offenkundig nicht der einzige Brief, den Paulus an die Galater gerichtet hatte; wir können zumindest einen weiteren, ihm vorausgegangenen kollektiven Brief fassen[12]. Es ist auffallend, daß sich der kanonische Galaterbrief nicht, wie es sonst für Paulus typisch ist, an die großen Städte und die in ihnen entstandenen Christengemeinden richtet. Die Adressaten sind vielmehr ταῖς ἐκκλησίαις τῆς Γαλατίας, die Gemeinden in Galatien; die Missionstätigkeit des Paulus war hier offenkundig in charakteristischer Weise nicht auf städtische Zentren ausgerichtet, worin wir auch einen Widerhall von Bevölkerungsstruktur und Gliederung des betreffenden Landes um die Mitte des 1. Jh. n. Chr. sehen können. Allerdings war Paulus offenbar weder in der Provinzhauptstadt Ankyra noch in Pessinus oder in der Colonia Germa missionarisch aktiv geworden. Die erste Reise des Paulus führte von Antiochia über Zypern nach Perge und weiter nach Antiocheia in Pisidien[13], Ikonion, Lystra und Derbe, dann über Pisidien zurück nach Pamphylien und über See nach dem syrischen Antiochia[14]. Während der zweiten Reise ist Paulus dann erneut in Lykaonien (Apg 16, 1-5), um anschließend über (Südost-)Phrygien und das „galatische Land" an Mysien entlang in die Troas zu ziehen (Apg 16, 6), wobei er in der Provinz Asia[15] offenkundig im Gegensatz zu dem „galatischen Land" und zu Phrygien nicht predigte (Apg 16, 6). Dieser erste missionarische Aufenthalt des Paulus in Galatien war, wie Gal 4, 13-15 ausführt, krankheitsbedingt und stellte vielleicht eine Änderung der ursprünglich geplanten Reiseroute dar. Die erste Phase der dritten Reise

---

10 Vgl. zu Phrygien Bowersock a.a.O. 95f. mit Anm. 24.25; ILS 1477 gibt die *provincia Phrygia* als prokuratorischen Amtsbezirk an; zu Lydien I. Sardes 63; Bowersock a.a.O. 96f.

11 Vgl. Suhl a.a.O. 3068ff., bes. 3077ff.; Löning a.a.O. 132f.

12 Vgl. Gal 2, 10; 1 Kor 16, 1.

13 Mitchell II, 6f. hebt treffend hervor, daß der Beginn der Missionierung im pisidischen Antiocheia mit der vorherigen Konversion des L. Sergius Paullus, des Proconsuls von Zypern, zusammenhängt (Apg 13, 4-12, bes. 13, 12), der aus dieser bedeutenden augusteischen Colonia stammte. Die Ziele der Missionstätigkeit des Paulus als eines Vertreters des Diaspora-Judentums und der hellenistisch geprägten, sozial gehobenen Bildungsschicht im Osten des Reiches waren offenkundig wichtige Zentren und römische Kolonien sowie bedeutende Einzelpersönlichkeiten.

14 Apg 13, 4 - 14, 26.

15 Also im westlichen Gebiet der römischen Provinz Asia ohne Mysien und Phrygien.

führte den von Antiochia aufbrechenden Apostel durch das „galatische Land" und das phrygische Hochland nach Ephesos (Apg 18, 22–23. 19, 1); es war dies sein zweiter Missionsaufenthalt in Galatien[16].

Mitchell setzt den Galaterbrief bald nach der in Apg 13–14 beschriebenen „ersten" Missionsreise des Paulus an, wobei er apodiktisch die Südgalatien-These vertritt und dabei einen argumentativen Zirkel für die Lokalisierung der Reisen des Paulus formt, der nur darauf beruht, daß der Apostel nicht in die nördlichen Teile der Provinz, also in die historisch und ethnisch definierte Landschaft Galatien, gelangt sei und dort keine christlichen Gemeinden errichtet hätte[17]. Einem doppelten Mißverständnis unterliegt dabei Mitchells Interpretation der Anrede der Adressaten des Briefes in Gal 3, 1 als unvernüftige, törichte Galater (ὦ ἀνόητοι Γαλάται), wenn er mit dieser Anrede der nichtgalatischen, im Süden lebenden Provinzbevölkerung eben das Barbarenklischee und die negative Keltentopik, wie sie mit den für die Großprovinz namensgebenden Galatern verbunden waren, nun allgemein auf die Bewohner der römischen Provinz übertragen sieht[18]. Bei dieser Anrede der Adressaten am Beginn des argumentativen Teiles des Briefes (Gal 3, 1–5), der sich polemisch gegen den aufkommenden antipaulinischen, judenchristlichen Einfluß wendet, welcher den Übertritt zum Judentum mit Beschneidung und voller Tora-Observanz forderte, handelt es sich vielmehr um eine traditionelle Formel der Weisheitsliteratur; das überkommene negative

---

16 Apg 18, 23; vgl. Gal. 4, 13; 5, 7. Zur Apg und den Reisen des Paulus vgl. F.F. Bruce, The Acts of the Apostles. The Greek Text with Introduction and Commentary, London ²1952; ders., ANRW II 25, 3, 1984, 2569–2603, bes. 2573f.; o. Anm. 1.2; das Problem der verschiedenen Aufenthalte des Paulus in Jerusalem (vgl. F.F. Bruce, Paul: Apostle of the Free Spirit, Exeter 1977, 148ff.) ist durch Harmonisierungsversuche der in grundsätzlichen Angaben divergierenden Nachrichten nicht zu lösen.

17 Mitchell II, 3ff. (charakteristisch die einseitige Berücksichtigung der angelsächsischen Literatur zum Galaterbrief ebd. Anm. 3); ders., ABD II, 1992, 870–872 in seinem knappen Artikel „Galatia" (Deutung im Sinne der Provinz bzw. Lykaoniens/Phrygiens im Süden). Die Einseitigkeit des im wesentlichen auf Ramsay gestützten Gedankenganges wird ebd. 3f. deutlich, wo er zu Apg 16, 6 (ebd. 3 „On the contrary, the phrase is naturally understood as denoting the country of Phrygia Paroreius", und zwar als Teil der Provinzen Galatia und Asia) und 18, 23 ausführt: „the expression Γαλατικὴ χώρα, both here and in the earlier passage, naturally refers to it", d. h. der Region um Lystra, Derbe, Ikonion und das pisidische Antiocheia. Es ist aber nicht so, daß es um 50 n. Chr. natürlich gewesen sei, „to refer to the churches of Antioch, Iconium, Lystra, and Derbe as churches of Galatia"; die Argumentation, die sich auf die Existenz der Bezeichnung „Galatia" für die römische Gesamtprovinz stützt (ebd. 4 mit Anm. 14 unter Bezug auf Eutr. 7, 10; ILS 9499; IGRR III 263) ist in keiner Weise zwingend. Mitchell II, 5 möchte für seine Frühdatierung in Gal 2, 1–9 keinen Bezug auf das für die Frage der Beschneidung entscheidende Apostelkonzil in Jerusalem sehen; vgl. dagegen etwa Löning a.a.O. 135ff.

18 Ebd. 3f., 84 (Paulus geißele die Torheit der Galater).

Galaterbild spielt für Paulus hier überhaupt keine Rolle[19]. Entsprechend zielt er auch in Gal 14, 1-11 nicht auf eine besondere ethnisch-kulturelle Vergangenheit der Galater. Ganz anders wird später Hieronymus in seinem Kommentar des Galaterbriefes in polemischer Auseinandersetzung mit dem Sektenwesen in und um Ankyra gerade auf das traditionelle Barbarenklischee für die Galater zurückgreifen und dem Leser diesen Sinn auch für das Verständnis von Gal 3, 1 suggerieren[20]. Genauso mit dem traditionellen Topos der ἄνοια der Galater argumentiert fast um dieselbe Zeit Gregor von Nazianz gegen die dortige Sektengläubigkeit, und Basilius von Caesarea greift Marcellus wie Eunomius polemisch als Galater an[21]. Wenig Sympathie für das Galatische dokumentiert Gregor von Nyssa, wenn er bei seiner Beschreibung einer wunderbar gelegenen Landvilla des Adelphios[22] den galatischen Namen Vanōta oder Uanōta als das einzig Unschöne an dem idealen, von exzellenten Weinbergen und Obstgärten umgebenen Ensemble zwischen dem Lauf des vom Schlamm rötlich gefärbten Halys und einem dicht mit Eichen bewaldeten Gebirgsrücken bezeichnet[23]. Für Ammianus Mar-

---

19 Vgl. auch Gal 2, 1; 1 Kor 16, 1; zu diesem grundsätzlichen Aspekt jetzt bes. Löning a.a.O. 140ff. Zu dem Topos der Lehrreden vgl. E. Sevenich-Bax, Israels Konfrontation mit den letzten Boten der Weisheit. Form, Funktion und Interdependenz der Weisheitselemente in der Logienquelle, Münster 1993, 297–300; zu den Gegnern des Paulus auch Suhl a.a.O. 3082ff.

20 Hier. comm. in ep. ad Galat. 2, 3; *stultos et ad intelligentiam tardiores Galatas appellatos* (Minge PL 26, p. 355; vgl. u. S. 140f.); F. Müller, Hermes 74, 1939, bes. 68–74.

21 Greg. Naz. or. 22, 12; Basil. ep. 207, 1; zur Sekte der Ankyro-Galater Sokrat. h.e. 2, 19; Basil. c. Eun. I, 500 C; Eunomios, der aus dem kappadokischen Oltiseris nahe der Grenze zu Galatien stammte, verwahrte sich dagegen, daß Basilius ihn als Galater bezeichnete (Greg. Nyss. c. Eun. I 105, ed. W. Jaeger, Leiden 1960); ebd. I 128f., 131 zur negativen Einschätzung Galatiens.

22 Greg. Nyss. ep. 20; vgl. P. Maraval (Ed.), Grégoire de Nysse. Lettres, Paris 1990, 258–271; Müller a.a.O. 66–91, bes. 68, 82ff.; R. Stupperich, in: Forschungen in Galatien, Asia Minor Studien 12, Bonn 1994, 157–169. Adelphios ist mit einiger Sicherheit mit dem Empfänger von Ep. 204 des Gregor von Nazianz, des Freundes des Bischofs von Nyssa, identisch, vermutlich auch mit dem Consularis Galatiens im Jahre 392; er ist zur reichen senatorischen Schicht der Region zu zählen (vgl. PLRE I, 13 Nr. 2.3; Stupperich a.a.O. 159f. mit Anm. 16). Er hat für seine private Villa offenkundig an der galatischen Namensgebung des Ortes festgehalten.

23 Ep. 20, 1; Stupperich a.a.O. 158f. hat zu Recht der Identifizierung mit dem kappadokischen Venasa (so TIB 2, 302; Mitchell I, Karte 4b) zwischen Nyssa und Kaisareia widersprochen; die Villa kann nicht an den häufigen Reiserouten Gregors, so der Straße nach Kaisareia oder der über Parnassos und Aspona nach Ankyra, gelegen haben. Wahrscheinlicher ist eine Lage an den Hängen zum Halys im mittleren Galatien. Weitere mögliche galatische Ortsnamen erscheinen im 6. Brief des Bischofs, dessen Territorium unmittelbar an Ostgalatien grenzte (Kelosina, Vestene; vgl. auch Müller

cellinus[24], den lateinischen Geschichtsschreiber griechischer Muttersprache, der aus dem Kurialenstand des Ostens stammte, war eine allgemein fixierte Identität des Galaters ebenso selbstverständlich[25] wie für den Autor der Vita des Theodor von Sykeon und seine Leser im mittleren 7. Jh. n. Chr.[26]

Paulus geht hingegen, wie oben betont, auf eine spezifische ethnisch-kulturelle Identität oder ein negatives Image der Adressaten des Galaterbriefes nicht ein, für die er nach dem Inhalt des Textes gerade einen Hellenisierungsprozeß voraussetzt und von der Vertrautheit mit populärem Gedankengut der hellenistischen Philosophie ausgeht; seine Ansprechpartner erscheinen als im Rahmen der zeitgenössischen kulturellen Vorstellungswelt üblich gebildet bzw. bildungsfähig; der für Paulus zentrale Freiheitsbegriff hat nichts mit spezifischen galatischen Traditionen zu tun, sondern bezieht sich auf die christlich-emanzipatorische Grundaussage von Gal 3, 28[27]. Die axiomatische Festlegung auf die Südgalatien-These bringt für Mitchells Darlegungen zur Entwicklung des frühen Christentums im anatolischen Hochland schwerwiegende Konsequenzen; man wird seine Darstellung in den entsprechenden, für das Gesamtbild des 1. und frühen 2. Jh. n. Chr. wesentlichen Aspekten zu überdenken haben. Doch muß dies an anderer Stelle geschehen.

---

a.a.O. 67f. Anm. 4). Der Brief bezieht sich auf die Rückkehr nach Nyssa 378. Es ist nicht bekannt, wo sich Gregor während seiner Vertreibung bis zum Tod des Valens verborgen hielt (vgl. auch H. Dörrie, RAC XII, 1983, 866f.), so daß die Annahme, die genannten Orte lägen östlich von Nyssa (so TIB 2, 302), nicht notwendig ist.

24 Vgl. zu ihm K. Rosen, Ammianus Marcellinus, Darmstadt 1982, 15ff., 31ff., 52ff.

25 Amm. 22, 7, 8 *(hostes quaerere se meliores aiebat* [sc. Julian]*; illis enim sufficere mercatores Galatas, per quos ubique sine condicionis discrimine venundantur)*, wo er zur genauen Definition des Ethnos der bedenkenlosen und effizienten Sklavenhändler für kriegsgefangene Goten das seltene lateinische Ethnikon *Galatae* gebraucht. Amm. 15, 12, 1–4 greift die traditionellen, offenkundig nicht nur aus seinen Vorlagen übernommenen, sondern noch immer geläufigen Barbarentopoi für die Gallier auf, hebt aber zugleich ihre (zeitgenössische) Sauberkeit in allen sozialen Schichten und ihre Kriegstüchtigkeit hervor. Besonders bildhaft ist Ammians Beschreibung des Barbarentypus der Gallierin: „Wenn ein Gallier Streit anfängt und seine Frau ihm zu Hilfe kommt, die bedeutend stärker als er und grauäugig ist, wird es keine Schar von Fremden mit ihm aufnehmen, besonders dann, wenn sie mit geschwollenem Nacken und zähneknirschend die weißen Arme schwingt und anfängt, Faustschläge abwechselnd mit Fußtritten auszuteilen" (15, 12, 1; übertr. v. W. Seyfarth, Ammianus Marcellinus. Römische Geschichte, [3]1975).

26 Der Autor Georgios, Hegumenos des Klosters von Sykeon, begann mit der Vita nach dem Tod des Heiligen 613 und vollendete das Werk erst nach dem Tod des Heraklios 641; vgl. V. Theod. 22. 166; Mitchell II, 123. Besonders kennzeichnend ist die Episode während des Besuches im Heiligen Land, wo galatische Mönche ihn und seine Begleiter als Landsleute erkennen (V. Theod. 50, 12–19).

27 Vgl. bes. Löning 143ff. In Gal 5, 12 liegt kein Hinweis auf die Kastration der Kybele-Priester vor; vgl. auch Phil 3, 2.

2. Galater, Kelten und Gallier

Die antike Überlieferung mit ihrem griechischen wie lateinischen Sprachgebrauch liefert einen »Dreiklang« der ethnischen Begrifflichkeit, bestehend aus den Benennungen als Gallier, Galater und Kelten, die den Personenverbänden, welche man als keltische Ethne identifiziert, als Kollektivnamen zugeordnet werden[28]. Dies führt nicht nur zu einer oft bis in die Gegenwart zu beobachtenden Unschärfe in der Terminologie[29], sondern stellt ein grundsätzliches Problem dar, da mit den Begriffen unterschiedliche generelle Zuordnungen und Konnotationen verbunden sind, zumal bereits die antiken Quellen hier eine ambivalente Verwendung mit ganz bestimmten inhaltlichen Mustern und terminologische Differenzen zwischen dem hellenistischen Osten und der römischen Tradition erkennen lassen. Die Frage der Benennung von keltischen Völkern respektive Kelten insgesamt führt über die aus der Antike kommende Tradition zum einen zu den Definitionsfragen der modernen Keltenbegriffe, zum anderen in die Problematik des Verständnisses der genannten Reihe antiker Völkernamen: das Ethnikon Κελτοί, *Kelten*, und sein relativ seltenes lateinisches Äquivalent *Celtae*[30], dann die gängige römische Bezeichnung *Galli*, also Gallier[31], und schließlich der im Griechischen übliche Name Galater, Γαλάται, im Singular Γαλάτης[32]. Im Lateinischen wird das Ethnikon *Galata* nur sehr selten als Lehnwort gebraucht, dann aber mit der konkreten Benennungsfunktion für die kleinasiatischen Galater[33]. Im Keltenexkurs Diodors wird eine aus Poseidonios' keltischer Ethnographie[34] übernommene, als wenig bekannt charakterisierte Unterscheidung zwischen Keltoi und Galatai vorgetra-

28 Vgl. zu dem antiken Volksbegriff bzw. zur antiken ethnologischen Begriffsbildung, zu Ethnos bzw. *gens* A. Dove, Studien zur Vorgeschichte des deutschen Volksnamens, SB Heidelberg, Phil.-hist. Kl. 7, 1916, 8, Heidelberg 1916, bes. 27ff.; D. Timpe, in: H. Beck (Hg.), Germanenprobleme in heutiger Sicht, Berlin - New York 1986, 22–40; F. Gschnitzer, Geschichtliche Grundbegriffe VII, 1992, 151–171, bes. 164f., 168ff.; auch R. Koselleck ebd. 141–151.

29 Noch Kremer 272 Anm. 2 nennt den Gebrauch in der antiken Überlieferung verwirrend.

30 Vgl. Holder I, 888-956; TLG CDROM s.v.; TLL CDROM s.v.

31 Vgl. Holder I, 1638–1765.

32 Holder I, 1522–1615, auch 1615–1620. Insgesamt ergänzend Holder III, 1182–1198; TLG CDROM s.v.

33 Jeweils in einer Völkerliste bei Cic. Att. 6, 5, 3; Lucan. 7, 540–542; hinsichtlich des Rechtsbrauchs Gai. inst. 1, 55.

34 Vgl. zum Keltenexkurs Diod. 5, 25–32 zusammenfassend J. Malitz, Die Historien des Poseidonios, München 1983, 38, 169–198; J.J. Tierney, The Celtic Ethnography of Posidonius, Proc. Royal Irish Acad. 60 C 5, Dublin 1960 (= [2]1985), 189–275; Kremer 264ff.; auch ders., KeltJt 18ff.; D. Nash, Britannia 7, 1976, 111–126.

gen[35]: Die Völker diesseits der Pyrenäen, die im weiteren Hinterland von Massalia und an den Abhängen der Alpen entlang wohnten, nenne man Kelten, diejenigen, welche die Keltiké nördlich davon gegen die Küsten des Ozeans und das Herkynische Gebirge (Deutsche Mittelgebirge) bewohnten („längs der Küsten des Ozeans und des Herkynischen Gebirges in den nach Süden gewandten Teilen"), und alle Völkerschaften jenseits davon bis zu den Skythen nenne man Galater; die Römer aber würden alle diese Völker einheitlich als Galater benennen. Letzteres bildet das direkte Äquivalent für den generalisierenden lateinischen Namen *Galli*[36].

Zu diesen drei Ethnika tritt weiter die spezifische römische Begriffsbildung *Gallograeci* als Benennung der kleinasiatischen Galater, welche diese aus römischer Sicht in ihrem ethnischen und kulturellen Erscheinungsbild definiert und von den Galliern nördlich und südlich der Alpen absetzt[37]. Der Name *Gallograeci* respektive die Bezeichnung *Gallograecia* für Galatien ist in der Mitte des 1. Jh. v. Chr. erstmals direkt belegt[38], war jedoch im römischen Sprachgebrauch für Kleinasien wahrscheinlich schon seit dem 2. Jh. v. Chr. eingebürgert und auch in Kleinasien selbst im 1. Jh. v. Chr. wohl in der Folge der direkten römischen Präsenz seit 133 verbreitet gewesen, wie vor allem die Verwendung bei Strabon zeigt[39]. *Gallograecia* erscheint als zeitgenössische Benennung der Landschaft Galatien noch bei Amm. 22, 9, 5. Eine Präzisierung der geographischen Begrifflichkeit formulierte der jüngere Eratosthenes von Kyrene im 1. Buch seiner *Galatiká*, wo er die ursprüngliche Heimat der Tolistobogier als eines Volkes der im Westen wohnenden Galater, ἔθνος Γαλατῶν ἑσπερίων als Κελτογαλατία bezeichnet und damit von Galatia als Gebiet der kleinasiatischen Galater unterscheidet[40].

---

35 Diod. 5, 32, 1; vgl. Strab. 4, 1, 14, C 189; auch 4, 1, 1, C 177; G. Perl, Philol 122, 1978, 328–334, der die Unterscheidung allerdings wenig überzeugend als aktuelle Ansicht Diodors verstehen möchte; ebd. 331ff. zur Unterscheidung der Termini Kelten und Gallier, allerdings ohne ausreichende Analyse. Perl a.a.O. 332 mit Anm. 12.13 betont zu Recht, daß Diodor selbst diese Unterscheidung nicht berücksichtigt (vgl. etwa die Verwendung des Begriffs Keltoí in Diod. 5, 25, 5; 5, 27, 4).

36 Vgl. etwa B. Niese, RE VII 1, 1910, 610.

37 Vgl. o. S. 114; in diesem Sinne besonders Livius' Rede des Manlius Vulso (38, 17, 2–20, bes. 17, 9–17), wo sie in das Schema eines in seiner neuen asiatischen Heimat degenerierten Volkes eingereiht sind. Es ist aber vielfach eine neutrale, konkrete Bezeichnung; vgl. bes. Pomp. Mela 1, 13 neben Kappadokern, Phrygern, Lydern etc.; ferner bei Cic., B.Alex. oder Flor. Vgl. Bürchner, RE VII 1, 1910, 519f.; Ruge ebd. 673; TLL CDROM s.v.

38 Cic. har. resp. 28 (56 v. Chr.); siehe ferner C. Memmius L. f., or. frg. 5; Caes. b.c. 3, 4, 5.

39 Strab. 12, 5, 1, C 566 „Galatia" oder „Gallograikia" genannt; noch charakteristischer der Versuch einer unmißverständlichen Definition bei Strab. 2, 5, 31, C 130: „Galatia der Gallograeci" als ein früherer Teil der alten phrygischen Großlandschaft Kleinasiens.

40 FGrHist 745 F 1.

Die Entwicklung der Ethnika Keltoi und Gallier ist heute durch etruskisches Inschriftenmaterial und die Erkenntnis, daß das sogen. Lepontische die Sprache des im 1. Jt. v. Chr. autochthonen nordwestitalischen Keltentums darstellt, weitgehend geklärt[41]. In etruskischen Inschriften sind nunmehr keltische Personennamen seit ca. 600 v. Chr. nachgewiesen, darunter der Individualname *celϑe*, «der Kelte», dem das ältere Ethnikon zugrundeliegt. Nach dem 4. Jh. tritt der von der ethnischen Bezeichnung abgeleitete Individualname *cale*, «Der Gallier», mehrfach auf, so in Tarquinia, Volterra und Chiusi. Pausanias stellt offensichtlich auf einer guten ethnographischen Tradition fußend fest, daß der Galatername jüngeren Datums sei, Keltoi hingegen der ältere Name, mit dem sie sich in früherer Zeit benannten und von anderen benannt wurden[42]. Die gleiche ethno-

41 Vgl. zusammenfassend M. Lejeune, RIG II 1, 1988, 3f.; u. S. 142ff. Auf einem allerdings nur sehr allgemeinen historischen Kern, nämlich auf die Anwesenheit von Kelten aus dem angrenzenden Raum nördlich der Alpen in Mittelitalien bereits vor der latènezeitlichen Zuwanderung in Norditalien sowie vor Beginn der Kriegszüge nach Etrurien und gegen Rom, kann die Helico-Geschichte bei Plin. n.h. 12, 5 zurückgeführt werden, nach der dieser „Helvetier“ auf Grund seiner Fähigkeiten als Handwerker in Rom tätig gewesen sei. Die ethnische Zuweisung dürfte aber nur auf der später konkreten römischen Kenntnis von den Helvetiern als einem Volk jenseits der Alpen, das Norditalien benachbart ist, beruhen. Vgl. zu der Tradition T. Kövös-Zulauf, Latomus 36, 1977, 40–92, der auf das Legendenhafte hinweist, aber sonst nicht in allen Folgerungen zwingend erscheint. Die intensiven Kontakte zwischen den Kelten Norditaliens und den Etruskern einerseits und den keltischen Völkern und Machtzentren jenseits von Zentral- und Ostalpen sind heute durch die archäologische Forschung deutlich aufgezeigt; vgl. etwa die Beiträge in: L. Eigner-Foresti (Hg.), Etrusker nördlich von Etrurien, Wien 1992.

42 Paus. 1, 4, 1. Timaios gab in seinem ethnographischen Exkurs unter Verknüpfung mit der sizilischen Mythentradition eine ethymologisch-mythologische Deutung des Galaternamens, den er auf Galates, den Sohn der Galateia und des Kyklopen Polyphem zurückführte (Timaios FGrHist 566 F 69; dazu Pol. 12, 28a, 3; vgl. etwa Weicker, RE VII 1, 1910, 517f.; Tümpel ebd. 519; Jacoby, FGrHist II C, p. 224f.; IIIb, p. 569f.) und damit einen für uns nicht mehr zu präzisierenden Teil(?) der Bewohner der nördlichen Keltiké ansprach. Eine umfassendere Mythenkonstruktion zu einer ethymologischen Genealogie liegt bei App. Ill. 2 vor, welche die drei Söhne der Galateia und des Polyphem, Keltos, Illyrios und Galas (bzw. Galates), zu den nahmensgebenden Herrschern der Kelten, Illyrer und Galater macht. Eine andere Version bietet Natalis Comes Myth. 9, 8 (p. 975): Celtus, Illyrius und Henetus, von letzterem der Name der Regionen Venetia und Paphlagonia (kleinasiatische Galatia), nach Vergil- und Theokritscholion; vgl. Jacoby a.a.O. 570 mit Anm. 357.360. Eine unabhängige Tradition findet sich bei Diod. 5, 24 (Galates als Sohn der Herakles und der Tochter eines Königs der Keltiké) und mit Angabe der Vorlage des Timagenes bei Amm. 15, 9, 2.3 (*Aborigines primos in his regionibus* [s.c. Gallien] *quidam visos esse firmarunt Celtas nomine regis amabilis et matris eius vocabulo Galatas dictos – ita enim Gallos sermo Graecus appellat)*; FGrHist 88 F 2, also beide Ethnika gleichwertig auf ein namensgebendes königliches Mutter-Sohn-Paar zurückgeführt.

graphische Tradition, die vermutlich von Poseidonios vertreten wurde, bringt Caesar zum Ausdruck, wenn er in b.G. 1, 1 seine Einteilung Galliens in die sich durch ihre Bevölkerung abhebenden Regionen der Belger und Aquitanier[43] sowie in den großen Mittelteil der *Celtae* bzw. *Galli* vorträgt: *Gallia est omnis divisa in partes tres, quarum unam incolunt Belgae, aliam Aquitani, tertiam qui ipsorum lingua Celtae, nostra Galli appellantur.* Die kollektive Bezeichnung als Kelten wird hier für einen Teil der Stämme Galliens in Anspruch genommen. Der tatsächliche Umfang der Verwendung des Ethnikons «Kelten» läßt sich für das Gallien der Zeit Caesars allerdings nicht überprüfen. Doch können wir darin auf jeden Fall einen von den Kelten in der Umgebung Caesars gebrauchten Sammelnamen zur Unterscheidung von Belgern und Aquitaniern sehen. Es ist zu bedenken, daß Caesar für seine Feldzüge in Gallien Legionen und Auxilien in der Gallia Cisalpina, insbesondere in der keltischen Transpadana, in der Gallia Transalpina wie auch in der Gallia Comata ausgehoben hat, so die aus transalpinen Galliern ohne Bürgerrecht aufgestellte Legio V Alaudae[44]. Die Eroberung Galliens durch Caesar wurde wesentlich von keltischstämmigen Legionären und Soldaten getragen.

Κέλτοι bzw. *Celtae* stellt ein altes Ethnikon dar, dessen Ethymologie noch unklar bleibt; es war den Etruskern als die Bezeichnung der in Norditalien, in der Lombardei, in Teilen des Piemont und im Tessin, seit der ausgehenden Spätbronzezeit ansässigen keltischen Völkerschaften vertraut und wurde von Personen gehobenen Standes in etruskischen Städten als ethnisch-appellativer Individualname getragen. Dieses Ethnikon war sehr wahrscheinlich bereits von den Etruskern zur Bezeichnung auch der Bevölkerung nördlich der Alpen mit ihren verwandten Dialektsprachen gebraucht worden, mit denen sie in direkte, zum Teil über die norditalischen lepontischen Kelten vermittelte Handelsbeziehungen traten. Die über das Tyrrhenische Meer an der südfranzösischen Küste aktiven Ostgriechen, deren Zentrum in dem um 600 v. Chr. von den Phokäern gegründeten Massalia entstand[45], haben diese ethnische Bezeichnung wahrscheinlich zuerst bei den Etruskern kennengelernt und sich zur Benennung der Bevölkerung im Hinterland der von Ligurern und Iberern bewohnten Küstenzonen Südfrankreichs und Spaniens zu eigen gemacht.

---

43 Vgl. zur Unterscheidung Aquitanier - Kelten Strab. 4, 1, 1, C 176; A. Coffyn, REA 88, 1986, 41–61, der die Trennung in Sprache und Kultur betont (ebd. 41ff. zu den weiteren antiken Aussagen); zu Aquitanien die Beiträge in: L. Maurin - J.P. Brot - J.M. Roddaz (Hg.), Les racines de l'Aquitaine. Vingt siècles d'histoire d'une région vers 1000 avant J.C. - vers 1000 après J.C., Bordeaux 1992.

44 Vgl. E. Ritterling, RE XII 2, 1925, 1564.

45 Vgl. hierzu J. Boardman, The Greek Overseas, London ²1980, 216ff.; zu Massalia die Beiträge in: Marseille grecque et la Gaule, Lattes 1992.

Die sprachlichen Gemeinsamkeiten dieses Bevölkerungshorizonts sind von den Griechen zumindest in der Form der Kontrastwirkung einer ähnlichen fremden Sprache zweifellos erkannt worden. Auch als Selbstbezeichnung dürfte der Keltenname ihnen schon diesseits der Alpen im italisch-etruskischen Milieu begegnet sein. Der Aufnahme des Ethnikons folgte schließlich die Bildung des geographischen Begriffs der Keltiké.

Celtae erscheinen im Lehrgedicht des Rufus Festus Avienus aus dem späteren 4. Jh. n. Chr. nur im Zusammenhang von friesischer Küste und Jütländischer Halbinsel (V. 133). In einer völligen Überschätzung des Quellenwertes des Avienus hat dies zu wenig überzeugenden Schlußfolgerungen geführt[46]. Die konventionelle Auffassung sieht in der Beschreibung des Avienus zum einen Material aus dem Bericht des Karthagers Himilko in griechischer Übersetzung aufgenommen[47], zum anderen einen massaliotischen Periplus des frühen 6. Jh. v. Chr. vorliegen, letzteres im Grunde ein Hilfskonstrukt, um eine einheitliche und wertvolle frühe Grundlage der Informationen postulieren zu können, wobei die bedenklichen Lücken im historisch-geographischen Bild als Argument für das hohe Alter herangezogen werden. Avienus selbst bietet eine eindrucksvolle Liste von Autoritäten, die er im wesentlichen wahrscheinlich bereits in seiner Vorlage mit einer Beschreibung Europas bis Jütland aus der Zeit der Kimbern- und Teutonenkriege (s. u.) zitiert gefunden hatte. Diese Vorlage hat Avienus für sein gelehrtes, in einem gekünstelten Stil gehaltenes Lehrgedicht (V. 80–153 Küsten der Bretagne, Englands, Irlands, Frieslands; V. 154–264 spanische Westküste; V. 265–713 der eigentliche Periplus Gades/Tartessos – Massa-

46 Charakteristisch für derartige Interpretationen des Werkes sind die kommentierten Ausgaben von A. Schulten, Avieno. Ora Marítima, Fontes Hispaniae Antiquae I, Barcelona ²1955 und A. Bertholet, Festus Avienus. Ora Maritima, Paris 1934, bes. 59ff. Vgl. zur Einschätzung des Avienus und zu den variierenden Positionen hinsichtlich seiner Grundlagen (Himilko, massaliotischer Periplus, Bericht des Pytheas aus dem 4. Jh., Neubearbeitung im 4. Jh. etc.) Tierney (o. Anm. 34) 193f.; P.-M. Duval, La Gaule jusqu'au milieu du Ve s., Les sources de l'histoire de France I, Paris 1971, 593ff.; A. Peretti, Il periplo di Scilace, Pisa 1979, 22ff.; D. Stichtenoth (Ed.), Rufus Festus Avienus: Ora Maritima, Darmstadt 1968; J. Ribeira Ferreira (Ed.), Avienus. Orla marítima, Coimbra 1985; zur Quellenfrage auch P. Villalba I Varneda, Faventia 7,1, 1985, 33–45 (ältere Autoren und persönliche Kenntnisse); eine grundsätzliche kritische Position etwa bei U. Täckholm, ORom 5, 1965, 143–200, bes. 172f.; 10, 1974–75, 41–54; N. Ehrhardt, in: Orientalisch-ägäische Einflüsse in der europäischen Bronzezeit, Bonn 1990, 13–32; ganz traditionell dagegen R. Werner ebd. 72–76. Die Grundlagen der üblichen Hochschätzung des Avienus hat bereits J. Hind, RSA 2, 1972, 39–52 widerlegt; vgl. auch H.G. Niemeyer, in: La Magna Grecia e il lontano Occidente, Tarent 1991, 29–53; auch F. Prontera ebd. 55–82.

47 Vgl. hierzu W. Huß, Geschichte der Karthager, München 1985, 85f.

lia) mit weiteren Vorlagen, darunter einer Schrift des mauretanischen Königs Juba II., und mit eigenen Kenntnissen ergänzt. Die bisher vorherrschende, sehr weitreichende Heranziehung des Avienus für die Verhältnisse auf der Iberischen Halbinsel im 6. Jh. v. Chr.[48] ist deshalb nur mit großem Vorbehalt aufzunehmen, ebenso die Einbeziehung dieser Quelle in die Frage der frühen Kelten. Gerade der schon genannte Zusammenhang für die Nennung der Kelten scheint mir eindeutig zu einer Vorlage aus dem Umfeld der Kimbern- und Teutonenkriege zu führen. Dem entspricht die Feststellung, daß die Vorlage für die Küste des Languedoc keinesfalls der angenommene massaliotische Periplus sein kann, sondern von einem Küstenitinerar aus der Zeit der römischen Eroberung der Narbonensis gebildet wird[49]. In die um 100 v. Chr. anzusetzende Vorlage des Avienus sind in einem schwer abzuschätzenden Umfang wie Traditionsweg Informationen aus dem Bericht des Himilko über seine Fahrt in den Atlantik (Küsten der Bretagne und Cornwalls) vermutlich über die geographisch-ethnographische Literatur der hellenistischen Zeit eingegangen. Eine Rekonstruktion des Traditionsganges, die über die erkennbare Vorlage des Avienus aus der Zeit um die Wende zum 1. Jh. v. Chr. zurückreicht, ist nicht möglich.

Die ethnische Sammelbezeichnung «Kelten», „Keltoi", ist in der griechischen Literatur eindeutig die ältere, noch im 4. Jh. v. Chr. allgemein gebräuchliche Benennung für diese nach der damaligen ethnographisch-geographischen Vorstellung im Westen und Norden Europas, vom (atlantischen) Westen der iberischen Halbinsel bis zu den Skythen im (Nord-)Osten siedelnden Völkergruppe[50]. Mit diesem Ethnikon ist die Ausbildung des Typus der keltischen Barbaren im 4. Jh. verbunden, der bereits vor Beginn der Konfrontation mit der hellenistischen Welt in den wesentlichen Zügen und Topoi geformt war. Diese Vorstellungen sind bereits bei Platon und Aristoteles dokumentiert[51]. Bei Theopomp von Chios werden um 338 die Gegner der Illyrer ebenfalls noch als „Keltoi" bezeichnet[52].

48 So etwa A. Tovar, Veleia 2-3, 1985-1986, 15-34; ders., in: J. Gorrochategui u. a. (Hg.), Actas del IV colloquio sobre Lenguas y culturas paleohispánicas, Vitoria 1987, 15-34; auch ders., Iberische Landeskunde. Sequada parte. Las tribus y las ciudades de la antigua Hispanica, Baden-Baden 1989.

49 Vgl. D. Ugolini - C. Olive, RAN 20, 1987, 143-154.

50 Vgl. etwa Ephoros, FGrHist 70 F 30, auch F 131; B. Niese, RE VII 1, 1910, 610ff.

51 Vgl. Plat. nom. 1, 637d-e, wo die Kelten unter den sich berauschenden Völkern angeführt sind; zu Aristoteles vgl. Strobel, Keltensieg, bes. 80ff.; u. Bd. II; zu Xenophon u. Anm. 60; zur italischen Tradition, wo die Konfrontation mit den Heereszügen der Kelten schon in frühen 4. Jh. begann, o. S. 19ff.

52 FGrHist 115 F 40; vgl. auch F 202; u. S. 162f.

Die *Periëgesis* des Hekataios bringt den ersten literarischen Beleg des Keltennamens und lokalisiert die Keltiké um 500 als das Hinterland des selbst in der ligurischen Küstenzone gelegenen Massalia[53]. Herodot hatte nur sehr ungenaue Vorstellungen von der Geographie des nördlichen und westlichen Europas[54], die in vielem auf Hekataios fußen[55]. Herodots Wissen über Norditalien ist auf Teile der Adriaküste beschränkt, die Alpen sind ihm nicht bekannt. Hdt. 2, 33 legt die Quelle des Istros, also der Donau, zwar richtig in das Keltengebiet - hier liegt zweifellos eine reale geographische Information vor -, lokalisiert diese aber zugleich bei der Polis Pyrene, von wo aus der Fluß parallel zum Nil in Libyen mitten durch ganz Europa ins Schwarze Meer fließe. Die Kelten selbst setzt Herodot hier außerhalb der Säulen des Herakles an, also außerhalb des Mittelmeerbeckens als das westliche Volk Europas „nach" dem ganz im (Süd-)Westen lokalisierten Volk der Kyneten (Kynetes, Kynesioi). Die Kelten waren für Herodot aus der Sicht der Küstenschiffahrt erst nach den Kyneten zu erreichen. Diese geographische Konzeption wiederholt Hdt. 4, 49, wobei Hdt. 4, 49, 3 offenbar ein gegenüber Hdt. 2, 33 verkürztes Selbstzitat darstellt. Der Städtename Pyrene wird mit gutem Grund zu dem Namen Pyrene des Pyrenäen-Gebirges in Bezug gesetzt und ist mit großer Wahrscheinlichkeit als ein alter, in der Seefahrt bekannter Küstenplatz im Bereich von Kap Creus zu identifizieren[56]. Die Vorstellung, daß die Donau an den Pyrenäen

---

53 FGrHist 1 F 55. Zu Hekataios' Weltbild vgl. F. Jacoby, FGrHist Ia, p. 329ff.; R. Gebhard, KeltJt 5f.; B. Kremer - R. Urban ebd. 15ff.; zu Avienus s. o. F. Fischer, in: B. Kandler-Pálsson (Hg.), Ethnogenese europäischer Völker, Stuttgart - New York 1986, 212 mit Anm. 7 weist nochmals auf die von Duval (o. Anm. 46) 176 vermutete Möglichkeit hin, daß die Erwähnung der Keltiké ein Zusatz des Stephanos von Byzanz sein könnte; doch ist dies keineswegs zwingend.

54 Vgl. Hdt. 3, 115 selbst; ferner F. Fischer, MDAI(M) 13, 1971, 109–124; Kremer - Urban a.a.O.; zu Herodots Auffassung von den Donauquellen L. Pearson, CPh 29, 1934, 328–337; R. Dion, RPh 42, 1968, 7–41; Fischer a.a.O.; M. Alonso Núñez, AntC 56, 1987, 243–249; auch Hdt. 4, 47, 2 - 50, 4 selbst.

55 Vgl. zum Verhältnis Herodots zu Hekataios etwa F. Lasserre, QS 2, 1976, 113–142; zu Herodot allgemein in: Hérodote et les peuples non grecs, Vandoeuvres - Génève 1990, bes. W. Burkert ebd. 1-39; G. Nenci ebd. 301-321; H. Erbse, Studien zum Verständnis Herodots, Berlin - New York 1992, 157ff., bes. 172; allgemein auch A. Grilli, in: La Magna Grecia e il lontano Occidente, Tarent 1991, 9-26.

56 Vgl. zum Orts- bzw. Gebirgsnamen Pyrene R. Grosse, RE XXIV, 1963, 13–14.14–18; Fischer a.a.O. 1971, 115ff.; 1986, 211f., der Pyrene tief im Landesinneren lokalisieren möchte. Die verschiedentlich gemachten Versuche, Pyrene vom Gebirgsnamen zu trennen und als Namen einer zentralen Siedlung in Mitteleuropa an den Donauquellen zu sehen, wobei man konkret an die Heuneburg oder den Hohenasperg denkt, sind abzulehnen (zu Pyrene als mögliche Benennung für den Schwarzwald etwa Pearson a.a.O. 336f.). Die Hauptvorlage des Avienus für sein Periplus-Lehrgedicht hat offensicht-

entspringe, wobei Herodot diese mit den Alpen, die ihm als geographische Größe nicht geläufig sind, verwechselt oder aber sich ein geschlossenes Gesamtgebirgssystem im Norden der mediterranen Küstenländer vorgestellt, finden wir noch bei Aristoteles[57]. Eine wesentliche Verbesserung der geographischen und ethnographischen Kenntnisse ist in der griechischen Literatur erst in der Folge des Werkes des Poseidonios eingetreten[58].

Die Begegnung der antiken Welt mit diesen Barbarengruppen hatte für den italischen und adriatischen Raum durch die Immigrationswellen in Norditalien an der Wende vom 5. zum 4. Jh. und die folgenden Aktionen auf der Apenninenhalbinsel ein neues, direkteres Stadium erreicht. Nach Pompeius Trogus-Iustin (20, 5, 4–6) hatten die Kelten des nach Mittelitalien vorgestoßenen Heereszuges, der Rom eroberte, diplomatischen Kontakt mit der in Süditalien dominierenden Macht, nämlich Dionysios I. von Syrakus, für ein Freundschafts- und Bündnisverhältnis aufgenommen[59]. Die Parallele zu der späteren Kontaktaufnahme mit Alexander an der unteren Donau ist offensichtlich und zeigt die Vertrautheit der Kelten mit der jeweiligen politischen Situation und mit dem Aufbau von politischen und diplomatischen Beziehungen über größere Entfernungen. Für die Verbindung mit Dionysios I. dürfte eine gemeinsame Gegnerschaft hinsichtlich der Etrusker ein wesentlicher Faktor gewesen sein. Dionysios I. verfügte in der Folge laufend über keltische Soldtruppen; diese Söldner waren an den beiden Hilfskontingenten für

---

lich die Angaben Herodots einzufügen gesucht und dabei die Stadt Pyrene als Hafenort mit der Entfernungsangabe einer Fahrt von 7 Tagen von Massalia aus versehen. Letzteres entspricht der Fahrt zur griechischen Handelsstadt Emporion. Dies nimmt wahrscheinlich direkt auf den im Bereich des Kap Creus und des Gebietes von Emporion gelegenen Hafenplatz Portus Pyrenaeus bzw. Pyrenaei Bezug, den die römischen Flotten des 2. Jh. v. Chr. auf dem Weg zum spanischen Kriegsschauplatz benutzten (vgl. Liv. 34, 8, 5–7). Die Entfernungsangabe ist mit der des Ps.-Skylax (§ 2) identisch. Vgl. hierzu auch Hind a.a.O., der Pyrene als einen Namen für Emporion ansieht, der vor dem 4. Jh. gebraucht worden sei.

57 Arist. meteor. 1, 13, 350b. Vgl. P. Louis (Ed.), Aristote, Météorologiques I, Paris 1982, p. 111 mit weiteren Stellen; auch Jacoby a.a.O. 331, 333.

58 Vgl. allgemein D. Timpe, RGA^2 VII, 1989, 307ff. Dennoch läßt Diodor-Poseidonios 5, 25, 4 den Danubios, der offenbar als eigener Fluß neben dem Istros gedacht ist, wie den Rhein in den Atlantik münden.

59 Als dessen Symmachoi ist der Kriegerverband der Senonen, der von Rom aus weiter nach Süden gezogen war, dann bei der Rückkehr aus Unteritalien gegen Caere vorgegangen, wobei er jedoch durch das etruskische Heer geschlagen wurde (Diod. 14, 117, 7; Strab. 5, 2, 3, C 220; die römische Überlieferung hat den etruskischen Erfolg unterdrückt); die syrakusanische Flotte griff 384 parallel Pyrgi, den Hafen von Caere, an. Vgl. zu dieser überzeugenden Deutung der tatsächlichen Vorgänge M. Sordi, I rapporti romano-cerite e le origini della civitas sine suffragio, Rom 1960, 62ff.; T.J. Cornell, CAH^2 VII 2, 1989, 305ff.

Sparta beteiligt, die er 369/8 und 368/7 auf die Peloponnes schickte und die dort mit großem Erfolg auf spartanischer Seite kämpften[60]. Mit ihnen waren keltische Krieger erstmals in Griechenland selbst militärisch in Erscheinung getreten. Die frühe Ausformung des Keltenbildes im 4. Jh. ist ohne Zweifel durch das Interesse an der neuen Bedeutung der Kelten in Italien wie durch ihre Rolle als Söldner von Syrakus sowie vor allem der Karthager angeregt worden und dürfte nun auch die älteren Informationen zu einem konkret umrissenen Typus innerhalb der barbarischen Randvölker der griechischen Oikumene verdichtet haben. Timoleon sah sich 344–339 v. Chr. in Sizilien in besonderer Weise mit keltischen Söldnern in den Reihen seiner Gegner konfrontiert.

Der Name Γαλάται, in der verwandten, diminutiven Form *Galli*, bedeutet „die tapferen, ungestümen Kämpfer“[61]. Eine strukturelle wie inhaltliche Parallele bietet im germanischen Bereich das kollektive Ethnikon der Franken, das mit der Ausgangs-

60 Xen. hell. 7, 1, 20–22 (Kelten, Iberer, 50 Reiter).28–31. Die Dauer des Aufenthalts der Hilfskontingente war durch die zeitlich begrenzte Verpflichtung der Söldner bestimmt (ebd. 7, 1, 29). Vgl. auch C. Tuplin, The Failing of Empire, Stuttgart 1993, 116f. Anm. 46, 152, der die außergewöhnliche Taktik der von Dionysios gesandten Reiter, die sich als Einzelkämpfertaktik erweist, und das besondere Verhalten der Reiter vor dem Feind betont. Diese Reiter können mit gutem Grund als keltische Kavallerie betrachtet werden.

61 Vgl. Holder I, 1522, 1638; K.H. Schmidt, in: Forschungen in Galatien. Asia Minor Studien 12, Bonn 1994, 15f. mit den detaillierten Nachweisen. *Galatai* leitet sich von der Wurzel *gal-* ab, mit der die folgenden Bedeutungen verbunden sind: 1. kriegerische Hitze, Wut, Tapferkeit; 2. Dampf, Rauch, Nebel; 3. idg. *gal- fähig sein, können. Das Suffix -at- dient hier zur Bildung des Nomen agentis. Zu *Galli* als Diminutivform von *Galates* vgl. P. Fleuriot, in: Bretagne. Au temps des Celtes V^e-Ier siècle avant J.-C., Daoulas 1986, 18f. Vgl. zum Frankennamen H. Beck, RGA² 8, 1994, 373f.; auch H. Tiefenbach, Studien zu Wörtern volkssprachiger Herkunft in karolingischen Königsurkunden, München 1973, 52–56; zu den Quellenbelegen H. Reichert, Lexikon der altgermanischen Namen I, Wien 1987, 273–282; II, 1990, 507; zu den Franken zusammenfassend RGA² 8, 1994, 373–461, bes. H.H. Anton 414ff.; zur Sprachentwicklung A. Quack ebd. 374ff.; ferner F. Beisel, Studien zu den fränkisch-römischen Beziehungen von ihren Anfängen bis zum Ausgang des 6. Jh., Idstein 1987. Der Stammesname geht auf eine Wurzel *preg- »gierig, heftig« und deren nasalierte lautverschobene Nebenform *frank-* zurück. Die antike Deutung des Namens bezog sich zutreffend auf die *ferocitas* des Volkes (vgl. Beck a.a.O., Tiefenbach a.a.O.). Das Ethnikon ist nicht auf ein (in Wirklichkeit mittellateinisches) Adjektiv *francus*, »frei«, zurückzuführen, sondern letzteres ist ebenso wie die erst im 15. Jh. erfolgte Entlehnung als *frank* ins Deutsche von dem Stammesnamen *Francus/Franci* selbst abgeleitet worden, und zwar im romanischen Herrschaftsbereich der Franken. Der Stammesname der Franken bezeichnete offensichtlich zuerst und primär die Kriegerverbände, die in ihrer Formierung über die kleinen traditionellen Stammeseinheiten des Rhein-Wesergermanischen Sprach- und Formenkreises (vgl. auch u. 174ff.) übergreifen. In den römischen Quellen wird er seit dem 3. Jh. als Terminus zur Zusammenfas-

bedeutung »kühn, verwegen, kampfbegierig« zu verbinden ist. Es ist eine kollektive Selbstbezeichnung bzw. Benennung nun nicht als Volk, sondern als Kriegerverband, als Heerbann in seiner kollektiven Kriegeridentität, die in der inhaltlichen Selbstaussage des Namens, in dem darin enthaltenen Appell an die erwarteten Eigenschaften wie Verhaltensnormen, zum Ausdruck kommt. Die Kollektivbenennung bezeichnet damit einerseits das Auftreten einer Gens oder von Gentes als Verband in Waffen, andererseits das Auftreten des Heerhaufens respektive der Kriegergefolgschaft[62]. Die Selbstbezeichnung des Kriegerverbandes hat die grundsätzliche Tendenz, die Grenzen der unmittelbaren Stammeszugehörigkeit zu überschreiten und als Namen des handelnden Kollektivs des Heerbanns vor die Benennung nach der jeweiligen Stammes- oder Abstammungsidentität zu treten[63]. Diese Benennung des Heerbanns wird durch die Übernahme von seiten der mit ihm konfrontierten Gruppen zu einer Fremdbezeichnung, die nun auch auf das Volk oder die Völkergruppen gleichen Herkunftsraumes selbst übertragen werden kann, denen man im Aufgebot ihrer Krieger und somit unter dessen Kollektivnamen begegnet. Als Parallele kann auf den Alamannennamen hingewiesen werden, dessen stammesübergreifende kollektive Benennung als *Alamanni*, als Gesamtheit der als *mannen* Bezeichneten, Allmannen oder Allmänner im Sinne des allgemeinen Aufgebots[64]

---

sung dieser Kleinstämme verwendet, nicht zuletzt zur Bezeichnung der seit Postumus in den römischen Heeresdienst aufgenommenen Kriegerscharen dieses Herkunftsraumes. Die individuellen Namen der traditionellen Stämme lebten jedoch bis zum Ende des 5. Jh. weiter und unterlagen erst der allmählichen Genese einer vereinheitlichenden Stammesbildung. Die Selbstbenennung des Kriegerverbandes als des Kollektiv, das man als unmittelbares Gegenüber erfahren hat, war von römischer Seite als Fremdbenennung im Sinne des nun erst ausgeformten Ethnikons übernommen worden. Der Terminus *Francia* als Landesname und als Bezeichnung einer Gesamtheit von Stämmen ist wie die Ableitung des lateinisch-romanischen Wortfeldes *francus* das Ergebnis der vereinheitlichenden Fremdbenennung von römischer Seite.

62 Vgl. Caes. b.G. 6, 23, 7–8; Wenskus 347ff.; zur altirischen Tradition u. Bd. II.

63 Vgl. als innerkeltische Parallele, aber mit Statusbezug, das in der westlichen Narbonensis belegte bir̆ikantin = *brigantīnos mit der Bedeutung „freie, privilegierte Person" (vgl. D. Ellis Evans (u. Anm. 103) 46f.), das wir als den Kollektivnamen der großen Stammesföderation der Briganten in Nordengland finden.

64 Vgl. Wenskus 494ff., bes. 500ff.; H. Kuhn – H. Jänichen – H. Steuer, RGA² I, 1976, 137–163, bes. Kuhn ebd. 137f.; K. Peschel, Klio 60, 1978, 259–309; F. Springer, AbhBerStaatlMus-Völkerkunde Dresden 41, Berlin 1984, 99–127; H. Keller, FMSt 23, 1989, 89–111 (Alamannen- und Suebenname); L. Rübekeil, Suebica. Völkernamen und Ethos, Innsbruck 1992 (Cass. Dio noch als erster Namensbeleg angenommen); Belegstellen bei Reichert a.a.O. I, 20–26. Das Vorderglied **ala-* (nicht **alla-*) bezeichnet echte Totalität, das Hinterglied °*man(n)* als Appellativum den Menschen allgemein – jedoch nicht als ethnisch neutraler, allgemeiner Menschenbegriff – und den Mann (mannbar, in die Gruppe der Krieger/ Wehrfähigen aufgenommen) im speziellen (vgl. dazu Rübekeil a.a.O. 217ff.).

für die zum Heerbann vereinigten Kriegeraufgebote der suebisch-elbgermanischen Stammesgruppen stand. Sie sind nun durch den Neufund der Siegesinschrift aus Augsburg für den großen, am 24. und 25. 4. 260 n. Chr. in Rätien erfochtenen Sieg über die aus Norditalien zurückflutenden Barbaren, die in der späteren Überlieferung als Alamannen erscheinen[65], erstmals direkt zu fassen: *ob barbaros gentis Semnonum sive Iouthungorum ... caesos fugatosque*[66]. Es waren die Kriegerverbände der Gruppen des alten Stammesverbandes der Semnonen, die sich unter dem Ethnikon Iouthungen (Euthungen) im 3. Jh. n. Chr. neu formiert hatten, und nach Südwesten und Süden gegen die rätisch-obergermanische Grenze des römischen Reiches vorstießen. Die Römer haben dabei im ausgehenden 3. Jh. die Selbst- und Fremdbezeichnung als Alamanni anstelle spezifischer Stammesnamen übernom-

---

65 Eutr. 9, 8, 2; Aur. Vict. Caes. 33, 3; der Alamannenbegriff wird von Eutrop dann erst wieder für die Darstellung der tetrarchischen Zeit verwendet (Eutr. 10, 3, 2). Dies entspricht dem Sprachgebrauch des 4. Jh.

66 Ed. L. Bakker, Germania 71, 1993, 369–386; zur Interpretation der Inschrift, deren Konsequenzen von Bakker, der noch von einem Nachweis des Alamannennamens seit 213 n. Chr. ausgeht, nicht ausgelotet wurden, werde ich mich an anderer Stelle ausführlich äußern. Der Semnonenname war bisher zuletzt im Zusammenhang der Markomannenkriege Mark Aurels 179/80 belegt. Der Iouthungenname ist bereits im späten 2. oder frühen 3. Jh. in der Weihung des Iulius Secundus, des Freigelassenen des Iulius Philtatus, an die *Matribus Suebis Ieuthungabus* in Köln belegt (CIL XIII 8225 = ILS 4791 = B. u. H. Galsterer, Die römischen Steininschriften aus Köln, Köln 1975, 108; Wiederherstellung des Beinamens durch Verf.). Vgl. hierzu die etwa zeitgleiche Weihung des ? Verecundius [...]us, eines *negotiator cretarius*, an die *Matribus meis Germanis Suebis* in Köln (CIL XIII 8224 = ILS 4790 = Galsterer a.a.O. Nr. 100); dieser suebische Elbgermane war offenkundig romanisiert, vermutlich im Rahmen des römischen Heeresdienstes, und hatte sich dem lukrativen Fernhandel mit begehrter Terra Sigillata in die mitteldeutschen Gebiete der suebischen Verbände zugewandt, wie wir zu Recht erschließen können.

67 Die Alamannen erscheinen in Epit. de Caes. 34, 2 und Aur. Vict. Caes. 35, 2 (*Alamanni* von den gegen Gallien vorgehenden *Germani* geschieden) als Invasoren in Italien unter Claudius II. bzw. Aurelian. In der zeitgenössischen Geschichtsschreibung des Dexipp treten dagegen nur die Iouthungen als Gegner Aurelians auf, zuerst im Herbst 270 an der Donau, eine Art Nachspiel zum »Alamannenkrieg« des Claudius II., dann 271 bei ihrem Einbruch nach Italien (vgl. R.T. Saunders, Historia 41, 1992, 311–327). Dexipp. F 6,1 nennt sie in bezeichnender antiquarischer Weise »iouthungische Skythen« (vgl. auch u. S. 137f.). Zosimos nennt als Träger dieser Invasion, offensichtlich zur Erläuterung für seine Zeitgenossen, die Alamannen und ihre Nachbarn (Zos. 1, 49, 1; die verschiedenen Vermutungen einer gemeinsamen Invasion von Iouthungen und Alamannen gingen von einem überholten Verständnis dieser Namen aus). Dem entspricht die Annäherung von Alamannennamen und Iouthungen bei Ammianus Marcellinus, der letztere als *pars Alamannorum* bezeichnet (Amm. 17, 6, 1). HA Aurel. 18, 2 bezeichnet die Gegner Aurelians zuerst als *Suebi*, ein sowohl für Iouthungen wie Alamannen im 4. und 5. Jh.

men[67] und zur Fremdbenennung für die Suebengruppen gemacht, die an oberem Rhein und Donau ihre Gegner wie Vertragspartner geworden waren[68]. Damit trat der Kollektivname *Alamanni* als Ethnikon in Konkurrenz zu dem traditionellen

---

gebrauchter Name. HA Aurel. 18, 3-6 sind die Iouthungen mit den Markomannen verwechselt. Der späte Autor der Historia Augusta hat in der Quellentradition seiner lateinischen Vorlage(n) den Begriff Alamanni offenkundig nur an einer Stelle vorgefunden, nämlich eine Definition der *Alamanni*, die wir in der Darstellung des Usurpators Proculus (280/281) finden: *Alamanni, qui tunc adhuc Germani dicebantur* (HA quadr. tyr. 13, 3). Die anderen Erwähnungen des Alamannennamens gehören wie der angebliche Siegerbeiname Alamannicus für Caracalla zu den Zusätzen des Autors der HA (trig. tyr. 8, 11; Tac. 15, 2; Prob. 12, 3), für den die Alamannen eine eigenständige Größe neben den Franken und den *Germani* sind (vgl. auch G. Alföldy, Die Krise des Reiches, Stuttgart 1989, 406–418, der allerdings auf die Problematik des Alamannennamens nicht eingeht und auch die zitierte Namenserklärung dem Autor der HA zuordnen will). Dem entspricht, daß die Alamannen seit der 2. Hälfte des 4. Jh. zunehmend nur mehr als eigenständiges Volk, als eine einheitliche *gens* oder *natio* mit einer spezifischen territorialen *origo*, nämlich der *Alamannia*, erfaßt und kaum mehr als Germanen bezeichnet werden.

68 Wie ein genauerer Blick auf die Textüberlieferung des Cassius Dio zeigt, ist die allgemein angenommene erste Erwähnung des Alamannennamens im Zusammenhang des Germanenkrieges Caracallas 213 n. Chr. gar nicht gegeben. Der Originaltext des Cassius Dio liegt nicht vor; doch ist es offensichtlich, daß Dio die Gegner des Caracalla in antiquarischer Manier als Kelten, d. h. mit dem griechischen Sammelbegriff für die Nordbarbaren westlich der Skythen, bezeichnete (Cass. Dio 78 (77), 13, 3 = Ex. Val. 372 (p. 749); 14, 1 = Xiph. 332, 31–333, 18). Außerdem hat Dio konkrete Stammesnamen genannt (78 (77), 14, 1 Κέννοι). Die Textüberlieferung der Stelle 78 (77), 13, 4 (Z. 15 ed. U.P. Boissevain), mit der Exc. Val. 373 (p. 749) ein längeres Exzerpt zum Germanenkrieg einleitet, ist verderbt, ebenso in 78 (77), 13, 6 (= Exc. Val. 374, p. 749) und 78 (77), 15, 2 (= Exc. Val. 381, p. 750). Nur in 78 (77), 14, 2, jedoch in der Version des Petr. Patr. (Exc. Vat. 144), ist die Textgestalt Ἀλαμαννῶν eindeutig. In der Parallelüberlieferung Exc. Val. 377 (p. 749), cod. Peir. erscheint ἀλαμβαννῶν. Die beiden Versionen weichen in der Eingangsparaphrase deutlich voneinander ab; während Petr. Patr. einleitend nur auf den Alamannenkrieg hinweist, spricht Exc. Val. von den kriegsgefangenen Frauen der Chatten und „Alambannoi". Sollte für die Stellen von Exc. Val. die textimmanent nicht unbegründete Konjektur zu „Alamannoi" zutreffen, so sind auch sie nur das Zeugnis für die spätere Textgestaltung der Exzerpte, da die Nennungen in den paraphrasierenden Teilen erscheinen. Es ist bezeichnend, daß der Alamannenname bei dem von Dio abhängigen Herodian nicht erscheint. Die zeitgenössische Bezeichnung des Krieges als Germanenkrieg und die Benennung des Kaisers seit September 213 als *Germanicus maximus* sind einheitlich (vgl. D. Kienast, Römische Kaisertabelle, Darmstadt 1990, 162ff.). Die Nennungen der Gegner als Alamanni in HA Ant. 10, 6 und Aur. Vict. Caes. 21, 2 verwenden nur die spätere Terminologie für die aus dem Raum von Mittel- und Oberfranken bis Mitteldeutschland vorstoßenden Feinde mit suebisch-elbgermanischer Dominanz.

kollektiven Suebennamen[69]. Die Verteilung im Gebrauch der beiden Namen ist noch heute aussagekräftig. Zugleich bietet der Alamannenname ein schlagendes Beispiel für die Ausweitung einer so entwickelten ethnischen Fremdbenennung auf eine ganze Völkergruppe bzw. auf einen großen Teil Mitteleuropas.

Der Galatername als Benennung der neuen »barbarischen Horden«, deren Präsenz seit 280 v. Chr. im hellenistischen Osten des Mittelmeerraumes zu traumatischen Erlebnissen wie dem Tod des Makedonenkönigs und der ersten historischen

---

69 Die erste gesicherte Erwähnung findet sich in dem 289 n. Chr. in Trier gehaltenen Panegyricus für Maximian (Paneg. 10 (2), 5, 1; vgl. 11 (3), 17, 1.3 von 291 für Maximian), dessen Feldzüge gegen die Alamannen für die Panegyriker jedoch *in Germaniam* geführt wurden. Für einen Sieg über diese Gruppen wird der Siegername *Alamannicus maximus* anstelle der bisher gebräuchlichen Siegestitulatur *Germanicus maximus* erstmals von Constantius II. seit 323/332 und Constantin II. seit 328 getragen (vgl. Kienast a.a.O. 305, 311); Münztypen mit Alamannia bzw. *Alamannia devicta* erscheinen seit der Trierer Solidiprägung Constantins I. von vor 313 (RIC VII, 237a-c; *Alamannia devicta* erstmals für Crispus und Constantin II. 324/325, RIC VII 49-52, Sirmium). Gegenüber Cassius Dio ist die Erwähnung des Alamannennamens bei Asinius Quadratus, den Agathias zitiert (Hist. 1, 6, 3 = FGrHist 97 F 21 = Griechische und lateinische Quellen zur Frühgeschichte Mitteleuropas III, Berlin 1991, Nr. 72 mit p. 629; zu Quadratus PIR² A 1245; F. Jacoby, FGrHist II C, 300ff.), nur unpräzise mit einem Terminus post 225 innerhalb des 3. Jh. einzuordnen. Die Angabe bei Euag. h.e. 5, 24 (FGrHist 97 T 3) sagt nur, daß der Historiker Euseb den Zeitraum von Augustus bis zum Tode des Carus behandelte und daß über denselben Zeitraum Arrian und an ihn anschließend Asinius Quadratus berichteten. Der Titel *Parthiká* kann nicht weiter als Indiz dafür verwendet werden, daß das Werk nur bis zum Ende der Arsakidendynastie geführt habe, da der Siegerbeiname *Parthicus* bzw. *Parthicus maximus* noch unter Carus und seinen Söhnen erscheint (vgl. Kienast a.a.O. 254ff.; M. Peachin, Roman Imperial Titulature and Chronology. A.D. 235-284, Amsterdam 1990, bes. 99, 444ff.). F 9 aus B. 3 erwähnt offenbar den Pakoros des Veruskrieges; die zumindest 9 Bücher können die Kriege bis in gallienische Zeit (römischer Sieg von 264) erfaßt haben. Quadratus hat ferner eine „Tausendjährige Geschichte Roms" (bis in die Zeit des Severus Alexander) und entgegen Jacoby ein weiteres Geschichtswerk verfaßt, das komplementär zu den Kriegen im Osten die Germanenkriege behandelte (vgl. Agath. a.a.O.). Dort erfolgte die von Agathias zitierte Deutung des Alamannennamens, die hier sicher mit der ersten Erwähnung dieses Namens gegeben wurde; dies ist ein Beleg, wenn so überhaupt autentisch, eher für die Zeit nach Mitte des 3. Jh. Denn Springer a.a.O. 122ff. hat zu Recht darauf hingewisen, daß die bei Agathias vorliegende Formulierung offensichtlich kein Zitat, sondern eine Paraphrase der Charakterisierung der Alamannen darstellt und die abschließende Feststellung „und das bedeutet auch ihr Name" eher eine Ergänzung des Agathias ist, welche die polemische Deutung des Alamannennamens als Fremdbezeichnung durch ihre germanischen Gegner („ein zusammengespülter und vermischter Menschenhaufe") aufgreift (zum Namensspott auch Rübekeil a.a.O. 217f.).

Barbareninvasion nach Griechenland führte, ist also zugleich die Selbstbezeichnung des Kriegerverbandes wie die davon übernommene Fremdbezeichnung für diese Gruppen, die man in ihrem Auftreten als Kriegerhaufen, als Gegner, Symmachoi oder Söldner historisch erfuhr. Diese Fremdbezeichnung wurde nun zur neuen generalisierenden ethnischen Bezeichnung für die keltischen Nordbarbaren. Sie wurde im griechischen Sprachgebrauch zu einer mit dem Keltennamen synonymen Bezeichnung[70], wie wir dies früh in Kallimachos' Hymnus an Delos sehen, wo der Erfolg des Ptolemaios II. 275/4 über seine rebellierenden keltischen Söldner gefeiert wird[71]. Kall. in Del. 171–188 spricht zum einen von den Kelten (dem keltischen Ares), dem vom äußersten Westen gekommenen Barbaren, den spätgeborenen Titanen (V. 172–174) und zugleich von den Galatern, dem Geschlecht ohne Vernunft und Verstand (V. 184f.), wobei die Schilde und Schwertgürtel als spezifische Charakteristika mit der Nennung des Galaternamens assoziiert sind. Der Keltenname und die Bezeichnung Keltiké werden in der griechischen Literatur vor allem hinsichtlich der Geographie und Ethnographie Mitteleuropas sowie der Vorgänge in Italien und im Westen weiterhin gebraucht[72]. Die synonyme Verwendung der Begriffe Kelten und Galater zeigt sich besonders gut in Polybios' Ausführungen zu den Kelten in Norditalien, aber auch bei Pausanias[73]. Für die kleinasiatischen Keltenstämme wird der Galatername fast ausschließlich verwendet[74], sieht man von der lateinischen Bildung *Gallograeci* bzw. *Gallograecia,* auch als Lehnwort im Griechischen, und ihrer undifferenzierten Bezeichnung als *Galli* auf römischer Seite ab. Die neue zentralanatolische Landschaft, die sie durch die Errichtung ihrer Stammesstaaten aus den bisherigen Großlandschaften Phrygien, Paphlagonien und Kappadokien herauslösten, wird auf Dauer zur „Galatia" und damit durch dieses spezifische Ethnos definiert. Im römischen Bereich wurde das

---

70 Vgl. Niese a.a.O. 610f.; Brandis, RE VII 1, 1910, 534; Holder III, 1182f.

71 Vgl. Strobel, Keltensieg 78f.; u. S. 231f. Kallimachos' weitgehend verlorenes episches Gedicht „Galateia" (Fr. 378.379, vermutlich auch Fr. 621; ed. Pfeiffer) enthielt mit großer Wahrscheinlichkeit eine mythologische Umsetzung dieses Zeitgeschehens. In Fr. 379 ist der Zug des Brennos, der die Galater aus dem Westen zur Vernichtung der Griechen heranführt, unmittelbar genannt. Vgl. R. Pfeiffer, Callimachus, Oxford 1949, 304ff.; W.H. Mineur, Callimachus. Hymn to Delos, Leiden 1984, 10ff., 168ff.; G. Weber, Dichtung und höfische Gesellschaft. Die Rezeption von Zeitgeschichte am Hof der ersten drei Ptolemäer, Stuttgart 1993, 309f. mit Anm. 6; Strobel a.a.O. Anm. 75.

72 Vgl. TLG CDROM s.v.

73 Vgl. Pol. 2, 17ff.; Galatia bzw. Keltiké für die Gallia Cisalpina etwa Pol. 2, 22, 7; 7, 9, 6f. oder den Wechsel in Pol. 1, 6, 2–8. Charakteristisch auch die Verwendung beider Begriffe bei Paus. 10, 19ff. in der breiten Darstellung des Keltenzuges gegen Delphi, besonders deutlich in Paus. 10, 3, 4; 10, 15, 2.

74 Eine parallele Bezeichnung der nach Kleinasien hinübergegangenen Gruppen als Kelten wie Galater finden wir bei Paus. 10, 15, 2; Anth. Pal. 7, 492.

Ethnikon *Galli*, das schon seit dem 4. Jh. v. Chr. im Etruskischen belegt ist, zur völlig dominierenden ethnischen und geographischen Benennung[75]. Auch sie resultierte offenkundig aus der für die historische Erfahrung vorrangigen Konfrontation mit den nach Mittelitalien vorstoßenden keltischen Heereszügen, ihren Kriegerverbänden und ihrer Selbst- wie Fremdbenennung. Es ist kennzeichnend, daß Cassius Dio die Bezeichnung Galater als Äquivalent für das lateinische *Galli* ab dem 7. Buch verwendet, den Keltenbegriff aber erst ab Buch 38.

Es ist ein Chrakteristikum der griechischen und byzantinischen Historiographie, daß sie an älteren, antiquierten Völkernamen zur Bezeichnung immer neuer historischer Phänomene festgehalten hat[76]. Die Völker im Steppenraum nördlich des Schwarzen Meeres werden immer wieder als Skythen bezeichnet, so neben vielen anderen Gothen, Petschenegen und Kumanen[77]. Die Bezeichnung als *Keltoí* wird auch nach der seit Caesar geläufigen Unterscheidung von Kelten und Germanen weiterhin auf die Germanen jenseits von Rhein und Donau angewandt[78]. Repräsentativ dafür sind die Definitionen im Lexikon der Suda, wo der Keltenbegriff als Benennung der Germanen am Rhein erscheint, während die Gallier als Galater bezeichnet werden[79]. Besonders charakteristisch ist die Verwendung des Keltenbegriffs bei Anna Komnena in der Darstellung des Ersten Kreuzzuges, dessen Bild hier im Sinne des keltischen, nördlichen Barbaren der griechisch-hellenistischen Tradition mit der entsprechenden Topik und Wertung erscheint[80]. Was sich in der Zeichnung der Anna Komnena damals Konstantinopel näherte, war - wie 280/278 v. Chr.- ein Zug von barbarischen Völkerscharen aus dem fernsten Westen.

Ebenso problematisch ist es allerdings, wenn im modernen Sprachgebrauch der Begriff Gallier, insbesondere der französische Terminus *les Gaulois*, mit Kelten allgemein und auch mit den kleinasiatischen Galaterstämmen undifferenziert gleichgesetzt wird, da sich hier antiker Sprachgebrauch und zeitgenössische Be-

---

75 Vgl. Caes. b.G. 1, 1.

76 Vgl. zum byzantinischen Barbarenbegriff und zur Kategorie des Barbarischen K. Lechner, Hellenen und Barbaren im Weltbild der Byzantiner, Diss. München 1954; B. Zástěrová, in: J. Herrmann u. a. (Hg.), Griechenland, Byzanz, Europa, Berlin 1985, 16–19; zum byzantinischen Skythenbegriff ODByz III, 1991, 1857f.

77 Vgl. Anna Komnena, Alexias (ed. B. Leib), B. 7–8; vgl. auch ODByz I, 1991, 563. Vgl. zu ihr ODByz II, 1991, 1142f.; A. Buckler, Anna Comnena. A Study, Oxford 1929, bes. 225ff., 431ff.

78 Vgl. Liban. or. 59, 127; Ioh. Antioch. frg. 164.169 (FGH IV, p. 601.603). Vgl. auch H. Ditten, in: Herrmann a.a.O. 20–31, bes. 24–26.

79 Vgl. Suda I, p. 286; III, p. 93; IV, p. 351 (ed. Adler). Suda I, p. 99 s.v. Albanoi (gleich Al⟨m⟩anoi gleich Alamannoi bzw. Al⟨em⟩annoi; vgl. zur Verbesserung des Namens bei Prokop und Suda auch H. Ditten, StudBalc 10, Sofia 1975, 73–86) definiert die Alamannen wiederum als ein Volk der Galater gleich Gallier.

80 Vgl. Anna Komnena, Alexias 10, 5, 4ff.; 10, 6, 1ff.; 11, 6, 3; 14, 4, 3ff.; vgl. Buckler a.a.O., bes. 438ff., auch 456ff.; O. Jurewicz, in: Herrmann a.a.O. 50–60.

grifflichkeit sowie entsprechende moderne, nationale, kulturelle oder sprachwissenschaftliche Definitionen vermischen[81]. In der vor- und frühgeschichtlichen Forschung wird der Nachweis der Präsenz von Kelten oder Keltischem seit dem 5. Jh. v. Chr. fest mit einem spezifischen kulturellen Keltenbegriff verbunden. Es ist ein Keltenverständnis, das auf die archäologisch allein zu fassende Kultur und Zivilisation bezogen wird und das neben anderen W. Kimmig in der Formulierung verdichtet hat, der Latène-Stil sei „geradezu als nationaler keltischer Kunststil" zu bezeichnen, ja man könne im Zusammenhang der Latène-Kultur vom „Gefühl einer nationalen Gemeinschaft" sprechen[82]. Die Kultur der Flachgräberfriedhöfe der Phasen LtB-C wird nach dem Abschluß der historischen Wanderungen in ihrer relativ großen Einheitlichkeit im Sinne einer „nationalen" keltischen Zivilisation gedeutet[83]. Dabei wird die Ausbildung eines keltischen Volkskörpers mit der späten westlichen Hallstattkultur verbunden und hier ein »protokeltischer« Raum, ein „Kern- und Ursprungsland" angenommen, aus dem heraus das historische Keltentum zu seinen weitgespannten Wanderungen aufgebrochen sei[84]. Ethnische Expansion des Keltentums und Ausbreitung der westlichen Hallstatt- und der Latènekultur werden gleichgesetzt. Der sprachliche Keltenbegriff tritt hierbei zurück, doch ist diese auf einen kulturellen Keltenbegriff verengte Definition des Keltischen historisch nicht tragfähig. Es muß grundsätzlich die Frage gestellt werden, ob eine solche für die kleinasiatischen Galater angewendet werden kann. Die Frage einer ethnischen Identität oder der Konvergenzfaktoren eines ethnogenetischen Prozesses könnte in einem konventionellen Sinne mit der Zugehörigkeit zu einem übergeordneten ethnischen Ganzen beantwortet werden, das seine Repräsentanten in ihrer Eigenart per se vor Augen stelle. Doch selbst die Stabilität materieller Kultur beweist nicht die Konstanz der ethnischen Identität ihrer Träger. Das Bewußtsein, einer weitreichenden ethnischen Verwandtschaftsebene oder Stammesfamilie »der Kelten« anzugehören, darf keinesfalls vorausgesetzt werden, ebensowenig wie es etwa ein Germanentum im Sinne einer bewußten ethnischen Einheit gab. Volks- und stammesbildende Vorgänge tendieren - sieht man von den Fällen einer strikten sprachlich-sozialen Schichtentrennung ab, die aber in der Regel nur begrenzte Zeit aufrechtzuerhalten ist - ebenso wie die sekundäre Akkulturation breiter Bevölkerungsschichten zu sprachlichen Konvergenzprozessen, ins-

81 Vgl. auch die Rezension von A. Tovar, EtCelt 17, 1980, 275–277. Wenig befriedigend auch die archäologisch-kulturelle und soziale Definition des Keltenbegriffs bei M. Green, in: dies. (Hg.), The Celtic World, London–New York 1995, 1ff.; auch die weiteren Beiträge, die meist wenig über Bekanntes hinausgehen, verdeutlichen mehrfach das Problem eines adäquaten Keltenbegriffs.

82 W. Kimmig, in: Hommages à A. Grenier II, Brüssel 1962, 884–899, bes. 898f.

83 Vgl. ebd. 395. Ein Kuriosum von Pankeltismus und Kontinuitätspostulaten etwa H. Peake, The Bronze Age and the Celtic World, London 1922 (ND. New York 1969).

84 Vgl. ebd. 897f.; o. S. 25ff..

besondere zu sprachlicher Assimilation. Dies ist für die Abgrenzung einer Gruppe trotz kultureller Angleichung, für Fremd- und Selbsteinsätzung wie für die Bewahrung einer Eigenidentität gerade als Fremdgruppe in einem anderssprachlichen Milieu von wesentlicher Bedeutung[85]. Die keltische Sprache tritt uns im Falle der kleinasiatischen Galater als ein entscheidendes Moment für die Bewertung der Prozesse entgegen, die mit der Landnahme keltischer Gruppen in Zentralanatolien verbunden waren. Das Keltentum der drei kleinasiatischen Galaterstämme zeigt sich gerade im Gegensatz zu einem kulturellen Keltenbegriff primär als sprachliche, gegenüber der Umwelt kontrastive wie zugleich verbindende Kategorie[86]. Ihr kommt der innerhalb des Rahmens von Ethnogenese und Akkulturation wie der weiteren sozialen und kulturellen Entwicklung grundsätzliche Bedeutung zu.

3. Die Galater als sprachliche Einheit in Kleinasien

Strabon, der aus Amaseia stammte und diesbezüglich als hervorragend informiert gelten muß, betont in 12, 5, 1, C 566f., daß die drei Stämme, ἔθνη, der kleinasiatischen Galater, die Tolistobogier, Tektosagen und Trokmer, eine einheitliche Sprache gesprochen haben und sich auch in anderer Weise, also hinsichtlich Brauch und Einrichtungen, nicht voneinander unterschieden. Es ist unbestreitbar, daß er damit die Bevölkerung der Galatergebiete sprachlich von den anderen Teilen Kleinasiens trennt. Strabon folgt hier dem klassischen Schema der antiken Ethnographie, ein eigenständiges Ethnos durch Abstammung, Sprache, Sitten und Eigenart zu bestimmen[87].

Als eine von der breiteren Bevölkerung gesprochene Sprache ist das Galatische bis in das mittlere 6. Jh. n. Chr. belegt, in der Spätantike als eine Sprache neben dem damals schon allgemein verbreiteten Griechischen[88]. Die Existenz einer breiten

85 Vgl. Wenskus passim, bes. 87ff., 96ff.; o. Anm. 28; u. Anm. 86; allgemein zu dem komplexen Verhältnis von Sprache, Ethnizität und Volksidentität auch E. Ardiner (Hg.), Social Anthropology and Language, London u. a. 1971; H. Giles (Hg.), Language, Ethnicity and Intergroup Relations, Oxford - New York 1979; ders.- J. u. N. Coupland, Contexts of Accomodation, Cambridge - Paris 1991; J. Edwards, Language, Society, and Identity, Oxford u. a. 1985.

86 Vgl. Aug. civ. 16, 6, 32ff.

87 Vgl. auch E.C.L. Van Der Vliet, in: F. Prontera (Hg.), Strabone. Contributi allo studio della personalità e dell'opera, Perugia 1984, 27-86, bes. 38ff.; o. Anm. 28; K. Trüdinger, Studien zur Geschichte der griechisch-römischen Ethnographie, Diss. Basel 1918; A. Dihle, in: Grecs et Barbares, Vandoeuvres - Génève 1961, 205-239; A.A. Lund, Zum Germanenbild der Römer. Eine Einführung in die antike Ethnographie, Heidelberg 1990.

88 Vgl. u. Bd. II; zur keltischen Umgangssprache in Galatien allgemein Ramsay 153ff.; K. Holl, Hermes 43, 1908, 240-254; G. Neumann, in: ders.- J. Untermann, Die Sprachen im römischen Reich der Kaiserzeit, Köln - Bonn 1980, 167-185, bes. 177f.; Strobel 129f.; Mitchell I, 50f., auch 170ff.

Galatisch sprechenden Bevölkerung findet in 2. Jh. n. Chr. Belege bei Pausanias und Lukian von Samosata[89], ebenso in der auffallenden Aussparung der Galaterterritorien westlich des Halys aus dem Verbreitungsgebiet der Inschriften mit neuphrygischem Sprachgut[90]. Galen tadelt die Übernahme von galatischen Lehnworten wie von dialektalen Abweichungen des Griechischen, die sich in griechischen Texten finden, wie die Erwähnung in einer Reihe mit Athen zeigt, was sich auf den zeitgenössischen attischen Dialekt bezieht[91]. Schriftzeugnisse in galatischer Sprache liegen aus Galatien nicht vor, wo, wie nun die Befunde der Graffiti in Gordion zeigen, das Griechische auch im Milieu des Galaterortes die allgemeine Schriftsprache war und darin das Phrygische endgültig abgelöst hatte[92]. Inschriften setzen in Galatien, von der Grabinschrift des Deiotaros II. abgesehen[93], erst in römischer Zeit, primär im städtischen Milieu, ein. Keltisches Namensmaterial ist trotz der gerade im ländlichen Bereich geringen epigraphischen Dichte erkennbar und noch im 2. Jh. n. Chr. respektive bis zur Constitutio Antoniniana belegt[94].

Im späten 4. Jh. dokumentiert der schon erwähnte Brief des Gregor von Nyssa die Präsenz der zeitgenössischen galatischen Onomastik und die lebendige Tradition des Galatischen als einheimische Umgangssprache[95]; dieses Zeugnis tritt damit zu der bekannten Aussage des Hieronymus in seinem Kommentar zum paulinischen Galaterbrief[96]. Hier spricht Hieronymus im Zusammenhang mit dem Sektenwesen in Ankyra und seiner Umgebung von dem keltischen Dialekt, der neben dem Griechischen gesprochen werde und der im Raume von Trier gesprochenen Sprache gleiche, der nur durch die Zeit etwas verändert sei[97]: *Galatas excepto sermone Graeco, quo omnis Oriens loquitur, propriam linguam eamdem paene habere quam Treviros.* Diese aktuellen *vestigia antiquae stultitiae* der galatischen Barbaren runden sein polemisches Urteil über die zeitgenössischen häretischen

89 Paus. 10, 36, 1; Lukian. Alex. 51.

90 Vgl. Mitchell I, 174; C. Brixhe, CRAI 1993, 323–344; ders., in: F. Bader (Hg.), Langues indoeuropéennes, Paris 1994, 165–178; u. Bd. II; zu Phrygisch selbst Brixhe a.a.O.; auch F. Prayon - A.-M. Wuttke, Kleinasien vom 12.- 6. Jh. v. Chr., TAVO-Beih. B 82, Wiesbaden 1994, 63ff.

91 Galen. VIII, p. 584ff., bes. 585 ed. Kühn.

92 Vgl. u. Bd. II.

93 RECAM II 188.

94 Vgl. u. Bd. II.

95 Ep. 20, 1; vgl. bereits o. S. 121f.

96 Vgl. bereits o. S. 121.

97 Hier. comm in ep. ad Galat. 2, 3 (Migne, PL 26, 353ff.), 429–430 (ebd. 356f.); vgl. Holl a.a.O.; Neumann a.a.O.; J. Sofer, WS 55, 1937, 148–158; Müller (o. Anm. 22) 68–74, dessen Annahme, daß diese Information aus Lactanz übernommen sei, keineswegs zwingend ist. Bei Hieronymus liegt vielmehr eigene Anschauung vor; vgl. H. Heinen, Trier und das Trevererland in römischer Zeit, Trier 1985, 20, 343, ebd. zu Hieronymus' Aufenthalt in Trier.

Galater ab. Es bleibt als Aussage festzuhalten, daß im 4. Jh. selbst in und um die Metropolis Ankyra der gallische Dialekt des Galatischen noch verbreitet war. Die Feststellung, die er nach eigenem Wissen im Sprachenvergleich vorlegt, wird durch die sprachwissenschaftliche Analyse der galatischen Trümmersprache bestätigt. Der späteste ausdrückliche Beleg für das Galatische als lebende Umgangssprache stammt aus der Mitte des 6. Jh., wo die Geschichte der Wunderheilung eines Mönches Galatisch als dessen alleinige Muttersprache belegt[98].

Das Material, das heute von der keltischen Sprache vorliegt, welche die kleinasiatischen Galater gesprochen haben, stellt diese als eine Trümmersprache dar, deren Reste von Personen-, Stammes-, Orts- und Götternamen sowie von isoliert überlieferten Begriffen und Worten gebildet werden[99]. Die sprachwissenschaftliche Analyse erweist diese Sprache eindeutig als Keltisch, genauer als Gallisch bzw. einen gallischen, vielleicht ostgallischen Dialekt. Es scheint ein in seiner sprachwissenschaftlichen Stellung eher marginaler gallischer Dialekt zu sein, der sich hinsichtlich der Sprachentwicklung verhältnismäßig früh aus dem festlandskeltischen Gallisch mit seinen relativ schwachen Dialektunterschieden ausgegliedert hat. Wir können das Galatische somit als eine keltische Marginalsprache zweiten Grades bezeichnen, die eine Reihe archaischer Termini und Elemente bewahrt hatte. Schwer zu beurteilen ist der Einfluß griechischer und kleinasiatischer, besonders phrygischer Adstrate im Galatischen selbst. Griechische und makedonische Personennamen, so der dynastische makedonische Name Amyntas, sind neben der keltischen Onomastik für die Schicht des Tetrarchenadels seit dem 2. v. Chr. mehrfach nachzuweisen, wobei sich in den Familien ein charakteristisches Abwech-

---

98 Kyrillos von Skythopolis, V. Euthymii 55 (ed. E. Schwartz, Kyrillos von Skythopolis, 1939, p. 77; auch Migne, PG 114, 721); vgl. A.H.M. Jones, The Later Roman Empire 284–602, Oxford [2]1973, 993; Mitchell I, 50 mit Anm. 87; auch Schwartz a.a.O. 410ff.

99 Vgl. jetzt Schmidt (o. Anm. 61) 15–28, bes. 27; dazu die Richtigstellung für *bennios*, ein weit verbreitetes phrygisches Adjektiv, bei C. Brixhe, REG 108, 1995, 539 Nr. 587; vgl. BE 1991, 559; 1995, 479; zu der in Nordwestphrygien gut bezeugten phrygischen Gottheit des Zeus Bennios T. Drew-Bear - Chr. Naour, ANRW II 18, 3, 1990, 1952–1991. Grundlegend L. Weisgerber, in: Natalicium J. Geffcken, Heidelberg 1931, 151–175; dazu auch L. Dottin, La langue gauloise. Grammaire, textes et glossaire, Paris 1920 (ND. 1985), 25; weiter W. Dressler, in: Beiträge zur Indogermanistik und Keltologie. Festschrift J. Pokorny, Innsbruck 1967, 147–154; ders., Die Sprache 13,1, 1967, 67; dazu Schmidt, IF 75, 1970, 276–280, bes. 277f.; L. Fleuriot, BCH 94, 1970, 667f.; J. Strubbe, BFN 13, 1978, 361–381; ders., Talanta 10–11, 1978–79, 112–145; O. Masson, EtCelt 19, 1982, 129–135; ders., EpAnat 7, 1986, 2–4; Mitchell I, 50f., 55, auch 170ff.; ders., ANRW II 7,2, 1980, 1058f. Stähelin 109–120 gab eine Zusammenstellung der galatischen Personennamen, wobei er aber sprachwissenschaftlich und historisch unterschiedliche Kategorien erfaßte: Namen mit keltischer Prägung, Namen von Personen, die als Galater belegt oder zu erschließen sind, Personen, die mit Galatern verwandt sind. Ergänzungen und Korrekturen in der genannten Literatur sowie im Personen- und Ortsnamenregister von RECAM II.

seln zwischen keltischem und griechisch-makedonischem Namensgut zeigt[100]. Die keltische Namenstradition dieser Schicht ist bis ins 1. Jh. n. Chr. eindruckvoll zu verfolgen, ehe hier die römische Bürgerrechtsverleihung zu einem charakteristischen Wandel führt, wie wir ihn auch von der Führungsschicht anderer keltischer Gebiete kennen. Auch die Übernahme des paphlagonischen dynastischen Namens Pylaimenes ist bezeugt. Phrygisch-anatolisches Namensgut blieb in Galatien in seiner Tradition ungebrochen, wie auch die Graffiti in Gordion zeigen, und strahlte offensichtlich bereits in der 2. Hälfte des 2. Jh. v. Chr. auf die galatische Oberschicht aus, was durch den Frauennamen Kamma dokumentiert ist, den die Witwe des Tetrarchen Sinatos, des Rivalen des Sinorix, trägt, welche die Ermordung ihres Gatten bei der erzwungenen Hochzeit mit dem mächtigen Sinorix in heroischer Weise rächte[101]. Ein keltischer Ursprung ist für diesen Namen auszuschließen[102].

4. Der sprachwissenschaftliche Keltenbegriff

Für die Definition von Kelten möchte ich nicht zuletzt auf Grund des Beispiels der Galater den sprachwissenschaftlichen Keltenbegriff in den Vordergrund stellen. Dieser beseitigt grundsätzliche Probleme für das Verständnis von Präsenz wie Verbreitung ethnischer keltischer Gruppen wie auch des Begriffs der Keltisierung selbst, die sich aus der Gleichsetzung von Keltentum und kulturellem Keltenbegriff, aus der direkten Bindung an das Phänomen der Latènekultur bzw. deren Verbreitung ergeben. Sprachwissenschaftlich definiert sich die keltische Sprachenfamilie als diejenige Gruppe von Sprachen, die sich durch eine Reihe gemeinsamer Züge und durch ein Bündel charakteristischer Neuerungen von den übrigen indoeuropäischen Sprachen abheben[103]. Innerhalb der voreinzelsprachlichen Ebene des Indoeuropäischen, deren erschließbare Formen bereits unterschiedlichen zeitlichen Schichtungen angehören, kann als Basis ihrer Entwicklung die Existenz einer Dialektgruppe erschlossen werden, das sogen. Proto-Keltische, dessen Geschichte man in den Beziehungen zu anderen protosprachlichen Dialektgruppen

---

100 Vgl. zur differenzierten Entwickung der Namensmilieus u. Bd. II; ebd. zu den Graffiti aus Gordion.

101 Plut. mul. virt. 20; amator. 22 (mor. 257 E-258 C; 768 B-E); Polyain. 8, 39; Sinorix ist der Vater des Deiotaros I.; vgl. u. Bd. II.

102 Vgl. Schmidt a.a.O. 27.

103 Vgl. K.H. Schmidt a.a.O. 1994, 19ff.; ders., ZCP 41, 1986, 159–179; 45, 1992, 38–65; ders., Die festlandskeltischen Sprachen, Innsbruck 1977; ders., Proceedings of the Seventh International Congress of Celtic Studies, Oxford 1986, 199–221; ders., ZVS 100, 1987, 109–134; ders., in: Proceedings of the First North American Congress of Celtic Studies, Ottawa 1988, 231–248; ders., in: Studia indogermanica et paleohispanica in honorem E. Tovar et L. Michelena, Vittoria - Gasteiz 1990, 255–267; ders., BBCS 38, 1991, 1–19; ders., Germa-

zu rekonstruieren sucht. Das Proto-Keltische, das sich durch gemeinsame phonetische Innovationen, Isoglossen und eine offenbar spezifische Begrifflichkeit unter Bewahrung stark archaischer Züge der indoeuropäischen Grundsprache fassen läßt, kann als eine Gemeinschaft von Dialekten verstanden werden, die alle das gemeinsame Stadium eines wechselseitigen Nahverhältnisses durchlaufen haben, das die Entfaltung eines charakteristischen Schatzes von Gemeinsamkeiten unter wechselnden Einflüssen anderer sprachlicher Nachbarverhältnisse ermöglichte, ehe die Ausgliederung von Einzelsprachen einsetzte. Sprachgeschichtlich zeigen sich grammatikalische Innovationen, die das Keltische mit den indo-iranischen Sprachen teilt, was darauf hinweist, daß sich das Proto-Keltische im Kontakt mit der balkanischen wie osteuropäischen Einflußzone der indo-iranischen Sprachgruppe, d. h. wohl im östlichen bzw. südöstlichen Teil des frühen alteuropäischen Sprachhorizonts Zentraleuropas, entwickelte[104]. Die sprachliche Keltisierung stellt sich als die Entwicklung eines wesentlichen Sektors des alteuropäischen Sprachhorizonts[105] zu einer eigenständigen, sich ausdifferenzierenden Sprachgruppe dar,

---

nia 69, 1991, 425–429; ders., JIES 20, 1992, 145–178; ders., in: A.T.E. Matonis - D.F. Melia, Celtic Language, Celtic Culture: A Festschrift for Eric P. Hamp, Van Nuys, Cal. 1990, 16–25; P. de Bernardo-Stempel, ebd. 26–46; dies., Die Vertretung der indogermanischen liquiden und nasalen Sonanten im Keltischen, Innsbruck 1987; R.W. Elsie, The Position of Brittonic, Diss. Bonn 1979; dies., Ollodagos 1, 1990, 279–321; W. Morgenroth, in: Die Germanen I, Berlin ^{4}1983, 106ff.; L. Fleuriot, in: Proceedings ... 1988, 223–230; L. Bednarczuk ebd. 175–189; J.T. Koch, in: G. Le Menn (Hg.), Bretagne et pays celtiques. Mél. L. Fleuriot, Rennes 1992, 471–495; O. Macaulay (Hg.), The Celtic Languages, Cambridge 1992, bes. ders. ebd. 1–8 (unrichtig allerdings a.a.O. 5 „Galatian", wenn auch mit Fragezeichen, als eigenen Zweig der keltischen Sprachfamilie bezeichnend); auch J. De Hoz, EtCelt 29, 1992, 223–240 (problematisch 232ff.). Abgelehnt wird die Rekonstruktion einer keltischen Grundsprache von D. Ellis Evans, Proceedings of the Sixth International Congress of Celtic Studies, Dublin 1983, 19–54, bes. 25ff., der die Bedeutung des Verlustes von anlautenden ide. *p- als nicht typisch für die proto-keltische Stufe zu erweisen sucht, da sich dieses im iberischen Raum nachweisen läßt; dies ist jedoch eher mit der lusitanischen Dialektgruppe zu verbinden, zumal die Bewahrung bestimmter älterer Namenselemente nicht ausgeschlossen ist; nicht überzeugend gegen eine Hervorhebung des Lautwandels von *m/n* im Wortinneren zu *am/an* bzw. zu *em/en* bzw. *i* mit Nasal ebd. 29ff.

104 Vgl. Schmidt a.a.O. 1991; 1992; 1994, 21; Elsie a.a.O. 1990; G. Neumann, Phrygisch und Griechisch, SB Wien, Phil.-hist. Kl. 499, Wien 1988; o. S. 50ff.

105 Vgl. zu dem hierfür grundlegenden Befund der Gewässernamen zusammenfassend J. Udolph, RGA^{2} 9, 1995, 276–284, bes. 279ff. Die voreinzelsprachliche Schicht zeigt die enge Beziehung zwischen diesem alteuropäischen Sprachhorizont und der ide. Gemeinsprache. Keltische Flußnamen sind im Gegensatz zu Ortsnamen in Süd- und Westdeutschland selten, was auf die breite Besiedlungskontinuität seit der voreinzelsprachlichen Phase hinweist.

die bereits in der 2. Hälfte des 2. Jt. v. Chr. unter Einschluß Irlands und wesentlicher Teile Britanniens etabliert und ihrerseits sprachgeschichtlicher Differenzierung unterworfen gewesen sein muß.

Die historisch belegten keltischen Sprachen werden im allgemeinen in zwei Gruppen getrennt, in die Inselkeltische oder Goidelischen Sprachgruppe, die von den verschiedenen Entwicklungsstufen des Irischen sowie von Gaelisch (Schottisch) und Manx repräsentiert wird, und in die Sprachgruppe des Festlandskeltischen, des Gallischen und des Britannischen (Brythonischen), letzteres von Walisisch, Cornisch und Bretonisch vertreten. Dieses traditionelle Schema hat sich durch die Erschließung des Keltiberischen oder Hispano-Keltischen und des Padana-Keltischen oder sogen. Lepontischen als eigenständigen Sprachzweigen des Keltischen erweitert. Goidelisch, Keltiberisch und Lepontisch erweisen sich als früh ausgeliederte Sprachen mit starken archaischen Zügen, neben die ein sich später ausdifferenzierender sogen. zentralkeltischer Dialekthorizont tritt.

Aus dem Dialektbündel, aus dem sich das Keltische entwickelte, hat sich offenbar früh das Lusitanische ausgegliedert, welches das anlautende ide. *p- noch bewahrt hatte und das als ein dem Keltiberischen vorausgehender indoeuropäischer Sprachhorizont in Teilen der Iberischen Halbinsel nachzuweisen ist[106]. In einer ersten Stufe der Sprachentwicklung des keltischen Sprachzweigs vollzog sich eine Reihe charakteristischer Innovationen, wobei für anlautendes *p- und zwischenvokalisches */p/ ein Verlust bzw. Wandel eintrat. Der Wandel von ide. m̥ bzw. n̥ erfolgte bereits im Frühgoidelischen[107] und im nichtgoidelischen Teil der Dialektfamilie unterschiedlich. Die Ausgliederung des in vielem eigenständigen goidelischen Zweiges, der gegenüber dem Gallisch-Britannischen eine Reihe archaischer morphologischer Merkmale bewahrt, muß früh, d. h. schon vor etwa Mitte des 2. Jt. v. Chr. erfolgt sein; sehr früh ist entsprechend auch die Keltisierung Irlands anzuset-

---

106 Vgl. Evans a.a.O. 1983, 27f.; Schmidt a.a.O. 1992, 51f., der Lusitanisch von Keltisch trennt; vgl. auch ders., in: Actas del III Coloquio sobre lenguas y culturas paleohispánicas, Salamanca 1985, 319–341; J. Gorrochategui, in: ebd. IV, Vitoria 1987, 77–91; dagegen zusammenfassend J. Untermann, ebd. 57–76; A.L. Prosdocimi, IF 94, 1989, 190–206. Prosdocimi betont treffend, daß innerhalb des Dialektbündels die Frage nach den Graden der Keltizität zu stellen ist.

107 Vgl. zur sprachgeschichtlichen Gliederung des Irischen K.H. Schmidt, in: H.C.L. Tristram (Hg.), Deutsche, Kelten und Iren. 150 Jahre Deutsche Keltologie. Festschrift G. Mac Eoin, Hamburg 1990, 71–86; P. de Bernardo-Stempel ebd. 87–113; dies. (o. Anm. 103) 1990; D. McManus, Ériu 30, 1979, 1–34; 34, 1983, 21–71; 37, 1986, 1–31; C. Ó. Dochartaigh, in: Macaulay (o. Anm. 103), 11–99; J. Carney, Éigse 17, 1977–1979, 417–435: A.J.R. Harvey, CMCS 14, 1987, 1–5. Das literarische Altirisch unterlag im 5.–7. Jh. den Einflüssen der Christianisierung; ihm ging das archaische Irisch der Ogam-Inschriften voraus. Die sprach- und kulturgeschichtliche Entwicklung des Inselkeltischen ist von grundsätzlicher Bedeutung für die Auswertung der altirischen Tradition in einer vergleichenden Fragestellung.

zen[108]. Charakteristisch ist der Befund der Gewässernamen in Irland, die in großer Einheitlichkeit fast völlig dem Inselkeltischen angehören und sonst nur einige voreinzelsprachliche und späte angelsächsische Elemente zeigen. Es ist im übrigen bezeichnend, daß Irland und seine Bevölkerung weder in der Antike noch in der Spätantike mit dem Kelten- oder Gallierbegriff bezeichnet wurden. Die engen Kontakte zu Britannien wie zum gallischen Festland, die auch während der Hallstattzeit bestanden, haben zu einer Übernahme der Latène-Formenwelt und zur Entwicklung eines spezifischen Latènestils in Irland geführt, ohne daß dies mit der Ankunft fremder Bevölkerungsgruppen in einem größeren Umfange zu verbinden wäre[109].

Während der archaischen Phase des nicht-goidelischen Zweiges der keltischen Dialektfamilie, in der ide. $*k^w$ bzw. $*\hat{k}^w$ noch als $k\underset{\frown}{u}$ erhalten war, muß die Ausgliederung des Keltiberischen erfolgt sein, die den Wandel dieses Lautes zu /p/ nicht mehr mitvollzog, den das Lepontische wie die Dialektfamilien des Gallischen und Britannischen aufweisen, wobei die Ausgliederung des Lepontischen nicht später als das 14./13. Jh. v. Chr. angesetzt werden kann. Zu dieser archaischen Phase gehört auch das archaische Gallisch, dessen Sprachgut vor allem in Namen zu fassen ist[110]. Das heute nur als Trümmersprache vorliegende Gallisch hatte als

---

108 Für eine frühe Keltisierung Irlands vgl. auch Schmidt a.a.O. 1992, 45ff.; C. Hawkes, in: Skomal - Polomé (o. S. 46 Anm. 122) 203–215, bes. 212; P. Harbison, Pre-Christian Ireland, London 1988, bes. 133ff., 168; B. Raftery, Celts 555ff. (problematisch der gesuchte Bezug zu einer keltischen Kultur, die durch die Einführung der Eisenverarbeitung definiert wird). Der Versuch etwa bei D. Greene, in: Proceedings of the Sixth International Congress of Celtic Studies, Dublin 1983, 131–137, kann nicht überzeugen, die sprachgeschichtliche Trennung von Britannisch und Irisch erst nach der Kolonisierung der Inseln und diese wiederum ab dem 5. Jh. v. Chr. anzusetzen. Nicht überzeugend auch St. Piggott ebd. 138–148 (ethnische Übertragung nach Irland, wenn überhaupt, zwischen dem 7. und 1. Jh. v. Chr.); auch H. Wagner, ZCP 42, 1987, 1–40 (mit Referierung der weiteren Thesen) konnte die Hypothese einer späten Einwanderung einer sprachlich einheitlichen Keltengruppe Mitte des 1. Jt. und einer sprachlichen Teilung erst auf den Inseln nicht stützen. Zur Entwicklung der Bretagne und der westfranzösischen Atlantikküste, wo sich eine eigene kulturelle Tradition gegen Urnenfelder- und Hallstattkultur behauptete und wo ebenfalls mit einer frühen Keltisierung in einem differenzierten Prozeß zu rechnen ist, vgl. die Beiträge in: Bretagne. Au temps des Celtes. V^e^-Ier siecle avant J.-C., Daoulas 1986, bes. C.-T. Le Roux 10f.; J. Briard - P.R. Giot - R. Fleuriot 14–19; Le Menn (o. Anm. 103); auch P.-R. Giot u. a., Protohistoire de la Bretagne, Rennes 1979.

109 Vgl. B. Raftery, La Tène in Ireland. Problems of Origin and Chronology, Marburg 1984, bes. 7ff., 312ff. (mit weiterer Literatur); ders., Celts 556ff.; ebd. 610ff.; Harbison a.a.O. 155ff.

110 So der Name des 9. gallischen Monats *equos* (aus *ekuos; vgl. lat. *equus*; vgl. P.-M. Duval - G. Pinault, RIG III, Paris 1986, bes. 268), der Volksname der Sequani oder der Flußname Sequana (Seine).

Dialektfamilie offenbar nur innerhalb eines relativ begrenzten Rahmens Variationen aufgewiesen. Das Galatische bewegt sich ganz in dieser Bandbreite.

Historisch sind die zur keltischen Sprachenfamilien zählenden Bevölkerungsgruppen in der 1. Hälfte des 1. Jt. v. Chr. offenkundig bereits über einen weiten Raum Nordwest-, Mittel- und Zentraleuropas unter Einschluß von Teilen der Iberischen Halbinsel und Norditaliens ansässig gewesen. Der Nachweis der keltischen Sprache für die ältereisenzeitliche Bevölkerung des westlichen bzw. nordwestlichen Oberitalien[111] hat zusammen mit der Entschlüsselung des Keltiberischen das gesamte traditionelle Bild für die Ausbreitung der Kelten nach Süden und Westen, ja für die Entwicklung des Keltischen insgesamt, zu Fall gebracht[112]. Die Schriftzeugnisse setzen Ende des 7. Jh. ein und setzen sich im insubrischen Raum bis um die Wende zum 1. Jh. v. Chr. fort. Das sogen. Lepontische erweist sich als ein früh ausgeliederter, eigenständiger Zweig der keltischen Sprachen; seine Träger sind in der Bevölkerung der norditalischen Golasecca-Kultur des 8.–5. Jh. in Teilen Piemonts, im Tessin und in der Lombardei zu fassen; ihre kontinuierliche Entwicklung kann seit dem 13. Jh. in den spätbronzezeitlichen Proto-Golasecca-Horizonten verfolgt werden und ist mit dem Einsiedeln von Gruppen aus dem Raum nördlich oder nordwestlich des Alpenkammes zu verbinden[113]. Diese Bevöl-

111 Vgl. M. Lejeune, Lepontica, Paris 1971; ders., RIG II 1. Textes gallo-etrusques. Textes gallo-latins, Paris 1988, bes. 4ff.; A.L. Prosdocimi, ZCP 41, 1986, 225–250; ders., Celti ed Etruschi 561–581; ders., in: Atti del II Convegno Archeologico Regionale, Como 1987, 67–92; ders., StudEtr 57, 1991, 139–177.475–479; ders.- P. Solinas, Celts 51–59; R. De Marinis - F. Motta, Sibrium 21, 1990/91, 201–225; F.M. Gambari ebd. 227–237; auch ders.- G. Colonna, StudEtr 54, 1986, 119–164; M.G. Tibiletti Bruno, in: Popoli e Civiltà dell'Italia Antica VI, Rom 1978, 129–208; dies., in: A.L. Prosdocimi (Hg.), Lingue e dialetti dell'Italia antica, Rom 1978, 130–208; dies., RAComo 171, 1989, 77–118. Entgegen verschiedenen Annahmen (so Lejeune a.a.O. 1988 mit dem Versuch, stärker an der literarischen Überlieferung festzuhalten) ist nicht davon auszugehen, daß die Padana-Kelten seit Beginn des 4. Jh. überlagert worden wären; die Insubrer sind als Bevölkerungsgruppe stabil geblieben (vgl. Prosdocimi a.a.O.). Das Stammeskönigtum, das für die historischen Insubrer belegt ist, erscheint im 5. Jh. als Institution „Herrscher, Anführer des Volkes" (*takos* bzw. *takos toutas*) in den lepontischen Formeln, also mit der Akzentuierung der militärischen Führerschaft und getrennt von der ide. Wortfamilie eines sakralen Königtums (vgl. RIG II 1, p. 23f.; auch Gambari a.a.O. 1990/91, 232).

112 Vgl. A. Tovar, EtCelt 17, 1980, 275–277.

113 Vgl. L. Pauli, Studien zur Golasecca-Kultur, Heidelberg 1971; dazu H. Polenz, PZ 51, 1976, 207–215; W. Stöckli, Germania 52, 1974, 193–198; A. Lang ebd. 53, 1975, 64–78; Pauli, in: Gli Etruschi a nord del Po, Mantua 1986, 18–30; ders., in: L. Aigner-Foresti, Etrusker nördlich von Etrurien, Wien 1992, 179–196 (mit ausführlichem Literaturverzeichnis); R. De Marinis, Celts 93–102; ders., Sibrium 21, 1990/91, 157–200; ferner ders., in: Atti del I Convegno Archeologico Regionale, Mailand 1980, 173–204; ders., Studi Archeologici 1, Bergamo 1981, 43–100; ders., in: Italia omnium terrarum alumna, Mailand 1988, 159–259;

kerungsgruppe von den Alpentälern der Südschweiz bis zum Po bildet nach der instabilen Phase, welche die Abfolge des Eindringens von latènegeprägten Wanderverbänden in Oberitalien, darunter die Landnahme der Cenomani im östlichen Teil der Lombardei, auslöste, die historisch bekannten Keltenstämme der westlichen Padana. Der dominierende Stammesverband waren die Insubrer mit dem Zentrum Mediolanum. Die Keltisierung dieser bedeutenden Teile Norditaliens muß somit in die Spätbronzezeit des 13. Jh. zurückverlegt werden[114]. Die Vermutungen einer Einwanderung oder Überschichtung erst Ende des 7. bzw. Anfang des 6. Jh. im Sinne des Eindringens eines hallstattzeitlichen Keltentums, die sich letztlich auf die fiktive Synchronisierung in Liv. 5, 34 stützen, bleiben unbegründet. Damit können die Schemata, welche die antike Überlieferung für die Einwanderung der Kelten nach Italien gibt, so insbesondere das diffuse Konstrukt im 5. Buch des Livius, nicht mehr als Grundlage für die Rekonstruktion oder Bewertung der Keltisierung Norditaliens dienen[115]. Die Analyse der Siedlungsentwicklung der Padana-Kelten, die in intensiven Kontakten zu Etruskern wie den keltischen Räumen im Norden respektive Westen des Alpenkammes standen und etruskische Vorbilder perfekt kopierten oder eigenständig weiterentwickelten, ist derzeit noch von einem insbesondere für die Zeit des 4.–3. Jh. bruchstückhaften archäologischen Forschungsstand gekennzeichnet.

Das Keltiberische ist durch eine Reihe von Inschriftenfunde in seiner Stellung innerhalb des Keltischen erschlossen worden[116]. Damit verbindet sich die Frage

---

ders., in: Lombardia tra protostoria e romanità, Como 1986, 93–173; Prosdocimi ebd. 67–92; C. Piovan, RAComo 174, 1992, 25–42; O.H. Frey, ebd. 171, 1989, 5–26; G. Vannacci Lunazzi ebd. 169, 1987, 5–36; die Beiträge in: Como fra Etruschi e Celti, Como 1986; zur Frage der historischen Stämme P. Piana Agostinetti, Scienze del Antichità 2, 1988, 137–218; E. Arslan, EtCelt 28, 1990, 71–97; D. Vitali, Celts 220.

114 Der zwischen dem Scamozzina-Monza-Horizont der ausgehenden mittleren Bronzezeit und dem Canegrate-Horizont stehende Urnenfriedhof von Gambolò (L. Simone, Sibrium 21, 1990/91, 89–147, bes. 126ff.) zeigt einen Zustrom nordalpiner Elemente und eine Verdichtung der Bevölkerung, woraus sich der Canegrate-Horizont der frühen Proto-Golasecca-Kultur entwickelte.

115 So etwa noch G. Dobesch, in: Aigner-Foresti a.a.O. 161–178.

116 Vgl. zusammenfassend A. Almagro-Gorbea, Les Celtas en el valle medio del Ebro, Saragossa 1989; ders., Celts 389–405; ders., Polis 4, 1992, 5–31; ders.- A.J. Lorrio, EtCelt 28, 1991, 33–46; K. H. Schmidt, IF 97, 1992, 236–241; A. Tovar, in: K.H. Schmidt - R. Ködderitzsch (Hg.), Geschichte und Kultur der Kelten, Heidelberg 1986, 68–109; J. De Hoz, in: Proceedings … 1988 (o. Anm. 103) 191–207; ders., ZCP 45, 1992, 1–37 (problematisch 12ff.); J. Gorrochategui, in: Studia indogermanica (o. Anm. 103) 291–312; J. Untermann ebd. 351–374; ders.- F. Villar (Hg.), Lengua y cultura en la Hispania preromana, Salamanca 1993, bes. D.E. Evans 563–608; F. Motta 697–718; F. Villar 773–811; die Beiträge in: I Simposium sobre los Celtíberos, Zaragoza 1987; Necrópolis celtibéricas. II simposio

nach dem Zeitpunkt einer Keltisierung[117] von Teilen der Iberischen Halbinsel, die stets mit bestimmten Kulturgruppen verbunden wird[118]. Die vielfach geäußerte Vermutung, die Einwanderung der Kelten sei mit der katalanischen Urnenfelderkultur zu verbinden, in deren Verbreitungsgebiet sich aber gerade (ost)iberische Sprachdenkmäler finden, ist überholt, ebenso die These einer keltischen Invasion oder massiven Einwanderung während der Hallstattzeit[119]. Auch geht dem Keltiberischen im Inneren der Halbinsel, im Westen und Nordwesten ein älterer indoeuropäischer Horizont im Namensmaterial voraus, der mit dem späteren lusitanischen Sprachkomplex zu verbinden ist. Bei der Rekonstruktion der Völkerschaften der Iberischen Halbinsel stellt sich das Problem, daß im 2. und 1. Jh. v. Chr. große Umwälzungen ihren mittleren und nördlichen Teil erfaßten, die auf die ausgreifende römische Eroberung und einen seit dem 4. Jh. im Westen und Nordwesten zunehmenden Einfluß der Keltiberer zurückzuführen sind; dies erschwert mögliche Rückschlüsse[120]. Die Kernzone der eigentlichen Keltiberer wird durch das Verbreitungsgebiet der keltiberischen Inschriften gekennzeichnet, das die unterschiedlichen archäologischen Kulturgruppen der Meseta und des Ebro-Tals überspannt. Im 4. Jh. hatten sich keltiberische Gruppen in südwestlicher Richtung bis in die spanische Estremadura und das südliche Zentralportugal ausgebreitet. Von den Keltiberern wurden im mittleren 4. Jh. Latène-Schwerttypen übernommen und weiterentwickelt[121]. Das Fundgut der Latènekultur aus dem

---

sobre los Celtíberos, Zaragoza 1990; Los Celtas en la Peninsula Ibérica, Madrid 1991; M. Almagro-Gorbea - G. Ruiz Zapatero (Hg.), Los Celtas. Hispania y Europa, Madrid 1993.

117 Zum Problem der teilweise diffusen Verwendung des Keltenbegriffs für Fundensemble nichtmediterranen Charakters in der spanischen Archäologie vgl. Ph. Kalb, MDAI(M) 31, 1990, 338–347.

118 Vgl. auch M. Almagro-Gorbea, in: Actas del I congresso de Historia de Palencia, Palencia 1987, 313–344; ders.- A.J. Lorreo, in: I simposium a.a.O. 105–122; P. Hernandez u. a., Excavations en el castro de Villasviejas del Tamuja (Botija, Cáceres), Mérida 1989; zur Entwicklung der keltiberischen Panoplie A.J. Lorreo, MDAI(M) 35, 1994, 212–257; zum Westen der Iberischen Halbinsel die Literatur bei T. Júdice Gamito, EtCelt 28, 1991, 173–194 (nicht begründet die These, Kelten wären bereits im 7./6. Jh. v. Chr. in Südportugal anzutreffen).

119 Die früheisenzeitlichen Wagengräber der Iberischen Halbinsel gehen direkt auf ostmediterranen Einfluß zurück; reiche Tumulusgräber mit Waffenbeigaben finden sich in der südfranzösisch-katalanischen Urnenfelderkultur, reiche Waffengräber seit dem 6. Jh. auf der Kastilischen Hochebene; vgl. P.F. Stary, MDAI(M) 30, 1989, 151–183.

120 Zur Problematik des Avienus vgl. o. S. 127f.; zum Binnenraum im 2. Jt. H. Ulreich u. a., MDAI(M) 34, 1993, 22–47; auch M.C. Blasco u. a., ebd. 48–70.

121 Vgl. Lorrio a.a.O.; E. Cabré, in: Necrópolis a.a.O. 205–224; zu keltischen Waffenfunden P.F. Stary, MDAI(M) 23, 1982, 114–144.

karthagischen Machtbereich und im iberischen Bevölkerungsmilieu weist dagegen offenbar auf einzelne isolierte Fremdgruppen respektive Söldner hin. Es besteht Grund zu der Annahme, daß der frühe ide. Sprachhorizont auf der Iberischen Halbinsel, der mit dem Proto-Keltischen einem gemeinsamen Dialektbündel des alteuropäischen Sprachhorizonts angehörte, bereits in der 1. Hälfte des 2. Jt. verbreitet war. Die Ausbildung der keltiberischen Sprachgruppe muß ebenfalls dem 2. Jt. angehören, ohne daß ein Migrationshorizont erkennbar wäre[122]. Es ist wohl von einem primär sprachgeschichtlich faßbaren Prozeß auszugehen.

Das Gebiet des alteuropäischen Sprachhorizonts, das sich im 2. Jt. zur keltischen Sprachlichkeit entwickelt hatte, umfaßt östlich des Rheins offensichtlich die Gebiete von den deutschen Mittelgebirgen bis zu den Alpen[123] und nach Mittelböhmen, Südmähren und Österreich. In dieser Zone haben wir auch die Herkunft der nach Kleinasien hinübergegangenen Keltengruppen anzunehmen[124]. An der ethnischen Keltizität ihrer Kernverbände, die Sprache, Abstammungstradition und Identität trugen und vermittelten, kann in sprachlicher wie historischer Hinsicht kein Zweifel bestehen. Mit der Wende von der späten Hallstattzeit zur Frühlatènephase (LtA) setzt um 475/450 v. Chr.[125] eine Fülle von Bildmotiven ein, die den Zugang zu einer spezifischen Vorstellungswelt eröffnen. Die Veränderung von Ornamentik und Formensprache zwischen Waag und Marne, welche das Einsetzen der Latènekultur definiert, weist auf gemeinsame Auffassungen über den Gebrauch und Wert von Symbolen und magischen Zeichen hin, auf Gemeinsamkeiten einer im religiösen Denken und Mythos verwurzelten Ausdrucksform und Aussagegestaltung[126]. Die charakteristischen Elemente dieser Vorstellungs- und Formenwelt

122 Die älteren Vorstellungen zusammengefaßt bei J. Maluquer de Mots, in: J. Boardman - M.A. Brown - T.G.E. Powell (Hg.), The European Community in Later Prehistory. Festschrift C.F.C. Hawkes, Totowa, NJ 1971, 105-120 (Eroberung der Meseta als Folge eines über ca. 2 Jhe. des andauernden Zustroms kleiner Gruppen ab Ende des 2. Jt.).

123 Vgl. zu den eigenständigen Kultur- und Bevölkerungsgruppen des zentralen Alpenraumes P. Gleirscher (Hg.), Die Raeter, Katalog Chur 1991; ders., KeltJt 232-236; I.R. Metzger - P. Gleirscher (Hg.), Die Räter - I Reti, Bozen 1992; H. Nothdurfter, in: Aigner-Foresti a.a.O. 45-62; zu den Inschriften in den Alphabeten von Bozen und Magrè S. Schumacher, Die sogenannten rätischen Inschriften. Geschichte und derzeitiger Stand der Forschung, Innsbruck 1991.

124 Vgl. u. S. 153ff.

125 Zur Chronologie HaD - LtA vgl. H. Parzinger, Chronologie der Späthallstatt- und Frühlatènezeit. Studien zu den Fundgruppen zwischen Mosel und Save, Weinheim 1989; dazu B. Teržan, PZ 67, 1992, 66-89; K. Peschel, BJ 192, 1992, 585-590, bes. 586f.; W. Stöckli, AKorr 21, 1991, 369-382 mit S. Kurz ebd. 507-516; H. Nortmann, TrierZ 54, 1991, 65-91; S. Stegmann-Rajtár, BRGK 73, 1992, 29-179, bes. 160ff.

126 Vgl. H.-O. Frey, Celts 127-145; ders., KeltJt 153-168; G. Kossack ebd. 138-152; H.-P. Uenze ebd. 189-192.

verbreiteten sich in ihrer Entwicklung schließlich über ganz Gallien, Irland und große Teile Britanniens. Es gibt aber selbstverständlich keinen Beleg für eine Identität von keltischem Sprachraum und latènezeitlichem Ausdruckswollen, auch nicht in der Frühlatènezeit. Allerdings haben sich die Traditionsketten und traditionsbildenden Stile vielfach dort entwickelt, wo ethnische Verbände keltischer Sprache siedelten und miteinander kommunizierten, was mit gutem Grund auf Gemeinsamkeiten im Mythos und religiösen Leben sowie im sozialen Kodex schließen läßt.

Der östliche Frühlatènekreis von Nordostbayern bis zur Westslowakei und der westliche vom Großraum um den Mittelrhein bis zur Marne-Region entstanden zeitgleich und unabhängig als großräumige Stillandschaften, deren Scheidelinie sich in die Hallstatt- und Urnenfelderkultur zurückzuverfolgen läßt[127]. W. Torbrügge hat zuletzt richtig hervorgehoben, daß die frühe Hallstattzeit (HaC) nördlich der Alpen eine relativ stabile Einheit darstellt, dagegen im Südosten, im Bereich der östlichen Hallstattkultur gleichzeitig eine Entwicklung in zwei Stufen verlief, wie auch der letzte Abschnitt der Urnenfelderzeit im Südosten bereits die beginnende Phase der östlichen Hallstattkultur darstellte[128]. Der westliche und der östliche Kreis der Hallstattkultur sind durch diese verschiedene Stufung der Entwicklung deutlich abgegrenzt; auch sind regelhafte Schwertbeigaben nur für die Zentralzone, die sich bis Nord- und Mittelböhmen, Österreich und die östliche alpine Kontaktzone mit Hallstatt selbst erstreckt, festzustellen, nicht jedoch für den östlichen Kreis. Die Präsenz von Bevölkerung der venetischen Dialektgruppe des alteuropäischen Sprachhorizontes im Raum des östlichen Hallstattkreises hat an Evidenz gewonnen[129]. Innerhalb der westlichen Hallstattkultur[130] (HaC und D) zeichnet sich eine gewisse Binnengrenze ab, die sich durch die westlichen Teile Bayerns zieht (nach Osten bis Grabfeld, Rednitz-Main- und Iller-Lech-Gebiet) und geographischen Vorgaben folgt, die vom Neolithikum bis zum Mittelalter wirksam bleiben. Hier findet sich eine traditionelle Grenze für den Wirkungsbereich nach

---

127 Vgl. L. Sperber, Untersuchungen zur Chronologie der Urnenfelderkultur im nördlichen Alpenraum von der Schweiz bis Oberösterreich, Bonn 1987, 13ff., 16ff.; Uenze, KeltJt 7ff., 35ff. Südbayern bildete innerhalb der östlichen zentralen Hallstattzone bzw. der Latène-Ostgruppe einen eigenständigen Teilbereich mit einer deutlichen Kontinuität der Entwicklung in das 4. Jh.

128 Vgl. zum zentralen Ostkreis der Hallstattkultur in HaC, Slowenien, Südsteir, Nordungarn, Niederösterreich bis Mittelböhmen und Mähren, Slowakei, Schlesien, Großpolen W. Torbrügge, JRGZ 39, 1992, 425–614, bes. 427 mit Abb. 44, 588; ebd. 600ff. zur Chronologie.

129 Vgl. u. S. 158 mit Anm. 15; auch J. Untermann, RE Suppl. XV, 1978, 855–898, bes. 871ff., 878f.

130 Vgl. zur Zentralzone der westlichen Hallstattkultur mit Bayern, Österreich und Teilen Böhmens W. Torbrügge JRGZ 38, 1991, 223–463, bes. 387–399, ebd. 389f. zur Frage der Wagenbeigabe; zu ihrer Binnengrenze auch o. Anm. 127.

Osten ausgerichteter Beziehungen. Die oft verfestigte Annahme, der im Nordwesten der Alpen liegende Raum der westlichen Hallstattkultur ginge ihrem östlichen Teil in der Entwicklung deutlich voraus, trifft jedoch nicht zu. Torbrügge hat sich zuletzt mit Recht gegen eine Fixierung auf den Raum von Burgund bis Südwestdeutschland gewandt[131]. Die in der Zentralzone von HaD von Mittelgallien[132] bis Böhmen erfolgten Machtbildungen sind keinesfalls auf die Nachweise einer Präsenz von Südimporten zu beschränken[133], zumal die öfters nur theoretisch konstruierten Hauptlinien eines Süd-Nord-Fernhandels für die Machtzentren von Nordostbayern bis Böhmen ohne Bezug bleiben. Für die Entwicklung der Späthallstatt- und Frühlatènezeit bildete der von keltischsprachiger Bevölkerung besiedelte Raum der böhmisch-bayerischen Gruppe mit dem östlichen Unterfranken, Ober- und Mittelfranken, Oberpfalz und Niederbayern sowie Südthüringen[134] einen wesentlichen Schwerpunkt.

---

131 A.a.O. 1991.

132 Vgl. zu dem späthallstattzeitlichen Komplex von Bourges-Avaricum J. Gran-Américh, in: Aigner-Foresti a.a.O. 329–359.

133 Vgl. o. S. 27, 33ff. Siehe ferner das überregionale Herrschaftszentrum des Glauberges bei Büdingen in Hessen. Hierzu und zu den beiden Fürstengräbern des 5. Jh. in den monumentalen Grabhügeln mit Prozessionsstraße F.-R. Herrmann - O.-H. Frey, Die Keltenfürsten vom Glauberg, Wiesbaden 1996.

134 Die räumliche Ausdehnung der Hallstattkultur in Thüringen während HaD geht von den Altgebieten des nördlichen Grabfeldes mit den Gleichbergen und der Steinsburg aus (vgl. u. S. 177ff. Anm. 77; Torbrügge a.a.O. 1991, 399).

IV. Die keltische Landnahme in Kleinasien

1. Die Ausbreitung der Kelten nach Südosteuropa

Um 400 und in den ersten Dezennien des 4. Jh. beobachten wir eine große Migrationsphase, welche die frühlatènezeitliche Welt vom Marne-Champagne-Gebiet im Westen bis in den ostkeltischen Raum erfaßte, im Süden zur Ausweitung der keltischen Besiedlung Norditaliens und im Osten zur keltischen Durchdringung des Karpatenbeckens führte[1]. Ostkeltische Boier ließen sich zu Beginn des 4. Jh. aus dem Raum Südböhmens und seines Umfeldes kommend in Norditalien nieder, ebenso Wanderverbände, die aus dem nordwestlichen Frühlatènegebiet, aus der LtA-Kernzone der Marne-Kultur kamen. Um die Wende vom 1. zum 2. Viertel des 4. Jh. v. Chr. hat sich im böhmischen Raum ein Zusammenbruch der frühlatènezeitlichen, aus der späten Hallstattzeit hervorgehenden gesellschaftlichen und politischen Ordnung vollzogen, der mit der Ankunft westkeltischer Gruppen vermutlich aus der Schweiz und Südwestdeutschland verbunden war und auch das Ende des großen überregionalen Machtzentrums von Závist herbeiführte[2]. Neue

---

1 Vgl. zusammenfassend P.M. Duval, Die Kelten, München 1978, 102f.; ders.- M. Kruta (Hg.), Les mouvements celtiques du Ve au Ier siècle avant n. è., Paris 1979; V. Kruta, EtCelt 17, 1980, 7ff., 30ff.; ders., Celts 195–213; L. Zachar, Keltische Kunst in der Slowakei, Bratislava 1987; H. Parzinger, Chronologie der Späthallstatt- und Frühlatènezeit. Studien zu den Fundgruppen zwischen Mosel und Save, Weinheim 1989 (dazu W. Torbrügge, JRGZ 39, 1992, 600–612; B. Teržan, PZ 67, 1992, 66–89); P. Roualet, Celts 152ff.; J.-J. Charpy ebd. 243ff.; J. Bujna ebd. 277–281; M. Szabó ebd. 282–285; ders., Les Celtes de l'Est, Paris 1992, 13ff.; Teržan a.a.O.; J.-W. Neugebauer, Die Kelten im Osten Österreichs, St. Pölten - Wien [3]1992; zu Norditalien hier Bd. II; zu den östlichen und südöstlichen Kontakten der keltischen Welt des 7.–5. Jh. vgl. K. Kromer, JRGZ 33, 1986, 3–93; zu den seit dem 3. Jt. traditionellen Verkehrswegen etwa S. Gerloff, PZ 68, 1993, 85.

2 Vgl. K. Motykova - P. Drda - A. Rybová, Germania 66, 1988, 391–436; diess., Celts 180f.; diess., PamA 81, 1990, 308–433 (Závist, Tor A); P. Drda - A. Rybova, PamA 83, 1992, 309–349 (Tor D); 84, 1993, 49–68; P. Drda, EtCelt 30, 1994, 137–147; P. Sankot, Celts 270–272;

Bevölkerungsgruppen mit rheinischen Traditionen erscheinen während LtB1 (ca. 400–330/320 v. Chr.) auch in Mähren, Ungarn, der Slowakei und Schlesien[3]. Gegen Mitte des 4. Jh. sind in den Frühlatènegebieten Südmährens neue Gruppen mit Bezügen zu Bayern und Westböhmen, aber auch zum Mittelrhein und zur Schweiz aufgetreten; der Wandel wurde nun auch in den bisher noch von der Osthallstattkultur geprägten Gebieten Nordmährens herbeigeführt[4]. Mähren reiht sich damit in ein relativ einheitliches archäologisches Bild ein, das sich in der 2. Hälfte des 4. Jh. von Bayern über Böhmen, Ober- und Niederösterreich nach Nordwestungarn erstreckt. Im mittleren Donauraum gliedern sich dabei Gruppen ein, deren Formengut in die Rheinzone und auch in den Marneraum zurückverweist.

Von diesen Vorgängen sind neue starke Migrationsimpulse in das Karpatenbekken ausgegangen, die mit einem Abbruch zahlreicher Stätten des LtA-Horizontes verbunden sind, während andere, so Sopron-Krautacker, bis in die Mittellatènezeit reichen und die Kontinuität wie Keltizität der Entwicklung belegen[5]. Getragen wurden die weitreichenden Migrationsbewegungen des 4. Jh. von einer mobilen adeligen Kriegerschicht mit ihren Gefolgschaften[6], von Clans oder ihren Teilen

---

J. Michálek ebd. 186f. zum Ende der »Dynastengräber« in Böhmen im 4. Jh.; auch ders., Germania 70, 1992, 123–126; zu den Burgwällen und unbefestigten Höhensiedlungen (HaD2-3 bis LtA) in Nordwestböhmen Z. Smrž, PamA 83, 1992, 88–104; zu den Gräberfeldern LtB1-C1 in den böhmischen Siedlungskammern J. Waldhauser, BRGK 68, 1987, 25–179. Kriegergräber treten besonders häufig in LtB1 auf und zeigen den hohen Anteil des Kriegeradels in dieser Bevölkerung an. Die Waffenbeigaben in Männergräbern sind auch in LtA und B nicht allgemein regelhaft, sondern auf die Angehörigen einer Oberschicht beschränkt.

3 Vgl. F. Müller, Die frühlatènezeitlichen Scheibenhalsringe, Mainz 1989, bes. 85ff. (offenbar kleinere heterogene Gruppen, die vom Oberrhein nach Ungarn gelangten); weder geschlossene Massenwanderung noch allein kulturelle Diffusion können die Phänomene erfassen; M. Gedl, EtCelt 28, 1991, 157–171.

4 Vgl. zu Mähren M. Čižmář, Celts 273–276; ders., AKorr 23, 1993, 207–212 (FLt-Burgwall Černov, zerstört im Zuge einer Einwanderungswelle mit flachen Körpergräbern der Stufe LtB).

5 Vgl. die Friedhöfe der Region St. Pölten - Traisen mit einer aus HaD folgenden Belegung in LtA-B, insbesondere Pottenbrunn-Ratzersdorf, wo ein Friedhof der bäuerlich ansässigen Oberschicht mit reichen Frauengräbern und Waffenbeigaben in allen Männergräbern vorliegt (vgl. J.-W. Neugebauer, AW 18, 1987, 3–18; ders. (o. Anm. 1) 48, 52–54; ders., Celts 189f., 296f.); auch Szabó a.a.O. 1992, 17. Zu der herausgehobenen Nekropole von Franzhausen (HaC-HaD-LtA) mit dem hervorgehobenen Kriegergrab Nr. 295 vgl. Neugebauer (o. Anm. 1) 48–51.

6 In der Zone des Rheinlandes, wo sich der herausgehobene Horizont von Grablegen der politisch-sozialen Spitzengruppen, der sogen. Fürstengräber der Frühlatènezeit, noch in der 2. Hälfte des 4. Jh. findet, ist ein weitverbreiteter starker Rückgang von Siedlungen und Friedhöfen des 4. Jh. gegenüber dem 5. Jh. festzustellen (vgl. zusammenfassend

und von Stammesabspaltungen, welche sich mit den mobilen Kriegergruppen und den Angehörigen der Führungssippen einer relativ breiten Stammesaristokratie zu Wanderverbänden vereinigten, deren identitätstragende Traditionskerne von diesen Fürsten- und Adelssippen gestellt wurden[7]. Diese Tradition, Abstammung aus Überlieferung und Identität vermittelnden bzw. repräsentierenden Kerngruppen waren die Konvergenzfaktoren in den Prozessen der Stammes- respektive Ethnos-Bildung und inneren Formung, die während jeder Mobilitäts- und Landnahmephase vorauszusetzen sind. Der hohe Anteil von Gräbern mit Waffenbeigaben, die dieser adeligen Kriegerschicht und nicht den normalen waffentragenden Stammeskriegern zuzuweisen sind, ist für die Friedhöfe der 2. Hälfte 4. bis Mitte 3. Jh. im Karpatenbecken wie an der unteren Donau bezeichnend[8]. Sie dokumen-

---

H.-E. Joachim, Celts 261f.). Während LtB zeigt sich zudem in der Rhein-Main-Region ein deutlicher Rückgang in der Zahl der Kriegergräber, ebenso in der Beigabe von Wagen als Statussymbole der aristokratischen Führungsschicht. Man wird dies zu Recht mit dem Abzug von erheblichen Teilen der Kriegeraristokratie verbinden können.

7 Vgl. hier Bd. II. Herausragend ist der sensationelle Neufund einer frühlatènezeitlichen, vollplastischen Sandsteinstatue (Höhe 1,86m) vom Glauberg bei Büdingen in Hessen, die einem heiligen Bezirk des Ahnenkultes zuzuordnen ist, der im Zusammenhang mit dem dortigen keltischen Fürstengrab stand (vgl. AZ vom 5.7.1996; Focus vom 8.7.1996 mit Abb.); zum späthallstatt- und frühlatènezeitlichen Dynastensitz o. S. 151 Anm. 133; W. Kimmig, AKorr 20, 1990, 75–85. Die Darstellung aus dem späteren 5. Jh. zeigt einen keltischen Fürsten als heroischen Krieger mit Mistelkrone (vgl. die engen Parallelen zu der Steinsäule aus Pfalzfeld oder auch der ianusköpfigen Plastik aus Gerlingen; KeltJt 155 mit Abb. 114, Nr. 457 mit Abb. 135). Die Figur trägt einen Körperpanzer mit großen Schulterstücken (offenbar einen Kettenpanzer) über einem Waffenrock, Schwert und Ovalschild mit Spindelrippe. Die mediterranen Anregungen des Bildwerkes ist augenfällig. Eine bereits in die ausgehende Hallstattzeit des beginnenden 5. Jh. zurückführende Parallele liegt in dem quadratisch umfriedeten heiligen Bezirk von Vix (Châtillon-sur-Seine) vor, der zur zentralen Bestattungszone des überregionalen Herrschaftssitzes des Mont Lassois gehört (vgl. KeltJt Nr. 466; B. Chaume u. a., in: W. Haffner (o. S. 53 Anm. 155) 43–50). Wohl im Eingangsbereich waren die Sitzstatuen eines offenbar vergöttlichten Fürstenpaares aufgestellt gewesen: a) sitzende Frauenfigur mit langem Gewand und Torques in der aus dem Fürstinnengrab von Vix (200 m enfernt) bekannten Form, b) hockender Krieger mit Waffenrock und Schulterumhang, am rechten Unterschenkel ein Schwert, am linken eine Beinschiene, einen Ovalschid mit Spindelrippe vor sich haltend. Das Heiligtum war in der Zeit ca. 500–450 v. Chr. genutzt; die Opferreste zeigen einen dominierenden Anteil der Schädel- und Kieferknochen von Rind, Schwein, Schaf/Ziege und Hund (ca. 85 %). Die Anlage wurde zerstört, wobei die ursprünglich auf Sockeln stehenden Figuren im Oberteil zerschlagen und im Umfassungsgraben deponiert wurden. Zu Hochscheid vgl. A. Haffner – M. Kunter, TrierZ 55, 1992, 25–103.

8 Vgl. etwa Bujna, Celts 279; für Jugendliche nur Speer als Beigabe.

tieren den hohen Anteil dieser Oberschicht sowie der in den Phasen von Mobilität und Landnahme in sie aufsteigenden Personengruppen innerhalb der landnehmenden Wander- und Stammesverbände. Die Routen nach Südosteuropa waren von den traditionellen, seit dem Neolithikum faßbaren Verkehrs- und Handelswegen über den Donauraum zum Balkan bestimmt, welche die Kelten Mittel- und Zentraleuropas mit dem pannonischen, ägäischen, thrakischen und skythischen Raum verbanden.

In der 1. Hälfte des 4. Jh. erfaßte eine bedeutende Wanderbewegung Niederösterreich, die Südwestslowakei, das Burgenland, Nordwestungarn und die oberungarischen Ebenen. Die mittlere Zone Westungarns wird nun voll keltisiert. In der 2. Hälfte des 4. Jh. stoßen die keltischen Gruppen über Nordostungarn nach Nordwestrumänien und bis zum unteren Mureş vor[9]. Die Hallstattkultur Sloweniens endet ebenfalls mit dem Übergang zu LtB oder wenig später[10]. Selbst bereits aus dem Karpatenbecken kommende Keltengruppen drangen im späten 4. Jh. in den Südostalpenraum ein und bildeten im Gebiet von Zentralslowenien bis Nordwestkroatien zusammen mit der einheimischen Bevölkerung, die bereits im späten 5. Jh. Latèneimporte und -einflüsse aufgenommen hatte, die Volksgruppe der Taurisker[11]. Die ansässige Bevölkerung wurde dabei in vielen Aspekten, auch im Bestattungsbrauch, relativ rasch assimiliert, ohne daß es aber zu einem völligen Bruch mit der Osthallstattradition gekommen wäre.

Die späthallstattzeitliche Phase des zentralen und östlichen Karpatenbeckens zwischen Mitte des 6. und Mitte des 4. Jh. wird von der Bevölkerung eines nordthrakischen (»frühdakischen«) Kulturhorizonts gebildet, der (Szentes-)Vekerzug-Kultur, die sich bis in die Slowakei erstreckte. Eine Reihe von Friedhöfen belegt die starke Völkerbewegung der 2. Hälfte des 4. Jh. in das zentrale Karpatenbecken hinein, wo diese Einwanderergruppen in die Gebiete der Vekerzug-Kultur einbrechen und noch während des 4. Jh. Nordungarn bis Westrumänien dominieren. Besondere Beachtung verdient in diesem Zusammenhang der keltische Friedhof von Çiumeşti in Nordwestrumänien mit den Resten einer zugehörigen Sied-

9 Vgl. zu den ältesten Latènefibeln in Rumänien V.V. Zirra Dacia, 35, 1991, 177–184; allgemein A. Ruzé, Vestiges celtiques en Roumanie, Bern u. a. 1994, allerdings teilweise problematisch in den weiterführenden Aussagen.

10 Vgl. Parzinger a.a.O. 27ff.; auch K. Peschel, BJ 192, 1992, 586f.

11 Vgl. zusammenfassend D. Božič, Celts 471–477; T. Knez, Sto let arheoloskih razikovanj v Novem mestu 1890–1990, Novo mesto 1990, bes. 25ff.; das ostkeltische Kriegergrab des frühen 3. Jh., das der ersten Generation der in Slowenien eingesiedelten Kelten angehört (Novo mesto-Kapiteljska njiva, Grab 71; bandförmiger Schildbuckel, Schwert mit Metallscheide, Lanzenspitze, gedrehte eiserne Schwertgürtelkette) KeltJt Nr. 93; zur Beeinflussung des ostkeltischen Formenguts durch griechische Vorbilder KeltJt 280 Nr. 94a.b; zu Tauriskern und Latobikern P. Petru, ANRW II 6, 1977, 473–499.

lung[12]. Der Friedhof wurde während LtB2/C1 bis in LtC2 (1. Hälfte 3. - frühes 2. Jh.) belegt. Die handgemachte Keramik in der Tradition der Szentes-Vekerzug-Kultur zeigt eine lokale Bevölkerung als beisässig an. Herausragend sind die Beigaben der Brandbestattung eines Keltenfürsten, insbesondere der hochentwickelte eiserne, mit Phaleren geschmückte Kettenpanzer, der Helm mit dem Aufsatz eines Raubvogels mit beweglichen Flügeln und die zwei bronzenen Beinschienen. Weitere Stücke der nun erst nachträglich wieder vereinigten Grabausstattung gehören bereits in die Phase LtC1 und weisen die Bestattung dem mittleren 3. Jh. v. Chr. zu. Mehrere der beigegebenen Stücke müssen dagegen bis in die Zeit um 400 zurückdatiert werden. Es handelt sich offenkundig um ein Ensemble, das so wahrscheinlich durch Erbfolge und Geschenke entstanden war und diesem regionalen Stammesfürsten mitgegeben wurde. Die Beinschienen, die wir im 4. Jh. v. Chr. im thrakischen Bereich gut belegt finden[13], zeigen eine Beziehung zu diesem Raume an. Es besteht die Möglichkeit, daß der Bestattete mit einer Kriegergefolgschaft selbst an den Ereignissen und den Söldnerdiensten der Jahre nach 280 v. Chr. teilgenommen hat. Die Anwesenheit keltischer Gruppen in dem Raum Nordwestrumäniens bzw. -siebenbürgens selbst geht in die LtB1-Stufe zurück, wie der Friedhof von Pišolt zeigt, dessen ältester Gräberhorizont dem Ende von LtB1 ab Mitte des 4. Jh. angehört und dessen Belegung wie die der anderen keltischen Friedhöfe des Raumes mit dem Anfang von LtC2 in der 1. Hälfte des 2. Jh. endet[14]. Der Friedhof von Pišolt zeigt eindrucksvoll die Keltisierung von Bevölkerungsgruppen der Szentes-Vekerzug-Kultur. Obwohl Brandbestattungen in hallstattzeitlicher Tradition noch zu beobachten sind, haben doch alle Gräber bereits gemeinsame Elemente. Zur ältesten Phase gehören etwa neben LtB-Fibeln auch Dolche in Osthallstattradition, Keramik keltischer Machart und Form neben der lokalen Tradition, handgemachte und scheibengedrehte Ware, die auch in Horizont II (LtB2) fortgeführt wird. Charakteristisch sind nun die lokale Herstellung von Gefäßen in klassischen Latèneformen sowie Fibeln des frühen Münsingen-Typs. In Horizont III am Übergang von LtB2 zu LtC1 um 270/250 v. Chr. überleben einige Frühlatène-Elemente neben den mittellatènezeitlichen Objekten, welche die Phase IV (LtC1) prägen. Die keltischen Gruppen, die sich hier seit der Mitte

12 Vgl. V. Zirra, Celts 382f., bes. zur Datierung; M. Russu, BRGK 50, 1969, 267–300; Duval (o. Anm. 1) 105ff. mit Abb. 65.95.96, 240 Anm. 10; auch F. Maier, Germania 51, 1973, 467ff. Die älteren Stücke schienen anfangs im Widerspruch zur Datierung des Friedhofes zu stehen; das Fürstengrab war schon vor der wissenschaftlichen Ausgrabung aufgedeckt worden. Vgl. auch o. Anm. 7 zu den Figuren von Vix und Glauberg.

13 Vgl. etwa die Bronzebeinschienen in: Gold der Thraker 125 Nr. 245; auch A.M. Snodgrass, Wehr und Waffen im antiken Griechenland, Mainz 1984, 216f.

14 Vgl. zusammenfassend J. Nemeti, Thraco-Dacica 9, 1988, 49–73; Celts 381; 185 Gräber, darunter 85 Brand- und 75 Körperbestattungen.

des 4. Jh. niederließen und deren Siedlungspräsenz in der 1. Hälfte des 3. Jh. ihre Blüte erreichte, haben in erheblichem Umfang die vorgefundene lokale Bevölkerung nicht einfach überlagert, sondern eingeschlossen, wobei sie in der materiellen Kultur der sich ausbildenden Gruppen für mehrere Generationen präsent blieb. Das Abbrechen der Friedhöfe zeigt den schließlichen Abzug dieser hier in einem offenkundigen Prozeß der Ethnogenese ausgebildeten Latènegruppen an.

Im südlichen Westungarn stießen die Keltengruppen auf den Widerstand der pannonischen Bevölkerung, wie sie heute besonders in den Schriftzeugnissen aus den südpannonischen Nekropolen von Szentlörinc und Beremend (ca. 450–350 v. Chr.) vor Augen tritt und sich durch die Texte auf Fibeln und Gefäßen als venetisches Substrat erweist[15]. Der inschriftliche Nachweis eines Boiers[16] zeigt die Präsenz von Personen ostkeltischer Herkunft in diesem Raum bereits vor Beginn der Landnahmephase an. Östlich der Donau boten die Gruppen der thrakoskythischen Kultur der Ungarischen Tiefebene der keltischen Ausbreitung Widerstand. Im 3. Jh. sind dann jedoch Gruppen und Elemente der Latènezivilisation auch in jenen Gebieten Ungarns präsent, wo sie im 4. Jh. noch fehlten. Die Dynamik erfaßt nun ebenso den ganzen Siebenbürger Raum. Die 1. Hälfte des 3. Jh. zeigt einen kulturellen Höhepunkt und ein demographisches Wachstum von der Slowakei bis Siebenbürgen und Nordbosnien. Mitte des 3. Jh. erreichten

15 Vgl. M. Lejeune, Latomus 50, 1991, 785–797; ders., in: La posizione attuale della linguistica storia nell'ambito delle discipline linguistiche, Atti dei convegni Lincei 94, Rom 1992, 87–107; allgemein ders., Manuel de la langue vénète, Heidelberg 1974; G. Fogolari - A. Prosdocimi, I Veneti antichi, 2 Bde., Padua 1988-1990; auch Szabó a.a.O. 1992, 13, 22f.; W.-D. Barloewen (Hg.), Abriß der Geschichte antiker Randkulturen, München 1961, 19. Vgl. zur Abgrenzung des eigentlichen illyrischen Sprachgebietes zwischen Cetina/ Narenta wie Bosna und den Gebieten von Ibar bzw. Devoll, von dem das pannonische bzw. pannonisch-dalmatische Namensgebiet trotz sprachwissenschaftlicher Gemeinsamkeiten zwischen Venetisch, Liburnisch und Venetisch-Pannonisch zu trennen ist, R. Katičić, in: Symposium sur la délimitation territoriale et chronologique des Illyriens à l'époque préhistorique, Sarajevo 1964, 9–58; ders., ZAnt 12, 1963, 255ff.; ders., Ancient Languages of the Balkans, Le Hague - Paris 1976; ders., in: G. Neumann - J. Untermann (Hg.), Die Sprachen im römischen Reich der Kaiserzeit, Köln - Bonn 1980, 103–120; G. Alföldy, Die Personennamen in der römischen Provinz Dalmatia, Heidelberg 1969 (Literatur bes. 383ff.); F. Lochner-Hüttenbach, Das Altertum 16, 1970, 216ff.; A. Mócsy, Pannonia and Upper Moesia, London - Boston 1974, 1ff.; H. Parzinger, BRGK 72, 1991, 247ff. Die pannonische Bevölkerungsgruppe ist um Drau und Save unter Einschluß der binnenländischen Stämme Dalmatiens zu lokalisieren, die südliche oder dalmatisch-pannonische Gruppe im Bereich der mitteldalmatinischen Küste nördlich der Cetina-Mündung unter Einschluß Südwestbosniens.

16 SL–11; vgl. Lejeune a.a.O. 1991, 794.

Latènegruppen Südpolen[17] und die Randzonen des Karpatenraumes wie des westlichen und nördlichen Schwarzen Meeres, wo keltische Gruppen, Objektgruppen und Latèneeinflüsse bis in die Dnjestr-Bug-Region, das bosporanische Reich und das Kuban-Gebiet faßbar sind[18]. Im letzten Drittel des 3. Jh. erreichten die Wander-

17 Vgl. V. Kruta, EtCelt 22, 1985, 29–51; M. Gedl ebd. 28, 1991, 157–171 (Mittel- und Oberschlesien ab LtB1 geschlossene Siedlungskonzentration, Entwicklung einer Mischgruppe in Kleinpolen); Z. Wožniak, Celts 378f.

18 Vgl. Z. Woźniak, Germania 54, 1976, 382–402, bes. 384ff., 394ff.; V. Zirra, in: Duval - Kruta (o. Anm. 1) 189–193; M.J. Treister, Arheologija (Kiev) 2, 1992, 37–50; ders., Antiquity 67, 1993, 789–804; P.O. Karyshovskij - I.B. Kleiman, The Ancient Town of Tyra, Kiev 1985; auch J.G. Vinovgradov, Olbia. Geschichte einer altgriechischen Stadt am Schwarzen Meer, Konstanz 1981; The Black Sea Littoral in Hellenistic Times, Tiblissi 1985; R. Rolle u. a. (Hg.), Gold der Steppe. Archäologie der Ukraine, Schleswig 1991, bes. 187ff., 209ff. Zu den ikonographischen Zeugnissen können die Bronzemünzen des bosporanischen Königs Leukon II. (2.-3. Viertel 3. Jh.; Vs.: kurzes Schwert mit anthropomorphem Griff; Rs.: Ovalschild mit Spindelrippe und längsovalem Schildbuckel, Speer; D.B. Shelov, Coinage of Bosporus VI-II Centuries, BAR Suppl. Ser. 46, Oxford 1978, T. 4 Nr. 78; Treister a.a.O. 1993, 790 Abb. 1; ebd. 789ff.) gehören, die dann auf militärische Auseinandersetzungen oder typologische Beeinflussung (vgl. auch das Eisenschwert aus Khutor Vesely; B.A. Raev u. a., JRGZ 38, 1991, 494 Nr. 13 mit Abb. 31, 5) hindeuten würden. Darstellungen von Ovalschilden erscheinen in den Gräbern des bosporanischen Gebietes seit dem späten 3./frühen 2. Jh.; ins 1. Jh. v. Chr. datieren wahrscheinlich die entsprechenden Schildbuckel aus dem Heiligtum von Gurzufskoje Sedlo (vgl. Treister a.a.O. 789–791). Die mit dieser Schildform ausgestatteten Kriegerstatuetten des späteren 2. und 1. Jh. vor allem aus Pantikapeion lassen allerdings keinen Zusammenhang mit den Kelten erkennen, sondern verweisen auf die allgemeine Verwendung des Typs. Auf keltische Gruppen bzw. Latèneeinfluß geht die nordpontische Gruppe der sogen. Warzenringe im spätskythischen und sarmatischen Kulturhorizont (Treister a.a.O. 793f. mit Abb. 7c.d) zurück, ebenso die nordpontischen Gruppen der Fibeln des Mittellatèneschemas (Pestruper Typengruppe; vgl. Treister a.a.O. 793, 796), die in Olbia seit dem 3. Jh. erscheinen; ihre Konzentration in Pantikapeion kann mit der Anwesenheit der keltischen Söldner des Mithradates VI. in der Hauptstadt des bosporanischen Reiches (vgl. App. Mith. 111; auch J.G. Vinovgradov - M. Wörrle, Chiron 22, 1992, 159–170) verbunden werden. Die Herkunft dieser Söldner ist im Scharzmeer- bzw. unteren Donauraum und östlichen Zentraleuropa zu lokalisieren (Vgl. App. Mith. 15, 109; McGing 62; zu den pontischen Kontingenten aus dem Schwarzmeerraum ebd. 60ff.). Fibeln der Pestruper Gruppe in ihrer jüngeren Formentwicklung des späten 2. und 1. Jh. v. Chr., die aus Mittelanatolien stammen (vgl. A. Müller-Karpe, MDAI(I) 38, 1988, 193; u. mit Anm. 110; u. Bd. II) sind m. E. klar als Importstücke aus dem Schwarzmeerraum zu werten oder aber direkt mit den keltischen Söldnern des Mithradates VI. zu verbinden (Pontos, Kappadokien). Die ältere Gruppe der italisch-etruskischen Helme des 4.- frühen 3. Jh. zwischen Dnjestr und Kuban-Region in Fundensembles des späten 2. - 1. Hälfte 1. Jh. v. Chr. muß ebenfalls durch keltische Zusammenhänge über den Donauraum oder über

verbände der germanischen Skiren (die „Reinen") sowie der Bastarner Moldavien und die Region zwischen Dnjestr, Dnjepr und Bug, wo ein militärisches Bündnis von Skiren und „Galatern", wie das Ehrendekret für Protogenes aus Olbia berichtet,

---

den Seeweg vermittelt worden sein (vgl. zu den Funden Raev u. a., JRGZ 38, 1991, 465-496; auch Treister a.a.O. 791ff.; zu den Typen U. Schaaf, in: Antike Helme. Sammlung Lipperheide und andere Bestände des Antikenmuseums Berlin, Mainz 1988, 318-326; M. Feugère, Les casques antiques, Paris 1994, 37ff.; die weite Verbreitung geht auf die Übernahme des Typs durch die republikanischen Legionen zurück; die frühen Exemplare in Gallien sind noch mit Handel und Kontakten zu erklären; einen Helm dieses Typs trägt auch der Kopf einer Kriegerstatue aus Entremont, vgl. M. Bats (u. Anm. 88) 192). Auch die Verbreitung des phrygischen Helmtyps hellenistischer Zeit weist von Italien über Epirus mit einer Konzentration in Thrakien bis nach Olbia und auf die Taman-Halbinsel (vgl. G. Waurick, in: Antike Helme, 163ff.). Die jüngere Gruppe der italisch-etruskischen Helme des 2. - 1. Hälfte 1. Jh. v. Chr. im nordpontischen Raum ist zu Recht mit Beutestücken aus den Kämpfen gegen römische Truppen auf den Balkan, in der Ägäis und Kleinasien oder auch mit römischen Überläufern zu verbinden (vgl. auch P. Dintsis, Hellenistische Helme, Rom 1986, 166ff.); ein Exemplar des gleichen Typs stammt angeblich aus Konya (vgl. Raev u. a. 467). Der Helm von Khutor Vesely, der etruskisch-italische und hellenistisch-attische Elemente kombiniert (Raev u. a. 468, 494 Nr. 13 mit Abb. 31; Treister a.a.O. 793), ist entgegen Raev und Treister nicht zwingend mit Kleinasien und den Galatern zu verbinden, sondern eher mit dem griechisch-ägäischen Raume, etwa mit der Eroberung von Delos durch Mithradates VI. Auch die Bronzegefäße der Spätlatènetypen vor allem aus Gräbern des Kuban-Gebiets, deren Herstellung in Norditalien konzentriert ist, sind entgegen Raev nicht mit einer Herkunft über die Galater Kleinasiens und deren vermuteten engen Verbindungen zu Mittel- und Zentraleuropa bis ins 1. Jh. v. Chr., also nicht als Beute sarmatischer Kontingente im Heere des Mithradates VI. zu erklären (so B.A. Raev, Akten der 10. Internat. Tagung über antike Bronzen, Forschungen und Berichte zur Vor- und Frühgeschichte in Baden-Württemberg 45, Stuttgart 1994, 347-353; ebenso Raev u. a., 471; Treister a.a.O. 791ff.; der als militärische Auszeichnung zu wertende, beschriftete Silberarmreif (J.-Y. Empereur, BCH 105, 1981, 566-568 Nr. 7 mit Fig. 48) hat in diesem Zusammenhang keinerlei Aussagewert). Die Objekte werden wie auch etruskische Importstücke (vgl. M.J. Treister, StudEtr 57, 1991, 71-79) mit dem Handelsverkehr über den Donauraum und das Schwarze Meer zu verbinden sein, ebenso die Funde aus dem Mausoleum von Neapolis auf der Krim (vgl. A. Rieth, Germania 43, 1965, 159-163; Treister a.a.O. 792f.; das Mittellatèneschwert hat seine unmittelbaren Entsprechungen in den kleinskordiskischen Funden von Turnu Severin). Der aus dem mittleren Donauraum stammende Spätlatènehelm des 1. Jh. v. Chr., der sich neben sarmatischen Objekten sowie einem Goldtorques im Grabensemble von Khutor Boiko-Ponura, Krasnodar, fand (Raev u. a. 468, 476ff. Nr. 2 mit Abb. 10-13, T. 28-29), kann ebenfalls nicht als Beute aus den mithradatischen Kriegen gedeutet werden, sondern ist wohl eher in das Ausgreifen des Dakerreiches des Burebista einzuordnen.

diese Stadt bedrohte[19]. Die Bewegung stark heterogener germanischer Wanderverbände, die nicht nur starken Latèneeinfluß zeigen, sondern offensichtlich auch ostkeltische Randbevölkerung mit eingeschlossen haben, führte elbgermanische Elemente in die Moldau, Westukraine und an die untere Donau. Die Bastarner wurden von den zeitgenössischen griechischen Beobachtern des 3.-1. Jh. v. Chr. als Galater gesehen, d.h. in die Kategorie der aggressiven keltischen Nordbarbaren eingeordnet. Entsprechend können in den Galatern der Protogenes-Inschrift mit gutem Grund die Verbände der späteren Bastarner vermutet werden. Da in der Protogenes-Inschrift aber der konkrete Stammesname der Skiren, bei dem es sich um eine identitätstragende Selbstbezeichnung handelt, neben dem Sammelbegriff „Galater" erscheint, erweisen sich erstere als offensichtlich geschlossener, in seiner Abstammungstradition und Eigenständigkeit nach innen wie nach außen fixierter Stammesverband, der sich als solcher bekanntlich bis in die Völkerwanderung behauptete. Der Name Bastarner (die „Mischlinge") ist dagegen offenkundig eine Fremdbezeichnung innerhalb des germanischen Milieus für einen polyethnischen, zahlreiche Stammesteile und -splitter umfassenden, um den gemeinsamen Heerbann[20] gruppierten Wanderverband, in diesem Falle jenen der „Bastarner". Es ist eine Benennung, die mit gutem Grund in eine kontrastierende Beziehung zu der Selbstbezeichnung der Skiren gesetzt wird.

In der 2. Hälfte des 4. Jh. hatte sich im mittleren Donauraum von Böhmen bis Ungarn ein neues großes, impulsgebendes Zentrum der Latènezivilisation ausgebildet[21]. Die keltischen Wanderverbände hatten sich im späten 4. Jh. unter langwie-

---

19 IOSPE I², 32 (= Syll³ 495), Z. B 5-7; vgl. Trog. prol. 28. Die Datierung des Ehrendekrets ist zwischen Mitte 3. und Beginn 2. Jh. umstritten; vgl. SEG 29, 717; V.F. Gajdukevič, Das Bosporanische Reich, Berlin - Amsterdam ²1971, 310f. Anm. 5; E. Belin de Ballu, Olbia, Leiden 1972, 121ff.; J.G. Vinogradov - S.D. Kryžickij, Olbia, Leiden u. a. 1995, 138f.; zu den Bastarnern Strab. 7, 2, 4, C 294; 7, 3, 17, C 306; Plin. n.h. 4, 81.100; Tac. Germ 46; Wenskus 200ff., bes. 206ff., 380f.; ders.- G. Neumann - H. Jankuhn, RGA² 2, 1976, 88-90; R. Seyer, in: Die Germanen I, Berlin ⁴1983, 40; D. Timpe, Chiron 21, 1991, 102f.; Wolfram 36f., 57; K. Strobel, Untersuchungen zu den Dakerkriegen Trajans, Bonn 1984, 59 Anm. 16; G. Perl, Tacitus. Germania, Griechische und lateinische Quellen zur Frühgeschichte Mitteleuropas II, Berlin 1990, 258.

20 Vgl. Plut. Aem. 12.

21 Vgl. I. Hunyady, Kelták a Kárpátmedencében, Diss. Pann. II 18, Budapest 1944; M. Szabó - É.F. Petres, Decorated Weapons of the La Tène Iron Age in the Carpatian Basin, Budapest 1992, bes. 37ff. zur Entwicklung des sogen. Ungarischen Schwertstils; auch Szabó, Celts 305ff.; zur Rezeption hellenistischer Kunstformen und Vorbilder im Kunsthandwerk Zentraleuropas seit der 2. Hälfte 4. Jh. vgl. R. Gebhard, Germania 67, 1989, 566-571; zur naturräumlichen Situation vor den großen Gewässerregulierungen die Karte in BRGK 72, 1991, T. 1.

rigen Kämpfen mit den pannonischen Stammesgruppen im südpannonischen Raum etabliert und zugleich seit der Jahrhundertmitte die Kriegszüge gegen den südlich des Savetales anschließenden illyrischen Raum eröffnet[22]. In diesem Sinne trifft das Resümee zu, das Pompeius Trogus-Iustin 25, 4 aus der griechischen Überlieferung heraus für die keltischen Migrationsbewegungen des 4. Jh. als Vorgeschichte der Züge nach Makedonien und Griechenland gibt. Für den griechischen Beobachter stellten sie sich von ihren Endpunkten aus, an denen sie mit der griechischen Welt und ihrem Vorfeld in Berührung kamen und für diese von direktem historischem Belang wurden, als zwei Wanderströme dar, von denen der eine nach Italien, der andere durch die Zone zwischen Adria und Donau nach Südpannonien in den Donau-Save-Raum führte.

Der erste uns überlieferte Stoß der Kelten traf die illyrischen Ardiaioi[23]; die Wohnsitze dieser als Seeräuber berüchtigten Volksgruppe lagen beiderseits des Naron (Narenta) im südlichen Teil der dalmatinischen Küstenregion der Insel Pharos (Hvar) gegenüber. Ihre nördlichen und östlichen Nachbarn waren die Autariaten, mit denen eine langwierige Auseinandersetzung um die Salzvorkommen am oberen Naron (Neretwa) ausgetragen wurde. Der keltische Vorstoß muß über Werbas oder Bosna, also West- oder Zentralbosnien, in die Herzegowina geführt haben[24]. Als Ausgangsraum sind wohl bereits Südwestungarn und Slavonien anzusehen. Auf das Geschehen weist Theopomp von Chios im 2. Buch seiner Philippiká hin[25]; die Fragmente 39–40 gehören in die Darstellung der Kriege Philipps II. mit Paionen und Illyrern 359/8 v. Chr. Der Kontext von Frg. 40, das im ersten Teil über die Lebensgewohnheiten der Ardiaioi und dann über die darauf

22 Vgl. Trog. prol. 24 (*qui Illyricum occuparunt* im Sinne des umfassenderen römischen geographischen Begriffs der augusteischen Zeit); Iust. 24, 4, 3.5. Vgl. zur ethnisch-kulturellen Entwicklung des Raumes von Südpannonien bis Obermoesien und Illyrien o. Anm. 15; Mócsy a.a.O. 1ff., 69ff.; Parzinger a.a.O. 205–261; Kelten und Illyrer in Jugoslawien. Katalog München 1984, München 1984; Ćović (u. Anm. 29), 55ff.; Albanien. Schätze aus dem Land der Skipetaren, Mainz 1988, bes. M. Korkuti ebd. 22ff., N. Ceka ebd. 33ff., bes. 38ff.; M. Szabó (o. Anm. 1) 1992, 23ff.; ders., Celts, 282ff., 303ff.; auch ders., EtCelt 28, 1991, 11–31; O.H. Frey – M. Szabó, Celts 478–484. Die vorlatènezeitliche Zone im Norden Bosniens grenzt sich archäologisch nach Süden deutlich ab.

23 Theopompos, FGrHist 115, F 40 (Die Annahme von A. Mócsy, RSA 2, 1972, 13ff., hier sei der Text der Überlieferung bei Athenaios zu Autariaten zu verbessern, kann nicht überzeugen). Vgl. zu den Ardiaioi Strab. 7, 5, 1.5–6.11, C 313.315f.317; Tomaschek, RE II 1, 1895, 615; auch E. Polaschek, RE XIX 2, 1938, 1860–1866.

24 Vgl. zu den Wegen auch die Verbreitungskarte keltischer Funde bei F. Maier, Germania 51, 1973, 460.

25 F 202 mit der Erwähnung einer großen keltischen Polis *Drylōnios* und der *Drylonioi* ist dagegen kaum auf Illyrien, sondern vermutlich auf den Westen, auf Iberien zu beziehen (vgl. F. Jacoby, FGrHist II B, p. 384).

bezogene Kriegslist aus dem Krieg zwischen Ardiaioi und Kelten berichtet, erlaubt es jedoch nicht, die Nachricht zu dieser Auseinandersetzung mit den Kelten ebenfalls in die Zeit um 360 zu setzen, wie dies meist geschieht. Der 378/7 v. Chr. geborene und zuletzt unter Ptolemaios I. in Alexandria lebende Theopomp hat den Großteil des Geschichtswerkes erst nach dem Tode Philipps II. geschrieben, das Werk jedoch bereits während seines längeren Aufenthalts am makedonischen Hof in der 40er Jahren begonnen; sein bis 346 reichender Teil war vermutlich bald nach 340 fertiggestellt[26]. Somit ergibt sich für die Datierung des erwähnten Ereignisses in Dalmatien wohl ein Terminus ante quem um 338 v. Chr. Der Beginn der Kämpfe zwischen den Kelten und den Autariaten dürfte dabei in der gleichen Zeit wie der Vorstoß gegen die Ardiaioi liegen[27].

Die hauptsächliche Auseinandersetzung hat sich für die Kelten bei ihrem Vordringen über die Save nach Süden offensichtlich gegen die mächtige illyrische Völkerschaft der Autariaten ergeben[28], die im Süden an die Ardiaioi, das illyrische Königreich sowie an die Dardaner grenzte und im Rahmen ihrer Machtausweitung im 4. Jh. auch das nördliche Obermoesien einschließlich der dort lebenden triballischen Stämme beherrscht hatte. Die Kerngebiete des Stammesverbandes lagen um die untere und mittlere Drina bis zum Margus (Morawa), also in Zentralbosnien, Nordmontenegro und um die westliche Morawa[29]. Unter dem Druck der

---

26 Vgl. R. Laqueur, RE V A 2, 1934, 2176–2223, bes. 2205ff.; Jacoby a.a.O. 351ff., 358ff., bes. 352f., 358f.

27 Polyain. 7, 42 ordnet dieses Strategem in der resümierenden Einleitung dem „großen Krieg" der Kelten gegen die Autariaten zu; seine unmittelbare Vorlage hat es wohl im Gesamtzusammenhang der Kämpfe der Kelten mit den Illyrern geboten, in deren Mittelpunkt die Autariaten erschienen.

28 Vgl. Diod. 20, 19, 1; Iust. 15, 2, 1–2; App. Ill. 4 (stark verzeichnet); o. Anm. 26; zu den Autariaten Strab. 7, 5, 6–7, C 315f.; 7, 5, 11, C 317f.; 7 frg. 4; Tomaschek, RE II 2, 1896, 2593; auch N.G.L. Hammond, ABSA 61, 1966, 239–253; ders., in: Hammond - Walbank 156, 164; F. Papazoglu, The Central Balcan Tribes in Pre-Roman Times, Amsterdam 1978, 90ff.; teilweise problematisch Nachtergael 9ff. (die Vermutung ebd. 7f., die Kelten seien bereits gegen 350 mit den Autariaten zusammengestoßen, bleibt ohne Grundlage). Die Frösche- und Mäuseplage als antike Erklärung für die Autariatenwanderung (Diod. 3, 30, 3; Iust. a.a.O.; auch Aelian. nat. anim. 17, 41) gehört in die Reihe der antiken Erklärungstopoi für Wanderbewegungen.

29 H. Parzinger, BRGK 72, 1991, 205–261, bes. 237ff. wendet sich zu Recht gegen die bisherige Identifikation von archäologischen Fund- wie Objektgruppen der älteren Eisenzeit mit historischen, nach den Angaben Strabons faßbaren Stämmen, so bes. R. Vasić, Balcanica 3, 1972, 117–133; 23, 1992, 393–406 (Autariaten - Glasinac und Triballer - Zlot-Sofronievo-Gruppen des 7.–6. Jh. v. Chr. zwischen Morawa und Isker); D. Srejović, Balcanica 4, 1973, 39–82 (Dardaner); zu weit geht in den Annahmen zu Ethnogenese und Kontinuität (zurück bis Neolithikum bzw. Aeneolithikum) auch B. Čović, in: W. Bernhard - A. Kandler-Pálsson (Hg.), Ethnogenese europäischer Völker, Stuttgart - New York 1986,

siegreichen Kelten waren die Autariaten ca. 312/1 v. Chr. zur teilweisen Aufgabe ihrer Wohnsitze in Ostbosnien und im Nordwesten Obermoesiens gezwungen. Ihr Wanderzug ging nach Paionien, wo ihnen Audoleon, der König der Paionen, entgegentrat; ihm kam der von Apollonia zurückkehrende[30] Kassander zu Hilfe, der die besiegten Autariaten in ein Vertragsverhältnis zwang und 20000 im Raume des Orbelos-Gebirges an der Grenze Makedoniens zu Thrakien[31] ansiedelte.

Im letzten Jahrzehnt des 4. Jh. können wir mit gutem Grund den Beginn der Landnahme keltischer Gruppen im nordserbischen Raum ansetzen, deren Friedhöfe mit reichen Kriegergräbern, wie die Nekropole von Pečine bei Viminacium zeigt, am Ende dieser Landnahmegeneration um bzw. bald nach 300 v. Chr. einsetzen dürften. Das erste Erscheinen von Keltengruppen in Unterpannonien südlich der Save und im Nordrand Obermoesiens sollte nicht erst mit der Entstehung des Stammesverbandes der Skordisker nach 279/8 verbunden werden. Die keltische Präsenz um die Drau, bis zur Save und in der Srem-Region muß Ende des 4. Jh. bereits konsolidiert gewesen sein. Die keltischen Verbände, die entlang der Donau bis in das Savetal und die Woiwodina vorgedrungen waren, haben nach dem Zeugnis des Jahres 335 früh weitreichende diplomatische Kontakte zu ihrem südlich und südöstlich gelegenen politischen Umfeld aufgenommen. Hier haben sie sehr wahrscheinlich das Ausgreifen Makedoniens unter Philipp II. und insbesondere dessen Feldzug 339 gegen Skythen, Geten und die thrakischen Stämme nördlich des Haemus genau wahrgenommen. Jedenfalls haben sie auf das Vorgehen Alexanders im Jahre 335 von sich aus kurzfristig mit einer diplomatischen

---

55–74. Die Forschungslage ist außerdem zu lückenhaft. Die Glasinac-Kultur des 8.–5. Jh., deren nach 450 endende Funde sich auf die bereits im 19. Jh. erforschten Friedhöfe der mittleren ostbosnischen Siedlungskammer konzentrieren, kann nicht mit den Autariaten gleichgesetzt werden. Der abschließende Horizont Glasinac Va, der noch etwas vor 500 zurückreicht, ist nur innerhalb des 5. Jh. und somit vor der Ausformung der für uns faßbaren historischen Stammeslandschaft anzusetzen. Die folgende Fundphase Glasinac Vb erbringt bereits LtB2-Fundgut des späten 4. Jh. (vgl. etwa Parzinger a.a.O. 217); das Einsetzen dieses von der Glasinac-Kultur abzusetzenden Horizonts ist allerdings unklar. Eine Südostwanderung der Autariaten bereits im 5. Jh. ist aus dem Befund nicht zu folgern, vielmehr scheint es sich um kulturellen Wandel und die Verschiebung von Schwerpunkten der Bevölkerung und insbesondere der reichen Grablegen (Männergräber der sozialen Führungsschicht mit Schwertern, Helmen, Beinschienen, Bronzegefäßen; vgl. ebd. 215f.) im Rahmen der Entwicklung der historischen Autariaten des 4. Jh. zu handeln. Die LtB2-Funde zeigen jedenfalls das keltische Vordringen im späteren 4. Jh. an.

30 Irrtümlich Oros. 3, 23, 36f. bei der Rückkehr nach Apollonia.

31 Vgl. hierzu auch T. Spiridonov, Thracia 5, 1980, 243–255; zu Lysimachos' Vorgehen gegen die Autariaten F. Papazoglu, in: Miscellanea G. Novac, Zagreb 1970, 335–346.

Initiative reagiert. Alexander hatte auf seinem Feldzug gegen die abgefallenen Thraker und die Triballer den Haemus überschritten und die Donau erreicht, wo er die letztgenannten unterwarf und die Donau zu einer Machtdemonstration gegen die Dako-Geten in der südlichen Walachei überschritt[32]. Dort an der Donau im triballischen Gebiet erreichte ihn eine Gesandtschaft der im pannonischen Raum etablierten Kelten, die in den Quellen als nahe der Adria wohnend bezeichnet werden. Diese Gesandtschaft hatte den Abschluß eines Freundschaftsvertrages mit dem Makedonenkönig zum Ziele[33]. Die Vereinbarung wurde dann sogar in der Form eines gegenseitigen kombinierten Freundschafts- und Symmachieabkommens geschlossen und von beiden Seiten beschworen. In dem für sie nach den antiken Zeugnissen charakteristischen Selbstbewußtsein antworteten die keltischen Gesandten bei diesem Anlaß auf die Frage Alexanders, was sie am meisten fürchten würden, nicht mit der von dem König erwarteten Schmeichelei, sondern erklärten, sie fürchteten sich lediglich davor, daß der Himmel auf sie herabfalle, sie würden aber natürlich die Freundschaft mit einem solchen Mann wie Alexander über alles stellen. Das unmittelbare Motiv der keltischen Seite für die Aufnahme einer engeren diplomatischen Beziehung zu dem Makedonenkönig, die sich über Freundschaft und Gastfreundschaft hinaus auf den Bereich militärischer Zusammenarbeit erstreckte, war mit großer Wahrscheinlichkeit die gemeinsame Gegnerschaft gegen illyrische und triballische Völkerschaften[34].

Der erste keltische Heereszug in das unmittelbare Vorfeld der Diadochenreiche, der unter der Führung des Kambaules erfolgte, ist nur in wenigen Andeutungen überliefert[35], aber in die letzte Regierungszeit des Kassander vor seiner

---

32 Arr. an. 1, 1–4; Strab. 7, 3, 8, C 301. Zu Alexanders Balkanfeldzug vgl. S. Lauffer, Alexander der Große, München 1978, 43ff., bes. Anm. 9; J. Seibert, Alexander der Große, Darmstadt [4]1994, 78; T. Spiridonov, Thracia 4, 1977, 225–233; K. Jordanov ebd. 10, 1993, 113–136.

33 Quellengrundlage ist Ptolemaios I. (FGrHist 138 F 2); Strab. 7, 3, 8, C 301f.; Arr. an. 1, 4, 6–8 (nicht rein nach Ptolemaios). Arrian lokalisiert die Kelten am „Ionischen Meer(busen)“; die mehrfach vorgebrachte Vermutung, es handle sich um Kelten an der nördlichen Adria, ist haltlos.

34 Pompeius Trogus-Iustin 24, 4, 5 spricht von *varia bella* gegen die Nachbarvölker nach der Bezwingung der Pannonier und vor dem Beginn der Griechenlandinvasion. Vgl. Arr. an. 1, 5, 1–12 zum Vorgehen Alexanders gegen die Illyrer einschließlich der Autariaten auf seinem Rückmarsch aus dem Triballergebiet.

35 Paus. 10, 19, 5; zu den Kämpfen gegen Kassander im Haemus-Gebirge die auf Theophrast zurückgehende Überlieferung bei Sen. nat. quaest. 3, 11, 3; Plin. n.h. 31, 53; vgl. auch Walbank 208f., 252. Die beiden Quellentraditionen wurden auf zwei verschiedene historische Ereignisse bezogen, wobei man den Kambaules-Zug als das spätere ansah (vgl. etwa B. Niese, RE VII 1, 1910, 618). Diese Trennung ist jedoch nicht begründet.

Expedition nach Korkyra 298/7 und vor seinen Tod im Mai 297 zu datieren[36]. Nach der bei Pausanias und seiner Vorlage im Kern faßbaren guten zeitgenössischen historiographischen Tradition zu den Keltenzügen[37] war es das erste Mal, daß ein Keltenheer in diesen Raum vorstieß und bis nach Thrakien gelangte; hier hätten sie aber angesichts der zahlenmäßigen Überlegenheit der Griechen kehrt gemacht. Auf Theophrasts Ausführungen zum plötzlichen Auftreten von Quellen geht die isolierte Überlieferung zurück, daß sich die von Kassander bedrängten Kelten in das Haemusgebirge geflüchtet hatten und dort den Wald rodeten, um eine Befestigung anzulegen. Dieses Geschehen muß im Westen Thrakiens diesseits des Machtbereiches des Lysimachos lokalisiert werden, also in dem Raum, wo sich Dardaner, Paionen und Triballer berührten. Das Eingreifen Kassanders dürfte ebenso wie zuvor dasjenige gegen die Autariaten durch eine Gefährdung Paioniens ausgelöst worden sein. Der keltische Vorstoß endete offensichtlich mit dem Rückzug der Kelten angesichts des erfolgreichen Vorgehen Kassanders.

Obwohl die uns verfügbaren Quellen darüber keine Informationen liefern, haben wir wohl mit einiger Sicherheit in der Nachfolge der zwischen Alexander und den Kelten geknüpften Beziehungen, die wahrscheinlich 324/3 durch eine keltische Gesandtschaft nach Babylon fortgesetzt wurden[38], mit intensiveren diplomatischen Kontakten zwischen den Herrschern Makedoniens und Thrakiens, Kassander, Demetrios Poliorketes sowie Lysimachos, und den Keltengruppen um Donau, Drau und Save zu rechnen. Ebenso dürfen wir keltische Söldner wohl bereits in den Heeren dieser Diadochen, insbesondere in jenem des Lysimachos, als wahrscheinlich annehmen, wenn auch nicht in geschlossenen Gruppen oder in Verbänden solcher Größe, wie sie uns seit 278/7 bzw. 277/6 v. Chr. begegnen.

Mit dem Vordringen der keltischen Präsenz und der Entfaltung diplomatischer Beziehungen noch vor dem Ende des 4. Jh. entlang der obermoesischen Donau nach Osten in den thrakischen Raum hinein ist der Goldtorques mit Pufferenden aus Gorni Cibar in der Umgebung von Lom zu verbinden, das östlichste bekannte Edelmetallobjekt rein keltischer Dekorformel und das bisher einzige Stück dieser

36 Vgl. hierzu Walbank 203ff.

37 Vgl. Strobel, Keltensieg 71f. Anm. 30; o. S. 17f.

38 Sicher nur auf die Kelten als Nachbarn der Thraker zu beziehen (vgl. Diod. 17, 113, 2). Allerdings sind die Details des Berichtes über die Gesandtschaften 323 nach Babylon in der Historizität schon bei Arrian umstritten; Arr. an. 7, 15, 4–6; Diod. 17, 113, 1–4; Iust. 12, 13, 1–2; vgl. Lauffer a.a.O. 179 mit Anm. 29; Seibert a.a.O. 172f.; auch Nachtergael 9 Anm. 9.

Art in Thrakien[39]. Die zweite Bestattung in der ins späte 4. Jh. zu datierenden Grabanlage bei Mezek[40], die ebenfalls noch der Zeit vor 280/277 zugewiesen werden muß, enthielt als Beigabe eine Wagengarnitur eindeutig keltischer Herkunft, deren Parallelstücke in Mähren bekannt sind. Die Bestattung in dem odrysischen Dynastengrab ist sicher nicht als Grablege eines Herrschers der Kelten von Tyle zu betrachten, vielmehr als Bestattung eines thrakischen Fürsten, der diesen keltischen Streitwagen als Geschenk oder Kriegsbeute[41] erhielt.

In einer historischen Analyse der thrakischen Schatzfunde, insbesondere des großen Hortes von Rogozen (Bulgarien) nahe Vraca am Oberlauf des Skat im Triballer-Gebiet (165 Silbergefäße, davon 31 vergoldet)[42], hat E. Olshausen versucht, das Zustandekommen dieser Fundensembles mit der Südostwanderung der Kelten in einen möglichen Zusammenhang zu stellen[43]. Dabei steht die Deutung

---

39 Gold der Thraker 127 Nr. 249 (aber kein thrakisches Werkstück); Duval (o. Anm. 1) 103f. mit Abb. 93; Szabó (o. Anm. 1) 1992, 27, 29. Das Endstück mit Widderkopf eines Goldtorques mehr thrakischer Machart stammt aus der Umgebung von Novi Pasar (Gold der Thraker 128 Nr. 250; I. Venedikov - T. Gerassimov, Thrakische Kunst, Wien - München 1973, Abb. 193). Diese Tierverzierungen setzen mit der Herstellung von Torques durch thrakische Kunsthandwerker ein. Viele der in Thrakien gefundenen Torques sind aus gewundenem Edelmetalldraht (vgl. Venedikov - Gerassimov a.a.O. 80 mit Abb. 256; zu den tordierten Torques des eigentlichen keltischen Sprach- und Kulturraumes vgl. etwa den Fund des 8. Jh. v. Chr. aus Saint-Romains-de-Jalonias (Isère), des 5/4. Jh. aus Reinheim (Saarland) oder der 2. Hälfte 5. Jh. aus dem ostkeltischen Kriegergrab bei Ossarn; Duval a.a.O. Abb. 43; Celts 349; 706, 762 Nr. 39L). Die Parallelen zu dem Goldtorques aus dem Grab eines Galaterfürsten bei Bolu (vgl. u. Bd. II) sind offenkundig; ein Import aus dem keltisch-thrakischen Raum ist für ihn denkbar, doch ebenso eine Fertigung nach entsprechenden Vorbildern in Kleinasien selbst.

40 Vgl. Duval a.a.O. 113ff. mit Abb. 13.103.104.106; Gold der Thraker 191f. Nr. 383-387; A. Fol, Celts 384f.; Szabó (o. Anm. 1) 1992, 29.

41 Als mögliche Parallele sei etwa auf den spektakulären Fund eines chinesischen Schwerttragebügels der Han-Zeit in dem thrakischen Fürstengrab von Čatalka (Bulgarien) nahe Stara Zagora aus dem frühen 1. Jh. n. Chr. hingewiesen (vgl. J. Werner, Germania 72, 1994, 269-282). Das Stück ist offensichtlich als Beute aus einem Sarmatenkrieg in den Besitz dieses Kommandeurs einer thrakischen Hilfstruppe des römischen Heeres gekommen.

42 A. Fol (Hg.), Der thrakische Silberschatz aus Rogozen, Bulgarien, Katalog Bonn u. a. 1988/89; ders. (Hg.), The Rogozen Treasure, Sofia 1989; vgl. P. Zazoff, AW 18, 1987, 2-28; zu den thrakischen Gefäßen mit Aufschriften G. Mihailov, Linguistique Balkanique 30, 1986, 5-19; Gold der Thraker, Nr. 288.289.292,298.299.312; Olshausen (u. Anm. 43) 24-29, Nr. 1-25; M. Manov, Archeologia (Sofia) 1992,2, 25-28.

43 E. Olshausen, in: Historische Wanderbewegungen. Migration in Antike, Mittelalter und Neuzeit (Stuttgarter Beiträge zur Historischen Migrationsforschung 1), Münster - Hamburg 1991, 19-36.

der thrakischen Silbergefäße mit Aufschriften im Vordergrund. Aus ihnen ergibt sich, daß die Stücke mit der Dynastie und der Führungsschicht des Odrysenreiches des späteren 5. und des 4. Jh. v. Chr. zu verbinden sind, vor allem mit Kotys I. (383–360 v. Chr.), der nach 383 die Herrschaft über das gesamte Odrysenreich gewann. Die Herstellung der Gefäße ist im südostthrakischen Raum anzunehmen. Die Fundorte liegen aber nördlich des Haemus-Kammes außerhalb des Odrysengebietes, wobei sich ein deutlicher Schwerpunkt unter Einschluß des Fundes von Rogozen im Westen, im Gebiet des thrakischen Stammesverbandes der Triballer, abzeichnet. Sie entsprechen den politischen und ökonomischen Schwerpunktgebieten im Vorland des Haemuskammes bis zur Donau (Ogosta-Gebiet, Linie Vraca/Rozogen – Lukovit – Radjuvene/Alexandrovo/Letniza – Borovo – Raum von Ruse); daran schließen die getischen Fundorte in der Dobrudscha an (Braničevo – Fürstengrab von Agighiol)[44]. Das ungefähre Gebiet des bedeutenden Stammesverbandes der Triballer[45] hatte sein Zentrum in Untermoesien im Raume von Oescus wie nach Süden entlang des Isker über den Haemus bis an die Grenze Paioniens; es umfaßte das Tal der Nišava mit dem Raum von Naissus (Niš) und wurde im Westen des nördlichen Obermoesien vom Margus (mittlere Östliche und Vereinigte Morava) begrenzt.

Der Rogozen-Fund liefert den Hauptteil der bekannten Gefäße mit odrysischen Herrschernamen[46]. Die Stücke sind sehr wahrscheinlich auf verschiedene Weise nach Norden gekommen, wobei diplomatische Geschenke an die Stammesfürsten der Triballer eine wesentliche Rolle gespielt haben dürften[47]. 424 v. Chr. hatten diese die Odrysen unter König Sitalkes besiegt, 376/5 stießen sie in einer überlieferten Stärke von 30000 Mann in die benachbarten thrakischen Gebiete bis Abdera vor, das mit dem Königshaus der Odrysen eng verbunden war[48]. Diodor gibt als Grund der Heereszüge der Triballer um 376/5 Hunger, einen traditionellen antiken Erklärungstopos, an; doch ist eher mit Auseinandersetzungen um die Machtstellung innerhalb Thrakiens zu rechnen und der tiefe Vorstoß bis Abdera im Rahmen eines Konfliktes mit dem Odrysenreich unter der tatkräftigen Führung durch Kotys I. zu sehen. Die Vermutung, daß sich in dieser Aktion der Triballer bereits ein wachsender Druck der Kelten an ihrer Westflanke bemerkbar gemacht haben

44 Vgl. o. Anm. 41; Gold der Thraker 116ff., 129ff., 139ff.; D. Berciu, BRGK 50, 1969, 209–265; Die Daker, Katalog Köln 1980, Mainz 1980, 141f. Nr. 34; zur Kotys-Phiale aus Aghigiol Olshausen a.a.O. 29 Nr. 24.

45 Vgl. Strab. 7, 3, 13, C 305; 7, 5, 11, C 318; Hdt. 4, 49; Thuk. 2, 96, 3f.; E. Polaschek, RE VI A 2, 1937, 2392–2401; Mócsy a.a.O. 2ff.; C.M. Danov, Altthrakien, Berlin – New York 1976, 98ff., bes. 101ff.; Papazoglu (o. Anm. 28) 10ff.

46 2 mit Satokos (vor 424), 12 mit Kotys I. (383–360), 1 mit Kersebleptes (360–342/1).

47 Vgl. entsprechend Xen. an. 7, 3, 18ff., bes. 18, 26f.; auch Olshausen a.a.O. 33.

48 Thuk. 4, 101, 5 sowie Diod. 15, 36, 1–4; Aen. Tact. 15, 8–10; Schol. Aristid. Panathen. 172f.; E. Polaschek, RE VI A 2, 1937, 2394.

könnte[49], erscheint dagegen ohne Grundlage. Für das um 340 zu datierende Stück aus Braničevo mit der Nennung des Teres (II.)[50], des Herrschers des mittleren Teiles des Odrysenreiches bis 342/1, ist dagegen eher an eine Beute oder ein Lösegeld der Geten aus den Kämpfen der Diadochenzeit zu denken. Der in zwei Teilen vergrabene Schatzfund von Rogozen ist kein komplettes Service; zu den sich ergänzenden 54 Kännchen und 108 Phialen kommen nur drei Becher und keine Rhyta. Es dürfte sich tatsächlich um einen Versteckfund handeln[51], der mit dem Feldzug Alexanders 335 gegen die Triballer[52] oder aber mit den Kämpfen der Triballer gegen Lysimachos in Verbindung stehen kann. Auch die Vorgänge seit 281 v. Chr. sind als Anlaß denkbar. Wir können vermutlich einen gewissen Anteil der Horte aus frühhellenistischer Zeit direkt auf die Vorstöße der Kelten nach Thrakien beziehen.

H. Luschey hat im Rahmen seines Versuches, Thrakien als den Ort der frühen Begegnung der Kelten mit der iranischen Metallkunst nachzuweisen, die Abbildung auf einem Rollsiegel mit zwei aramäischen Inschriften als bisher übersehene Darstellung keltischer Söldner der Nachalexanderzeit des späten 4. oder des 3. Jh. v. Chr. zu werten gesucht[53]. Keltische Soldaten sieht er J. Boardman[54] folgend durch die Ovalschilde mit Spindelrippe und stärker gerundeter Mittelwölbung, durch lange Speere und Spitzhelme eindeutig identifiziert; in den Reitern vermutet er Makedonen, in dem Offizier trotz persischer Hosen- und Tunicatracht eher einen Griechen. Die schwer zu entschlüsselnden aramäischen Inschriften deutet er als achämenidische Reminiszenz im Kontext des Seleukidenreiches. Dieses heute nur noch im Abdruck vorhandene Zylindersiegel aus Karneol[55] ist die Arbeit eines ostgriechischen Künstlers. Im oberen Bildfeld sind links sechs Soldaten mit ovalen Schilden mit Spindelrippe, Spitzhelm und Lanzen dargestellt; vor ihnen steht ein Offizier mit Helm, Lanze, Ovalschild, Mantel, persischer Hose und Tunica, der sich in der Befehlsgeste an die Gruppe wendet und sie auffordert, den vier nach rechts lossprengenden Reitern mit Helm, Reitermantel und Lanze zu folgen. Die zentrale

49 Vgl. bereits Polaschek a.a.O. 2395; erneut Olshausen a.a.O.

50 Gold der Thraker 160 Nr. 312; vgl. Olshausen a.a.O. 30, 34f.

51 Für eine religiöse Deponierung spricht sich D. Gergova, in: Katalog Bonn 1988/89, 51–57 aus; die angeführten Parallelen sind jedoch nicht hinreichend.

52 Arr. an. 1, 1, 4 – 1, 4, 5; Strab. 7, 3, 8, C 301. 339 v. Chr. hatte Philipp II. gegen die Triballer gekämpft, sie aber nicht unterworfen (vgl. Iust. 9, 3, 1–3; Oros. 3, 13, 8; E. Badian, Pulpudeva 4, 1983, 51–71).

53 H. Luschey, in: Beiträge zur Altertumskunde Kleinasiens. Festschrift K. Bittel, Mainz 1983, 313–329, bes. 320f. mit Abb. 309; die Ausführungen sind nicht unproblematisch.

54 J. Boardman, Greek Gems and Finger Rings, London 1970, 350 und Abb. 309.

55 Slg. Drapev Coll.; vgl. W.H. Ward, The Seal Cylinders of Western Asia, Washington 1910, 328f.; K. Galling, ZDPV 64, 1941, 121–202, bes. 165, 197 Nr. 171 (Datierung 5. Jh.); Boardman a.a.O.

aramäische Inschrift ist auf die Person des Offiziers bezogen und gibt wahrscheinlich den Namen, die zweite Inschrift vermutlich seine Funktion an. Im linken unteren Feld hält eine sitzende Figur zwei aufgezäumte Pferde, im rechten sprengt ein Reiter mit Lanze nach rechts, ein Soldat faßt ein reiterloses Pferd, das sich dem galoppierenden Reiter anzuschließen sucht, am Zügel und hält es zurück. Die Szene ist als Aufmarsch bei einer Parade oder Musterung gedeutet worden. Die zwei bereitgehaltenen Pferde könnten auf den kommandierenden Offizier zu beziehen sein, der m. E. in dem Moment dargestellt ist, als er der in Schlachtreihe bereitstehenden Infanterie deutlich den Befehl zum Angriff gibt. Die Reiter stellen wohl griechisch ausgerüstete Kavalleristen, aber sicher keine makedonische Reiterei dar[56]. Die Spitzhelme teils des phrygischen, teils des Pilos-Typs verweisen hier eher auf thrakische oder auch nordkleinasiatische Infanteristen[57]. Die Darstellung ist ganz vom ostgriechischen Stil des 4. Jh. geprägt; das persische Thema[58] und die aramäischen Inschriften, die sich eindeutig auf den als Perser charakterisierten Kommandeur beziehen, sind kaum in die Zeit nach dem Ende des Achaimenidenreiches zu setzen. Darstellung und Kontext sind sehr wohl mit dem persischen Heer und seinen Söldnerkontingenten in den Jahrzehnten vor 334 v. Chr. zu

---

56 Vgl. das Siegel bei Lushey a.a.O. 320 mit T. 966 (Zwei Reiter mit langen Lanzen und Kausia), ein ganz anderer ikonographischer Typus.

57 Spitzformen sind eine eigene, aber charakteristische Gruppe innerhalb der Helme des Pilos-Typs des 5.–3. Jh., der bis Philipp V. als Emblem auf makedonischen Münzen erscheint; vgl. G. Waurick, in: Antike Helme. Sammlung Lipperheide und andere Bestände des Antikenmuseums Berlin, Mainz 1988, 151ff.; M. Feugère, Les casques antiques, Paris 1994, 27ff.; auch Gold der Thraker 21, 102 Nr. 184, 125 Nr. 244; zu nahöstlichen Helmtypen auch H. Born - U. Seidl, Sammlung Axel Guttmann IV, Mainz 1995. Ein spitzkonischer Eisenhelm des 3.–1. Jh. v. Chr. aus dem Kuban-Gebiet folgt der Pilos-Form (Waurick a.a.O. 178). Markant ist das Auftreten von Helmen der unteritalisch-epirotischen Verbreitungsgruppe des Pilos-Typs auf der Taman-Halbinsel; vgl. die beiden Pilos-Helme aus einem Kurgan nahe Gorippia (4./3. oder 2.–1. Jh.; Waurick a.a.O. 153 Abb. 2, 157f., 178). Zum keltischen Spektrum dagegen vgl. U. Schaaf ebd. 293–317; ferner das in einem Schacht gefundene Waffendepot einer Beuteweihung von der Kärntner Wallanlage Förker Laas Riegel (Gailtal), darunter 14 Eisenhelme mit Scheitelknauf und Nackenschutz der von Nordspanien bis Rumänien verbreiteten LtB2-Typen (KeltJt 50; U. Schaaf, RGA^2 9, 1995, 308–311); ebenso den vermutlich aus der Türkei stammenden ostkeltischen Helm mit verstärkter Kalotte (KeltJt Nr. 54). Spitzkonische keltische Helme vom Typ Berru, die sich im Marnegebiet konzentrieren und in Einzelexemplaren bis Oberfranken und zum Dürrnberg bei Hallein gelangt sind, gehören in die Phase LtA, d.h. 2. Hälfte 5. und noch 1. Hälfte 4. Jh.; in reiner LtB-Zeitstellung kommen sie jedoch nicht mehr vor (vgl. Schaaf a.a.O. 294f., 312ff., 316; auch Feugère a.a.O. 51ff. zu den keltischen Helmtypen).

58 Vgl. auch die Reliefstele, insbesondere die Helme des vierten Bildregisters bei S. Durugönül, Asia Minor Studien 12, Bonn 1994, 1–14.

verbinden[59]. Die Schildform selbst, die seit dem 4. Jh. vermehrt mit bandförmigem Schildbuckel auftritt und die früher uneingeschränkt als Kennzeichen von Kelten gesehen wurde, haben diese selbst aus dem Mittelmeerraum übernommen, wo sie sich in Mittelitalien entwickelt hatte[60]. Sie war bereits im 5. Jh. im Späthallstatt- und Frühlatènekreis verbreitet[61]. Die Infanteristen der Siegeldarstellung dürften einen Verband aus dem thrakisch-nordwestanatolischen Raum darstellen, wo dieser Schildtyp nachweislich schon vor 281 v. Chr. verwendet wurde[62].

59 Vgl. auch Galling a.a.O. 197 Nr. 170 (Siegel, ostgriechische Arbeit, mit der Darstellung eines Persers, der zwei gefangene Griechen hält, ein Grieche steht ihm als Mitkämpfer und Wächter zur Seite).

60 Vgl. P.F. Stary, Germania 59, 1981, 287–306; ders., HBA 13–14, 1986–87, 65–117; auch ders., Germania 57, 1979, 99–110; ders., Zur eisenzeitlichen Bewaffnung und Kampfesweise in Mittelitalien (ca. 9. bis 6. Jh. v. Chr.), 2 Bde., Mainz 1981; M. Eichberg, Scutum. Die Entwicklung einer italisch-etruskischen Schildform von den Anfängen bis zur Zeit Caesars, Frankfurt u. a. 1987, bes. 209ff.

61 Vgl. zu der Schildform im keltischen Bereich Stary a.a.O.; R. Bockius, AKorr 19, 1989, 269–282; S. Sievers, Germania 67, 1989, 97–120 (Manching, LtC); U. Schaaf, Keltische Waffen, Mainz 1990; den 1,30 m hohen Ovalschild mit spindelförmigem eisernem Bandschildbuckel aus dem LtA-Kriegergrab von Franzhausen bei Nußdorf ob der Traisen (J.-W. Neugebauer, Celts 190) sowie die Darstellung auf der bronzenen Schwertscheide aus Grab 994 in Hallstatt, der herausragenden Bestattung eines Adelskriegers (H.-O. Frey, Celts 130f.; Kelten in Mitteleuropa 260ff. Nr. 115). Zur Übernahme aus Italien in den Gebieten nördlich der Alpen Bockius a.a.O.; ebd. 276ff. den Ovalschild mit eiserner Randeinfassung und eisenbeschlagener Mittelrippe aus Grab 37 in Horath (Bern-Kastel - Wittlich), LtA oder LtB1, dazu ein einschneidiges Hiebschwert, wie es aus dem frühhellenistischen Thrakien bekannt ist. Vgl. bes. o. Anm. 7.

62 Vgl. Stary a.a.O. 1981, 301ff. (zur Verbreitung auf den Balkan über ostalpine Vermittlung); Eichberg a.a.O., bes. 213f. Auf der Grabstele des bithynischen Offiziers der Infanterie Menas, der sehr wahrscheinlich 281 in der Schlacht von Kurupedion gegen Lysimachos kämpfte und fiel (G. Mendel, BCH 24, 1900, 380–382 Nr. 27; I. Kios 98; Eichberg a.a.O. 86, 248f. Nr. 89 mit T. 15; Strobel, Grenzregion 39 Anm. 94), sind eigentlich typische keltische Schilde mit Spina und bandförmigem Schildbuckel dargestellt, die jedoch nach dem Text auf die von Menas getöteten beiden thrakischen und mysischen Vorkämpfer bezogen werden müssen. Die Darstellung von »galatischen« Ovalschilden an Bord des ptolemäischen Schiffes Isis auf der Wandmalerei des 3. Jh. aus Nymphaion auf der Halbinsel Kertsch (N.L. Grach, VDI 1984, 1, 81–88; Eichberg a.a.O. Nr. 214 mit T. 30), wodurch die diplomatische und flottenmäßige Präsenz der Ptolemäer im Nordschwarzmeerraum augenfällig dokumentiert wird, ist nur ein Hinweis auf die allgemeine Verbreitung des Schildtyps in den hellenistischen Heeren. Ein einteiliger spindelförmiger Schildbuckel auf einem hellenistischen Rundschild im Waffenfries des Athena-Heiligtums in Pergamon Bockius a.a.O. 279, 282 Anm. 49, T. 50.

Die weitere Süd- und Südostexpansion der Keltengruppen vom mittleren Donauraum aus, die vom südungarischen, slawonischen und sirmischen Raum ihren Ausgang nahm, dokumentiert sich in den Ereignissen seit 280 auf dem Balkan, in Griechenland und in Thrakien. Die Vorgänge sind in dem größeren Zusammenhang der neuen, weit ausgreifenden Dynamik des ostkeltischen Komplexes ab dem späteren 4. Jh. zu sehen, wo nun zwischen Böhmen und dem westlichen Karpatenbecken auch ein impulsgebendes Zentrum der kulturellen Entwicklung entstanden war. Größere ostkeltische Bevölkerungsgruppen mit den sie kennzeichnenden Parallelen in ihrem Fundgut zu dem zentralen donauländischen Raum und zum Karpatenbecken ließen sich Anfang des 3. Jh. in der Champagne nieder, wo die dichte Besiedlung zahlreicher Gebiete nach dem 5. Jh. v. Chr. abgebrochen war, ein Vorgang, der offenkundig im Zusammenhang mit der Wanderphase um 400 stand[63]. Die Kriegergräber dieses neu angekommenen Substrats, aus dem sich in einem dynamischen Prozeß die historischen Belger entwickelten, zeigen eine standardisierte Bewaffnung mit Schwert, Metallscheide, eisernem Schwertgürtel, Schild und Speer. Auch in der Westschweiz erscheinen im 3. Jh. kleinere Bevölkerungsgruppen mit Formgut aus dem böhmisch-mährisch-oberungarischen Raum, ebenso im westlichen Schweizer Mittelland[64]. Der Weg führte offenkundig über die Oberrheinzone nach Westen. Auf die Bildung der Taurisker durch das Ausgreifen aus dem Karpatenbogen heraus auf den Südostalpenraum und auf die Dynamik im Karpatenbogen selbst wurde bereits hingewiesen.

Zu dem Erscheinen von östlichen zentraleuropäischen und donauländischen Keltengruppen in Gallien in der 1. Hälfte des 3. Jh. gehört vor allem die Ankunft der Stammesverbände der Volcae in Südfrankreich. Wir können unter den Stämmen Südosteuropas und insbesondere unter den drei Galaterstämmen Kleinasiens nur die Tektosagen in ihrer Geschichte genauer zurückverfolgen. In einer knappen, aus der *Galatiká* des Eratosthenes (d. J.) erhaltenen Notiz sind die Tolistobogier lediglich als ein Volk der im Westen wohnenden Galater, d. h. Kelten, bezeichnet, das aus der *Keltogalatia*, den Keltengebieten Europas, nach Bithynien gewandert sei[65]. Für die

---

63 Vgl. V. Kruta, EtCelt 22, 1985, 27–51, bes. 50f.; J.J. Charpy, EtCelt 28, 1991, 75–125; ders., Celts 243–250; J.B. Bruneaux ebd. 364f.; G. Leman-Delerive, EtCelt 28, 1991, 259–272; Les Celtes en France du Nord et en Belgique. VIe-Ier siècles avant J.-C., Valenciennes 1990; im Gegensatz zum Südteil der Region war die Entwicklung von der Späthallstattzeit bis in das 3. Jh. im Norden der Champagne kontinuierlicher; vgl. J.-G. Rocoy, Les Celtes en Champagne. Les Ardennes au Second Age du Fer: Le Mont Troté, Les Rouliers, Charleville - Mézières 1987. Dagegen sind die Veränderungen im Pariser Becken in der 1. Hälfte des 3. Jh. auf die Kontakte mit der gewandelten ethnisch-kulturellen Situation in der benachbarten Region zurückzuführen, ohne daß die Ankunft einer neuen Bevölkerung feststellbar wäre; vgl. L. Baray, RAEst 42, 1991, 203–270.

64 Vgl. G. Kaenel, EtCelt 28, 1991, 195–208.

65 FGrHist 745 F 1.

Tektosagen läßt sich dagegen eine charakteristische stufenweise Abfolge von Phasen der Migration und der Seßhaftwerdung in Umrissen nachzeichnen. Der große Stammesverband der Tektosagen oder Volcae Tectosages gehörte zur wichtigen keltischen Volksgruppe der Volcae im Raum der deutschen Mittelgebirge westlich der Elbe[66]. Sie waren die politisch und militärisch machtvollen Nachbarn, an die sich die nach Norden erstreckende Randzone der späten Hallstatt- und Latènekultur anschloß. Innerhalb dieser Zone vollzog sich in einem Kernraum zwischen dem Hannoveranischen und Mecklenburg der Ausbildungsprozeß der Germanen als ethnisch-sprachliche Gruppe unter maßgeblicher Trägerschaft der elbgermanischen Verbände. Für sie wurde der Volcae-Name zur stehenden generellen Bezeichnung benachbarter Süd-West-Völker, wie der Veneter (Wenden)-Name, der mit einer Völkergruppe östlich der Weichselgermanen verbunden war, zu einem Sammelnamen für östliche und ostsüdöstliche Nachbarvölker wurde[67]. Die germanisch-keltische Kontaktzone, die

66 Vgl. H. Bannert, RE Suppl. XV, 1978, 937–960; M. Szabó, Celts 305ff.; Wenskus 210f., 223ff.; Rübekeil (o. S. 133 Anm. 64) 59ff., dessen Annahme fehlgeht, der Volcae (Volken)-Name sei eine Sammelbezeichnung einschließlich Helvetier (Süddeutschland) und Boier (Böhmen). Den Namen Volcae (kelt. /u̯olk°/, dessen Enthymologie offen bleibt, führt aber auch Rübekeil a.a.O. 61 auf eine singuläre Entstehung mit entsprechender ethnischer Tradition (Abstammungstradition) zurück, d. h. auf eine ethnische Selbstbenennung.

67 Vgl. auch Wenskus 210f., 227f.; Wolfram 55; Perl (o. Anm. 19), 258ff.; Rübekeil a.a.O. 36ff. (Fenni/Finnen-Name (Ostseefinnen, skandinavische Finnen) als germanische Distanzbezeichnung für die Bevölkerung der Grenzzone der Menschheit im Norden bzw. Nordosten), 50ff. (Veneter/Wenden-Name als weit verbreitetes Benennungsappellativum mit ethnisch fixierter Semantik, das auf einem ide. Verwandtschaftsterminus beruht), 59ff., 70ff. Die germanische Übernahme als ethnisch undifferenzierte, sich über bestimmte Grenzräume der Germanen ausbreitende Fremd- bzw. Distanzbezeichnung für Kelten, dann für Romanen, zeigt in der einheitlichen Lautgestalt /walh°/, daß in der Zeit nach der erfolgten Lautverschiebung kein Kontakt und Bezug zu dem ursprünglichen keltischen Lautgebrauch bzw. Namen mehr vorhanden war. Zur Problematik des Veneter-Wenden-Namens vgl. auch K.W. Struve, in: Bernhard – Kandler-Pálsson (o. Anm. 29) 297–321, bes. 301ff., 304, 307f.; J. Udolph, BNF 14, 1979, 1–22; Perl a.a.O. 258ff. Zu dem sprachlichen und historisch-geographischen Verhältnis zwischen Kelten und Germanen H. Birkhan, Germanen und Kelten bis zum Ausgang der Römerzeit. Der Aussagewert von Wörtern und Sachen für die frühesten keltisch-germanischen Kulturbeziehungen, SB Wien, Phil.-hist. Kl. 272, Wien 1970; K.H. Schmidt, in: J. Untermann – B. Borgyanyi (Hg.), Das Germanische und die Rekonstruktion der indogermanischen Grundsprache, Amsterdam – Philadelphia 1984, 113–153; ders., in: Beck (u. Anm. 69) 231–247; ders., Histor. Sprachforsch. 104, 1991, 129–152, bes. zu den Schichten der keltisch-germanischen Isoglossen; J. Untermann, in: H. Beck (Hg.), Germanische Rest- und Trümmersprachen, Berlin 1989, 211–239 zu methodischen Fragen von Sprachvergleich und Sprachidentität im Zwischenfeld von Keltisch und Germanisch; J. Udolph, Namen-

bis in die 1. Hälfte 1. Jh. v. Chr. latènisiert, aber nicht einheitlich ethnisch-keltisch ausgeformt war, erstreckte sich im nördlichen Mittelgebirgsvorland zwischen Werra respektive oberer Leine und Oberelbe; das Einsickern von elbgermanischen Elementen und Splittergruppen entlang der Elbe nach Böhmen ist bereits seit LtB zu beobachten[68].

Da in diesem Zusammenhang die frühe Zone germanischer Völker angesprochen werden muß, ist es unumgänglich, diesen ethnischen, vor allem aber sprachlich definierten Begriff und damit die Frage der Ethnogenese der germanischen Völker in aller gebotenen Kürze zu umreißen[69], zumal die Germanisierung großer Teile Zentral- und Mitteleuropas ein grundlegendes Phänomen der Ethnogenese historischer Völker und eine wichtige Parallele zur keltischen Expansion darstellt. Die Germanisierung weiter Gebiete Nord- und Mitteleuropas, die ihrerseits mit der raschen Slawisierung des östlichen Zentral- sowie Ost- und Südosteuropas zwischen dem 5. und Anfang 7. Jh. n. Chr. vergleichbar erscheint, kann nicht mit den traditionellen Schemata der Historiographie von Wanderung und Landnahme

---

kundliche Studien zum Germanenproblem, Berlin - New York 1994, 941f.; K. Peschel, in: F. Horst - F. Schlette (Hg.), Frühe Völker in Mitteleuropa, Berlin 1988, 167–200; ders., in: Die Germanen I, Berlin [4]1983, 241–263; R. Müller, Die Funde der Jastorf- und Latènekultur an der unteren Saale und der mittleren Elbe, Berlin 1985; S. Dušek (Hg.), Beiträge zur keltisch-germanischen Besiedlung im Mittelgebirgsraum, Stuttgart 1992.

68 Vgl. Dusek a.a.O., bes. H. Grünert ebd. 140ff.; K. Peschel ebd. 113ff., 129ff. (seit Mitte 3. Jh. v. Chr. Verstärkung später germanischer Gruppen an der Saale; allerdings in den Schlußfolgerungen teilweise problematisch); S. Rieckhoff, BVBl 57, 1992, 113 mit Anm. 47; H.-E. Joachim, BJ 194, 1994, 538–540.

69 Vgl. zusammenfassend Wenskus, bes. 210ff.; Wolfram 54f.; H. Beck (Hg.), Germanenprobleme in heutiger Sicht, Berlin - New York 1986 (bes. R. Wenskus 1ff., D. Timpe 22ff., W.P. Schmid 155ff.; E. Seebold 168ff.); auch ders. (Hg.), Germanische Rest- und Trümmersprachen, Berlin - New York 1989; jetzt Udolph a.a.O., bes. 11ff., 16ff., 50ff., 115ff., 925ff.; H. Keiling, in: Die Germanen I, Berlin [4]1983, 86ff.; H. Seyer ebd. 191ff.; H. Amendt, PZ 51, 1984, 37–47; ders., in: Bernhard - Kandler-Pálsson (o. Anm. 29) 247–256; A.A. Lund, ANRW II 33,4, 1990, 1956ff.; D. Timpe, Chiron 21, 1991, 69–124, bes. 106ff., 117ff.; zur Analyse der germanischen Hydronymie, wobei das linguistische Nahverhältnis zwischem Baltischem und Germanischem betont wird, Udolph a.a.O.; ders., BNF 24, 1989, 269–291; ders., RGA^2 9, 1995, 281f.; die alteuropäische Hydronymie, die im baltischen Raum besonders ausgeprägt zu fassen ist, bildet zusammen mit Ortsnamen das indoeuropäisch-vorgermanische Substrat der Gewässer- und Siedlungsnamen in Norddeutschland. Vorindoeuropäische oder andere als alteuropäische Substrate sind hier entgegen verschiedener Annahmen nicht vorhanden. Schleswig-Holstein, Dänemark, Skandinavien sind nur mit jüngeren einzelsprachlichen Namen vertreten und nicht in den ursprünglichen Entwicklungsraum des Germanischen einzubeziehen. Siehe weiter o. Anm. 67.

allein erfaßt werden. Sie ist als polyzentrischer Germanisierungsprozeß eines bedeutenden Sektors des alteuropäischen Bevölkerungshorizontes Mittel- und Nordeuropas zu sehen, der in seiner Ausdehnung auch keltische und andere Substrate mit einbezogen hat. Er nimmt in der sprachlichen Entwicklung vom norddeutschen Raum, vom Hannoveranischen bis Westmecklenburg und den unmittelbar angrenzenden Gebieten seinen Ausgang. Hier erfolgte seit dem mittleren 1. Jt. v. Chr. die sprachgeschichtlich entscheidende Verschiebung der gutturalen und labialen Konsonanten, die zusammen mit weiteren innovativen Gemeinsamkeiten die germanischen Sprachen von dem voreinzelsprachlichen indogermanisch-alteuropäischen Sprachhorizont scheidet und von den anderen indoeuropäischen Sprachen des Raumes trennt[70]. Syntaktisch-morphologische Eigenheiten und ein wurzelauslautender Konsonantenwechsel in einer Phase, als sich das Germanische erst zu entwickeln begann, zeigen eine Entwicklungszone zwischen Elbe und Rhein hin zu einer einzelsprachlich-(proto)germanischen Schicht, die noch vor der Germanischen Lautverschiebung liegt. Auf namenskundlicher Basis von Hydronymie und Toponymie ergibt sich ein Kerngebiet von der unteren Elbe und dem mittleren Elberaum mit einer relativen Konzentration von altgermanischen Ortsnamen nach Süden bis zum Thüringer Wald und Nordhessen. Dieses erstreckt sich nach Westen bevorzugt an den Nordhängen und in der nördlichen Randzone der Mittelgebirge und weist in Westfalen eine offene Grenze auf. Träger der sprachlich-ethnischen Entwicklung des Germanischen waren die elbgermanischen Verbände mit Zentrum im Raum der mittleren Elbe, deren kontinuierliche Verschiebungstendenzen den oberdeutschen Sprachkomplex konstituierten. Die oberdeutsch-nordgermanischen und oberdeutsch-gotischen Beziehungen weisen dabei auf die ursprünglich engen Kontakte und auf die Ausstrahlung dieser Sprachentwicklung hin.

Es handelte sich bei der sprachlichen Germanisierung um einen Prozeß, der zeitlich und räumlich differenziert verlief und im Nordwestkomplex der späteren Germanen zwischen Niederrhein und Weser im 1. Jh. v. Chr. erst im Gange war. Die Kontakte zwischen dem Keltischen und der protogermanischen Dialektzone bzw. dem Germanischen sind entsprechend relativ jung. In der Phase der Berührung und Nachbarschaft waren Festlandskeltisch und die Dialekte, die sich nun unter Bewahrung einer Reihe altertümlicher Elemente zur germanischen Sprachgruppe entwickelten, bereits grammatikalisch deutlich differenziert, wenn auch

70 Vgl. zusammenfassend Udolph a.a.O.; ders., RGA^{29}, 1995, 276–284; Wenskus 153ff., 169ff, 583ff.; R. Schrodt, Die germanische Lautverschiebung und ihre Stellung im Kreis der indogermanischen Sprachen, Wien ^{2}1976; W. Morgenroth, in: Die Germanen I, Berlin ^{4}1983, 105–120; E.C. Polemé, in: E.S. Dick - K.R. Jankowsky (Hg.), Festschrift für Karl Schneider, Amsterdam - Philadelphia 1982, 51–59; ders., JIES 11, 1983, 281–293; Wolfram 53ff.; Birkhan (o. Anm. 67); Untermann - Brogyanyi (ebd.).

phonologisch noch nicht grundsätzlich unterschieden. Die sprachliche Morphologie hatte hier als Differenzierungskriterium ein höheres Alter. Die völlig unterschiedliche Entwicklung des Keltischen setzt natürlich, wie bereits ausgeführt, sehr früh ein. Die germanisch-keltischen Übereinstimmungen werden entsprechend nur durch Wortgleichungen gebildet.

Zentrum der Entwicklung jenes Bündels sprachlicher Merkmale, welche das Germanische in Grammatik, Lexikalik, und Phonetik beschreiben, war der suebische oder elbgermanische Komplex im Raum der mittleren Elbe und der Havel bis Holstein und Westmecklenburg, der archäologisch durch die Jastorf-Kultur gekennzeichnet ist. Die *Germanen* des Poseidonios sind von D. Timpe überzeugend mit den Stämmen der Mannus-Genealogie als einem größeren rheinnahen Verband ungewisser Ausdehnung verbunden worden, der zwischen dem Rheinmündungsgebiet, der Weser und den Mittelgebirgen jenseits der nördlichen Randzone der Latènekultur lokalisiert werden kann[71]. Diese späteren Rhein-Weser-Germanen waren die Träger des Germanennamens, der offenkundig als Selbst- und Fremdbezeichnung seine Ausbreitung fand, also durch die Selbstzuordnung von Stämmen und als Bezugspunkt der Fremdbenennung für die rechtsrheinischen Völker, die Caesar so zu einer festen ethnographischen Größe gemacht hatte. In diesem langandauernden, zeitlich wie in den räumlichen Schwerpunkten differen-

71 Vgl. Timpe a.a.O. 1991; auch G. Dobesch, in: Pro arte antiqua. Festschrift H. Kenner, Wien 1982, 72ff. Dieser westlich Komplex war zugleich Träger der Expansion ethnischer Gruppen in die Belgica und damit Bezugspunkt des Begriffs der *Germani Cisrhenani* Caesars. Zur westgermanischen (weser-rhein-germanischen) Sprachzone vgl. A. Quack, RGA^2 8, 1994, 374f.; gegen H. Kuhns Nordwestblockthese jetzt Udolph a.a.O. 1994, bes. 937ff., der in diesen norddeutschen Bereichen auf die Existenz frühgermanischer Namen und auf Lautwandel vor der 1. Lautverschiebung hinweist. Zur aktuellen Diskussion des Problems des Nordwestgermanischen vgl. jetzt E. Marold - Chr. Zimmermann (Hg.), Nordwestgermanisch, Berlin - New York 1995. Westgermanische Sprachinnovationen setzen früh ein, die Etablierung des Westgermanischen selbst erscheint jedoch als ein sich allmählich vollziehender Vorgang. T. Vennemann (ebd. 271–299, bes. 271ff.; ders., in: T. Swan u. a. (Hg.), Language Change and Language Structure: Older Germanic Languages in a Comparative Perspective, Berlin 1994, 271–303) weist auf die frühen sprachlichen Entwicklungen im westgermanischen Bereich hin, wo in Matroneninschriften des 2./3. Jh. die hochgermanische, alpendeutsche Lautverschiebung nachzuweisen ist. Westgermanisch und Nordisch zeigen sich als ein schon alt differenziertes Dialektkontinuum von der Rheinmündung bis Südschweden, das sich schließlich in zwei germanische Sprachzweige auseinanderentwickelte, wobei Jütland mit seinen starken Abwanderungsphänomenen des 5. und 6. Jh. n. Chr. das Grenzgebiet zwischen West- und Nordgermanisch darstellt (vgl. etwa T. Andersen ebd. 1–39). Westgermanisch war spätestens im 2./3. Jh. n. Chr. sprachlich stärker differenziert und die Trennung in Ober- und Niederdeutsch angelegt. Hier war wohl nie ein sprachlich einheitlicher Raum gegeben.

zierten Prozeß, in dem sich Jütland und Südskandinavien als ein weiterer jüngerer Entwicklungsraum darstellten, wurde ein Gebiet »germanisch«, das sich von der Rheinmündung bis zum Oderraum, von Mittelskandinavien bis zur Lößgrenze im Süden erstreckte. Jastorf-Gruppen des elbgermanischen Komplexes fanden in der späteren Latènezeit ihren Weg zu Saale und oberer Elbe. Die Wanderverbände der Skiren und Bastarner hatten bereits im späteren 3. Jh. Bessarabien und die Ukraine erreicht. Die Ausbreitung der »Germanen« im nördlichen Mitteleuropa im Verlauf der 2. Hälfte des 1. Jt. v. Chr. war ein komplexer, vielfach differenzierter sprachgeschichtlicher und ethnosoziologischer Prozeß, in dem sich offensichtlich ethnische Dynamik, linguistische Ausdifferenzierung, Wandervorgänge, Akkulturation und Ethnogenese sowie Fremd- und Selbstzuordnung in Ursachen und Folgen zu einem vielschichtigen Vorgang verflochten.

Caesar nimmt ausgehend von seiner Grundhypothese, daß alle Kelten östlich des Rheins aus Gallien gekommen seien, an, daß auch die Volcae Tectosages über den Rhein gezogen wären und jene Gebiete *circum Hercyniam silvam*, welche die fruchtbarsten Germaniens seien, besetzt hätten. Diese Wohnsitze habe der Stamm noch bis in die Gegenwart *(ad hoc tempus)* inne und genieße höchstes militärisches Ansehen; als einzige Gallier könnten sie sich gegen die Germanen behaupten[72]. Diese antike ethnographisch-geographische Tradition lokalisiert die Volcae, trotz der unpräzisen Vorstellungen und des geographischen Sammelbegriffs des Hercynischen Waldes für die Waldgebirge nördlich der Donau zwischen Rhein und Slowakei, in einem deutlichen Gegensatz zu den Gebieten innerhalb des Hercynischen Waldes, also zwischen Böhmerwald und Erzgebirge bzw. Sudeten[73]. Wir können demnach für die Volcae insbesondere auf den Raum Thüringens und Nordostbayerns verweisen. Zu fragen ist allerdings, ob die Angabe *ad hoc tempus*

72 Caes. b.G. 6, 24, 1–4. Caesars Ausführungen, die von einer grundsätzlichen Ostwanderung aller (späteren) transrhenanischen Kelten über den Rhein ausgehen, belegen natürlich nicht, daß die Volcae einer von G. Dobesch, Tyche 8, 1993, 15ff. postulierten frühen, aus Gallien kommenden Ostbewegung zuzurechnen seien. Caesars Grundannahme ist auch in die bei Liv. 5, 34 auf der Basis seines konkreten zeitgenössischen Wissenstandes und älterer Überlieferungstraditionen konstruierten Wandersage eingegangen.

73 Vgl. Strab. 7, 1, 3, C 290; 7, 1, 5, C 292. Das Herkynische Waldgebirge erscheint bei Tac. Germ. 28, 2; 30, 1 als Kette der Mittelgebirge vom Hessischen Bergland bis zum Böhmerwald/Fichtelgebirge/Erzgebirge. Das ursprüngliche Siedlungsgebiet der Helvetier wird zwischen Rhein, Main und Herkynischem Wald angegeben, die Boier östlich davon (Böhmen); vgl. Tac. Germ. 28, 6; auch Strab. 7, 1, 5, C 292; 7, 2, 2, C 293; Vell. 2, 109, 5; Ptol. 2, 11, 7.21; Perl (o. Anm. 19) 206. Der geographische Name geht bereits auf voreinzelsprachliches alteuropäisches Namensgut zurück und ist im Früh- und Hochmittelalter noch für Böhmerwald, Erzgebirge und Teile des Fränkischen Stufenlandes belegt (vgl. H. Krahe, Sprache und Vorzeit, Heidelberg 1954, 68; Rübekeil a.a.O. 67ff.).

tatsächlich als eine aktuelle Information der 50er Jahre des 1. Jh. v. Chr. gewertet werden kann[74]. Sie muß vielmehr noch in die Phase vor dem Abbruch der spätlatènezeitlichen Oppida-Kultur gehören, der in der Region von Main und Mittelgebirgen bis zum Inn in die Zeit um 80/70 v. Chr. fällt; die böhmischen Oppida werden etwa eine halbe Generation später aufgegeben[75]. Eine Siedlungskontinuität war im nördlichen Grabfeld, in Südthüringen und im Werratal zwischen HaD1 und LtD1 gegeben, wo die latènezeitliche Besiedlung erst nach 90/80 mit einem Bevölkerungswechsel abbrach[76].

Die Großgruppe der Volcae im südthüringischen und nordbayerischen Gebiet, deren mächtigster Stammesverband offenbar die Tektosagen waren, muß im 4. Jh. v. Chr. in eine bedeutende Migrationsdynamik einbezogen worden sein. In den Zusammenhang dieses Verbandes ist mit großer Wahrscheinlichkeit das bedeutende befestigte Zentrum der Steinsburg (Kleiner Gleichberg) in Thüringen an der Nordgrenze der östlichen Frühlatèneregion zu stellen, das im 6. Jh. nach einer Unterbrechung der Besiedlung auf eine ältere große urnenfelderzeitliche Befestigung folgte, im 5. Jh. eine Blüte und bis zum 4. Jh. eine wachsende Bevölkerung erlebte, ehe die Belegung schließlich abbrach[77]. Erst Ende des 3. Jh. v. Chr. wurde hier wieder eine befestigte Großsiedlung als exponierter Bestandteil der keltischen Oppida-Kultur errichtet. Die Bevölkerung des Mittelgebirgsraumes hat nach dem Zeugnis des Fundmaterials die Neuerungen der Frühlatènezeit nur mit einem gewissen Konservatismus übernommen.

In Teilen des für den ursprünglichen Großverband der Volcae betrachteten Raumes ist diese Migrationsdynamik gut zu fassen, so in der Main-Regnitz-Region, wo sich in der Späthallstatt- und Frühlatènezeit eine Zone von großer politischer und wirtschaftlicher Bedeutung entwickelt hatte[78]. In Oberfranken beginnt in HaD

---

74 So etwa Dobesch a.a.O. 12. Rübekeil a.a.O. 65ff. führt die Nachricht zu Unrecht auf Eratosthenes (d. Ä) zurück, der in Caes. b.G. 6, 24, 2 eben nicht als Gewährsmann Caesars erscheint. Dessen positive Zeichnung der Gebiete um das Hercynische Waldgebirge steht auch in Widerspruch zu Poseidonios (vgl. Malitz [o. S. 123 Anm. 34] 202).

75 Vgl. S. Rieckhoff, BVBl 57, 1992, 103–121, bes. 112ff., 117; dies., KeltJt 237–242; zu den korrigierten Ansätzen der Mittel- und Spätlatènechronologie Rieckhoff a.a.O.; A. Miron, TrierZ 49, 1986, 7–189; ders., in: A. Haffner - A. Miron (Hg.), Studien zur Eisenzeit im Hunsrück-Nahe-Raum, Trier 1991, 151–169; B. Brugmann, AKorr 23, 1993, 77–86; KeltJt 372.

76 Vgl. H. Kaufmann, Arbeits- und Forschungsberichte Sachsen 34, 1991, 165ff.; ders., in: Dušek (o. Anm. 65) 31; H. Grasselt ebd. 34ff.

77 Vgl. R. Spehr, Archäologische Topographie der Steinsburg, Dresden 1980; B. Bahn - G. Brückner u. a., in: R. Feustel (Hg.), Keltenforschung in Südthüringen, Weimar 1979, 7ff, 13ff, 29ff., 53ff.; K. Peschel, ZfA 16, 1982, 23–51; ders., Celts 188; B. Bahn, in: Horst - Schlette (o. Anm. 67) 209–222 (Gleichberge).

78 Vgl. zusammenfassend B.-U. Abels, KeltJt 97f.; ders., AKorr 22, 1992, 79–92, bes. 89; P. Uenze ebd. 38.

der Bau von 14 Wehranlagen, nämlich von 11 kleineren Burgen und zwei größeren befestigten regionalen Zentren, darunter der Staffelberg, sowie des gewaltigen befestigten Siedlungszentrums der Ehrenbürg bei Forchheim. Im frühlatènezeitlichen 5. Jh. leben diese Orte in einer Blütephase fort. Die Ehrenbürg hat als ein überregionales, auch durch Fremdimporte hervorgehobenes Siedlungs- und Herrschaftszentrum des 5. Jh. zu gelten, in dessen Machtbereich sich die kleineren Anlagen und Zentren einordneten[79]. Zeitlich parallele wirtschaftliche und politische Mittelpunkte waren die schon genannte Steinsburg, die Houbirg in Mittelfranken und der Greinberg bei Miltenberg in Unterfranken. Die untergeordnete Befestigung auf dem Gipfelplateau des Staffelbergs, zu der noch eine unbefestigte Außensiedlung auf dem Hochplateau gehörte, verbrannte bald nach ca. 380, die Besiedlung des Berges brach ab. Ebenso wurden in dieser Zeit alle anderen kleineren Anlagen aufgegeben. Eine Krisensituation ist zu Beginn des 4. Jh. auch für die Ehrenbürg belegt, die noch vor Mitte des 4. Jh. wie die Steinsburg ihre Machtstellung verlor, obwohl beide Zentren den Zusammenbruch der politischen und wirtschaftlichen Strukturen des Raumes in stark eingeschränkter Form für eine gewisse Zeit überlebten. Das weitgehende Fehlen jüngerer archäologischer Funde zeigt, daß Nordostbayern, der Main-Regnitz-Bogen und die fränkische Alb damals in den Sog der Wanderbewegungen gekommen sind und diese Räume, die seit der Jungsteinzeit kontinuierlich besiedelt waren, in großen Teilen entvölkert wurden. Ebenfalls zwischen ca. 400 und 380 brechen Siedlungen in der Oberpfalz und im mittelfränkisch-oberpfälzer Grenzraum ab. Dagegen weist der Schweinfurter Raum gerade in der 1. Hälfte des 4. Jh. eine überaus dichte Besiedlung auf, die erst am Ende der Frühlatènezeit endet.

In einer ersten Migrationsstufe müssen die Stammesverbände der Volcae ihre Verbreitungsgebiete bis in den zentralen Donauraum ausgedehnt haben, wo sie an der Formentwicklung des 4. Jh. vollen Anteil hatten[80]. Ein Teil der Volcae ist unter Führung tektosagischer Verbände nach Südpannonien gezogen, wo sie vermutlich bereits zu Beginn in der Region zwischen Drau und Save Fuß gefaßt haben. Ein Teil

79 Vgl. Abels a.a.O.; ders., Das Archäol. Jahr in Bayern 1990, 58f.; ders., Ber. Bayer. Bodendenkmalspflege 30/31, 1989/90, 103ff.; ders., Archiv Gesch. Oberfranken 83, 1993, 55ff.; ders.- P. Schröter, Das Archäol. Jahr in Bayern 1992, 80–83; diess., Arch. Deutschland 2, 1994, 43f.; zur Tonnachbildung einer Schnabelkanne vgl. KeltJt Nr. 424a.

80 Es ist bezeichnend, daß der Goldtorques von Gajić-Herzegmárok im Mündungsgebiet der Drau seine nächsten Parallelen im Tektosagenbereich Südfrankreichs hat (Fenouillet, Montans, Aurillac; vgl. Celts 318, 353, 355). Verfehlt ist allerdings die Vermutung einer Rückwanderung der Volcae Tektosages nach dem Scheitern eines Eindringens in Griechenland nach Norden *(Hercynia silva)* und Westen (Südfrankreich) bei Szabó (o. Anm. 1) 1992, 31, 35.

der südpannonischen Volcae Tectosages verblieb im östlichen Teil Slawoniens, wie die Nachricht von der Ansiedlung eines beachtlichen Teils des Volkes in Pannonien und der Name der Volcae Paludes, eines Gebietes zwischen Save und Bosut sowie nördlich von Cibalae, belegen[81]. Von diesem Siedlungsgebiet aus haben die Tektosagen offensichtlich Feldzüge bis in das damals vermutlich noch weiter ins Binnenland um den Oberlauf der Kulpa ausgedehnte Gebiet der histrischen Stämme unternommen, eine Nachricht, die Pompeius Trogus allerdings dem gezwungenen Konstrukt einer zweiten Wanderung von Tektosagen aus ihrer „alten Heimat Tolosa" nach Pannonien eingeordnet hat[82]. 279/8 nahm ein offenbar nicht unbedeutender und von der griechischen Tradition als individuelle Gruppe erkannter Kriegerverband der pannonischen Tektosagen am Heereszug des Brennos gegen Griechenland teil[83]. Darauf geht die Legende von der Herkunft des Aurum Tolosanum aus der Plünderung Delphis und von einem Rückmarsch der Tektosagen nach dem Scheitern des Zuges gegen Griechenland „in ihre alten Heimat Tolosa" zurück[84]. Die Anwesenheit von Volcae Tectosages in Pannonien mußte in dieser Überlieferungstradition als ein erneuter Zug von Tolosa nach *Illyricum* gedeutet werden, den man dem Motiv der Beutelust zuschrieb.

Als die geschlagenen Kriegergruppen 278 aus Griechenland zurückgeflutet waren, setzte sich ein Teil der Tektosagen wie andere Stammesgruppen Wanderverband nach Thrakien in Bewegung, wo diese Tektosagen 277/6 nachträglich in das Vertragsverhältnis der Tolistobogier und Trokmer mit Nikomedes I. und den Gegnern des Antiochos I. aufgenommen und nach Kleinasien hinübergeführt wurden. Die Identität zwischen den südgallischen und den kleinasiatischen Tektosagen betont Strabon, wobei eine entsprechende Ausführung mit gutem Grund schon bei Poseidonios anzunehmen ist. Allerdings gaben auch Strabon und Poseidonios den Tolosaner Raum als Ausgangspunkt der Ostwanderung der Tektosagen an. Strabon vermutet, daß der Auszug eines Teils der Tektosagen durch eine *Stasis* verursacht worden sei und sich diesem Zug weitere Gruppen angeschlossen hätten, die nun ebenfalls in Kleinasien ansässig seien. Für ebendiese, die Tolistobogier und Trokmer, stellt er eine ethnische Verwandtschaft mit den Tektosagen fest und folgert daraus eine Herkunft ebenfalls aus der Keltiké, ohne daß er diese mangels gleichnamiger Stämme im Gebiet nördlich wie südlich oder auch innerhalb der

81 Iust. 32, 3, 12; Cass. Dio 55, 32, 3; vgl. Vulić, RE VIII 2, 1913, 2128; A. Graf, Übersicht der antiken Geographie von Pannonien, Diss. Pann. I 5, Budapest 1936, 53f.

82 Iust. 32, 3, 12 *Ex gente Tectosagorum non mediocris populus praedae dulcedine Illyricum repetivit spoliatisque Histris in Pannonia consedit.*

83 Vgl. Strab. 4, 1, 13, C 188.

84 So Iust. 32, 3, 9–10; Timagenes FGrHist 88 F 11; dazu bereits die Richtigstellung bei Strab. 4, 1, 13, C 187f. mit der Widerlegung der Legende durch Poseidonios; vgl. Nachtergael 99ff., bes. 101ff.; auch Kremer 288ff.

Alpen näher bestimmen könne[85]. Es ist mit gutem Grund anzunehmen, daß Tektosagen, Tolistobogier und Trokmer bereits vor 279/8 in einer gewissen gegenseitigen Beziehung gestanden waren; ob die letztgenannten Stämme aber auch zur Großgruppe der Volcae zu zählen sind[86], ist angesichts des mit Sicherheit uneinheitlich aufgebauten Spektrums der Landnahmeverbände in Südpannonien nicht zu klären. Der im Raum von Save und Drau verbliebene Tektosagenverband ist wohl bald ein integrierter Bestandteil des skordiskischen Stammesbundes geworden.

Die im Laufe des 4. Jh. im ostkeltischen mittleren Donauraum anzunehmenden Volcae zogen als zwei Großverbände, die Volcae Tectosages und die Volcae Arecomici, in der 1. Hälfte des 3. Jh. wie andere ostkeltische Gruppen über das Gebiet am Oberrhein nach Gallien[87], wo sie nach Süden in das Rhonetal vorstießen und dort im Jahre 218 als eine beiderseits des Stromes lebende *gens valida Volcarum* erscheinen[88]. Sie hatten sich damals vor dem Heere Hannibals auf das östliche Ufer der Rhone zurückgezogen und erfolglos versucht, dessen Übergang über den Strom, der unmittelbar oberhalb des Beginns des Mündungsdeltas der Rhone erfolgte, zu verhindern[89]. Im 2. Jh. v. Chr. hat sich das Gebiet der Arecomici, des kleineren und politisch weniger bedeutenden Stammes mit dem Hauptort Nemausus (Nîmes), auf das Languedoc beschränkt; die Rhone wurde zur Ostgrenze des Machtbereichs[90]. In dieser Zeit dürfte sich auch der Schwerpunkt der Volcae Tectosages nach Südwesten bis in den Raum des Oberlaufes der Garonne und um Tolosa (Toulouse) vorgeschoben haben. Die Volcae errichteten in Südfrankreich zwischen Pyrenäen, Garonne, Cevennen, unterer Rhone und Mittelmeer eine Vorherrschaft, die zahlreiche Stämme und Siedlungszentren mit einheimischen Bevölkerungsgruppen überlagerte und integrierte[91]. Archäologisch besonders ein-

85 Strab. 4, 1, 13, C 187; 12, 5, 1, C 566.

86 So Bannert a.a.O. 937.

87 Vgl. Strab. 4, 1, 12–13, C 186f.; Bannert (o. Anm. 66) 937–960; zu den Arecomici ebd. 939ff.; zu den Tectosages ebd. 945ff.; allgemein in: Marseilles grecque et la Gaule, Lattes 1992.

88 Liv. 21, 26, 6. Da der Zug Hannibals entlang der Küste verlief und damit erst im Vorfeld des Rhoneübergangs das unmittelbare Stammesgebiet der Volcae traf, ist aus Livius die Binnenausdehnung der beiden Völkerschaften nicht zu erschließen. Vgl. zur Provence während der Latènezeit M. Bats, in: P.A. Février u. a., La Provence des origines à l'an mil, Editions Ouest-France 1989, 189ff.

89 Liv. 21, 26, 6–28, 4; vgl. W. Huß, Geschichte der Karthager, München 1985, 299f.

90 Strab. 4, 1, 12, C 186.

91 Vgl. Strab. 4, 1, 12.13, C 186f.; Plin. n.h. 3, 37; etwa das vornehmlich iberische Oppidum von Ensérune, das schon seit dem 5. Jh. unter starkem keltischen Einfluß stand und ab Beginn des 3. Jh. die vollentwickelte Latène-Panoplie (Schwert, Kettenschwertgürtel, Schild, Speer) in dem hohen Prozentsatz von 20% seiner Brandgräber zeigt (vgl. M. Schwaller, Celts 361f.); M. Guyraud, Narbonne antique des origines à la fin du IIIe siècle, Paris 1981, 69ff., bes. 70ff. (Oppidum Montlaurès), 102ff.

dringlich ist das Erscheinen der Volcae durch donauländisches Fundgut dokumentiert, dessen Parallelen von Böhmen bis Pannonien reichen, insbesondere in den Frauengräbern des 3. Jh., in der Form von Waffen und in der Übertragung des dekorativen Stils der Donauregion[92]. Die Ankunft der Volcae führte zur Latènisierung des Languedoc, doch ist die Hauptmasse der materiellen Kultur des 3. Jh. noch einheimisch, Latènekeramik ist demgegenüber selten. Der Vorgang verlief ohne Bruch. Die Schriftzeugnisse in Südfrankreich gliedern das Gebiet in drei Zonen: einen anepigraphen Bereich des ligurischen Milieus, eine kelto-ligurische Zone, in der seit dem 3. Jh. v. Chr. gallische Inschriften in griechischem Alphabet auftreten, und schließlich eine iberisch geprägte, nunmehr iberisch-keltische Zone, die auf der breiten iberischen, sich bis zum Hérault erstreckende Oberschicht aufbaut und in deren seit dem 4. Jh. verbreiteten iberischen Inschriften nun gallische Namen erscheinen[93]. Die beiden letztgenannten Phänomene sind mit der Einsiedelung und Überlagerung durch die Volcae zu verbinden. Das Namensmaterial zeigt festlands(p)-keltische, iberische und »ligurische« Namen. Die Ortsnamen weisen weiterhin reiches iberisches Namensgut aus. Vor der im 1. Jh. v. Chr. einsetzenden Romanisierung weiter Gebiete war die Bevölkerung respektive die Oberschicht in der gesamten Narbonensis, also einschließlich der iberisch geprägten, aber ebenfalls keltisierten Städte bis zum Hérault, als Folge des Erscheinens der Volcae und der mit ihnen verbundenen Akkulturationsprozesse dem gallischen Milieu zuzurechnen. Die skizzierten Stufen der historischen Entwicklung von Teilverbänden der keltischen Volksgruppe der Volcae, besonders der Volcae Tectosages, waren offenkundig mit vielschichtigen Phänomenen der ethnischen Um- bzw. Neuformierung wie der wechselseitigen Akkulturation verbunden, in denen die keltischen Gruppen jedoch als dominierende Elemente hervortreten.

Auf Grund der Form des bronzenen Hohlbuckelringpaares mit je acht unverzierten Hohlbuckeln (zwei davon als herausnehmbares Verschlußstück), das offenbar als Weihefund in einem verschütteten antiken Brunnen unweit des panhellenischen Heiligtums von Isthmia bei Korinth entdeckt wurde[94], sucht man eine südbayeri-

92 Vgl. R. Boudet, EtCelt 28, 1991, 47–64; F. Perrin ebd. 325–338, bes. 333ff. mit Anm. 20.24.

93 Vgl. D. Garcia, Entre Ibères et Ligures. Lodévois et moyenne vallée de l'Hérault protohistorique, RAN Suppl. 26, Paris 1983; M. Bats, RAN 21, 1988, 121–148; F. Salviat ebd. 1f.; E. Sanmarti-Grego - R.A. Santiago ebd.3–17; M. Lejeune - J. Pouilloux - Y. Solier ebd. 19–59 (etruskisch-ionische Bilingue aus Pech Maho); Sanmarti-Grego ebd. 95–113; J. Untermann, RAN 25, 1992, 19–27. Den älteren Sprachhorizont zwischen Seealpen und Pyrenäen bildete ein ligurisches Milieu. Zur Provence Bats (o. Anm. 88) 169ff. (etruskischer Handel bereits gegen 600 v. Chr. einsetzend).

94 KeltJt. Nr. 90c. Vgl. J. Caskey, Hesperia 29, 1960, 168–176. Die in dem Brunnen gefundene Keramik gehört im wesentlichen dem 3. Viertel des 4. Jh. v. Chr. an, doch bilden die Funde insgesamt kein geschlossenes Ensemble.

sche Herkunft der ursprünglichen Trägerin, ja die Wanderung von Kelten aus Südbayern nach Griechenland zu belegen[95]. Doch läßt sich diese vereinfachte Folgerung so nicht aufrechterhalten. Der oft vermutete Bezug der Weihegabe zum Brennos-Zug ist keineswegs zwingend. Die Fundverbreitung glatter und verzierter Hohlbuckelringe erstreckt sich neben Bayern (Donautal, Oberbayern, Inngebiet) besonders auf die Flachgräber Nordböhmens und weiter nach Österreich und Oberungarn sowie auf Einzelfunde in Mähren, am Plattensee, in der Theiß-Mureş-Region und der Sremregion nahe den Volcae Paludes. Mit den Stücken von Isthmia unmittelbar verwandt sind drei Ringpaare von der bayerischen Donau[96]. Die isthmischen Stücke sind in die Phase LtB2, d.h. in das spätere 4. und frühe 3. Jh., zu setzen. Bei den bisherigen historischen Deutungen der Fundstücke wurde die in diesem Raum zu erwartende Präsenz von keltischen Söldnern der Heere des Antigonos Gonatas nicht berücksichtigt, für die gerade in den 70er und 60er Jahren des 3. Jh. eine Anwesenheit von Familienangehörigen gut belegt ist. Die Stücke können aus diesem Söldnermilieu stammen[97] oder auch mit der Vernichtung einer meuternden keltischen Söldnertruppe des Antigonos Gonatas samt Familien wahrscheinlich 266 bei Megara zu verbinden sein[98]. Die von I.K. Raubitschek versuchte Datierung der Stücke auf Grund der keramischen Beifunde in das 4. Jh., wobei sie eine Verbindung mit der Beuteweihung des Timoleon nach seinem Sieg 340 über die Karthager herzustellen sucht, in deren Heer keltische Söldner kämpften, ist abzulehnen[99]. Die aus nördlichem Milieu stammenden Objekte aus den korinthischen Heiligtümern von Perachora[100], darunter vier glatte Bronzearmringe und ein Knotenarmring, können entgegen Raubitschek kaum in das 4. oder auch 3. Jh. datiert und mit der Präsenz von keltischen Söldnern oder mit Beuteweihungen zusammengebracht werden. Das Fremdmaterial, zu dem auch hallstattzeitliche Schwertbleche des nördlichen dalmatischen bzw. adriatischen Raumes und Bruch-

95 So KeltJt. 278, 279 Nr. 90c; zu den Stücken W. Krämer, Germania 39, 1961, 32–42 mit Verbreitungskarte 36 Abb. 1 und 2 (glatte Hohlbuckel, 6–10 Buckel, 2 davon als Verschlußstück); U. Schaaf ebd. 50, 1972, 94–97; F. Maier ebd. 51, 1973, 476f.

96 Vgl. Krämer a.a.O. 40 (Straubing, Erlau, Saal an der Donau).

97 Die antigonidische Besatzung von Akrokorinth bildeten keltische und illyrische Söldner; vgl. Plut. Arat. 38, 6; Gracch. 42, 5.

98 Vgl. u. S. 231f.; Strobel 113 mit Anm. 84.

99 I.K. Raubitschek, in: Corinthia. Studies in Honor of D.A. Amyx, Columbia 1986, 40–43. Theoretisch hätte sie dann auch die Anwesenheit keltischer Söldner im Raume von Korinth als Teil der beiden Hilfskorps des Dionysios I. von Syrakus 369–368 (Xen. Hell. 7, 1, 20–22.28–31) berücksichtigen müssen. Die von ihr a.a.O. 42f. angeführte unpublizierte Bronzefibel illyrischen Typs aus Isthmia kann nicht mit den Kelten verbunden werden.

100 H. Payne u.a., Perachora. The Sanctuaries of Hera Akraia and Limenia I, Oxford 1940, 175f. und T. 78, 1.3.5.6.8; Raubitschek a.a.O. 41 mit Anm. 9–10, deren versuchter Vergleich mit den Funden aus Andelfingen nicht trägt.

stücke von Zinnenringen gehören, ist im wesentlichen dem hallstattzeitlichen Bereich der oberen Adria und der angrenzenden Räume des 7.-6./5. Jh. zuzuweisen[101] und somit auf den korinthischen See- und Handelsverkehr zu beziehen.

Das als Weihegabe zu wertende Schwert aus Dodona[102], dessen Typus ursprünglich im Raum Nordböhmen, Mähren bis Burgenland verbreitet war, dürfte ebenfalls kaum mit dem Brennos-Zug zusammenhängen, sondern eher dem mitgebrachten Gut der keltischen Söldner des Pyrrhos zuzurechnen sein; es kann auch eine private Weihung eines epirotischen oder keltischen Soldaten des Königs aus den Kämpfen gegen die Söldner des Antigonos Gonatas in der 2. Hälfte der 70er Jahre des 3. Jh. darstellen. Wie die anderen Stücke latènekeltischen Fremdgutes im griechischen Raum[103] weisen das Schwert von Dodona und der Weihefund von Isthmia auf die ostkeltischen, sich bis Bayern erstreckenden Herkunftsräume der nun nach 300 im unteren Donauraum präsenten Stammesgruppen hin, aus denen die hellenistischen Herrscher ihre keltischen Söldnerkontingente bezogen. Dies gilt auch für die zur Pestruper Typengruppe gehörende Fibel des 3., vielleicht noch Anfangs 2. Jh. von Delos, deren Parallelstücke aus Mähren und Serbien bekannt sind[104].

Zur Pestruper Gruppe aus der Phase der 1. Hälfte des 2. Jh. v. Chr. gehört ferner der ältere südostanatolische Fundkomplex von Fibeln des Mittellatèneschemas, den A. Müller-Karpe für den Raum Kayseri - Mersin - Pazarcık aufgezeigt hat[105].

---

101 Vgl. F.R. Hodson, Hallstatt. The Ramsauer Graves, Bonn 1990, bes. T. 26; W. Torbrügge, JRGZ 38, 1991, bes. Abb. 9; auch H. Baitinger, Germania 73, 1995, 283ff.; für seine Auskünfte danke ich Herrn C. Eibner, Heidelberg. Zum Fragment eines frühen Typs der sogen. Warzenringe vgl. Perachora a.a.O. 176; zur Verbreitung korinthischer Keramik im östlichen adriatischen Bereich etwa Parzinger (o. Anm. 29) 243, 260 Abb. 15.

102 Vgl. Maier a.a.O. 463f. mit T. 30, 1.

103 Eine Beuteweihung stellt der keltische Kettenpanzer unter den Votivgaben des Heiligtums von Samothrake dar (Maier a.a.O. 468f.); als Parallelen ist auf den Kettenpanzer des Häuptlingsgrabes von Çiumeşti und auf die Brüstungsreliefs von der Stoa des Athena-Heiligtums in Pergamon hinzuweisen. Als Gut eines keltischen Stammesadeligen ist auch der Helm italisch-etruskischen Typs zu werten, der aber mit seitlich angesetzten Tüllen zur Anbringung von Hörnern versehen ist und aus einem Brunnen zwischen Athen und Daphne stammen soll (Maier a.a.O. 464ff. mit T. 29). Auch er kann ohne weiteres dem Milieu der keltischen Söldner der Antigoniden zugeordnet werden.

104 Maier a.a.O. 474f. Die spätlatènezeitliche Bronzefibel aus Dodona und die Pseudo-Mittellatènefibel aus Athen sind nicht älter als das späte 2. Jh. v. Chr. respektive das frühe 1. Jh. n. Chr. (ebd. 472f.). Die Fibel aus dem äolischen Larisa kann nicht auf die Kelten oder gar auf eine Einnahme der Stadt durch die Galater bezogen werden; es handelt sich um einen thrakischen Typ offenbar des 5. und 4. Jh. v. Chr., der eher noch mit persischen oder alexander- bis diadochenzeitlichen Söldnern des 4. Jh. zu verbinden ist.

105 MDAI (I) 38, 1988, 189ff. mit Abb. 2, aufbauend auf Bittel und Polenz. Vgl. u. Bd. II.

Zur Erklärung weist er auf galatische bzw. keltische Söldner, auf mögliche Vorstöße der Galater oder auch einen von diesen ausgehenden Latèneeinfluß auf die Tracht der Bevölkerung hin. Dieser Fibelkomplex kann jedoch mit gutem Grund als Zeugnis für die Präsenz keltischer Söldner im nordsyrisch-kilikischen Gebiet des Seleukidenreiches und seiner Grenzzone zu Kappadokien im 2. Jh.[106] gewertet werden. Die Fibeln dieser Typgruppe sind von Frankreich bis Südrußland mit einem Schwerpunkt in Südosteuropa verbreitet. Die seleukidische Seite dürfte gerade in der Phase der pergamenischen Oberhoheit über Galatien 188/183 bis 168 v. Chr. verstärkt auf die Anwerbung von Kelten außerhalb Kleinasiens angewiesen gewesen sein. Ebenfalls auf keltische Söldnertruppen mit Familienanhang sind mit größter Wahrscheinlichkeit zwei Fundstücke aus Südanatolien zu beziehen. Dies ist einmal der mit sogen. Fischblasenornamenten verzierte, wohl in die 1. Hälfte des 3. Jh. zu datierende Hohlbuckelring, der in Finike erworben wurde und dessen Fundumstände wie Fundort unbekannt sind[107]. Dieser Bestandteil der Frauentracht kann kaum, wie von J. Borchardt in Verbindung mit der zwischenzeitlich überholten Annahme einer Darstellung von keltischen Beuteschilden am sogen. Ptolemaion von Limyra vorgeschlagen, mit einem hypothetischen Angriff der Galaterstämme auf Limyra bzw. Lykien in den 70er oder frühen 60er Jahren in Verbindung gebracht werden[108]. Hingegen ist in Lykien ein Bezug auf die keltischen Söldner der Ptolemäer im 3. Jh. naheliegend. Vermutlich aus Pisidien stammt das Bruchstück eines Knotenringes im Museum von Isparta, ursprünglich ein Istanbuler Altbestand, dessen Herkunft unsicher bleibt[109]. Das Stück, das mit dem Formelement der selteneren sogen. Warzenringe kombiniert ist, dürfte aus der 1. Hälfte des 3. Jh. stammen; die entsprechenden Typengruppen der ausgehenden Früh- und der Mittellatènezeit sind im gesamten kontinentalen Latènebereich verbreitet. Die Anwesenheit von seleukidischen Söldnern keltischer Nationalität ist in dem Raum durchaus möglich, ebenso eine Herkunft des Stücks aus dem ptolemäisch-lykischen Raum und dem Milieu der ptolemäischen Söldner während des 2. syrischen Krieges. Aus dem späten 4. und frühen 3. Jh. stammt der Latènearmring mit quer aufgesetzten Warzen, den das Römisch-Germanische Zentralmuseum Mainz zusammen mit einer Kollektion von Bronzefibeln des Mit-

---

106 Vgl. die Grenzziehung durch den Frieden von Apameia Liv. 38, 38,4 (Pol. 21, 42 (22, 26), 6 verstümmelt): zu räumen sind die Städte, Landgebiete, Dörfer und festen Plätze *cis Taurum montem usque ad Halyn amnem et (ab) ea valle usque ad iuga Tauri qua in Lycaoniam vergit,* also diesseits des Taurus und des Antitaurus bis zum Oberlauf des Halys.

107 Vgl. U. Schaaf, Germania 50, 1972, 94–97; Polenz 194f. Die Verbreitung der Typen erstreckt sich in LtB2 und C1 (320–220 v. Chr.) vom Schweizer Oberland bis Schlesien und Ungarn bzw. Nordkroatien und -serbien wie Rumänien.

108 J. Borchardt, VIII Kazı Sonuçları Toplantısı, Ankara 1986, 106ff., bes. 107f.; vgl. u. Bd. II.

109 Vgl. Müller-Karpe a.a.O. 195f., der einen Zusammenhang mit angeblich „inschriftlich belegten Raubzügen“ der Galater in Südwestanatolien vermutet.

tellatèneschemas erworben hat[110]. Als Herkunft ist nur Anatolien bekannt. Die Warzenringe sind vor allem in LtB2-Zusammenhängen des 4. und älteren 3. Jh. im Marne- und Rheingebiet, in der Schweiz, in Mitteldeutschland und Böhmen bis Rumänien verbreitet. Das Stück ist historisch nicht weiter zuzuordnen, gehört aber zweifellos in den Kontext des von Keltengruppen und keltischen Söldnern mit ihrem Anhang seit 278 v. Chr. nach Anatolien gebrachten Fremdgutes. Die jüngere Fibelgruppe in Nord- und Zentralanatolien, die einer LtD1-Zeitstellung angehört, dürfte vorrangig mit den Söldnern des Mithradates VI. von Pontos aus dem Donauraum und den keltisch beeinflußten Gebieten des nordwestlichen Schwarzmeerraumes zu verbinden sein[111]. Einzelstücke aus diesen Herkunftsgebieten in Boğazköy, darunter auch eine thrako-getische Silbermünze, zeigen zugleich langfristige Verbindungen des ostgalatischen Raumes mit der Schwarzmeerzone an.

2. Die Destabilisierung der hellenistischen Welt 281–278 v. Chr.

Für Makedonien begann mit dem Zusammenbruch der Herrschaft des Demetrios Poliorketes eine Periode des Chaos, die nur durch die Jahre der alleinigen Herrschaft des Lysimachos 285 bis Anfang 281 unterbrochen war und die erst mit der Etablierung des antigonidischen Reiches enden sollte. Letzteres wurde nach dem Tode des Pyrrhos 272 v. Chr. nicht mehr in Frage gestellt. Auf die massiven Rüstungen hin, mit denen Demetrios Poliorketes die Rückgewinnung der 301 durch die Niederlage von Ipsos verlorenen asiatischen Gebiete des Antigonidenreiches vorbereitete, schlossen sich 288 Lysimachos, Pyrrhos, Ptolemaios I. und auch Seleukos I. in einer Allianz gegen ihn zusammen[112]. Die ptolemäische Flotte erschien im Frühjahr 287 in der Ägäis, wo die Kykladen annektiert und Demetrios die Kontrolle über den 314 von seinem Vater Antigonos Monophthalmos gegründeten Nesiotenbund entrissen wurde. Zeitlich etwa parallel dazu drangen Lysimachos von Osten, wo er Amphipolis gewann, und Pyrrhos von Westen in Makedonien ein. Demetrios, der sich zuerst gegen Pyrrhos wandte, mußte noch in der 1. Jahreshälfte 287 aus Makedonien fliehen, nachdem sich sein Heer für Pyrrhos erklärt hatte. Die Sieger teilten Makedonien unter sich auf. Demetrios Poliorketes sah sich auf seine Positionen in Griechenland zurückgeworfen. 286 gewann Pyrrhos

---

110 Vgl. U. Schaaf, JRGZ 32, 1985, 735f. mit Abb. 50. Die Fibeln Abb. 50, 3–6 gehören dem LtC2-Horizont der älteren anatolischen Fibelgruppe an, 50, 2 einer LtD1-Zeitstellung wie die jüngere, vor allem mit Söldnern des Mithradates VI. von Pontos zu verbindende Fibelgruppe in Anatolien.

111 Vgl. o. Anm. 17; u. Bd. II; zu den Fundstücken Müller-Karpe a.a.O. mit Abb. 2.

112 Vgl. zusammenfassend Will I, 87ff.; Mehl 275ff.; Walbank 226ff.; Hammond 291ff.; Lund 98ff.; Habicht 101ff.

zu den schon erworbenen Gebieten Obermakedonien und Pelagonien auch noch Thessalien hinzu, wo Antigonos Gonatas, der Sohn des Demetrios, allerdings die Festungsstadt Demetrias behaupten konnte. Ebenfalls im Frühling 287 erhob sich Athen gegen die antigonidische Herrschaft, wobei die Stadt durch ein ptolemäisches Söldnerkontingent von 1000 Mann unter dem Athener Kallias von Sphettos unterstützt wurde[113]. Die folgende Belagerung Athens durch Demetrios endete spätestens im Juli 287 durch dessen Friedensschluß mit Ptolemaios I., der eine Einstellung der Kämpfe gegen die Stadt und die Anerkennung ihrer Unabhängigkeit enthielt. Nicht zuletzt dieser Friedensschluß macht deutlich, in welchen politischen Zusammenhang die offenbar gut vorbereitete Erhebung Athens tatsächlich gehörte. In antigonidischer Hand blieben allerdings der Piräus, die Munychia und Salamis, ebenso die attischen Festungen Sunion, Eleusis, das Athen erst zu einem unbekannten Zeitpunkt nach 286/5 zurückgewann, Rhamnus, das dann vor Beginn des Chremonideischen Krieges wieder unter athenischer Kontrolle war, Phyle und Panakton[114]. Dieser Friedensschluß bedeutete das Ausscheiden des Ptolemaios aus der Koalition gegen Demetrios und die Annäherung an die Antigoniden, die 287/6 in Milet durch den Vollzug der Heirat des Demetrios mit Ptolemais, der Tochter des Ptolemaios I. und der Eurydike, feierlich dokumentiert wurde. Der Frieden mit dem Lagidenreich gab Demetrios freie Hand für seinen Angriff auf Lysimachos in Kleinasien, den er unmittelbar nach der Jahresmitte 287 begann; in Griechenland blieb sein Sohn Antigonos Gonatas als Stellvertreter zur Aufrechterhaltung der antigonidischen Positionen zurück[115]. Nach ersten Erfolgen in Westkleinasien mußte Demetrios aber vor den Gegenoperationen des Agathokles, des ältesten Sohnes und präsumptiven Nachfolgers des Lysimachos, ins Landesinnere zurückgehen und 286/5 schließlich vor ihm in das Reichsgebiet des Seleukos I. ausweichen. Als Seleukos dort schließlich gegen Demetrios vorging, wurde dieser in Gewahrsam genommen und in Apameia interniert. Dort verstarb Demetrios 283 v. Chr. Sein Sohn Antigonos Gonatas[116], dessen Erbe neben den von ihm gehaltenen Besitzungen in Griechenland ein Heer und eine schlagkräftige Flotte umfaßte, trat die Nachfolge des antigonidischen Königtums mit seinen weitreichenden Ansprüchen demonstrativ an, wie die Zählung seiner Herrscherära und die feierliche Heimholung der sterblichen Überreste des Vaters und ihre Bestattung in Demetrias dokumentieren[117]. Die Lage des Antigonos Gonatas war

113 Vgl. Habicht 102f.; ders., Untersuchungen 45–67; M.J. Osborne, ZPE 35, 1979, 181–194; E. Lanciers, RBPh 65, 1987, 52–86.

114 Vgl. zu den antigonidischen Positionen jetzt Habicht 102, 129 mit Anm. 1, 134f.; ders., Untersuchungen 68ff.

115 Vgl. Buraselis 96ff.; Walbank 232ff.; Lund 102ff.

116 Vgl. zu ihm W.W. Tarn, Antigonos Gonatas, Oxford 1913, bes. 110ff.; J. Seibert, Das Zeitalter der Diadochen, Darmstadt 1983, 195f.; Will I, 89ff., 107ff.

117 Vgl. Plut. Dem. 52.

ähnlich der seines Vaters nach der Niederlage der Antigoniden im Jahre 301 bei Ipsos gegen Lysimachos und Seleukos. Antigonos' Streben mußte in den folgenden Jahren auf die erneute territoriale Etablierung des antigonidischen Königtums und die Durchsetzung der damit verbundenen Ansprüche gerichtet sein. Sein primäres Ziel war dabei offenkundig die Rückgewinnung Makedoniens, daneben setzte er aber auch auf die kleinasiatische Option.

Das Scheitern des Demetrios Poliorketes in Kleinasien und seine Gefangennahme 285 v. Chr. gaben Lysimachos den Weg frei, seine Hand auf das ganze makedonische Reich zu legen, dessen Ostteil mit Niedermakedonien er 287 besetzt hatte[118]. So griff er 285 die makedonischen Besitzungen des Pyrrhos an, drängte diesen zurück und zwang ihn schließlich zur Flucht nach Epirus. Damit erstreckte sich das Reich des Lysimachos vom Taurusgebirge bis Thessalien. Nach dem Tode des Paionenkönigs Audoleon bald nach 285/4 nutzte er die Möglichkeit zum Eingreifen in den dortigen Streit um die Nachfolge für die Annexion des Landes, das allerdings nach Lysimachos' Tod seine Selbständigkeit zurückgewann[119].

284 v. Chr. besetzte Lysimachos ferner das Reich der Tyrannen von Herakleia am Pontus[120]. 302 war dessen Herrscherin Amastris, die Witwe des Tyrannen Dionysios und Nichte Dareios III., zu Lysimachos übergetreten, der mit ihr die Ehe einging und damit den Zugriff auf die bedeutenden Ressourcen und die Flottenmacht dieses ausgedehnten Staates an der Nordküste Kleinasiens bekam[121]. 299 hatte sich Lysimachos von Amastris einvernehmlich getrennt, um die Verbindung mit Ptolemaios I. durch die Heirat mit dessen Tochter Arsinoe II. besiegeln zu können. Die Königin Amastris übernahm wieder die Regierung ihres Reiches, wobei es zu einem Konflikt mit ihren Söhnen, dem dominierenden Klearchos II. und Oxathres, kam, der offenbar in einem Kompromiß beigelegt wurde. Während die Söhne gemeinsam unter der Oberhoheit ihrer Mutter die Herrschaft in Herakleia führten, gründete Amastris die gleichnamige neue Residenzstadt und vereinigte dazu die Städte Tios, Kromna, Kytoros und Sesamos, an dessen Stelle Amastris errichtet wurde, in einem Synoikismos[122]. Klearchos II. unterstützte Lysimachos auch in seinem glücklosen Kampf zur Unterwerfung des bithynischen Herrschers Zipoites[123].

118 Vgl. Walbank 234ff.; Hammond 293; Lund 104ff.

119 Vgl. Syll.[3] 371; Polyain. 4, 12, 3; Walbank 237 mit Anm. 5, 267f.; Lund 105f.

120 Vgl. hierzu S.M. Burstein, A Political History of Heraclea Pontica to 281 B.C., Diss. Univ. Los Angeles 1972; ders., Outpost of Hellenism: the Emergence of Heraclea on the Black Sea, Berkeley - Los Angeles 1976; Marek 16f., 21f.; zu Herakleia auch L. Jonnes, I. Heraclea Pontica, Bonn 1994, 51ff.; W. Ameling ebd. 115ff. (Prosopographie).

121 Vgl. Memnon F 4, 9; Diod. 20, 109, 7; Burstein a.a.O. 1976, 81ff.; Lund 75, 88.

122 Vgl. Memnon F 4, 9–5, 2; Strab. 12, 3, 10, C 544; Burstein a.a.O. 83ff.; Marek 16–18.

123 Die Annahme von von Burstein a.a.O. 84 mit Anm. 34, Kieros sei bereits vor 284 von Zipoites genommen worden, bleibt aber ohne Grundlage.

Der mysteriöse Tod der Königin Amastris gab Lysimachos 284 den Anlaß, Herakleia mit List zu besetzen und ihre Söhne unter der Anklage des Muttermordes hinzurichten[124]. Lysimachos annektierte das gesamte Reich, stellte Tios als selbständige Polis neben Herakleia und Amastris wieder her, installierte in Herakleia eine Garnison und eine Flottenbasis für starke Kernverbände seiner Flotte sowie eine königliche Münze[125]. Die innere demokratische Organisation, die der Bürgerschaft von Herakleia zuerst gewährt worden war, wurde rasch durch eine direkte monarchische Herrschaft ersetzt, als Lysimachos die Stadt ebenso wie das wichtige Kassandreia in Makedonien[126] seiner Gemahlin Arsinoe II. schenkte, die Herakleides von Kyme als Gouverneur in Herakleia einsetzte[127]. Als königlicher Gouverneur der Stadt Amastris wurde Eumenes von Tios, der Bruder des Philetairos und Vater des späteren Dynasten Eumenes I. von Pergamon[128], eingesetzt, der die Macht in Amastris über das Ende der Herrschaft des Lysimachos hinaus als selbständiger Dynast bis etwa Mitte der 70er Jahre des 3. Jh. in Händen hielt, ehe er die Stadt an Ariobarzanes von Pontos übergab[129]. Philetairos hatte seit ca. 302 die Vertrauensstellung des Kommandanten der Festung Pergamon und Aufsehers des dortigen Staatsschatzes des Lysimachos von 9000 Talenten inne. Als Parteigänger des Agathokles und der Lysandra sowie als Gegner der Arsinoe II. fiel er 282 von Lysimachos ab und trat auf die Seite des Seleukos I., der ihm als Herrn der Stadt Pergamon und der dort aufbewahrten Finanzmittel bestätigte[130]. Philetairos zählte seinen Herrschaftsbeginn, d.h. seine Lossagung von Lysimachos später ab 283 v. Chr., offensichtlich dem Jahr der Katastrophe des Agathokles. Seine unabhängige Stellung dokumentierte er durch eine Münzprägung in seinem Namen, die aber während der Regierung des Antiochos I. das Porträt des Seleukos I. zeigte[131]. Damit waren die Erlangung der Stellung durch Seleukos und die Anerkennung der

124 Memnon F 5, 2–3; Trog. prol. 16; Iust. 16, 3, 3; vgl. Burstein a.a.O. 85, 93f.; Lund 98, 105, 119f.; unrichtige Datierung noch bei Marek 21.

125 Vgl. zur lysimacheischen Organisation Memnon F 5, 3–5; 6, 2; 8, 5; M. Thompson, in: Essays in Greek Coinage pres. to S. Robinson, Oxford 1968, 163–182, bes. 166, 178; Burstein a.a.O. 85ff.

126 Vgl. Iust. 24, 2, 1; 24, 3, 3; zu Unrecht abgelehnt von Lund 194.

127 Memnon 5, 4–5; unbegründet der Versuch von Lund 194f., dies in seiner Bedeutung zu minimalisieren.

128 Vgl. etwa Strab. 13, 4, 2, C 624.

129 Memnon F 9, 4; vgl. u. S. 253f.; zu der aus Tios stammenden Familie der Attaliden Strab. 12, 3, 8, C 543; 13, 4, 1, C 623; 13, 4, 2, C 624; Hansen 14ff.; Allen 9ff., 181ff., bes. 188. Die drei Brüder Philetairos, Eumenes und Attalos, der Großvater des Attalos I. von Pergamon, stammten aus der Ehe des Attalos von Tios mit der Paphlagonierin Boa.

130 Vgl. Strab. 13, 4, 1, C 623; Paus. 1, 10, 3–5, bes. 4; etwa Allen 9ff.; Heinen, CAH^2 VII 1, 1984, 426f.; Lund 187, 200.

131 Vgl. E.T. Newell, The Pergamene Mint under Philetairus, New York 1936; Allen 14.

seleukidischen Autorität in gleicher Weise dokumentiert. Seine Loyalität demonstrierte Philetairos besonders, als er die Leiche des ermordeten Seleukos von Ptolemaios Keraunos loskaufte und die Asche dem Sohn und Nachfolger Antiochos I. übergab[132].

Eine bedeutende Veränderung vollzog sich im nördlichen Zentralanatolien jenseits der Grenze der tatsächlich von Lysimachos ausgeübten Herrschaft infolge des Aufstiegs des Mithradates I. Ktistes von Pontos[133]. Die iranische Dynastenfamilie der Stadtherrn von Kios und *Arrhina, die mit dem 362 hingerichteten Ariobarzanes einen bedeutenden Satrapen in Phrygien am Hellespont gestellt hatte, verlor ihr Stadtfürstentum, als Mithradates II. von Kios (337–302) im Jahre 302 von Antigonos Monophthalmos unter dem Verdacht der Konspiration mit Kassander getötet wurde und sein Sohn Mithradates III. von Kios, der spätere Gründer des pontischen Reiches, nur durch die Warnung seines Freundes Demetrios Poliorketes entkommen konnte[134]. Mithradates Ktistes floh mit wenigen Begleitern ins Innere Paphlagoniens, wo er, gestützt auf eine wachsende Anhängerschaft von Flüchtlingen vor der Herrschaft des Lysimachos, von der Burg Kimiata bzw. Kinista aus seine Macht über die angrenzenden Regionen ausweitete[135]. Es handelte sich um die Gebiete der paphlagonischen Mesogaia zwischen dem Olgassys-Gebirge und der von den Territorien der Küstenstädte Amastris, Sinope und Amisos eingenommenen Küstenzone sowie um das gesamte östlich des Halys angrenzende Kappadokien am Pontos. Die Lage der Burg Kimiata bzw. Kinista ist am südöstlichen Abhang des Olgassys-Gebirges (Ilgaz Dağları) zu suchen, vermutlich am Rande des Beckens von Kargı, die zugehörige pontische Landschaft Kinistene oder Kiniatene am Unterlauf des Devrez Çayı zwischen Olgassys-Kamm und Halys-Knie[136].

Einen erbitterten Gegner fand Lysimachos in dem bithynischen Herrscher Zipoites (328–280 v. Chr.)[137], dem Nachfolger des Fürsten Bas, der Bithynien durch seinen Sieg über den Makedonen Kalas, den Alexander 334 als Satrapen des

---

132 Vgl. App. Syr.63.

133 Vgl. hierzu Olshausen 398ff.; ders., in: Stuttgarter Kolloquium zur historischen Geographie des Altertums I, Bonn 1987, 187–212; McGing 13ff.; ders., RhM 129, 1986, 248–259; zu Kios T. Corsten, I. Kios, Bonn 1985, 34ff.

134 Diod. 20, 111, 4; Plut. Dem. 4; mor. 183a; App. Mith. 9; Olshausen 402; auch Diod. 15, 90, 4; 16, 90, 2; zur Rekonstruktion der Familie McGing a.a.O.; Mithradates II. von Kios ist mit dem militärisch hervorgetretenen Gefolgsmann des Eumenes bei Diod. 19, 40, 2 identisch.

135 Vgl. App. Mith. 9; Olshausen 402ff.; McGing 13ff.; Strobel, Grenzregion 41ff., bes. 52f., 60, 62f.

136 Vgl. hierzu Strobel a.a.O., bes. 52f. mit Anm. 171f.; ebd. zu den Namensformen.

137 Vgl. C. Habicht, RE X A, 1972, 448–455.

Hellespontischen Phrygien eingesetzt hatte, zwischen 333 und 328 vor dem makedonischen Zugriff bewahrt hat[138]. Die thrakischen Bithynier erscheinen bei Herodot als Thraker Asiens in der Reihe der Völkerschaften, welche die Nordküste Kleinasiens einnehmen[139]. Dort haben sie bereits im späten 5. und im 4. Jh. ihre relative Unabhängigkeit gegenüber den Satrapen von Daskyleion behauptet[140]. Doidalses hatte die Stadt Astakos und damit das Ostende des Golfes von Astakos bzw. Nikomedeia bereits um 405 für eine gewisse Zeit unter bithynische Herrschaft gebracht[141]. 315 versuchte Zipoites die Küstenregionen Bithyniens unter seine Herrschaft zu bringen, indem er Kalchedon und Astakos belagerte[142]. Das Eingreifen von Seiten des Antigonos Monophthalmos zwang ihn zur Aufhebung der Belagerungen, zur Stellung von Geiseln und zum Eintritt in die Symmachie, die zwischen Antigonos, Kalchedon und Astakos abgeschlossen wurde. Den großen 4. Diadochenkrieg 302/1 nützte Zipoites offensichtlich zur Wiederaufnahme seiner expansiven Politik, wobei er sich der Stadt Astakos bemächtigte. Das versuchte Eingreifen der Kalchedonier endete mit ihrer vollständigen Niederlage; auf Vermittlung des mächtigen Byzanz gewährte Zipoites der Stadt Frieden[143]. Nach 301 begannen die offenbar wechselvollen Kämpfe mit Lysimachos[144], der wohl nicht zuletzt auf Grund der Heirat mit Amastris, der Herrscherin von Herakleia am Pontus, das unabhängige und expansive bithynische Fürstentum zu beseitigen suchte. Das Ringen brachte Zipoites Siege über die Strategen des Lysimachos, von denen einer getötet, der andere fast ganz aus Bithynien vertrieben wurde; das persönliche Eingreifen des Lysimachos, bei dem die Stadt Astakos zerstört

---

138 Arr. an. 1, 17, 1–2; Memnon F 12, 4. Die Vorgänger des Bas, des Sohnes des Botiras, in der bithynischen Herrscherdynastie waren Doidalses und Botiras (Memnon ebd.). Vgl. zu den Anfängen des bithynischen Reiches W. Ruge – Ed. Meyer, RE III 1, 1897, 507–524, bes. Ed. Meyer 510ff.; E. Meyer 108ff.; Vitucci 11ff.; Habicht a.a.O. 448ff.; B.F. Harris, ANRW II 7, 2, 1980, 858–862; Marek 14f., 21.

139 Hdt. 3, 90, 2 (Völker rechts des Hellespont in der 3. Satrapie (nördliche bzw. hellespontische) Phryger, asiatische Thraker, Mariandynoi, Paphlagonier; bereits östlich des Halys (weiße) Syrer bzw. Kappadokier); 7, 75, 2; vgl. entsprechend Strab. 12, 3, 2, C 541. Vgl. Strobel, Grenzregion 32ff.; auch Ed. Meyer a.a.O. 510.

140 Xen. hell. 3, 2, 2; unter Pharnabazos waren sie enger an die persische Herrschaft gebunden (vgl. Xen. an. 6, 4, 24; 7, 8, 25).

141 Vgl. Memnon F 14, 3; Strab. 12, 4, 2, C 563; zu Astakos Strobel, Neuer Pauly I, s.v. Astakos. Die Konflikte zwischen den Bithyniern und Kalchedon führten 416 zu einem Vernichtungsfeldzug von Byzantiern, Kalchedoniern und verbündeten Thrakern gegen Bithynien (Diod. 12, 82, 2).

142 Diod. 19, 60, 3; vgl. Habicht a.a.O. 449f.

143 Plut. mor. 302e; vgl. zur Datierung Habicht a.a.O. 450, der aber den Zusammenhang mit dem Erwerb von Astakos noch nicht berücksichtigt.

144 Vgl. Memnon 12, 5; auch 6, 3; Vitucci 17ff.; Habicht a.a.O. 450ff.; u. Anm. 158.

wurde[145], endete offenkundig 297/6 mit dem Sieg des Zipoites über Lysimachos selbst[146]. Auf Grund dieses Sieges nahm Zipoites den Königstitel an und trat damit als gleichrangiger Gegner und Partner in den Kreis der Monarchien der späten Diadochenzeit ein. Auch durch Städtegründungen suchte er mit den Diadochen gleichzuziehen[147]. Über spätere militärische Auseinandersetzungen zwischen Lysimachos und Zipoites liegen bis 282/1 keine Informationen vor[148]. Vermutlich kam es zu einem Friedensschluß und zu einer Anerkennung der Stellung des Zipoites durch Lysimachos.

Das ursprüngliche Kerngebiet des bithynischen Reiches kann nicht nur, wie allgemein angenommen, auf das Hügelland der Bithynischen Halbinsel zwischen Propontis und Schwarzem Meer und ihre Verlängerung nach Osten bis zu den Gebieten um Unterlauf und Mündungsgebiet des Sangarios[149] beschränkt gewe-

---

145 Strab. 12, 4, 2, C 563; dem muß der Erwerb der Stadt durch Zipoites vorausgegangen sein.

146 Vgl. Memnon F 12, 5; zum Epochenjahr der bithynischen Königsära und zur Annahme des Königstitels durch Zipoites bes. Habicht a.a.O. 451f.; G. Perl, in: J. Harmatta (Hg.), Studien zur Geschichte und Philosophie des Altertums, Amsterdam 1968, 299–330; Leschhorn 178ff., bes. 185ff.

147 Unweit gegenüber dem zerstörten Astakos gründete er eine Stadt, die sein Sohn Nikomedes I. als Nikomedeia erneut gründete (Paus. 5, 12, 7); die Lage der Gründung Zipoition am Berg Lyperos(?), vermutlich am Lypedros-Gebirge in Bithynien, dem Ort des Sieges des Attalos über Prusias I. (IvP 65), ist unbekannt (Memnon F 12, 5; Steph. Byz. s.v.; Habicht a.a.O. 454f.; Orth 69).

148 Aus Trog. prol. 16, wonach das 16. Buch im Zusammenhang der Darstellung der Geschichte des Lysimachos nach Ipsos und der Annexion von Herakleia (284, s.o.) auf die Geschichte von Bithynien und Herakleia sowie seiner Tyrannendynastie eingegangen war, kann nicht auf ein Andauern der Kampfhandlungen geschlossen werden. Unrichtiger Ansatz bei Lund 105.

149 Als Ostgrenze des bithynischen Kernraumes bei Strab. 12, 4, 1, C 563; vgl. auch Arr. Bith. F 43 (ed. Roos); an. 1, 29, 5 (offensichtlich Land der thynischen und bithynischen Thraker Asiens zusammengefaßt). Arr. Bith. F 20, 11ff. (p. 203, ed. Roos) spricht vom Rhebas = Göksu Çayı; in F 20, 21ff. war das Gebiet Bithyniens vom Bosporus bis zu diesem Rhebas definiert; vgl. hierzu S. Şahin, EpAnat 6, 1987, 144ff. Eustath. ad Dionys. perieg. 793–796 hat die ähnlichen Namen für den Rhebas als Nebenfluß des Sangarios und den Rebas (Riva D.) im Nordwesten der Bithynischen Halbinsel sowie ihre Landschaften vermengt und die Informationen, die er aus Arrian in F 20, 21ff. zusammenstellte, verwirrt. So ist in Z. 22f. von Arrian tatsächlich als westliche Begrenzung der Küstenlandschaft Thynis (vgl. Plin. n.h. 5, 150), die er im Osten bis zum Kales definiert, die Landschaft um den nordbithynischen Rhebas westlich des Psillis gemeint gewesen (hier nun verwechselt mit der Landschaft Rhebantia/Göksu; vgl. p. 204, Z. 4f.; auch Ptol. 5, 1, 5). Vgl. u. Anm. 152.

sen sein[150]. Die Küstengebiete des Bosporus und der Propontis waren durch die Territorien der griechischen Städte beschnitten, Kalchedon, Astakos und der seit ca. 279 bestehende Besitz von Byzanz auf der Halbinsel Yalova mit dem Ort Pylai am Golf von Astakos oder Nikomedeia[151].

In der historischen Geographie Bithyniens ist von diesem Kerngebiet die Küstenlandschaft Thynis zu trennen, deren thrakische Bevölkerung der Thyner mit

150 Vgl. hierzu zusammenfassend Strobel, Grenzregion 32ff., 35 mit Anm. 64; in dieser Beschränkung etwa Vitucci 13; Habicht a.a.O. 449. Dagegen hat Marek 21 Anm. 184 zu Recht darauf hingewiesen, daß die Zugehörigkeit von Gebirgsregionen, die einer erfolgreichen Behauptung gegen überlegene Gegner den nötigen Rückhalt boten, vorausgesetzt werden muß; er hat jedoch diese unrichtig am „mittleren Sangariosbogen" angenommen.

151 Vgl. T. Corsten, I. Kios, Bonn 1985, 9f.; ders., I. Apameia und Pylai, Bonn 1987, 1f., 47f., 101ff., 162; ders., EpAnat 17, 1991, 81ff. Nr. 1; u. Anm. 158.458. Das Territorium von Kalchedon erstreckte sich im Südosten bis Panteichion, heute Pendik, gegenüber den Inseln Heybeliada und Büyükada (vgl. F.K. Dörner, RE XVIII 3, ²1983, 779f.) und im Norden bis zu dem Gebiet des Hieron am nördlichen Eingang des Bosporus (vgl. dazu u. Anm. 363). Das Territorium von Astakos dürfte die Ebene am Ostende des Golfes und insbesondere die Südküste der inneren Meeresbucht eingenommen haben. Die Küstenzone um den Golf von Kios und wohl auch der Halbinsel Yalova ist dem Gebiet von Kios zuzuordnen. Das reiche Hinterland um die Westseite des Askanischen Sees dürfte einschließlich des wichtigen Passes (Çengiler Geç.) nach Pylai (Yalova) und des Gebietes um diesen wichtigen Umschlagplatz für den Seeverkehr von und nach Byzanz zu der Polis Pythopolis gehört haben, die Mitglied des delisch-attischen Seebundes war und sehr wahrscheinlich am Südwestende des Askanischen Sees zu lokalisieren ist (vgl. Plin. n.h. 4, 148; Corsten a.a.O. 1987, 148f.). Ihr ursprüngliches Ausgreifen nach Norden belegt der Ortsname Pythia Therma. Das spätere Stadtgebiet von Kios/Prusias ad mare erstreckte sich von der Küste des Golfes bis an die West- und Südwestseite des Askanischen Sees (vgl. auch S. Şahin, Katalog der antiken Inschriften des Museums von Iznik (Nikaia) II 1, Bonn 1981, 3f.). I. Kios 100 belegt die nördliche Ausdehnung des Stadtgebietes im 3. Jh. n. Chr. bis zum Paß nach Pylai einschließlich der Ebene um das Nordwestende des Sees. Damals war das Gebiet mit der Halbinsel Yalova offensichtlich zwischen Prusias und dem nach 280/79 byzantinischen Nordteil mit Pylai (Yalova), dem Emporion Pylōn (bei Çiftlikköy; auch als Strobilos bekannt), mit Pythia Therma und dem Kap Triton (einschließlich der Karlık Dağı) geteilt (nicht treffend Corsten a.a.O.). Diese Ausdehnung des Territoriums von Kios auf den Südteil der westlichen Samanlı Dağları ist mit einiger Sicherheit jedoch erst durch die römischen Neuordnung der Provinz Bithynien erfolgt (vgl. u. Anm. 158). Die Grenze des byzantinischen Territoriums zu Bithynien ist östlich von Strobilos auf der Höhe des äußeren, den Golf im Süden abgrenzenden Kaps (Çatal Burun) zu ziehen (vgl. I. Pylai 112; Corsten ebd. 116ff.); Helenopolis (Altinova) gehörte bereits zu Bithynien respektive zum Territorium von Nikomedeia.

den thrakischen Bithyniern eng verwandt war[152]. Eine Küstenlandschaft gleichen Namens schließt sich an der thrakischen Schwarzmeerküste hinter Byzanz an[153]. Der sich vom Mündungsgebiet des Hypios (Melen Çayı) bis zum Kales (Alaplı Çayı) erstreckende Teil der thynischen Küstenlandschaft war Teil des herakleotischen Machtbereiches, während der zu Bithynien gehörende Teil westlich des Mündungsgebietes des Hypios über den Unterlauf des Sangarios bis zum Psilis (Göksu Deresi), aber wohl nicht mehr bis zum Rhebas (Riva Deresi) reichte. Östlich grenzten an das bithynische Kernland die Mariandynoi, die Bevölkerung im Hinterland der östlichen Thynis und von Herakleia, ferner ein Randteil Nordphrygiens, der späteren Phrygia Epiktetos[154]. Dieses Kernland muß auch die Ge-

152 Vgl. zur Küstenlandschaft Thynis zusammenfassend Strobel a.a.O. 35 mit Anm. 65; Hdt. 1, 28 präzisiert in der Liste der von Kroisos diesseits des Halys unterworfenen Völkerschaften die Thraker Asiens als Thyner und Bithynier; vgl. Ed. Meyer a.a.O. 512f.; Arr. Bith. F. 20 mit o. Anm. 149 (Ostgrenze am Kales; dazu auch Xen. an. 6, 2, 17; 6, 3, 1ff.; 6, 4, 1.3, Bithynier bzw. Thraker als Bevölkerung im Raum von Kalpe (Alaplı) am Kales lebend). Zum Psillis als Grenze der Thynis (auch Thynia, Thynias) vgl. Steph. Byz. s.v.; o. Anm. 149. Ihre Ostausdehnung nur bis gegen das Mündungsgebiet des Hypios (Melen Çayı) wie bei Skyl. 91 (Hypios erster Fluß im Mariandynengebiet); Ps.-Skymn. perieg. 976f.; Schol. Apoll. Rhod. II 794 entspricht offenbar der Grenze der bithynischen Herrschaft gegenüber Herakleia bzw. dem Territorium von Kieros und der historischen Westgrenze der Mariandynoi (Hypios als Grenzzone bzw. mariandynischer Fluß Apoll. Rhod. 722, 791ff.; Schol. a.a.O. 794; Skyl. 91; auch Ptol. 5, 1, 11; Xen. an. 6, 4, 1). Das Territorium von Kieros, das im Süden durch den versumpften Südteil des Beckens von Düzce begrenzt war, umfaßte die beiden Verbindungslinien der Stadt mit der Küste, einmal das Tal des Hypios, zum anderen den Landweg nach Dia (Akçakoca), das rund 10 km westlich der Grenze des Territoriums von Herakleia lag (vgl. W. Ameling, I. Prusias ad Hypium, Bonn 1985, 5ff.; Strobel, Neuer Pauly, s.v. Dia). Das Gebiet der östlichen Thynis war in der Antike dicht besiedelt (vgl. F.K. Dörner - W. Höpfner, AA 1962, 579). Herakleia übte über längere Zeit und wohl bis in die Einigung wie Erstarkung Bithyniens unter Doidalses ab ca. 430 hinein die Kontrolle über die gesamte Küstenlandschaft Thynis bis zum Psillis aus (vgl. Dom. Kall. FGrHist 433 F 5; Apoll. Rhod. 771ff. (unter Benutzung des Nymphis): Die Herrschaft der Mariandynen = Herakleia zuerst bis zum Rhebas ausgedehnt, jetzt nur mehr bis zum Hypios reichend); D. Asheri, in: F.K. Dörner (Hg.), Forschungen an der Nordküste Kleinasiens I, Wien 1972, 13, 18, allerdings überzogen ebd. 16).

153 Vgl. auch Strab. 12, 3, 3, C 541.

154 Strab. 12, 4, 1, C 563; 12, 4, 10, C 566; vgl. Strobel a.a.O. 32f. mit Anm. 37; o. Anm. 152; Arr. Bith. F 43 lokalisiert die Mariandynoi sehr schematisch jenseits des Sangarios, im Osten den Paphlagoniern benachbart; zur Westgrenze Anm. 152.155; der als Westgrenze bei Plin. n.h. 6, 4 genannte Fluß Coralius kann nicht lokalisiert werden. Zu den thrakischen Mariandynoi vgl. Strab. 12, 3, 4, C 542; W. Ruge, RE XIV 2, 1930, 1747–1749; Magie 308, 1192 Anm. 24; Asheri a.a.O. 17ff.; Robert 5ff. Ein Teil der Mariandynen lebte außerhalb der Territorien von Herakleia, Kieros und Tios, also in den Gebieten um den Südteil

birgsregion der Samanlı Dağları beiderseits des Durchbruchs des Sangarios nach Norden umfaßt haben, also den Raum oberhalb von Nikaia am Ostufer des Askanischen Sees (See von Iznik) bzw. oberhalb der Gebiete der späteren Phrygia Epiktetos, die sich bis an die östlichen Teile des Askanischen Sees erstreckte[155], der

des Beckens von Düzce, südlich der Akçakoca Dağları mit den Bolu Dağları und in den reichen Weidegebiete von Salon (Tal des Abant Gölü und Beckenlandschaft von Bolu/ Bithynion-Klaudiupolis; vgl. Strab. 12, 4, 7, C 565; Steph. Byz. s.v.). Diese Mariandynoi waren Teil der 3. Satrapie bzw. des Hellespontischen Phrygien (vgl. Hdt. 3, 90, 2). Zu Feldzügen der Herakleoten gegen sie vgl. Paus. 5, 26, 7. Der Vorort dieser Mariandynoi lag im Becken von Bolu und wurde von Prusias II. als Bithynion neu gegründet (Klaudiupolis/Bithynion als Metropolis der Mariandynen bei Konst. Porph. de them. I, p. 28 (ed. Bekker), im Thema Bukellarion die drei Ethne Bithynier, Galater und Mariandynoi). Später wurde das Gebiet von Bithynion als Teil der bithynischen Mesogaia gesehen (Strab. 12, 4, 7, C 565). Dies war ein Ergebnis der Ostexpansion des bithynischen Reiches und der schrittweisen Eingliederung des gesamten Mariandynengebietes außerhalb des eigentlichen Territoriums von Herakleia. Vgl. weiter u. Anm. 155.

155 Vgl. Strab. 12, 4, 5, C 564; 12, 8, 1, C 571; Strobel a.a.O. 33. Die Grenze des bithynischen Kernlandes ist östlich des Sangarios über den in der Antike wenig besiedelten Gebirgszug nördlich des unteren Gönük Çayı (Çarikli Tepe, 980 m) zu der Bergkette zwischen dem Bereich des mittleren und oberen Gönük Çayı und dem Talkessel von Gölpazarı mit dem antiken Marktort Tataion (Gölpazarı/Arıcaklar) zu ziehen, wo die phrygische Kulturtradition gut zu fassen ist. Auch die Verbreiterung des Sangarios-Tals bei Pamukova ist sehr wahrscheinlich zu Bithynien zu rechnen. Vgl. zu diesen Regionen Şahin (o. Anm. 151) 5ff., 21ff.; ders., EpAnat 7, 1986, 125–167; ebd. zur Neufestlegung der Trasse der zentralen Verkehrslinie und römischen Heeresstraße Nikaia - Ankyra südlich (bisher nördlich) des Gönük Çayı. Şahin a.a.O. 1986, bes. 129ff. verlegt allerdings die Grenze Bithyniens und damit auch der voraugusteischen römischen Provinz gegenüber dem Hellespontischen Phrygien bzw. der Phyrgia Epiktetos östlich des Sangarios zu weit nach Norden (Geyve Boğazı, Dikmen Tepe, Elmacık Dagı). Die Grenze dürfte vielmehr südlich des mittleren und oberen Gönük Çayı in den Bergketten nördlich der großen Heeresstraße zu suchen sein, also nördlich des dichter besiedelten Gebietes zwischen unterem Gönük Çayı und Tataion sowie nördlich der wichtigen Siedlung Dableis (Çayköy/Himmetoğlu) mit dem Einzugsbereich des Çatak Çayı (vgl. Şahin a.a.O. 1981, 16ff.). Die Straßenstation Koinon Gallikanōn (Cenon Gallicanon), 18 Meilen nach Dableis an der hier kreuzenden Verbindung Dorylaion - Prusias ad Hypium (Kieros) ist entgegen den bisherigen Annahmen (vgl. Şahin a.a.O. 19 mit Anm. 66) nicht bei Gönük zu suchen, da eine direkte Nordroute über die Gebirge fehlte, sondern eher ostnordöstlich von Dableis an einer Route nach Modrene (Mudurnu) unterhalb der Gebirgspässe nach Gönük; von Modrene führte die Straße in die Beckenlandschaft von Bolu und mündete in die Route Klaudiupolis (Bithynion) - Prusias ad Hypium. Die Grenzzone zwischen Bithynien und dem hellespontisch-phrygischen Gebiet um den Oberlauf des Gallos (Mudurnu Çayı) und die *Komopolis* Modrene (Beides im Hellespontischen Phrygien bzw. in der Phrygia Epiktetos; vgl. Strab. 12, 3, 7, C 543; J. Sölch,

mit dem gleichnamigen Landstrich im westlichen Teil zu Mysien, im Ostteil zu Nordphrygien gerechnet wurde[156]. Offensichtlich als neuen Zentralort zur Beherrschung der wichtigen Grenzregion zu Bithynien zwischen dem Ostteil des Sees und dem Sangarios hatte Antigonos Monophthalmos hier die Stadt Antigoneia errichtet, die Lysimachos als Nikaia neu gründete[157]. Zum bithynischen Kerngebiet gehörte sehr wahrscheinlich die gesamte Gebirgszone zwischen dem Askanischen See sowie den südlichen Kozpınar Dağları und dem Golf von Astakos, spätestens nach 301 einschließlich der Gebirgsgegend nordwestlich des Askanischen Sees im Inneren der Halbinsel Yalova[158]. Nach dem Erwerb des Territoriums von Astakos reichte das bithynische Gebiet an der Südküste des gleichnamigen Golfes bis Altinova (Helenopolis), umfaßte nun also die gesamte Meeresbucht. Östlich des Sangarios-Durchbruchs wird das bithynische Gebiet auch die Gebirgsregion um den mittleren und oberen Gönük Çayı, die Kapıorman Dağları und den westlichen Teil des Elmacık Dağı-Massivs umfaßt haben. Die Abgrenzung zum Gebiet des Oberlaufes des Gallos (Mudurnu Çayı), das zur Phrygia Epiktetos gehörte, kann im Bereich der Pässe Hacıayaz Geç. (1080 m) und Meyitler Geç. (1140 m) sowie der Schlucht des Mudurnu Ç. östlich von Dokurcun vermutet werden. Die ursprüngliche Ostgrenze gegen das Gebiet von Herakleia mit dem Territorium von Kieros dürfte etwa auf den Höhenzügen der Wasserscheide zwischen dem Unterlauf von Sangarios und Hypios zum Bergstock des Erenler Tepe (1830 m) verlaufen sein.

Klio 11, 1911, 393–414; Şahin a.a.O. 1986, 126ff., 142f.) dürfte in den Pässen Meyitler und Hacıayaz Geç. sowie in der Schlucht des Gallos am Karamurat Geç. zu suchen sein, um dann als Grenze zu den Mariandynen und dem Territorium von Kieros über den Erenler Tepe (1830m) nach Norden zur Wasserscheide zwischen unterem Sangarios respektive Gallos und dem Hypios zu verlaufen (vgl. o. Anm. 149.152.154).

156 Strab. 12, 4, 5, C 564f.; Plin. n.h. 5, 144.

157 Strab. 12, 4, 7, C 565f.; Steph. Byz. p. 474 (ed. Meineke); Eustath. ad Il. 2, 863; W. Ruge, RE XVII 1, 1936, 226–243; Orth 30.

158 Dem entspricht der Fundort der Stele des bithynischen Offiziers Menas (I. Kios 98), die ein Tumulusgrab belegt, in Cihanköy zwischen Orhangazi und Yeniköy, der 281 in der Schlacht von Kurupedion für das Vaterland (i. e. Bithynien) gefallen ist (vgl. o. Anm. 151; u. S. 201; Strobel a.a.O. Anm. 94). Bis 302 hat dann vermutlich das gesamte Gebiet westlich des Askanischen Sees bis an den Eingang des Golfes von Astakos zum Herrschaftsbereich der Mithradatiden als Dynasten von Kios gehört. Nach der Beseitigung des Mithradates II. von Kios ist ihr Herrschaftsbereich zuerst an Antigonos Monophthalmos und dann an Lysimachos gefallen (vgl. auch Orth 45; zur Münzprägung des Lysimachos Thompson o. Anm. 125). Die singuläre Notiz über eine Zerstörung durch Demetrios Poliorketes bei Eustath. ad Dionys. perieg. 805 könnte sich auf die Auseinandersetzungen mit Lysimachos beziehen. Hier lag nach 301 zweifellos ein Schwerpunkt der expansiven Politik des Zipoites und der Kämpfe mit Lysimachos.

In den 80er Jahren des 3. Jh. begann sich auf Grund des hohen Alters der drei Diadochen Ptolemaios, Lysimachos und Seleukos, die über die herausgebildeten großen Nachfolgestaaten des Alexanderreiches herrschten, das Problem zu konkretisieren, die von ihnen errungene, personenbezogene Ausnahmestellung zu übertragen. Die für ihre Reichbildungen grundlegende Struktur einer auf der Person dieser Herrscher basierenden Existenz von Reich und Herrschaft war in eine dynastische Nachfolge zu führen[159]. Die dabei eingeschlagenen Wege der Familienpolitik sollten zu einem grundlegenden Faktor der Destabilisierung und zu einer Voraussetzung für die schwere Krise der noch wenig gefestigten frühhellenistischen Staatenwelt werden[160].

Im Unterschied zu den anderen Diadochen hatte Seleukos I. Nikator an seiner 324 in Susa geschlossenen Ehe mit Apame, der Tochter des Baktrerfürsten Spitamenes, festgehalten und damit zweifellos für sich wie für seinen Sohn und späteren Nachfolger Antiochos I., der sich sowohl auf eine makedonische wie eine iranisch-achaimenidische Abstammung berufen konnte, eine wichtige Voraussetzung für die dauerhafte Errichtung der seleukidischen Herrschaft im mesopotamischen bis persischen Raum geschaffen. Die Nachfolgeregelung wurde durch die Einsetzung des Antiochos 294 oder 293 als eines voll berechtigten Mitkönigs und Regenten der Satrapien östlich des Euphrat sowie durch die Abtretung der Gattin Stratonike, der Tochter des Demetrios Poliorketes, an den Sohn eingeleitet und gesichert[161].

Ptolemaios I.[162] hatte sich in zweiter Ehe mit Eurydike, der Tochter des Antipatros vermählt, eine Verbindung, aus der vermutlich fünf Kinder hervorgingen, darunter der älteste Sohn Ptolemaios Keraunos, dessen jüngerer Bruder Meleagros und Lysandra. Letztere wurde mit Agathokles, dem ältesten Sohn des Lysimachos aus seiner Ehe mit Nikaia, ebenfalls einer Tochter des Antipatros, verheiratet.

Im Gefolge der Eurydike war Berenike (I.) an den Lagidenhof gekommen, wo sie bald zur Mätresse des Ptolemaios I. wurde und schließlich Eurydike verdrängen konnte. Schon 316 hatte sie ihm eine Tochter, Arsinoe (II.), und 308 einen Sohn, den späteren Ptolemaios II. Philadelphos, geboren. Als Gemahlin des Königs gelang es ihr, die Thronfolge für ihren Sohn zu sichern; der erstgeborene Ptolemaios Keraunos wurde von der Nachfolge ausgeschlossen[163]. Noch vor 287 haben

---

159 Vgl. zusammenfassen Strobel, Keltensieg 83ff. mit der weiteren Literatur.

160 Vgl. J. Seibert, Historische Beiträge zu den dynastischen Verbindungen der hellenistischen Zeit, Wiesbaden 1967, bes. 72ff. (Ptolemaios I.), 93ff. (Lysimachos).

161 Vgl. H. Bengtson, Die Strategie in hellenistischer Zeit II, München [2]1964, 80ff.; Mehl 266f., auch 224ff. (allerdings nicht überzeugend in der Sicht der romanhaften Überlieferung der Liebe zwischen Antiochos und Stratonike); zu den politischen Motiven für die Übertragung der Ehe zuletzt K. Brodersen, Athenaeum 63, 1985, 459–469 (zum literarischen Charakter der Überlieferung); auch Geyer, RE IV A 1, 1931, 319f.

162 Vgl. auch H. Volkmann, RE XXIII 3, 1959, 1610, 1628f., 1645f.; Hölbl 26, 32f.

163 Vgl. auch R.A. Hazzard, Phoenix 41, 1987, 140–158, bes. 148ff. (zu spät erst 285 angesetzt).

Eurydike und ihre Kinder Ägypten verlassen und sich an den Hof des Lysimachos begeben, wo Ptolemaios Keraunos die Unterstützung des Lysimachos für die Durchsetzung seines Anspruchs auf die Nachfolge des Vaters zu gewinnen suchte[164]. Damit war für den Fall des Todes des Ptolemaios I. die Situation zweier konkurrierender Thronanwärter geschaffen. Zur Sicherung der Nachfolge wurde Ptolemaios II. im Dezember oder Januar 285/4 zum Mitregenten erhoben[165]. Nach dem Tod des Vaters im Winter 283/2 trat Ptolemaios II. die Alleinherrschaft an; die Krönung erfolgte wahrscheinlich am 7. 1. 282[166]. Seine Nachfolge war aber selbst am ägyptischen Hof nicht unumstritten, wie der Fall des Demetrios von Phaleron zeigt, der Alexandria verlassen mußte und durch einen Schlangenbiß zu Tode kam, weil er für die Thronfolge der Kinder der Eurydike eingetreten war.

Lysimachos trennte sich 299 von seiner zweiten Gattin Amastris, der Nichte des Dareios III. und Herrscherin von Herakleia, um zur Besiegelung der Verbindung mit Ptolemaios I. dessen Tochter Arsinoe II. zu heiraten[167]. Ihr Ziel, nicht zuletzt zur Sicherung ihrer Stellung und ihrer Kinder, war der Gewinn der Thronfolge für ihren ältesten Sohn Ptolemaios[168]. Auf dem Hintergrund der Spannungen zu Seleukos I. um den Besitz Koilesyriens und wohl auch der Problematik seiner eigenen Thronfolge verstärkte Ptolemaios II. als Mitregent noch zu Lebzeiten seines Vaters die Verbindung mit Lysimachos, indem er sich mit Arsinoe I., dessen Tochter aus der ersten Ehe mit Nikaia, wahrscheinlich ca. 284 vermählte[169]. Zugleich scheint der Einfluß seiner Schwester Arsinoe II. auf ihren Gemahl Lysimachos seinen Höhepunkt erreicht zu haben, der ihr die Stadt Herakleia zum Geschenk machte. Damals werden Ptolemaios Keraunos, sein Bruder Meleager und ihre Mutter Eurydike den Hof des Lysimachos verlassen und sich zu Seleukos I. begeben haben, den Keraunos nun für die Unterstützung seiner Ansprüche zu gewinnen suchte; Seleukos nahm ihn als wichtiges politisches Faustpfand in seine

164 Vgl. Memnon F 8, 2; Heinen 3ff., 50ff.; zu Keraunos Volkmann a.a.O. 1597–1599; Seibert (o. Anm. 116) 232.

165 Vgl. Hazzard a.a.O., bes. 148ff.; E. Grzybek, Du calendrier macédonien au calendrier ptolémaïque. Problèmes de chronologie hellénistique, Basel 1990, 131, 171ff., bes. 175; dazu auch G. Höbl, Tyche 7, 1992, 117–122. Die Annahme, die Mitregentschaft sei eine nachträgliche Fiktion gegen die Ansprüche des Ptolemaios Keraunos, ist ohne Grundlage.

166 Vgl. L. Koenen, Eine agonistische Inschrift aus Ägypten und frühptolemäische Königsfeste, Meisenheim/Glan 1977, 43ff., 52ff., 101; Grzybek a.a.O. 81ff., 97ff., 115ff.; H. Hauben, CE 67, 1992, 143–171, bes. 162ff.; Hölbl 30, 32f.; zu Demetrios von Phaleron Diog. Laert. 5, 78f.; Cic. Rab. Post. 23.

167 Vgl. auch Lund 88; zu Arsinoe II. U. Wilcken, RE II 1, 1895, 1282–1287; Seibert a.a.O. 201; ders. (o. Anm. 160) 82ff.; G. Longega, Arsinoe II, Rom 1968, bes. 15ff., 59ff.

168 Geboren um 298/297; vgl. zu ihm Volkmann a.a.O. 1596f.

169 Vgl. Seibert a.a.O. 1967, 78; Heinen 14ff.; Lund 104, 186.

unmittelbare Umgebung auf und sicherte ihm seine Unterstützung zu[170]. Agathokles, der älteste Sohn und bisherige präsumptive Nachfolger des Lysimachos, der durch seinen Sieg über Demetrios Poliorketes hohes Prestige gewonnen hatte, wurde schließlich 283/2 durch eine Intrige seiner Stiefmutter auf Befehl seines Vaters unter der Beschuldigung des Hochverrats beseitigt; Ptolemaios, der älteste Sohn der Arsinoe II., hatte an dem Geschehen offenbar einen wesentlichen Anteil[171]. Am Hofe des Lysimachos folgte eine blutige Säuberung, Lysandra floh mit ihren Kindern an den Hof des Seleukos, ebenso Alexander, ein weiterer Sohn des Lysimachos aus seiner Verbindung mit einer odrysischen Nebenfrau.

Der greise Seleukos I. Nikator nahm die Erschütterungen im Hause des Lysimachos, die den Kreis des Hofes und der Funktionsträger des Reiches gespalten hatte, zum Anlaß, den Kampf um das Erbe des Alexanderreiches wieder aufzunehmen[172]. Nach dem Tode des Demetrios Poliorketes und des Ptolemaios I. waren von der Generation der Diadochen nur mehr Lysimachos und er selbst übrig geblieben. Die aktuelle Entwicklung einer Schwächung des Lysimachos war dabei nur das auslösende Moment, hinter dem die grundlegenden machtpolitischen Ansprüche und Rivalitäten zu sehen sind, die durch die vergleichsweise geringe Beute des Seleukos nach Ipsos, die Machterweiterung des Lysimachos seit 287/285 und die verstärkte Bindung zwischen diesem und den Ptolemäern verstärkt werden mußten[173]. Ziel des Seleukos war von Anfang an, woran kaum zu zweifeln sein dürfte, der Erwerb des gesamten Reiches des Lysimachos mit den westlichen Kerngebieten des Alexanderreiches, Kleinasien und Makedonien. Erst die Ermordung des Seleukos Nikator im Spätsommer 281 ließ die Möglichkeit der Wiedererrichtung eines geeinten Alexanderreiches zu einer Vision verglimmen.

Seleukos brach mit seinem Heer offenbar relativ spät im Jahre 282 zu einem überraschenden Angriff gegen das Reich des Lysimachos auf. Das ungewöhnliche Datum der Entscheidungsschlacht auf dem Kuros-Feld bei Magnesia am Sipylos im

170 Vgl. Memnon F 8, 2; App. Syr. 62; Paus. 1, 16, 2.

171 Vgl. Trog. prol. 17; Iust. 17, 1, 3–6; Strab. 13, 4, 1, C 623; Memnon F 5, 6–7; Paus. 1, 10, 3–4; Heinen 3ff.; Seibert a.a.O. 1983, 192f.; Mehl 283ff.; H. Bengtson, Die Diadochen, München 1987, 143; Lund 184ff., bes. 186ff.; Walbank 289. Ebd. zur Gleichsetzung des Ptolemaios bei Memnon F 5, 6 mit dem Sohn des Lysimachos. Eine Verschwörung des Agathokles zur Sicherung seiner Stellung gegen die Machenschaften der Arsinoe II. wäre zwar denkbar, doch ist der Versuch von Lund, Arsinoes Rolle und ihre Stellung zu minimalisieren, abzulehnen (ebd. 194f. der Besitz von Herakleia zu Unrecht geleugnet).

172 Vgl. zusammenfassend Heinen 18ff., bes. 20ff., 26f.; ders., CAH^2 VII 1, 1984, 113ff.; Will I, 97ff.; Mehl 283ff., bes. 297ff.; Walbank 239ff.; Brodersen 178ff., 188f.; Lund 199ff.; zur Chronologie zusammenfassend Walbank 580ff.; wenig weiterführend J.D. Grainger, Seleukos Nikator, London - New York 1990, 173ff.

173 Vgl. auch Mehl 288f.

Januar/Februar 281 beim Aufeinandertreffen der Heere des Seleukos und des Lysimachos westlich von Sardes kann kaum anders interpretiert werden[174]. Seleukos hatte wahrscheinlich im Frühherbst das Taurusgebirge überschritten und von Kappadokien aus vorstoßend überraschend Sardes in seine Hand gebracht[175], ehe Lysimachos reagieren konnte. Ein zweites Heereskorps unter dem Befehl des Alexander, des geflüchteten Sohnes des Lysimachos von seiner odrysischen Nebenfrau, hatte offenkundig den Weg über die Königsstraße nach Ankyra und von dort über Dorylaion und Kotyaëion nach Sardes genommen, wobei der wichtige Knotenpunkt Kotyaëion durch ein Strategem fiel[176]. Zu einer größeren Abfallbewegung von Lysimachos ist es aber unter den Städten Kleinasiens vor dem Sieg des Seleukos nicht gekommen, wenn auch einige Militärführer als Folge der Beseitigung des Agathokles nun zu Seleukos übergegangen zu sein scheinen[177]. Nur der aktive Anschluß des Philetairos, des Kommandanten und Gazophylax von Pergamon, eines Widersacher der Arsinoe II., ist konkret belegt. Beim Aufeinandertreffen der beiden greisen Diadochen verlor der 80jährige Lysimachos Schlacht und Leben. Sein Reich über Makedonien, Thrakien und wesentliche Teile Kleinasiens fiel als Rechtstitel des Siegers an Seleukos[178]; entsprechend wurde der Übergang des

174 Grundlegend für die gesamte Chronologie der Jahre 282/1–278 ist die Fixierung der Ermordung des Seleukos I. durch Ptolemaios Keraunos in der babylonischen Königsliste auf 26. 8./25. 9. 281 v. Chr. (BM 35603 recto, Z. 6–7; 6. Monat, Jahr 31 sel.; dazu J. Sachs - D.J. Wiseman, Iraq 16, 1954, 202–211; Heinen 20ff.). Hinzu kommen die Chronikangaben zu Jahr 30 und 31 in A.K. Grayson, Assyrian and Babylonian Chronicles, Locust Valley NY 1975, Chron. 12 (mit p. 27). Die Angabe Simanu, Jahr 30 sel. = 10.6./9.7.282 für die Musterung der Truppen und den Aufbruch des Seleukos steht nur scheinbar mit Heinens Annahme eines überraschenden Angriffs in Widerspruch. Zwar weist der Text der Chronik zwischen der datierenden Formel (recto Z. 3) und der Erwähnung von Musterung und folgendem Aufbruch je eine Lücke auf (Z. 3–5), doch ist die Musterung der Truppen in Syrien oder Mesopotamien davon nicht zu trennen. Dagegen scheint in Z. 4 eine erste Station des Marsches des Seleukos angegeben zu sein, sehr wahrscheinlich Kappadokien (wie 302; vgl. Diod. 20, 113, 4), der dann der Marsch nach Ionien folgt, der durchaus erst in den Herbst fallen wird. Die Schlacht von Kurupedion selbst ging dem Tod des Seleukos an die sieben Monate voraus (Iust. 17, 2, 4).

175 Polyain. 4, 9, 4.

176 Paus. 1, 10, 4; Polyain. 6, 12.

177 Übertrieben Memnon F 5, 7; vgl. Iust. 17, 1, 7–9; Mehl 291ff.; Lund 200f.

178 Vgl. Memnon F 5, 7 (nur topisch das Motiv der Sehnsucht nach der Heimat ebd. 8, 1); den explizit formulierten Rechtsanspruch des Antiochos III. auf europäische Besitzungen auf Grund des „Speergewinns" durch den Sieg des Seleukos I. über Lysimachos bei Pol. 18, 51, 3–4; hierzu Mehl 299f. mit Anm. 44, 315ff.; Walbank 242f.; zum grundsätzlichen Gedanken des „Speererwerbs" respektive des „speergewonnenen Landes", des Rechtstitels durch militärischen Sieg und Eroberung, Syll.[3] 685, Z. 132–134; A. Mehl, AncSoc 11–12, 1980–81, 173–212; Strobel, Keltensieg 83ff., bes. Anm. 105.

Königs in den europäischen Teil des Reiches des Lysimachos in der babylonischen Chronik als Vollzug seines Besitzanspruches zum Ausdruck gebracht[179]. Arsinoe II. floh zu Schiff aus Ephesos, wo die 282 mobilisierten Verbände der Flotte des Lysimachos lagen, nun aber auch seleukidische Parteigänger aktiv auftraten[180]. Mit ihren Kindern, vor allem dem ältesten, dem etwa 17- oder 18jährigen Ptolemaios, dem Sohn des Lysimachos, verschanzte sie sich in ihrer Stadt Kassandreia in Makedonien.

Zipoites von Bithynien muß 282 unverzüglich auf der Seite des Seleukos in den Krieg eingetreten sein, da ein bithynisches Korps an der Schlacht von Kurupedion teilnahm[181]. Gleichzeitig dürfte Zipoites im Spätherbst 282 den Angriff auf Herakleia, die nächstgelegene Bastion und Basis des Lysimachos, eröffnet haben, wobei er sehr wahrscheinlich bereits den östlichen Teil der Landschaft Thynis und Kieros mit seinem Gebiet in der Beckenlandschaft von Düzce besetzte[182]. Im Gegensatz zu der bisherigen Rekonstruktion des Geschehens besteht guter Grund, den Beginn des Angriffs des Zipoites nicht erst nach dem Tod des Lysimachos anzusetzen und zugleich das Geschehen in zwei Phasen zu teilen, eine erste 282/1 im Rahmen des Krieges gegen Lysimachos, eine zweite 281/280, die mit dem Zerbrechen der Verbindung zwischen Zipoites und Seleukos und den Verhandlungen Herakleias mit Seleukos parallel lief. 281 hat Zipoites offenkundig beim Zusam-

---

179 Chron. 12, verso Z. 3; vgl. auch S.M. Sherwin-White, JNES 42, 1983, 265–270, bes. 266f.

180 Polyain, 8, 57.

181 Vgl. die Grabstele des bithynischen Offiziers der Infanterie Menas (I. Kios 98); zusammenfassend Corsten ebd. 149ff.; Habicht RE X A, 1972, 452f.; Strobel, Grenzregion, Anm. 94.; Mehl 294ff. sucht das Zeugnis zu relativieren, doch ist der Bezug auf die Schlacht des Jahres 281 nur wenig begründet in Frage zu stellen. Sein Hauptargument, der rasche Frontwechsel des Zipoites vom Verbündeten zum Feind des Seleukos, kann durch einen sich entwickelnden Konflikt um die Expansion des Bithyniers in das bisherige Reichsgebiet des Lysimachos und die Vorgänge um Herakleia und seine Territorien hinreichend erklärt werden. Obwohl Memnon nichts davon berichtet, waren die Herakleoten sicher bestrebt, Zipoites gegenüber Seleukos als Aggressor darzustellen und ihre verlorenen Gebiete einzuklagen. Alternative Zuordnungen wären der Krieg gegen Antiochos III. 190/89 v. Chr. oder hypothetisch auch Kämpfe der Bithynier in diesem strategisch wichtigen Gebiet gegen die Pergamener; letzteres entbehrt jedoch einer tatsächlichen Grundlage.

182 Memnon gibt in seiner Darstellung nach Nymphis keine Informationen über die Erfolge oder Gewinne des Zipoites, berichtet aber, daß dessen Sohn und Nachfolger Nikomedes I. bei seinem Bündnisschluß 280/79 mit Herakleia, der gegen Antiochos I. gerichtet war, die Städte Kieros, Tios und die Landschaft Thynis gegen große finanzielle Unterstützung zurückgab (F 9, 3–4). Die erfolgreiche Invasion des Zipoites gegen Herakleia umschreibt er in F 6, 3 nur summarisch, wobei er als Motiv für dessen Feindschaft zuerst Lysimachos und dann Seleukos nennt, denen beiden er feindlich gesinnt gewesen sei.

menbruch der Herrschaft des Lysimachos aber noch weitere Gebiete besetzt, so insbesondere das Gebiet von Nikaia und den Raum um den Golf von Kios. Die grundlegende Bedeutung des Jahres 282/1 wird durch die Tatsache verdeutlicht, daß die bithynischen Städte Apameia, Nikaia, Nikomedeia, Prusa ad Olympum, Tios und Bithynion jeweils Münzen mit einer städtische Ära prägten, die auf dieses Jahr als Epochenjahr verweist. Die Ära erscheint explizit allerdings nur in der Münzprägung unter den römischen Statthaltern C. Papirius Carbo und C. Vibius Pansa in den Jahren 61/0–59/8 und 47/6 v. Chr., ferner vermutlich auch auf wenigen epigraphischen Zeugnissen, so auf dem fragmentarischen Dekret von Prusa am mysischen Olymp[183]. Während es sich bei Tios um einen direkten Bezug auf das Ende der lysimacheischen Herrschaft über die Stadt handeln wird[184], ist für die erst später gegründeten Städte Apameia, Prusa am mysischen Olymp und Bithynion dieses Epochenjahr nur in dem Zusammenhang des bithynischen Sieges sowie einer von dem bithynischen König verkündeten Befreiung von dem Regiment des Lysimachos und weiterer monarchischer, sprich seleukidischer Herrschaft zu deuten[185]. Dies kann auch für Kios und Myrleia zutreffen, die Prusias I. 202 im Bündnis mit Philipp V. von Makedonien endgültig für Bithynien gewann und die Prusias bzw. Nikomedes II. als Prusias ad mare bzw. Apameia neu gründete[186]. Auch für Nikaia dürfte das Epochenjahr den als Befreiung propagierten Beginn der Zugehörigkeit zu Bithynien angeben. Das Jahr 282/1 des Sieges über Lysimachos und der ersten großen Expansion Bithyniens scheint in der bithynischen Tradition neben das Epochenjahr der Annahme des Königtitels durch Zipoites getreten zu sein.

---

183 Jahr 222, 223, 224 und 236; G.R. Stumpf, Numismatische Studien zur Chronologie der römischen Statthalter in Kleinasien (122 v. Chr.- 163 n. Chr.), Saarbrücken 1991, Nr. 96–97.132 (Apameia, 224, 236), 98–99 (Bithynion, 224), 100–119.133 (Nikaia, 222, 223, 224, 236), 120–128.134–137 (Nikomedeia, 224, 236), 129 (Prusa am Olympos, 224), 130 (Tios, 224); in Apameia zudem Prägungen mit der gleichen Ärenzählung (236), aber ohne Nennung eines Proconsuls (Rec. gén. 31; SNG Cop. 333); in Amastris und Amisos Prägungen unter Carbo ohne Ärenzählung (Stumpf a.a.O. Nr. 94.95). Votivinschriften vermutlich mit derselben Ärenzählung aus Triglia, das zum Territorium von Apameia gehörte (I. Apameia 33–35; auch T. Corsten, MDAI(I) 37, 1987, 188 Anm. 7; widersprüchlich Leschhorn 40ff., 192 Anm. 4). Vgl. Perl (o. Anm. 146) 327f., 300 mit Anm. 123; Stumpf a.a.O. 66ff., 73f.; Leschhorn 40f., 191ff., 418, 486; auch Marek 21ff. Zu dem Dekret von Prusa (I. Prusa 1), dem die Gründung der Stadt einige Zeit vorausgegangen gewesen sein muß und dessen Ärenangabe L. Robert, Études anatoliennes, Paris 1937, 228–234, bes. 231 wohl am wahrscheinlichsten ergänzt, Vitucci 60ff., bes. 62; T. Corsten, I. Prusa, Bonn 1991, p. 8f.; Leschhorn 40f. mit 189ff.

184 Vgl. u. S. 203.

185 Vgl. auch Memnon F 11, 3.

186 Vgl. Steph. Byz. s.v. Myrleia gegen Strab. 12, 4, 3, C 563f.; Hermipp. Beryt. fr. 72 (FGH III, 51); C. Habicht, RE XXIII 2, 1959, 1095f.; W. Leschhorn, Gründer der Stadt, Stuttgart 1984; Strobel, Neuer Pauly I, s.v. Apameia.

Auch das Gebiet um das spätere Bithynion, die Beckenlandschaft von Bolu, dürfte 281 erstmals in bithynischer Hand gewesen sein. Der erfolgreiche Vorstoß des Zipoites 281 hatte demnach im Osten das mariandynische Hinterland von Herakleia[187] bis in die westlichen Bolu Dağları und die Randlandschaft des nördlichen hellespontischen Phrygien vom oberen Gallos (Mudurnu) bis ins Becken von Bolu erfaßt. Erst so war das Ausgreifen auf Tios möglich.

Über die von Zipoites besetzten Teile des Lysimachosreiches in Mysien, am Golf von Kios sowie im Territorium und Hinterland Herakleias, vorrangig vielleicht über den Besitz der Stadt Nikaia und des wichtigen Gebietes am Askanischen See, ist es sehr wahrscheinlich zum Bruch des kurzlebigen militärischen Zweckbündnisses des Zipoites mit Seleukos gekommen. In letzterem sah Zipoites nun wie zuvor in Lysimachos eine Bedrohung seiner Erfolge, seiner Stellung und Unabhängigkeit[188]. Da sich Herakleia gleichzeitig nach der Beseitigung der Herrschaft des Statthalters der Arsinoe um einen Anschluß an Seleukos bemühte, wobei wohl zugleich die Suche nach Unterstützung gegen Zipoites eine wesentliche Rolle gespielt haben dürfte, hat der Bithynier sein aggressives Vorgehen gegen die Stadt fortgesetzt[189] und dabei nun wohl auch das weit östlich gelegene Tios in seine Hand gebracht[190]. Tios hatte unmittelbar nach dem Untergang des Lysimachos für eine gewisse Zeit seine Freiheit von königlicher Herrschaft errungen gehabt, was in der Freiheitsprägung der Stadt und in dem Epochenjahr 282/1 der städtischen Ära seinen Ausdruck fand[191].

Als Seleukos I. zum Vollzug seines Rechtstitels als Sieger über Lysimachos den Hellespont im Spätsommer 281 überschritten hatte, um Lysimacheia, die Hauptstadt des Lysimachos, und dessen europäische Besitzungen einschließlich Makedoniens in Besitz zu nehmen, wurde er zwischen dem 26.8. und 25.9. von Ptolemaios Keraunos eigenhändig ermordet[192]. Offenbar sah sich dieser um eine tatsächliche

187 Vgl. Strobel, Grenzregion 36f.; o. Anm. 152, 154.

188 Vgl. entsprechend Memnon F 6, 3, Z. 19; auch Vitucci 18ff.; Mehl 301ff.

189 Memnon F 6, 3.

190 Vgl. Memnon F 9, 4.

191 Vgl. o. Anm. 183; zur Freiheitsprägung Rec. gén. 4; W. Ruge, RE VI A 1, 1936, 856–862, bes. 858ff.

192 Vgl. o. Anm. 174; Grayson a.a.O., Chron. 12 verso, Z. 1–3: im 31. Jahr, Monat?, Aufbruch des Seleukos von Sardes, Musterung der Truppen und Übergang über die Meerenge nach »Makedonien, seinem Land« (Z. 3); Trog. prol. 17; Strab. 13, 4, 1, C 623; App. Syr. 62; Memnon F 8, 3; Paus. 1, 16, 2; 10, 19, 7; Heinen 50ff.; Mehl 315ff., bes. 318ff.; Walbank 243f.; Brodersen 178ff. In Chron. 12 verso ist die Ermordung des Seleukos im Text nicht direkt erhalten. Allerdings spricht Z. 4 von einer Meuterei, was sicher auf den Abfall des Heeres zu Ptolemaios Keraunos zu beziehen ist. Die Chronik scheint die Ermordung des Königs als Revolte der Truppen (Z. 3–4) dargestellt zu haben. In Z. 4 beginnt bereits

Unterstützung zum Gewinn der väterlichen Nachfolge in Ägypten betrogen und verfolgte mit der Tat das Ziel, sich als Sohn des Ptolemaios I. und Enkel des Antipatros unter der Generation der Erben der Diadochen mit einer eigenen Machtstellung und Herrschaft zu etablieren und wohl auf diese Weise selbst seine Ansprüche auf das Lagidenreich zu betreiben. Das Vorgehen des Keraunos war planmäßig und augenscheinlich auch nicht unvorbereitet. Ein eigener Machterwerb bot sich im europäischen Teil des Lysimachos-Reiches an, wo sich die Königinwitwe Arsinoe II. in der Schlüsselstellung Kassandreia verschanzt hielt; vor allem in Makedonien, dessen Thronfolge völlig offen war, hatte sich ein deutliches Machtvakuum gebildet[193]. Der Mörder Keraunos eilte nach Lysimacheia, wo er als vorgeblicher Rächer des Lysimachos dessen hauptstädtische Truppen zum Anschluß brachte, das Diadem nahm und sich mit einer Leibgarde umgab; anschließend gewann er auch das führerlose Heer des Seleukos auf der thrakischen Chersones, von dem er sich zum König ausrufen ließ[194]. Ebenso schloß sich ihm die ehemalige Flotte des Lysimachos an, zu der auch das in Herakleia stationierte und nun dieser Stadt zugehörige, besonders kampfstarke Geschwader gehörte[195]. Mit dieser Flotte schlug Keraunos den Angriff des Antigonos Gonatas in einer Seeschlacht zurück; dieser versuchte, sich von seinen Basen in Griechenland aus als erster Makedoniens zu bemächtigen[196]. Während sich Antigonos nach Böotien zurückzog, besetzte Keraunos Makedonien, schloß eine Übereinkunft mit Ptolemaios II., in der er auf seine Ansprüche verzichtete, und bemächtigte sich schließlich durch List Kassandreias und der anderen von Arsinoe II. kontrollierten Städte, die wohl auf der Chalkidike lagen[197]. Keraunos bot seiner Halbschwester Arsinoe II. die Ehe an und beschwor seine hehren Absichten ihr wie ihren Kindern von Lysimachos gegenüber. Nach der feierlichen Hochzeit und der erneuten Krönung der Königin wahrscheinlich in Pella ließ er dann anläßlich seines Einzuges in die Zitadelle von

ein neuer Berichtsteil, der mit dem Monat Simanu (3. Monat; Z. 4) sicher ebenfalls des Jahres 31 einsetzt und wohl auf den Mitkönig und Thronfolger Antiochos bezogen ist. Der gesamte Bericht liegt zeitlich noch vor dem 6. Monat (vgl. Z. 8; Duzu = 4. Monat). Der weitgehend verlorene Bericht über den Thronwechsel setzte sehr wahrscheinlich in Z. 9 ein.

193 Vgl. auch Walbank 241f.; Hammond 295ff.

194 Memnon F 8, 3; Trog. prol. 17; Iust. 17, 2, 6. Vgl. auch K. Brodersen, in: Studien zur Alten Geschichte, Festschrift S. Lauffer, Rom 1986, 67–85, bes. 81f.; Orth 17.

195 Vgl. etwa Heinen 66f.

196 Memnon F 8, 4–6; Iust. 24, 1, 8; vgl. Heinen 63ff., der die Schlacht vermutlich an der nordägäischen bzw. thrakischen Küste ca. Oktober 281 datiert; Buraselis 151ff.

197 Vgl. hierzu Memnon F 8, 6–7; Trog. prol. 24; Iust. 17, 2, 6–10; 24, 1, 8; 24, 2, 1–10; H.-W. Ritter, Diadem und Königsherrschaft, München 1965, 114ff.; Heinen 54ff.; Walbank 245ff.; Hammond 297f.; zur Münzprägung des Keraunos, allerdings teilweise sehr problematisch, W. Hollstein, SNR 74, 1995, 13–24.

Kassandreia ihre beiden jüngeren Söhne töten. Arsinoe II. floh nach Samothrake und von dort 279 weiter nach Ägypten, wo sie dann Arsinoe I. verdrängte, ihren Bruder Ptolemaios II. heiratete und an seiner Seite bis zu ihrem Tode 270 oder 268 einen wesentlichen Einfluß auch in der Außenpolitik gewann[198]. Ihr ältester Sohn, Ptolemaios, Sohn des Lysimachos, hatte sich bereits früh in Sicherheit gebracht und eröffnete 280 im Bündnis mit dem illyrischen Fürsten Monunios den Kampf gegen Keraunos, der den Angriff in Westmakedonien zurückschlagen konnte[199]. Pyrrhos schied 281, da er seine Ziele bereits auf den Westen gerichtet hatte, aus dem Ringen um Makedonien aus. Ptolemaios II. unterstützte ihn für sein Vorhaben mit einem für zwei Jahre entsandten Hilfskorps von 50 Elefanten, 4000 Reitern und 5000 Mann Infanterie; in einer Interessenverständigung liehen ihm seine drei Gegner, die den Rivalen sicher gerne im Westen sahen, weitere Hilfsmittel: Antigonos Schiffe, Antiochos Geld und Keraunos gebürtige makedonische Soldaten[200].

Antigonos Gonatas wandte sich nach der Niederlage gegen Keraunos in Jahre 281 und dem für ihn vorteilhaften Desaster, in dem 280 der Krieg unter der Führung des Spartanerkönigs Areus gegen ihn und die Aitoler geendet hatte[201], Westkleinasien zu. Seine Position in Griechenland scheint nunmehr gesichert gewesen zu sein. 280/79–279/8 versuchte er nun, das asiatische Reich der Antigoniden gegen die dort noch nicht stabilisierte Position des Antiochos I., des Sohnes und Nachfolgers des Seleukos, wiederherzustellen[202]. Nikomedes I. und mit ihm seine Verbündeten in der antiseleukidischen Allianz der sogen. Nördlichen Liga traten auf die Seite des Antigonos, während Antiochos von „vielen anderen“, also einer breiten Machtbasis in Kleinasien, unterstützt wurde[203], unter die sicher Philetairos von Pergamon, Ariarathes II. von Kappadokien und Zipoites d. J., der Herrscher der Landschaft Thynis, der gegen seinen regierenden Bruder Nikomedes und Herakleia kämpfte, gerechnet werden können.

---

198 Sie starb entweder im Juli 270 oder aber eher zu Beginn des Juli 268 (Grzybek (o. Anm. 165) 103f. für 1./2. 7. 268; auch Hauben, CE 67, 1992, 160f.; anders Hölbl, Tyche 7, 1992, 120). Vgl. H. Hauben, in: E. Van't Dack u. a. (Hg.), Egypt and the Hellenistic World, Leuven 1983, 99–127, bes. 108ff.; Hölbl 37f.

199 Nach der Reihenfolge bei Trog. prol. 24 noch vor den Morden in Kassandreia, siehe auch Iust. 24, 2, 4; vgl. auch Volkmann a.a.O. 1596f.; Walbank 248f.; Hammond a.a.O.

200 Vgl. hierzu jetzt richtig Hammond 296f.; ders., Historia 37, 1988, 405–413.

201 Athen war daran nicht beteiligt; vgl. Habicht 133; ders., Untersuchungen 83ff.; Walbank 249f.

202 Iust. 17, 2, 13–14; Trog. prol. 17. Vgl. Trog. prol. 24; Iust. 25, 1, 1; Memnon F 10; Wörrle 67f.; Will I, 142f.; Buraselis 110ff., 152ff.; Walbank 250f.; C.P. Jones, GRBS 34, 1993, 89ff. Der Beginn des Krieges liegt in jedem Falle vor Ende 280/Anfang 279.

203 Memnon F 10, 1.

Antiochos I., bisher schon Mitregent und Vizekönig der Oberen Satrapien, sah sich, trotz seiner unbestrittenen Nachfolge für den ermordeten Vater, einer Destabilisierung des seleukidischen Reiches in zwei wesentlichen Regionen gegenüber, einmal einer Revolte in der syrischen Kernregion der Seleukis, dem sogen. Syrischen Erbfolgekrieg[204], zum anderen der Problematik des eben erst durch den Sieg über Lysimachos erworbenen und nun durch die Ermordung des Seleukos sowie den Verlust des Heeres an Keraunos prekär gewordenen Herrschaftsbereiches in Kleinasien. Dort standen ihm neben den bithynischen Königen Zipoites und dessen Nachfolger Nikomedes I. sowie deren Verbündeten auch Antigonos Gonatas und zudem die offensive Politik des Ptolemaios II.[205] gegenüber. Antiochos selbst, der vermutlich zum Zeitpunkt der Ermordung des Vaters in Babylon weilte, war offensichtlich bis 280 durch das Geschehen in Syrien gebunden, wo er die zweifellos von Ptolemaios II. forcierte Revolte niederschlagen mußte, um die ererbte Herrschaft durchzusetzen und Ordnung und Frieden wiederherzustellen[206]. Nach Kleinasien entsandte er 281/0 zur Sicherung der seleukidischen Position nur den bewährten Strategen Patrokles mit einem Heer[207]. Ptolemaios II. nutzte die Krise der seleukidischen Position nach der Ermordung des Seleukos, um massiv in die Ägäis und wesentliche Positionen der kleinasiatischen Küste einzubrechen. 280/79 war Samos in ptolemäischer Hand, wohin Philokles, König von Sidon, ptolemäischer Feldherr und bedeutender Organisator, in diesem Jahr den Nesiotenbund einberief[208]. Auch in Karien wurde die lagidische Herrschaft ausge-

204 Vgl. W. Otto, Beiträge zur Seleukidengeschichte des 3. Jahrhunderts v. Chr., Abh. München, Phil.-hist. Kl. 34,1, München 1928, 17ff.; ders., Philol 86, 1931, 400–418; Heinen 68f.; Will I, 139ff.; Mehl 321f.; Walbank 245f.; Jones a.a.O. 90f. mit Anm. 59.

205 Vgl. Will I, 137ff.; R. S. Bagnall, The Administration of the Ptolemaic Possessions outside Egypt, Leiden 1976, bes. 89ff., 173ff.; Hölbl 34f.

206 Vgl. Grayson a.a.O., Chron. 12 verso, Z. 6ff.; I. Ilion 32, Z. 2–12; ebd. 8ff. wird für den Erfolg der Wiederherstellung der Königsherrschaft und des Friedens für die Städte besonders die Unterstützung durch die Philoi, die Streitkräfte und göttliche Helfer hervorgehoben. Das bald nach Mitte 278 zu datierende Dekret von Rat und Volk von Ilion bringt in Z. 2–16 eine Beschreibung der historischen Situation und der von Antiochos jenseits (Z. 2ff.) sowie diesseits des Taurus (Z. 12ff.) erreichten Erfolge. Vgl. zu der Inschrift I. Ilion 32 jetzt C.P. Jones, GRBS 34, 1993, 73–92; Teilausgabe und Kommentar ebd. 74ff., zur Datierung 80ff., 88ff.; zur Frage der Ehrenadresse „Schwester" für die seleukidische Königin ebd. 82ff. Abzulehnen F. Piejko, AfP 37, 1991, 9–50; auch ders., Gnomon 52, 1980, 258, der das Dekret erneut Antiochos III. und dem Jahr 197 oder 196 zuzuweisen versuchte. Teilweise sehr problematisch auch ders., Phoenix 45, 1991, 126–147.

207 Memnon F 9, 1.

208 Syll.[3] 390; vgl. J. Seibert, Historia 19, 1970, 337–351; H. Hauben, in: Phoenicia and the East Mediterranean in the First Millennium B.C., Studia Phoenicia 5, Leuven 1987, 413–427, bes. 418ff.

baut, wie Zeugnisse aus Amyzon, Halikarnassos, Stratonikeia und Myndos zeigen[209]. Der Besitz Lykiens wurde gefestigt und ausgebaut[210], in Pamphylien ist das Amt des Pamphyliarchen, des ptolemäischen Statthalters, seit Ende 278 belegt[211]. Auch der Erwerb des westlichen Kilikien fällt sehr wahrscheinlich in diese Phase ptolemäischer Expansion. 279 trat zwischen Ptolemaios II. und Antiochos I., der auf Grund der neuen Bedrohung durch Antigonos Gonatas in Kleinasien nicht zu einer Aktion gegen die ptolemaische Politik in der Lage war, ein Frieden in Kraft, der offenbar die kleinasiatischen Besitzungen des Lagidenreiches bestätigt hat[212]. Der Stadt Milet[213] schenkte Ptolemaios II. 279/8 ein Landgebiet und erneuerte den wohl 294 mit Ptolemaios I. geschlossenen Freundschafts- und Bündnisvertrag. Dies bedeutete jedoch keinen offenen Bruch der Stadt, wo 280/79 Antiochos I. als Stephanephoros fungiert hatte[214], mit der seleukidischen Seite, sondern erklärt sich als Bestreben des Ptolemaios II., die Stadt dem Seleukiden zu entfremden, die dann in den 60er Jahren ein fester Bestandteil des ptolemäischen Machtbereichs werden sollte[215].

Die Auseinandersetzung zwischen Antigonos und Antiochos wurde durch einen Friedensschluß mit großer Wahrscheinlichkeit in der 1. Hälfte des Jahres 278 beendet[216]. Antiochos I. war nach der Bereinigung der Situation in Syrien wie des Konflikts mit Ptolemaios II., die beide eine primäre Aufmerksamkeit im gegenseitigen syrischen Spannungsgebiet der Königreiche verlangen mußten, zusammen mit

209 Vgl. SEG I 363; Robert, OMS V, 1989, 449-458; ders., REG 94, 1981, 398; J. u. L. Robert, Fouilles d'Amyzon en Carie I, Paris 1983, 118ff.

210 Vgl. M. Wörrle, Chiron 7, 1977, 43-66; 8, 1978, 201-246; 9, 1979, 83-111.

211 Bagnall a.a.O. 111ff.

212 Aufgelistet sind in Theokr. eid. 17, 86-90: Karien, Lykien, Pamphylien und Kilikien. Es fehlt ein eindeutiger Hinweis auf ein aktuelles Geschehen oder einen konkreten Zugewinn, der schon weiter zurückliegen muß. Die Frage, ob sich der angegebene, nur summarisch zu verstehende Gebietsstand auf den Status während oder nach dem 1. Syrischen Krieg bezieht, ist nicht zu entscheiden. Vgl. zusammenfassend Weber (o. S. 136, Anm. 71) 213 Anm. 2, 312f. mit Anm. 2.

213 Vgl. I. Milet I 3, 123.139 (Brief Ptolemaios II. und Beschluß der Stadt; 262/1 v. Chr.) = Schenkungen KNr. 275 [E 1.2]; J. Seibert, Chiron 1, 1971, 159-166; W. Orth, Königlicher Machtanspruch und städtische Freiheit, München 1977, 23ff.; M. Wörrle, Chiron 7, 1977, 55.

214 I. Milet I 3, 123, Z. 37.

215 Vgl. Habicht, Gottmenschentum 120; Bagnall a.a.O. 173ff.; A. Mastrocinque, La Caria e la Ionia meridionale in epoca ellenistica (328-188 a.C.), Rom 1979, bes. 66f.; W. Ameling, Schenkungen 325f. Der Abschluß von φιλία und συμμαχία würde mit dem Begriff Oberhoheit überzogen interpretiert sein; die Leistung des Treueides in dem Beschluß von 262/1 zeigt dagegen eine neue Qualität.

216 Vgl. I. Ilion 32, Z. 12-15; Seibert (o. Anm. 160) 33f.; Wörrle 68 mit Anm. 40; Orth a.a.O. 43ff., 61ff., bes. 71f.; Will I, 142; Buraselis 115f., 118f.; Walbank 250.

seiner Gattin Stratonike, den Philoi und dem Heer wohl in der 2. Hälfte 279 über den Taurus nach Sardes gezogen[217]. Bald nach dem Frieden von 278 mit Antigonos feiert ein Dekret der Bulé und des Demos von Ilion, daß Antiochos mit all seiner tatkräftigen Anstrengung und Ruhmesliebe, vor allem durch seine ἀρετή, ferner durch die Loyalität seiner Philoi und des Heeres, zugleich den Frieden für die Städte hergestellt und sein Reich wie seine Königsherrschaft in einen bedeutenderen und glänzenderen Zustand geführt habe[218]. Der Beschluß stellt fest, daß sich Antiochos als der Retter des Demos von Ilion erwiesen habe[219]. Diese Aussage dürfte sehr wahrscheinlich bereits über den Krieg gegen Antigonos Gonatas hinausgehen und sich auf die seleukidische Rolle bei der Abwendung der Gefahr beziehen, die sich für Ilion aus dem Übergang des galatischen Teilverbandes unter Lutarios über den Hellespont entwickelt hatte, der gegen den Willen des seleukidischen Strategen für den hellespontischen Bereich wohl kurz nach Mitte des Jahres 278 erfolgt war (s. u.). Die Machtstellung des Antiochos I. konnte demnach durch den Frieden mit Antigonos, der sich aus Kleinasien zurückzog und die mit ihm verbündeten Gegner des Seleukiden offenkundig ohne Berücksichtigung in der Übereinkunft preisgab, im Jahre 278 in wesentlichem Umfange wiederhergestellt werden.

Der Friedensschluß brachte einen dauerhaften Ausgleich zwischen Antigoniden und Seleukiden, der bereits durch die Ehe der Stratonike, der Schwester des Antigonos, zuerst 299/8 in Rhossos mit Seleukos I. und dann mit Antiochos I. angelegt war. Zur Besiegelung heiratete Antigonos Gonatas seine Nichte Phila, die Tochter des Seleukos und der Stratonike, zugleich die Halbschwester wie Stieftochter des Antiochos I.[220]. Der Friede beinhaltete die gegenseitige Anerkennung der beiden Könige und ihrer Machtansprüche. Dies muß sich für Antigonos nach dem Tod des Ptolemaios Keraunos Anfang 279 und dem folgenden Chaos in

217 I. Ilion 32, Z. 12ff., 19ff., bes. 21ff.; vgl. Memnon F 10, 2 (dazu auch Wörrle 68 Anm. 38).

218 I. Ilion 32, Z. 12–16.

219 I. Ilion 32, Z. 37; vgl. Habicht, Gottmenschentum 82ff.; Wörrle 70 Anm. 48 möchte den Schutz der Stadt ebenfalls auf den Antigonos-Krieg beziehen; teilweise unzutreffend Jones a.a.O. 92. In dem Beschluß wird betont, daß der Demos von Ilion, wo bereits Seleukos I. 281 hoch geehrt wurde (I. Ilion 31; dazu L. Robert, Monnaies antiques en Troade, Genf - Paris 1966, 11f.; P. Frisch, I. Ilion, Bonn 1975, XIff., 88; die Polis hatte nach der Wiedergewinnung der inneren Autonomie unter Seleukos I. und Antiochos I. bezeichnenderweise ein Gesetz gegen Tyrannis und nichtdemokratische Herrschaft erlasssen, vgl. I. Ilion 25), seit dem Regierungsantritt des Antiochos für ihn gebetet und geopfert habe und ihm diese unveränderte Loyalität nun erneut versichere (Z. 16ff.). In den Beschluß ist das gesamte Koinon der Athena Ilias mit einbezogen (Z. 20f.).

220 Zur herausgehobenen Stellung der Phila als Königin vgl. M.B. Hatzopoulos, Μελετήματα 10, Athen 1990, 135–155, bes. 144ff.

Makedonien, aus dem Sosthenes als Regent ohne Königstitel hervorging (s. u.), auf die Wiedererrichtung des europäischen Antigonidenreiches mit Makedonien als Kern bezogen haben, während er auf den Anspruch einer antigonidischen Herrschaft in Kleinasien endgültig verzichtete. Der Versuch des Antigonos, wohl in den unmittelbar folgenden Sommermonaten 278 in Makedonien Fuß zu fassen, wurde von Sosthenes zurückgewiesen[221]. In der 1. Hälfte des Jahres 277 lagerte Antigonos mit Heer und Flotte bei Lysimacheia am Fuß der Thrakischen Chersones (s. u.); er hatte offensichtlich im Nordwesten der Ägäis 281/0–278 Gewinne erzielt.

In den Monaten des Jahres 281 zwischen dem Sieg von Kurupedion und dem Übergang über den Hellespont hatte sich Seleukos I. darauf konzentriert, seinen Besitzanspruch als Sieger über Lysimachos zuerst in Kleinasien umzusetzen und dort die seleukidische Herrschaft zu organisieren sowie das Verhältnis der griechischen Städte gegenüber seiner Autorität zu ordnen[222]. Lemnos, das Lysimachos genommen hatte, wurde nicht nur „von der strengen Herrschaft des Lysimachos befreit“, sondern Athen zurückgegeben, wofür Seleukos und seinem Sohn Antiochos kultische Ehren zuteil wurden[223]. Priene, das sehr wahrscheinlich noch nach der Niederlage des Lysimachos die Autorität des Seleukos nicht freiwillig anerkannt hatte, büßte offenbar für eine gewisse Zeit seinen Status einer autonomen Polis ein[224]. Wohl nur als einer von mehreren tätigen Sonderbeauftragten wurde Aphrodisios, Dioiketes des Seleukos, zu den Städten des Hellenspontischen Phrygien und der Nordküste Kleinasiens entsandt, um die Anerkennung der Autorität und des Machtanspruches des Siegers Sekeukos entgegenzunehmen[225]. Ein weiterer Schritt war die Entsendung des Strategen Diodoros mit einem Heer nach Kappadokien, der dort, wie wir zu Recht folgern können, die seleukidische Oberhoheit auch in dem nördlichen Teil des Landes, also im pontischen Kappadokien durchsetzen sollte, das durch die Teilung von 301 bisher von der Herrschaft bzw. der Oberhoheit der Seleukiden frei geblieben

---

221 Philodemos, „Über die Stoiker“, P. Herc. 155, ed. A. Mayer, Philol 71, 1912, 211–237, bes. 226; vgl. Walbank 254, 256 mit Anm. 2, 584–586. Der Papyrustext nennt einen zweimaligen Versuch der Inbesitznahme von Makedonien, beim ersten wurde Antigonos wieder vertrieben und zog sich nach Asien zurück, nach dem Sieg über die Galater gelangte er in den Besitz der Herrschaft Makedoniens.

222 Vgl. Heinen 37ff.; Mehl 301ff.; zu Ilion bereits o. Anm. 219; zu den Kulten für Seleukos Habicht, Gottmenschentum 82ff.; Heinen 42ff.

223 Phylarchos FGrHist 81 F 29 = Schenkungen KNr. 21; IG II^2 672 mit Hesperia 10, 1941, 338f.; Habicht 135, 143; ders., Gottmenschentum 89f.; Orth a.a.O. 36ff.

224 Vgl. Lund 207f.

225 Memnon F 7, 1; vgl. auch Mehl 301ff.

war[226]. Die Grenze zwischen Großkappadokien, dessen Dynasten erst in den 60er Jahren des 3. Jh. ihre Unabhängigkeit von der seleukidischen Oberherrschaft erlangten und ca. 255 mit seleukidischer Anerkennung den Königstitel annahmen, einerseits und Kappadokien am Pontus andererseits verlief ursprünglich entlang einer Folge von Gebirgszügen in etwa parallel zum Taurus, von den Gebirgen südlich des Quellgebiets des Halys bis zu jenen beiderseits des mittleren Kappadox[227].

In Kappadokien fand Diodoros mit seinem Heer noch vor der Ermordung des Seleukos I. den Untergang[228]. Als Sieger über das seleukidische Heer wird zu Recht Mithradates I. von Pontos angesehen, der damit seine unabhängige Machtposition endgültig durchgesetzt hatte und in der Folge des Sieges im Jahre 281 den Königstitel annahm[229]. Dies war ein sicher unerwarteter Rückschlag, auf den Seleukos, der sich anschickte, den europäischen Teil des Lysimachosreiches zu besetzen, nicht mehr antworten konnte.

Aphrodisios wurde bei seiner Mission nur in Herakleia am Pontus nicht wie erwartet aufgenommen[230]. Herakleides hatte als Statthalter der Arsinoe II. die Herrschaft über die Stadt auch nach dem Tode des Lysimachos aufrechterhalten[231]. Der Versuch der Bürgerschaft, ihn durch Bestechung zur Übergabe zu bewegen, scheiterte. Erst als die Bürger die Garnison durch eine Übereinkunft gewinnen konnten, in der sie den Söldnern den ausstehenden Sold und Isopolitie zusagten, waren sie in der Lage, Herakleides zu verhaften, die Zitadelle der Tyrannen von Herakleia zu schleifen und ein neues (demokratisches) Regierungssystem einzuführen, wobei Phokriton zum Epimeleten bestellt wurde. Eine sofortige Gesandt-

---

226 Vgl. zu Kappadokien, das im 4. Jh. in zwei Satrapien, Kappadokien am Pontus und Kappadokien am Taurus, zerfiel, und zu seiner Teilung seit 301 in ein südliches und südöstliches Gebiet unter direkter seleukidischer Herrschaft, in das Gebiet Großkappadokiens, seit 301 unter Ariarathes II., und in das Kappadokien am Pontus Strab. 12, 1, 1–4, C 533–535; 12, 2, 10, C 539f.; 12, 3, 9.12.13; App. Syr. 55; Plut. Dem. 48; Diod. 31, 19, 4–6; Iust. 27, 3, 7; B. Niese, RE II 1, 1895, 816f.; E. Meyer 7; D. Musti, SCO 15, 1966, 61–197, bes. 71ff., 99ff.; Jones 149, 174–190, bes. 174f.; Heinen, CAH² VII 1, 1984, 426; Mehl 212ff.; Brodersen 121, 123f.; Orth 41f.; H.H. Schmitt, Kleines Wörterbuch des Hellenismus, 328.

227 Strab. 12, 1, 4, C 535; 12, 2, 10, C 540.

228 Trog. prol. 17.

229 Vgl. G. Perl, in: J. Harmatta (Hg.), Studien zur Geschichte und Philosophie des Altertums, Amsterdam 1968, 299–330, bes. 326ff.; Magie 281. 892 Anm. 36; Heinen 39f.; Olshausen 403f. (schreibt den Sieg bereits der antiseleukidischen Allianz zu, was aber aus chronologischen Gründen kaum möglich ist); Mehl 309f., 312f.; Leschhorn 81 mit Anm. 22; ebd. 78ff. zur Frage der pontischen Ära vor Mithradates VI.; nicht immer glücklich McGing 17f., 19 mit Anm. 39.

230 Memnon F 7, 1.

231 Vgl. hierzu Memnon F 6, 1–2; Burstein (o. Anm. 120) 87.

schaft zu Seleukos I. wurde beschlossen, die, wie anzunehmen, die Befreiung der Stadt von der Herrschaft der Arsinoe II. vortragen und die Anerkennung der wiedererlangten Freiheit erreichen sollte[232]. Durch die Gewährung der Isopolitie an die Söldner der bisherigen königlichen Garnison hatte die Polis das bedeutende lysimacheische Militärpotential in den eigenen Staatsverband integriert[233]; ebenfalls vereinnahmt wurden die hier beheimateten, äußerst kampfstarken Kontingente der Flotte des Lysimachos[234].

Die Position der Stadt war 281 gegenüber dem Sieger Seleukos aus mehreren Gründen äußerst prekär. Zum einen war sie noch nach Kurupedion auf der gegnerischen Seite verblieben, sodann stellte sich die Frage nach den bisher lysimacheischen Flotten- und Truppenkontingenten, welche die Polis übernommen hatte, und schließlich war die Stadt bis 281 direkter Königsbesitz des Lysimachos respektive der Arsinoe II. gewesen, auf den Seleukos grundsätzlichen Anspruch erhob[235]. Aphrodisios beschuldigte die Stadt, die Loyalität gegenüber der Königsherrschaft des Seleukos (μὴ εὐνοικῶς ἔχειν τοῖς τοῦ Σελεύκου πράγμασιν) vermissen zu lassen[236]. Seleukos entließ die Gesandten der Stadt im Zorn, die Audienz hatte zur offenen Konfrontation geführt. Herakleia, das Seleukos offensichtlich ein Bündnis zu gleichen Bedingungen, aber keine Anerkennung der Oberhoheit anbieten wollte, sah sich nunmehr gezwungen, dem zu erwartenden Versuch, den Herrschaftsanspruch des Seleukos mit militärischer Macht durchzusetzen, durch Rüstungen und den Abschluß von Bündnissen zu begegnen und wandte sich deshalb an Byzanz, Kalchedon und Mithradates I. von Pontos[237]. Für Kalchedon war die Gegnerschaft zu Zipoites von Bithynien vorauszusetzen, Mithradates I. mußte seinerseits mit einem seleukidischen Gegenschlag rechnen, während das mächtige Byzanz, das seine Unabhängigkeit gegen Philipp II., Alexander, und Lysimachos gewahrt hatte, wie wohl auch andere Städte in der Propontis seine Freiheit durch den Machtanspruch der Seleukiden gefährdet sah. Dieses Bündnis wird zu Recht als der Beginn

---

232 Vgl. bes. Memnon F 6, 1; 7, 4.

233 Vgl. zu vergleichbaren Vereinbarungen Launey 652ff., XVf.; die den Besatzungskontingenten der attalidischen Söldner in Lilaia 208 verliehenen Privilegien (FdD III 4, 132–136; ISE I 81); das neue Dekret für die Söldner in Phanagoreia von 88/7 v. Chr. (J.G. Vinogradov - M. Wörrle, Chiron 22, 1992, 159–170). Unrichtig P. Gauthier, Les cités grecques et leurs bienfaiteurs (IVe-Ier siècle avant J.-C.), Paris 1985, 205f., der die Abmachung nicht für eine Inkorporation der Soldaten in die Polis, sondern für deren raschen Abzug aus der Stadt geschlossen sehen möchte.

234 Vgl. Memnon F 8, 5.

235 Vgl. zu dem grundsätzlichen Konflikt zwischen den Ansprüchen des Seleukos und dem Freiheitsstreben der Stadt Memnon F 7, 1.4; Orth a.a.O. 39ff.; ferner Heinen 38f.; Mehl 302ff., bes. 307ff., 314f.

236 Vgl. hierzu Memnon F 7, 1–2.

237 Memnon F 7, 2; vgl. auch Mehl 309ff.; nicht glücklich McGing 16.

der antiseleukidischen Allianz im Norden Kleinasiens, der sogen. Nördlichen Liga, gesehen[238].

Der 281/0 von Antiochos I. als Stratege nach Kleinasien entsandte Patrokles[239] beauftragte seinen Unterfeldherrn Hermogenes von Aspendos, gegen Herakleia und einige andere Poleis, wie es Memnon in der Überlieferung des Photios ausdrückt[240], vorzugehen; in letzteren werden wir wohl die Mitglieder der sogen. Nördlichen Liga sehen dürfen. Ein primäres Ziel des Vorgehens war also die Zerschlagung der antiseleukidischen Allianz in Norden Kleinasiens und die Unterwerfung Herakleias. Die Herakleoten schickten eine Gesandtschaft zu Hermogenes, der mit der Stadt einen Vertrag schloß, in dem sich Herakleia vermutlich zu einer loyalen Haltung gegenüber Antiochos I. verpflichtete; Hermogenes räumte daraufhin das herakleotische Territorium und zog anschließend durch das nördliche hellespontische Phrygien gegen Bithynien[241]. Diese Wendung kann mit gutem Grund dem Betreiben Herakleias zugerechnet werden, das Zipoites als Aggressor herausgestellt haben wird, welcher der eigentliche Grund für die von der Stadt eingegangenen Bündnisse gewesen sei u.a.m. Der Feldzug gegen Bithynien endete für Hermogenes und sein Heer in einer völligen Katastrophe; so war Zipoites kurz vor seinem Tode, der noch in das Jahr 280 fällt, nun auch zum Sieger über Antiochos I. geworden[242].

Nikomedes I.[243] erbte als Nachfolger seines Vaters Zipoites die nunmehr offene militärische Konfrontation mit Antiochos. Angesichts des bevorstehenden seleukidischen Vorgehens gegen Bithynien schloß er ein Bündnis mit Herakleia[244] und trat somit in die Allianz der Nördlichen Liga ein. Die territorialen Gewinne seines

---

238 Mehl a.a.O. 310ff. nimmt die Möglichkeit an, daß noch weitere Städte des propontischen Raumes und der Meerengen dem Bündnis angehört haben könnten; er verweist dabei auf die Münzprägung der Städte Parion, Kyzikos, Kios und Kalchedon sowie Ainos, Lysimacheia und Byzanz (so bereits H. Seyrig, Scripta Numismatica, Paris 1986, 206ff.); die dortigen posthumen Lysimachos- und Alexanderprägungen scheinen jedoch kein ausreichender Hinweis zu sein, obwohl sie natürlich anzeigen, daß diese Städte außerhalb des direkten seleukidischen Machtbereiches lagen. Zu Byzanz und Kalchedon vgl. auch H. Merle, Die Geschichte der Städte Byzantion und Kalchedon von ihrer Gründung bis zum Eingreifen der Römer in die Verhältnisse des Ostens, Diss. Kiel 1916.

239 Vgl. zu diesem wichtigen Feldherrn und *Philos* des Seleukos I. F. Gisinger, RE XVIII 4, 1949, 2263–2273; Mehl 113ff., 259f.

240 Memnon F 9, 1.

241 Memnon F 9, 2; vgl. Habicht (u. Anm. 244) 454.

242 Memnon F 9, 2.3; 12, 5; vgl. Habicht a.a.O.; Vitucci 20f.; F. Geyer, RE XVII 1, 1936, 493.

243 Vgl. zu ihm Geyer a.a.O. 493f.; Vitucci 23ff.

244 Memnon F 9, 3; H.H. Schmitt, Die Staatsverträge des Altertums III, München 1969, 100f. Nr. 465; C. Habicht, RE X A, 1972, 455f.

Vaters, Kieros, Tios und die Landschaft Thynis, gab er gegen Zahlung einer großen Summe, die zweifellos seine Rüstungen unterstützen sollte, an Herakleia zurück[245]. In Folge dieser territorialen Abtretungen erhob sich der jüngere Bruder des Nikomedes, Zipoites, gegen seinen regierenden Bruder; der jüngere Zipoites hatte sehr wahrscheinlich in der bithynischen Erbregelung die gesamte Küstenlandschaft Thynis, das „Thynische Thrakien", also einschließlich des östlichen, früher herakleotischen Teils bis zum Kales, als Herrschaftsanteil erhalten und verweigerte Herakleia die Herausgabe; er führte sowohl gegen die Stadt wie gegen seinen Bruder Nikomedes I. einen erfolgreichen Krieg[246]. Der bithynische Bruderkrieg war 278/7 noch in vollem Gange, als Nikomedes die Keltenverbände des Leonnorios und Lutarios als Symmachoi nach Kleinasien holte. Wir können mit guten Gründen annehmen, daß sich Zipoites d. J. an Antiochos I. angeschlossen hatte[247].

Der Symmachie- bzw. Söldnervertrag, den Nikomedes I. schließlich 278/7 für sich und seine beigeschriebenen Bundesgenossen mit den Führern des Wanderverbandes der Tolistobogier und Trokmer für den Kampf gegen Zipoites d. J. und Antiochos I. geschlossen hat[248], zeigt den Umfang der Allianz im Jahre 278: Nikomedes I. und seine Partner Herakleia mit den Mitglieder seiner hegemonialen Symmachie, Kieros und Tios[249], Byzanz, Kalchedon und „einige weitere Herrscher von Völkerschaften". Unter dieser Formulierung sind mit großer Sicherheit Mithradates I. von Pontos und sein Sohn und Mitregent Ariobarzanes zu verstehen[250],

245 Memnon F 9, 4. Zu seiner Verbindung mit Ptolemaios II. vgl. u. Anm. 458.

246 Der Angriff der Herakleoten endete in einer Feldschlacht, einer für sie äußerst verlustreichen Niederlage; eine unmittelbare Kastastrophe wurde offenbar nur durch das Erscheinen einer verbündeten Streitmacht wohl des Nikomedes I. abgewendet; vgl. Memnon F 9, 5 (geschönt); 11, 5; Liv. 38, 16, 8; Trog. prol. 25; vgl. zu Zipoites d. J. C. Habicht, RE X A, 1972, 455–459. Der summarische Bericht F 9, 5 faßt offensichtlich den Krieg bis zum Eingreifen der Galater zusammen; die Annahme von Habicht a.a.O. 458, die Rettung der Herakleoten nach der Niederlage gegen Zipoites d. J. in F 9, 5 sei gegebenenfalls erst auf den Ausgang des Krieges zu beziehen, ist aber nicht zwingend. Tios und Kieros wurden von Nikomedes sofort herausgegeben, wie ihr Erscheinen als bundesgenössische Partner in dem Vertrag von 278/7 mit den Galatern zeigt.

247 Vgl. auch Habicht a.a.O. 458.

248 Memnon F 11, 2–3; vgl. ebd. 11, 5; Trog. prol. 25; Iust. 25, 2, 11; Liv. 38, 16, 7–9; vgl. Schmitt a.a.O. 111f. Nr. 469; Habicht a.a.O. 458f.; Strobel 116 mit Anm. 101; u. S. 239ff.

249 Unrichtig die Annahme von Burstein a.a.O. 79, 144 Anm. 58, hieraus auf eine vollständige Unabhängigkeit der Städte gegenüber Herakleia schließen zu können.

250 Die Bedenken bei Olshausen 404 und die versuchte Gegenargumentation von McGing 16ff., bes. 18f. sind nicht begründet. Das Hauptargument eines Interessengegensatzes zwischen Herakleia und den Mithradatiden wegen Amastris ist erst für den Zeitpunkt der akuten Spannungen um die Stadt stichhaltig, nicht jedoch für die Zeit einer vorrangigen seleukidischen Bedrohung und der gemeinsamen antiseleukidischen Frontstellung, die ja 281 in dem Hilfegesuch der Stadt an Mithradates Ktistes besonders deutlich wird.

außerdem vermutlich mit ihnen verbündete Fürsten Paphlagoniens, in erster Linie wohl die Dynasten von Gangra, deren Territorium durch die Landnahme der Galater trotz der nahen Verzahnung der Gebiete nordwestlich von Ankyra offenkundig nicht berührt wurde und deren enge Verbindung mit den Galatern gerade 189 v. Chr. im Kampf gegen Manlius Vulso belegt ist.

In dem Krieg zwischen Antiochos I. und Antigonos Gonatas in Westkleinasien war Nikomedes I. auf die Seite des Antigoniden getreten; Informationen über die wohl zu vermutenden Kampfhandlungen zu Lande liegen bei Memnon nicht vor, nur von einer Konfrontation der Flotte des Antiochos mit der bithynischen, die durch ein Kontingent von 13 herakleotischen Trieren verstärkt worden war, ist dort die Rede[251]. Die beiden Flotten lagen sich einige Zeit gegenüber und trennten sich dann ohne Kampf. Ort des Geschehens war sehr wahrscheinlich die nördliche Propontis, vielleicht der Bereich des Zugangs zum Golf von Astakos und zur bithynischen Küste. Wir können zu Recht folgern, daß der Eintritt von Nikomedes I. und von Herakleia in die Auseinandersetzung die Parteinahme sämtlicher Bundesgenossen der Nördlichen Liga für Antigonos bedeutete. Diese Bundesgenossen des Antigonos wurden als Gegner des Antiochos I. jedoch nicht in den Friedensschluß einbezogen, der in der 1. Hälfte des Jahres 278 die Auseinandersetzungen zwischen den Dynastien der Antigoniden und Seleukiden auf Dauer beendete. Nach dem Rückzug des Antigonos Gonatas aus Kleinasien und dem vorausgehenden Frieden zwischen Antiochos I. und Ptolemaios II. sahen sich die in der sogen. Nördlichen Liga verbündeten Gegner des Antiochos, vor allem aber der bithynische König, vor Mitte des Jahres 278 v. Chr. allein der Bedrohung durch den Seleukiden gegenüber, der 278 seine Position in Kleinasien, von den Gewinnen des Ptolemaios II. abgesehen, offenbar weitgehend wiederhergestellt hatte[252].

3. Die Vorstöße der Kelten in den Jahren 280–279/78 v. Chr. gegen Makedonien und Griechenland

Die Keltengruppen, die sich im späteren 4. und frühen 3. Jh. v. Chr. in den Gebieten um Donau, Drau und Save etabliert hatten, haben von der aktuellen politischen Entwicklung in Makedonien und Thrakien durch den Tod des Lysimachos und von dem folgenden Chaos vor allem in Makedonien selbst offenkundig rasche und zutreffende Informationen erhalten. Dabei sind vermutlich auch einzelne Stammesangehörige unter den Söldnern im Heere des Lysimachos in Rechnung zu stellen. Mit dem Tode des Lysimachos war seine auf einer personen-

251 Memnon F 10, 1–2.
252 Vgl. I. Ilion 32, 12ff.; vgl. o. S. 207f.

bezogenen Herrschaft basierende Reichsbildung zusammengebrochen. Mit ihm war diese für das Geflecht von diplomatischen und herrschaftlichen Beziehungen in Thrakien wie im Vorfeld Makedoniens bestimmende Größe ohne Nachfolge ausgefallen. An die Stelle eines politisch-militärischen Ordnungsrahmens, der vor allem mit Kassander und Lysimachos, zuletzt nur noch mit letzterem verbunden war, trat ein deutliches Vakuum. Mit Lysimachos und Seleukos I. waren zugleich die beiden letzten Männer aus dem Kreise der Diadochen mit ihrer personenbezogenen Ausnahme- und Herrscherstellung verschwunden. Mit ihnen waren die Personen und Namen erloschen, die nach dem Tode Alexanders das Geschehen für eineinhalb Generationen bestimmt und Macht und Herrschertum verkörpert hatten.

Bereits im Sommer 280 zogen drei keltische Kriegerhaufen unter der Führung der Heer- und Gefolgschaftsführer Kerethrios, Brennos und Akichorios sowie Belgios (oder Bolgios) in drei Stoßrichtungen gegen Illyrien, Paionien und Thrakien[253]. Die Heereszüge dürften den Verkehrswegen gefolgt sein, die durch das Flußsystem von Margus (Morawa) und Drina bereitgestellt wurden. Demnach wird die dritte, gegen Illyrien gerichtete Gruppe unter Belgios über den Bereich der oberen westlichen Morawa gezogen sein, die zweite Gruppe unter Brennos und Akichorios über die südliche Morawa nach Paionien und die bei Pausanias zuerst genannte Gruppe unter Kerethrios über Nischawa und Isker nach Thrakien und in das Triballergebiet[254]. Die Heereszüge gegen Paionien und Thrakien kehrten noch 280 wieder in ihre Ausgangsräume zurück[255].

Das Territorium der Dardaner haben im Jahre 280 sicherlich zwei der drei keltischen Heereszüge berührt, zum einen der Zug nach Paionien, der auf dem Hin- wie Rückmarsch dem Tal des Margus, hier der südlichen Morawa, und dem Übergang in das Tal des oberen Axios (Vadar) gefolgt sein muß. Zum anderen wurde es zwangsläufig auch von dem Zug des Belgios nach Illyrien betroffen.

---

253 Vgl. Paus. 10, 19, 6–7; Trog. prol. 24; Iust. 24, 4, 6–5, 12; Memnon F 8, 8 (topisch die Annahme einer Hungersnot als Ursache für die Wanderung der Kelten); vgl. bes. Heinen 55ff., 88ff.; Nachtergael 126ff., bes. 129ff.; Walbank 251ff., 580ff.; auch Launey 490ff.; Hammond 298f.; ders., Migrations and Invasions in Greece and Adjacent Areas, Park Ridge, NJ 1976, 21ff. (mit Karten 1–3); Hammonds Annahme, die Dardaner hätten sich nach der Zurückweisung durch Keraunos den Kelten des Belgios angeschlossen, ist ohne Grundlage, doch baut seine Rekonstruktion darauf auf. Die Überlieferung folgt ganz einer Keraunos feindlichen Tradition.

254 Paus. 10, 19, 7; die Angabe, das Ziel des Belgios sei von Anfang an gewesen, „gegen die Makedonen und Illyrer" zu ziehen und außerdem gegen Ptolemaios Keraunos zu kämpfen, ist mit Sicherheit aus dem Rückblick heraus konstruiert. In die Irre geht deshalb Hammond 299, der aus der Reihenfolge bei Pausanias einen Zug zuerst gegen Makedonien und erst von dort in die Illyris annimmt; vgl. auch Nachtergael 129.

255 Vgl. Paus. 10, 19, 7.

Dieser ist zuerst sehr wahrscheinlich gegen die Restgebiete der Autariaten und ihre Nachbarn gezogen, ein Gebiet, das bereits früher Ziel keltischer Einfälle gewesen war. Anschließend marschierte er wahrscheinlich über die Täler von Westlicher Morawa und Ibar ins Kosovo und zum Drin. In das Kerngebiet des illyrischen Königreiches im mittleren bis nördlichen Albanien scheint Belgios nicht eingedrungen zu sein[256]. Dessen Herrscher kann sehr wohl mit der Notiz des Pompeius Trogus-Iustin gemeint sein, daß sogar Könige, die von dem Zug nicht direkt betroffen waren, auf Grund des Schreckens, den die Kelten verbreiteten, den Frieden mit großen Summen erkauft hätten[257]. Die Dardaner, die nach dem Rückmarsch des Brennos und Akichorios wohl nur mehr von diesem Keltenverband des Belgios bedroht waren, haben offenbar mit ihrem Gesamtaufgebot in einer überlieferten Stärke von 20000 Mann[258] diesem Heereszug, wie wir mit gutem Grund annehmen können, den direkten Rückweg durch ihr Gebiet erfolgreich gesperrt. Angesichts des drohenden Winters dürfte ein Rückmarsch durch die Bergregionen ein vordringliches Ziel gewesen sein. Die Kelten sind deshalb vermutlich weiter entlang des Schwarzen Drin nach Süden in das Gebiet nördlich des Ochrid-Sees gezogen, wo sie dann Ende 280 sehr wahrscheinlich Nordwestmakedonien bedrohten.

Das Gebiet der illyrischen Dardaner[259] grenzte im Süden an Nordwestmakedonien (Lynkestis und Pelagonien) und Paionien, im Westen an die Gebiete der Autariaten im Norden sowie der Dassareten um den Ochrid-See im Süden. Es umfaßte das südliche Obermoesien mit den Oberläufen von Westlicher Morawa und Ibar, das Gebiet beiderseits der mittleren Morawa oberhalb von Naissus (Niš), das Kosovo mit dem Amselfeld und dem Gebiet beiderseits des Weißen Drin einschließlich des Gebirges Sar Planina (Scardus Mons) mit dem Quellgebiet des Axios (Vadar).

Die Territorien der paionischen Stammesverbände, die eine eigene Sprachgruppe bildeten und deren seit dem späten 5. Jh. belegte Königsnekropole in Karaorman nahe Stip (Astibus), dem traditionellen Vorort des Landes, ausgegraben wurde, grenzten im Osten an das Rhodope-Gebirge, im Norden mit dem

---

256 Vgl. zum Illyrerreich N.G.L. Hammond, ABSA 61, 1966, 239–253; Walbank 248 Anm. 5; Hammond 37ff.; 78f.; 297 mit Anm. 9 (Gegen die Annahme eines geeinten illyrischen Reiches unter Monunios, dem Verbündeten des Ptolemaios, des Sohnes des Lysimachos); N. Ceka, in: Albanien (o. Anm. 22) 46ff., bes. 55f.

257 Iust. 24, 4, 7.

258 Vgl. entsprechend ihr Angebot an Ptolemaios Keraunos zum gemeinsamen Vorgehen gegen die Kelten Iust. 24, 4, 9.

259 Strab. 7, 5, 7, C 316; 7, 5, 12, C 318; Pol. 5, 97, 1; Liv. 44, 31, 5; Plin. n.h. 3, 149; vgl. Patsch, RE IV 2, 1901, 2155-2157; Mócsy (o. Anm. 15) 9; Danov (o. Anm. 45) 100 mit Anm. 10; Papazoglu (o. Anm. 28) 135ff.; Hammond 106ff.; problematisch L. Gindin, Balcanica 23, 1992, 421ff.

Gebiet der paionischen Agrianen am oberen Strymon an den Machtbereich der Triballer und im Nordwesten an die Dardaner, wo die Gebiete beiderseits des oberen Axios sowie um Scupi (Skopje) bis zum Bogen des Vadar nordwestlich von Skopje zu Paionien gehörten[260]. Kernländer waren die fruchtbare Landschaft um den mittleren Axios und seine Zuflüsse, wobei die Enge des Axios-Tales östlich von Demir Kapija die südliche Grenze zu Makedonien markierte, ferner die Region um die mittlere und obere Struma einschließlich der Edelmetallvorkommen von Pautalia.

Belgios ist es offensichtlich im Herbst 280 im Gegensatz zu den beiden anderen Heerhaufen nicht möglich gewesen, vor dem Einsetzen der Winterwitterung wieder durch die Gebirgsregionen nach Norden zurückzukehren. In einer sicher prekären Versorgungssituation ist er im Winter 280/79, wie oben skizziert, weiter nach Süden gezogen, wo sich über die alte Verkehrsroute, die später zur Via Egnatia ausgebaut wurde, ein Weg nach Osten, nach Paionien und zum Axios oder Strymon, den traditionellen Routen nach Norden, anbieten mußte. Dieser Rückweg führte aber zwangsläufig durch Nordwestmakedonien. Wir können mit guten Gründen annehmen, daß Ptolemaios Keraunos seinerseits während des Winters 280/79 vom Gebiet der Orestis aus gegen seinen Widersacher Ptolemaios, den Sohn des Lysimachos, und dessen Verbündeten, den illyrischen Dynasten Monunios[261], mit Teilen seines makedonischen Heeres im Felde stand, als er die Nachricht von dem Heranziehen des Keltenhaufens unter Belgios erhielt[262]. Der König der Dardaner richtete eine Gesandtschaft an Ptolemaios Keraunos und bot ihm den Zuzug seines Aufgebotes von 20000 Mann an, was Keraunos jedoch ausschlug und dem Keltenhaufen allein mit den verfügbaren Teilen des makedo-

260 Thuk. 2, 96; 98f.; Strab. 7, 5, 1, C 313; 7, 5, 11, C 318; 7 frg. 4; Hammond 40ff., 79, 106ff.; ders., A History of Macedonia I, Oxford 1972, 78f.; ders, in: Hammond - G.T. Griffith, A History of Macedonia II, Oxford 1979, 75ff., 95; zu den Agrianen am oberen Strymon Thuk. 2, 96, 3; Strab. 7, Frg. 36.37; 7, 5, 11, C 318; Hirschfeld, RE I 1, 1893, 891; Danov a.a.O. 105; auch V. Sokolovska, Balcanica 23, 1992, 407–420 (vielfach zu hypothetisch); zu Scupi Fluss, RE II A 1, 1921, 910.

261 Trog. prol. 24. Die Auseinandersetzungen können sich im strategisch wichtigen Raum um die alte illyrische Königsresidenz Pelion (Seca e Poshteme) westlich des Ochrid-Sees abgespielt haben.

262 Vgl. hierzu Pompeius Trogus bei Iust. 24, 4, 8 - 5, 8; er folgt einer betont keraunosfeindlichen Tradition, welche die verbrecherische Art seiner Machtübernahme in Makedonien herausstrich und Niederlage wie Tod des Königs als Folge und Strafe von Hybris, Unbesonnenheit und Mord interpretierte (vgl. Iust. 24, 3, 10; 4, 8; 5, 11); entsprechend Memnon 8, 8; Diod. 22, 3, 1–2 (Vorwurf der jugendlichen Unerfahrenheit und Unbesonnenheit); Paus. 1, 16, 2 (betont, daß er es als erster der zeitgenössischen Könige gewagt habe, den Galatern entgegenzutreten).

nischen Heeres entgegenzog[263]. Weitere Truppen werden zur Sicherung der gerade durchgesetzten Herrschaft des Königs und zum Schutz gegen einen möglichen erneuten Vorstoß des Antigonos Gonatas in Makedonien und Thessalien verteilt gewesen sein.

Die Kelten schickten eine Gesandtschaft, die nach Pompeius Trogus-Iustin Frieden bei entsprechender materieller Gegenleistung anbot[264]. Der König, der die bedrängte Lage der Kelten wohl richtig einschätzte[265], lehnte ab und forderte seinerseits die Stellung von Geiseln sowie die Auslieferung der Waffen, was nun die Führer der Kelten kategorisch verwarfen. Wir können diesen Vorgang wohl dahingehend interpretieren, daß die Kelten den Abschluß eines Freundschafts- und Bündnisabkommens mit einer entsprechend erwarteten Gegengabe anboten und dabei vorrangig in der schwierigen Situation des Winters die Erlaubnis zu Quartiernahme respektive Durchzug zu erreichen suchten, um so über makedonisches Gebiet in ihre Heimat zurückkehren zu können. Obwohl die Philoi dazu rieten, weitere heranziehende Truppen abzuwarten[266], kam es wenige Tage nach dem Scheitern der Verhandlungen im Januar/Februar 279 zur Schlacht, bei der das makedonische Königsheer eine vernichtende Niederlage erlitt[267]; der verwundete König, der von seinem Kriegselefanten abgeworfen worden war, wurde gefangen und sein abgeschlagener Kopf auf einer Lanze die Kampffront entlanggetragen. Nur wenige Soldaten des makedonischen Heeres entkamen der Niederlage, die anderen wurden getötet oder gefangengenommen. Der siegreiche Heerhaufen unter Belgios zog anschließend wohl über die Route der späteren Via Egnatia nach Zentralmakedonien, wo Panik ausbrach und die Städte in Verteidigungszustand gebracht wurden[268]. Der Tod des makedonischen Königs und der Untergang des makedonischen Königsheeres im Kampf gegen die keltischen Barbaren aus dem Norden bedeuteten für die Zeitgenossen den Untergang jener Größen, die Persien besiegt und das Alexanderreich aufgerichtet hatten[269]. Die psychologische Wirkung können wir nicht hoch genug veranschlagen.

Als Nachfolger des gefallenen Königs wurde von den Makedonen Meleager, der jüngere Bruder des Keraunos und wie dieser ein Enkel des Antipatros, gewählt,

---

263 Iust. 24, 4, 9.11; 24, 4, 8 *cum paucis et incompositis ... occurrit* ist sicher in diesem Sinne zu deuten. Die Annahme etwa von Nachtergael 127, 129, die Dardaner hätten sich nach der Ablehnung ihres Angebots den Kelten angeschlossen, ist unbegründet.

264 Iust. 24, 5, 1.

265 Vgl., allerdings mit anderer Tendenz, Iust. 24, 5, 2.

266 Diod. 22, 3, 1.

267 Vgl. Iust. 24, 5, 5–7; Memnon F 8, 8; Diod. 22, 3, 2; Sync., p. 507 ed. Dind. (= FGH III, p. 696); Volkmann, RE XXIII 2, 1959, 1599.

268 Iust. 24, 5, 8–12.

269 Vgl. zur Betonung dieser Einschätzung Iust. 24, 4, 9f.; 5, 9–12.

aber nach zwei Monaten wieder abgesetzt, da er bei der Abwehr der Kelten versagte[270]. An seiner Stelle wurde Antipatros, der Neffe des Kassander, gewählt, der aber nur 45 Tage regierte, ehe er ebenfalls abgesetzt wurde, und deshalb den Spitznamen Etesias erhielt[271]. Erst der ältere makedonische Heerführer Sosthenes konnte mit dem Aufgebot der makedonischen Jungmannschaften die plündernden Keltenscharen des Belgios aus Makedonien zurückzutreiben[272]. Auf Grund dieses Erfolges wurde er etwa Anfang Juni 279 trotz fehlender dynastischer Abstammung vom Heer zum König ausgerufen, doch lehnte er den Königstitel ab und führte die Herrschaft für rund zwei Jahre bis zu seinem Tode als Regent mit dem Titel eines Strategen[273]. Die beiden kurzzeitigen, in ihrer Herrschaft dynastisch legitimierten Nachfolger des Keraunos hatten eine erfolgreiche Verteidigung des Landes nicht zu Wege gebracht.

Noch während sich die Makedonen der Kelten des Belgios zu erwehren suchten und diese sich schließlich zurückziehen mußten, haben auf die Nachrichten von dem vernichtenden Sieg über Ptolemaios Keraunos und von Makedonien als einer wehrlosen Beute in den keltischen Ausgangsgebieten die Vorbereitungen für einen großen Heereszug nach Makedonien vermutlich aber schon mit der propagierten Perspektive, die darüber hinaus auf die reichen Stadtlandschaften Griechenlands

---

270 Vgl. zu dieser Krisenphase Diod. 22, 4; Porphyr. FGrHist 260 F 3, 9–11 (Eus. chron. p. 111, ed. Karst); Eus. chron. 235f. (ed. Schoene); Porphyr. F 31, 1 (Eus. chron. p. 114, ed Karst); Heinen 58f.; Nachtergael 133ff.; Walbank 253ff., 580f.; nicht immer glücklich Hammond 299f.; zu Meleagros auch F. Geyer, RE XV 1, 1931, 479.

271 Athen richtete eine Gesandtschaft an ihn, um Unterstützung gegen Antigonos zu erhalten; vgl. Plut. mor. 851e.

272 Iust. 24, 5, 12.

273 Iust. 24, 5, 13f.; vgl. Bengtson (o. Anm. 161) II, 381ff., bes. 383ff.; Nachtergael 131 mit Anm. 21f.; Walbank 254ff. mit Anm. 4.5.7; auch Obst, RE III A 1, 1927, 1197; F. Stähelin ebd. 1198f. (Sosthenis); zur Benennung der Stadt Sosthenis im Spercheiostal nach Neugründung oder Wiederaufbau zu Ehren des Sosthenes als Galatersieger G. Daux, BCH 58, 1934, 157–167; ein Krieg des Sosthenes ist in I. Gonnoi 93 vom Ende des 3. Jh. v. Chr. erwähnt, welche sich auf territoriale Fragen zwischen dem thessalischen Gonnoi und Herakleion bezieht. Vgl. B. Helly, Gonnoi II, Amsterdam 1973, 105; zu Gonnoi als Teil des makedonischen Reiches Helly, Gonnoi I-II; Griechenland. Lexikon der historischen Stätten, München 1989, 236f.; auch Bürchner, RE VII 2, 1912, 1586f. Diese Zeugnisse sind sehr wahrscheinlich mit dem Kampf gegen den Keltenzug des Brennos durch Makedonien und Thessalien oder vielmehr wohl mit den Kämpfen beim Rückzug der Kelten im Frühjahr 278 zu verbinden. Die Herrschaft des Sosthenes in Thessalien endete nach der Chronik des Porphyrios für Thessalien schon nach einem Jahr, die Zeit ohne Königsherrschaft bis zur Durchsetzung des Antigonos Gonatas betrug 2 Jahre 2 Monate (F 31, 1).

zielte, begonnen[274]. Initiator des Unternehmens war nach übereinstimmender antiker Überlieferung der Keltenfürst Brennos aus dem Volk der Prauser; er konnte das Vorhaben in einer Beschlußfassung durchsetzen, wobei ihm von den Stammesfürsten Akichorios als Unterführer zur Seite gestellt wurde[275]. Zum Schutz der keltischen Heimatgebiete blieb ein erheblicher Teil der Wehrfähigen zurück, aus denen sich später noch ein weiterer Heereszug von etwa 15 000 Mann zu Fuß und 3000 Berittenen bilden konnte[276]. Rund 10 000 Waffenfähige verließen den Heereszug des Brennos mit dem von Tolistobogiern und Trokmern gebildeten Wanderverband während des Durchzuges durch Dardanien[277]. Die Annahme einer Größenordnung von vielleicht gegen 40 000 Bewaffneten für den Brennoszug, für den uns die vorliegende Überlieferung - ganz nach dem Modell des Xerxeszuges von 480 - weit überzogene Zahlen bietet[278], dürfte vermutlich der Realität nahekommen. Den Kriegerformationen folgte ein größerer Troß aus Knechten, Marketendern und Wagen[279]. Von einem Völkerzug ist in der grundlegenden antiken Überlieferung nirgends die Rede[280], vielmehr wird der Charakter des Heereszuges deutlich betont.

Im Sommer 279 setzte sich der große Heereszug unter Brennos und Akichorios in Marsch[281]. Brennos zog vermutlich wie im Vorjahr über Margus (Morawa und

274 Vgl. Iust. 25, 6, 1; Paus. 10, 19, 7-8 (Die hier gebotene Chronologie setzt die Initiative des Brennos erst für die Zeit nach der Rückkehr des Haufens des Belgios an. Dies kann jedoch nicht richtig sein, sondern dürfte sich nur auf den Zeitpunkt des Aufbruchs des Brennoszuges beziehen).

275 Polyain. 7, 35, 1 (Inszenierung mit Vorführung griechischer Gefangener wohl aus dem Zug von 280, um sein Vorhaben durchzusetzen), auch 35, 2; Strab. 4, 1, 13, C 187 (betont, er könne nicht sagen, wo die Prauser ursprünglich gesessen seien); Paus. 10, 19, 8; Kall. F 379 (ed. Pfeiffer); vgl. zum Namen Nachtergael 137f. Anm. 52.

276 Iust. 25, 1, 2; dieses Kontingent führte sicher nicht zu einer Entblößung der Heimatgebiete; entgegen einer verbreiteten Annahme waren diese 18 000 Krieger sicher nur ein Teil der verbliebenen Wehrkraft der Stämme.

277 Vgl. u. S. 236ff.

278 Iust. 24, 6, 1: 150 000 Fußsoldaten und 15 000 Reiter; Diod. 22, 9, 1: 150 000 Infanterie, 10 000 Reiter mit einem großen Troß einschließlich Kaufleuten und 2000 Wagen; Paus. 10, 19, 9 152 000 Mann Fußvolk, 20 400 Reiter, in Wirklichkeit auf Grund der Organisation der Trismarkisia (einem adeligen Reiterkrieger folgen zwei unfreie Gefolgsleute auf Pferden) 66 200 Mann Reiterei; völlig übersteigerndes Bild bei Kall. in Del. 175. Vgl. zur Diskussion auch Nachtergael 138ff.

279 Diod. 22, 9, 1 nennt die Zahl von 2 000 Wagen. Vgl. Caes. b.c. 1, 51, 1 zu dem gallischen Zuzug für Caesar in Spanien; betont wird hier der umfangreiche Train mit Wagen, den die gallischen Reiterkrieger der adeligen Oberschicht mit sich führten. Vgl. aber auch den großen Wagentroß der «Zehntausend» in Xen. an., bes. 1, 10, 18.

280 Unrichtig etwa Mitchell I, 14f.

281 Vgl. zum Brennoszug Paus. 1, 3, 5; 1, 4, 1-4; 10, 19, 5-23, 14 (dazu o. S. 16ff.); in Fragmenten bzw. Exzerpten Diod. 22, 9, 1-5; Trog. prol. 24; Iust. 24, 6, 2-8, 16; vgl.

Südliche Morawa) nach Süden und weiter nach Makedonien, wo ihm das Heer des Sosthenes entgegentrat, der in einer für die Kelten verlustreichen Schlacht geschlagen wurde[282]. Die Bewohner Makedoniens verschanzten sich in den Städten, während die Kelten, ohne Widerstand zu finden, das flache Land plünderten, um dann durch Südmakedonien bald nach Thessalien zu ziehen[283]. Der Zug der Kelten, der in den sich verbreitenden Nachrichten von den Verstößen gegen Gesetz und menschliche Norm gekennzeichnet war, führte über Zentralthessalien entlang der Magnesia weiter in die Achaia Phthiotis in Richtung auf Spercheios und Mittelgriechenland[284]. Ziel des Brennos, dessen Feldherrnqualitäten ebenso hervorgehoben werden wie die militärische Effizienz des Feldzuges[285], war der Thermopylenpaß als die vorgegebene Einfallspforte nach Mittelgriechenland. Gruppen von Thessalern und Ainianen, die im oberen Spercheios-Tal saßen, schlossen sich dem Zug gegen Mittelgriechenland und Delphi *ad praedae societatem* an[286].

Die bedrohlichen Nachrichten des Jahres 280/79 aus Makedonien und Paionien sowie nun aktuell aus Thessalien, das von den Keltenscharen schwer heimgesucht wurde, führten zur Bildung einer Abwehrfront mehrerer griechischer Staaten insbesondere der unmittelbar gefährdeten mittelgriechischen Region, welche die Invasion der Barbaren gegen Hellas zur gemeinsamen Rettung der Hellenen[287] an der Thermopylenstellung abzuwehren suchte[288]. Nach der bei Pausanias vorliegenden Tradition, die teilweise die exakten Angaben für die Aufgebote der Griechen und ihre Befehlshaber aus der wertvollen zeitgenössischen Quelle des Geschichtswerkes des Hieronymos von Kardia enthält[289], boten die griechischen Staaten während der Kämpfe gegen die Kelten insgesamt über 25 000 Mann auf, darunter ein athenisches Korps von 1000 Elitesoldaten zu Fuß[290] und 500 Reitern unter dem

---

ausführlich Nachtergael 15ff., 137ff.; Strobel, Keltensieg 71f.; Habicht 135ff.; der., Pausanias und seine ›Beschreibung Griechenlands‹, München 1985, 44ff., 83ff., 95; unzutreffend die Rekonstruktion des Brennoszuges bei Hammond 300.

282 Iust. 24, 6, 2; Diod. 22, 9, 1; vgl. Walbank 255.

283 Sosthenes Gegenmaßnahmen haben offenbar einen raschen Abzug aus Makedonien erzwungen, sofern sich die Nachricht in Porphyr. F 3, 10 nicht eher auf die Vertreibung der zurückflutenden Kelten im Frühjahr 278 bezieht.

284 Paus. 10, 19, 12; 20, 6.

285 Vgl. entsprechend den Grundbericht in Paus. 10, 20, 6–7; 22, 2.

286 Iust. 24, 7, 2; anders Paus. 10, 22, 9 (entschuldigend zu den Motiven der Zusammenarbeit hier von Herakleoten und Ainianen mit Brennos).

287 Vgl. die Formulierungen in Syll.^{3} 398 = Nachtergael Nr. 1 oder Syll.^{3} 408 = Nachtergael Nr. 21.

288 Paus. 10, 19, 6; 20, 1; vgl. zum Kampf an den Thermopylen ebd. 1, 4, 1–4; 10, 20, 9ff.; Nachtergael 140ff.; Habicht a.a.O.

289 Paus. 10, 20, 3–5; vgl. Habicht 137; o. S. 16ff.

290 Vgl. IG II^2 680 (= Nachtergael Nr. 21), Z. 12–14.

Befehl des Kallippos, des Sohnes des Moirokles[291]. Sein Bild im athenischen Buleuterion feierte das offizielle Andenken an die Teilnahme der Athener an der Verteidigung der Thermopylen. Den Oberbefehl über die aitolischen wie die griechischen Aufgebote hatte der aitolische Stratege Eurydamos, der mit einer Statue in Delphi geehrt wurde[292]. Die Aitoler stellten mit 7000 Hopliten, ferner mehreren hundert Leichtbewaffneten und Reiterei das größte Truppenkontingent[293]. Zuletzt hatten sie ihr Gesamtaufgebot gegen die Kelten mobilisiert, vermutlich etwa 15 000 Mann. Die Phoker unter den Strategen Antiochos und Kritobulos kämpften an den Thermopylen wie bei der Verteidigung von Delphi mit ihrem vollen Aufgebot von 3000 Infanteristen und 500 Reitern[294]. Die beiden in Kleinasien noch einander als Feinde gegenüberstehenden Könige Antigonos Gonatas und Antiochos I. schickten im Herbst 279 jeweils ein Kontingent von 500 Söldnern[295]. Das antigonidische Kontingent unter dem Makedonen Aristodemos kam sicher aus den griechischen Positionen des Königs, während die 500 seleukidischen Söldner unter dem Syrer Telesarchos als konkurrierende Beteiligung an der „Rettung der Hellenen" aus Kleinasien übergesetzt sein mußten. Weitere Kontingente an der Thermopylen waren 700 opuntische Lokrer und 400 Hopliten aus Megara.

291 Paus. 1, 3, 5 (Gemälde des Malers Olbiades); 1, 4, 2; 10, 19, 5; vgl. Habicht 138; eine Fiktion der proathenischen Zwischenquelle nach dem Vorbild der herodoteischen Schilderung des Jahres 480 (dazu die Dublette der Anopaia-Umgehung und die Geschichte von der Rettung der Griechen) ist die angebliche Beteiligung der athenischen Flotte wie eine zentrale Rolle Athens und seines Oberbefehls an den Thermopylen (zu den herodoteischen Erweiterungen auch Nachtergael 147ff., der sie allerdings auf Pausanias zurückführt). Eine auf die „Leonidas-Schlacht" des Jahres 279 konzentrierte Kurzfassung der wohl schon bald nach dem panhellenischen Abwehrsieg propagierten athenischen Version des Geschehens in der Form einer Vorlage, welche die Geschichte der Galater in Kleinasien bis Attalos I. einschloß, bietet Paus. 1, 4, 1–6.

292 Vgl. Paus. 10, 16, 4; zum hervortretenden Anteil der Aitoler an dem Abwehrsieg und den sich daraus ableitenden politischen und ideologischen Ansprüchen R. Flacelière, Les Aitoliens à Delphes, Paris 1937, bes. 107f., 113ff., 179ff.; Strobel, Keltensieg 77f. Als beteiligte Strategen werden in der bei Paus. 10, 20, 4 vorliegenden Tradition nur Polyarchos, Polyphron und Lakrates genannt; der aitolische Kommandeur ist durch den angeblichen athenischen Oberbefehl ersetzt.

293 Paus. 10, 20, 4; die Zahl der Leichtbewaffneten ist in der Textüberlieferung verderbt, die Zahl der Reiter in der Vorlage des Pausanias nicht angegeben. Die Angabe ebd. 10, 20, 3, die Boioter hätten 10 000 Hopliten und 500 Reiter unter den Boiotarchen Kephisodotos, Thearidas, Diogenes und Lysandros aufgeboten, steht im Widerspruch zu der Information, die Aitoler hätten das zahlenmäßig größte Kontingent zu den Thermopylen gesandt. Hier dürfte das thebanische Gesamtaufgebot angesprochen sein, das wohl nach der Auflösung der griechischen Thermopylensperre mobilisiert worden war und an der Verfolgung der Kelten teilnahm.

294 Vgl. Paus. 10, 20, 3; Iust. 24, 7, 9.

295 Paus. 10, 20, 5.

Brennos zog durch Zentralthessalien und bereits durch die Phtiotis, als sich das griechische Heer an den Thermopylen formierte. Der Versuch, Brennos mit einem detachierten Korps am Übergang über den Spercheios zu hindern, schlug fehl[296]. Während die Kelten das Landgebiet von Herakleia Tracheia verwüsteten, konnten die Aitoler und Herakleoten die Stadt erfolgreich verteidigen. Brennos passierte Herakleia, errichtete ein Lager und stieß dann direkt auf die Thermopylenstellung vor, der versuchte Durchbruch scheiterte jedoch an dem griechischen Widerstand[297], ebenso der folgende Versuch, das Oita-Gebirge beim Heiligtum der Athena Trachinia zu übersteigen. In dem dortigen Abwehrkampf fiel der seleukidische Kommandeur Telesarchos. Das athenische Kontingent zeichnete sich bei dem Kampf in der Paßenge der Thermopylen aus, wo der Athener Kydias einen ruhmvollen Heldentod fand und durch eine private Waffenweihung im Tempel des Zeus Eleutherios geehrt wurde[298]. Sein Sohn Kybernis aus dem Demos Halimus brachte 246/5 den Antrag zur Teilnahme Athens an den vom aitolischen Koinon neu organisierten Soteria von Delphi ein[299]. Brennos unternahm nunmehr einen detachierten Angriff unter den Führern Orestorios und Kombutis auf das Gebiet der Aitoler, um diese zum Abzug von der Sperre an den Thermopylen zu zwingen[300]. Der Angriff führte den Spercheios aufwärts in das obere Daphnos-Tal, wo die Kelten Kallion erstürmten, alle männlichen Gefangenen töteten, d. h. opferten, und die Frauen und Mädchen, soweit sie nicht Selbstmord begingen, Opfer brutaler Serienvergewaltigungen wurden[301]. Kallion wurde zum Fanal der barbarischen Grausamkeit der Kelten wie es die Praxis der Plünderung von Heiligtümern, insbesondere der folgende Angriff auf Delphi, für ihr Freveln gegen die Götter war. Auch die Vergewaltigung der Frauen durch die Kelten muß dabei vor einem rituellen Hintergrund gesehen werden, wie die Schändung von Heiligtümern und sakralrechtlich Geschütztem der Zerstörung der Bindung von Volk und Gottheit bzw. der Vernichtung von Integrität und Souveränität des Gegners dienen sollte. Abscheu und Entsetzen haben bei den Zeitgenossen die Opferung von Gefangenen[302] und die Praxis der Kopfjagd, welche die keltischen Helden und Krieger

---

296 Paus. 10, 20, 6ff.

297 Paus. 10, 21, 1ff.

298 Ebd. 10, 21, 5–6; vgl. auch Habicht (o. Anm. 281), 83f.

299 IG II^2 680 = Syll.^{3} 408 = Nachtergael Nr. 21, Z. 5–6.

300 Paus. 10, 22, 2–7; die für die Diversion gebotene Zahl von 800 Reitern dürfte eine realistische Größe sein, nicht jedoch die angeblich 40000 Mann zu Fuß

301 Zu Kallion/Kallipolis selbst vgl. Habicht a.a.O. 44ff. Nur einen allgemein verbreiteten Topos gibt allerdings der Vorwurf wieder, die Kelten hätten das Blut der abgeschlachteten Kleinkinder getrunken und ihr Fleisch gegessen.

302 Zu den Menschenopfern von Kriegsgefangenen vgl. auch den zeitgenössischen alexandrinischen Komödiendichter Sopatros von Paphos, frg. 6 (CGF I^2, 1958, 192–197); vgl. zu ihm auch Körte, RE III A 1, 1927, 1001f.

pflegten, ausgelöst[303]. Ihr Auftreten und der von ihnen verbreitete Schrecken ließen die Keltenkrieger für die Zeitgenossen zum Inbegriff des Barbarischen, des existentiell bedrohenden Fremden, ja des nicht mehr Menschlichen, sondern eher Tierischen, zu den Frevlern gegen göttliches Gesetz und menschliche Ordnung werden und als Bedrohung durch die Kräfte des Chaos erscheinen.

Der Plan des Brennos hatte Erfolg. Auf die Nachricht von dem Einfall in das aitolische Gebiet rückten die Aitoler zur Verteidigung ihres Landes von den Thermopylen ab; die bisher erfolgreiche griechische Sperrung des Passes löste sich danach auf und die einzelnen Kontingente marschierten in ihre jeweilige Heimat zurück[304]. Nachdem er Kallion niedergebrannt hatte, marschierte der detachierte keltische Kriegerverband auf dem gleichen Weg zum Lager bei Herakleia zurück. Er wurde dabei von dem Hoplitenkontingent aus Patrai, der einzigen Stadt der Achaier, die sich an der Keltenabwehr beteiltigte, frontal angegriffen; die zahlenmäßig unterlegenen Hopliten, die vermutlich von ihrem Marsch zu den Thermopylen den Aitolern zu Hilfe eilten, erlitten schwere Verluste[305]. Inzwischen hatten die Aitoler alle Wehrfähigen im Lande aufgeboten, die nun den Rückmarsch der Invasoren mit einer erfolgreichen Guerillataktik angriffen, so daß nur weniger als die Hälfte der Kelten das Lager bei Herakleia wieder erreichen konnte.

Nach der Auflösung der Thermopylensperre ließ Brennos seinen Unterführer Akichorios mit dem größeren Teil des Heeres im Lager bei Herakleia Tracheia zurück; er zog mit ausgewählten Truppen über den Paß und dann auf direktem Weg durch die Gebirgsschluchten von Kallidromos und Parnaß gegen das panhellenische Heiligtum von Delphi[306]. Akichorios seinerseits ließ den Troß mit einem Teil des Heeres im Lager zurück und marschierte auf einem anderen Weg nach Delphi, also sicherlich über die Route Herakleia - Kytinion. Die Aitoler wandten sich mit ihrem von den Thermopylen abgerückten Heer gegen Akichorios, dessen Marsch sie durch ständige Angriffe entscheidend verlangsamten, ohne ihm eine Schlacht anzubieten[307]. Erst nach der Niederlage des Brennos vor Delphi konnte sich

303 Vgl. Strobel 103f.; ders., Keltensieg 80ff., bes. 81f. Eine eindringliche Darstellung aus dem gallischen Milieu bietet das Fragment einer Kriegerstatue aus Entremont, deren Hand einen abgeschlagenen Kopf an den Haaren hält, in: La Provence (o. Anm. 88) 247 Abb. 15.

304 Paus. 10. 22, 5.12.

305 Paus. 10, 22, 6; Patrai errichtete aus der eingebrachten Keltenbeute eine Statue des Apollon, die noch in der Münzprägung der Stadt unter Marc Aurel und Commodus hervorgehoben wird (ebd. 7, 10, 6; Strobel, Keltensieg 78 Anm. 73).

306 Vgl. Paus. 10, 22, 10–12.13. Auf den Durchbruch und den Rückzug der Kelten weist der spätere Name ὁ Γαλάτης für den Gebirgszug Akrurion, eines Teils des knemisch-oitaischen Kallidromos-Gebirges hin; vgl. Plut. Phok. 33; Bürchner, RE VII 1, 1910, 519.

307 Ebd. 10, 22, 13; 23, 12.

Akichorios mit den Besiegten vereinigen. Dies war die entscheidende Voraussetzung für den Sieg der Griechen über die keltische Invasion und für die Rettung Delphis. Die Aitoler haben ihren zentralen Anteil an dem panhellenischen Abwehrsieg in der Folge mit allgemeiner Anerkennung herausgestellt.

Delphi selbst wurde von 4000 Mann, hauptsächlich das Gesamtaufgebot der Phoker, ferner 400 Hopliten aus dem ebenfalls bedrohten Amphissa und einer kleinen aitolischen Schar verteidigt, die nach dem Beginn der Kämpfe durch 1200 Aitoler unter Philomelos verstärkt wurden[308]. Hinzu kam die spontane Teilnahme einzelner Bürger oder kleinerer Gruppen wohl aus verschiedenen Poleis, wie das Beispiel von Magnesia am Mäander zeigt[309]. Die Krieger des Brennos trugen ihren Angriff bis an den heiligen Bezirk heran, in dem sie aber nur vorübergehend und begrenzt Fuß fassen konnten, ehe sie zurückgeschlagen wurden. Die Phoker, welche den Gegner auch von den Höhen mit Felsbrocken und Geschossen bombardierten, erlitten große Verluste, darunter Aleximachos, der für seine herausragende Tapferkeit in Delphi mit einer Statue als Weihegeschenk der Phoker geehrt wurde; für ihre Verdienste erlangten die Phoker die Wiederaufnahme in die Amphiktyonie unter Wiederherstellung ihres früheren Ansehens[310]. Die auf den Angriff folgende Nacht brachte ein heftiges Einsetzen der Winterwitterung, der nächste Tag den von zwei Seiten geführten Gegenangriff der Griechen, die durch das aitolische Kontingent verstärkt worden waren. Nach der Verwundung des Brennos zogen sich die Kelten zurück, wobei sie ihre Kranken und Verwundeten, die dem Rückzug nicht folgen konnten, töteten. Die Phoker griffen am nächsten Tag erneut an und verhinderten in der Folge die Verproviantierung des Gegners, der unter zunehmendem Versorgungsmangel litt. Der Angriff des Brennos Ende des Jahres 279 war an der Ungunst der Terrains[311], der entschlossenen Gegenwehr insbesondere der Phoker und der einsetzenden Winterwitterung gescheitert. Der Rückzug wurde zur panikartigen Flucht.

Der Kriegerverband des Brennos kann aber gegenüber den Verteidigern von Delphi keine übermächtige Überlegenheit besessen haben; seine Größe dürfte maximal auf das Doppelte der Zahl der Verteidiger zu schätzen sein[312]. Der

308 Paus. 10, 22, 13; Iust. 24, 7, 9; zu dem Kampf um Delphi Paus. 10, 23, 1–11; Iust. 24, 6, 5–8, 12; Diod. 22, 9; Nachtergael 150ff.; ebd. 93ff., 96ff., 152ff. zur legendenhaften Überlieferung einschließlich der Legende von der Plünderung des Heiligtums durch die Kelten.

309 Vgl. Strobel, Keltensieg 78 mit Anm. 73.

310 Paus. 10, 3, 4; 8, 3; 23, 3.5.9.

311 Von einem Felssturz nach einem Erdbeben, der die Kelten traf, berichten Paus. 10, 23, 4; Iust. 24, 8, 9.

312 Die von Paus. 10, 23, 10 genannte, nicht unmögliche Zahl von 6000 gefallenen Kelten in den Kämpfen in der Phokis bezieht sich offenbar auf die Gesamtverluste des Brennos und des Akichorios. Die Angaben über die Größe der Schar des Brennos, 40 000 bei Paus. 10, 22, 10 respektive 65 000 bei Iust. 24, 7, 9, sind eindeutig übersteigert.

Heeresteil, den Akichorios in Richtung Delphi führte, scheint dagegen dem Aufgebot der Aitoler zahlenmäßig überlegen gewesen zu sein. Das flüchtende Heer des verwundeten Brennos konnte sich schließlich mit ihm vereinigen, doch wurde der gemeinsame Rückzug über die Thermopylen in das Lager bei Herakleia unter den Witterungsbedingungen und den Angriffen der verfolgenden Aitoler und Griechen zu einem verlustreichen Unterfangen[313]. Die Athener hatten sich durch Kundschafter über die Vorgänge vor Delphi informiert, und auf die Nachricht von dem griechischen Sieg rückte ihr Kontingent erneut vor, wobei sich auf dem Marsch durch Boiotien das Aufgebot der Boioter anschloß. Diese Verbände beteiligten sich nun an den Verfolgungskämpfen gegen die Nachhut der sich zurückziehenden Kelten[314]. Im Lager bei Herakleia Tracheia beging der besiegte, aber nicht tödlich verwundete Heerkönig Brennos, nachdem er die Befehlsgewalt auf Akichorios übertragen hatte, rituellen Selbstmord[315]. Die Aitoler verfolgten die Kelten bis zum Spercheios, dann griffen Maler und Thessaler, letztere unter dem makedonischen Regenten Sosthenes[316], den von der Witterung erschwerten keltischen Rückzug im Winter 279/8 und Frühjahr 278 an, nach den Makedonen schließlich auch noch die Dardaner[317]. Die antike Überlieferung steigerte die Verluste der Kelten bis zur angeblich völligen Vernichtung[318]. Im Widerspruch dazu berichtet sie aber zugleich von der Ansiedlung der Überlebenden des Brennoszuges in Thrakien, Kleinasien[319] oder an der Donau, schließlich gar von einer Rückkehr nach Gallien selbst[320]. Die Übersteigerung der gegnerischen Verluste war Teil der Verherrlichung des neuen panhellenischen Barbarensieges, der nun dem Triumph der Hellenen über die Perser an die Seite trat.

313 Vgl. zum Rückzug der Kelten Paus. 10, 23, 11–14; Diod. 22, 9, 2–3; Iust. 24, 8, 10–16; Nachtergael 164ff.

314 Auf diese Kämpfe der Boioter bezieht sich offensichtlich die private Weihung des Neon in Theben für seinen gefallenen Sohn Euanoridas (IG VII 2537 = ISE I 68).

315 Dieser Tradition bei Paus. 10, 23, 6.12 ist gegenüber Diod. 22, 9, 2 und Iust. 24, 8, 11 der Vorzug zu geben (vgl. auch Nachtergael 165 Anm. 178). Zum Selbstmord des besiegten Königs J. De Vries, Keltische Religion, Stuttgart 1961, 234ff., bes. 245ff.; Strobel, Keltensieg 80f. mit Anm. 88.

316 Vgl. o. Anm. 273.

317 Diod. 22, 9, 3.

318 Paus. 10, 23, 13; Diod. 22, 9, 3; Iust. 24, 8, 16 mit Trog. prol. 24.

319 Paus. 1, 4, 5 läßt die Masse der Galater auf Schiffen nach Kleinasien übersetzen.

320 Vgl. Iust. 32, 3, 6–12; die bei Strab. 4, 1, 13, C 188 und Iust. 32, 3, 9–11 vorliegende Legende von der Herkunft des Aurum Tolosanum aus Delphi ist auf Timagenes zurückzuführen (vgl. F. Jacoby, FGrHist II C, p. 227 zu F 11; Nachtergael 102).

4. Der Keltensieg des Antigonos Gonatas 277 v. Chr.

Aus den Kriegergruppen, die beim Auszug des Heerbanns unter Brennos zur Sicherung der Heimatgebiete zurückgeblieben waren, hatte sich noch während der Dauer des Feldzuges gegen Griechenland, also wohl in der 2. Jahreshälfte 279, ein weiterer Heereszug formiert, dessen Ziel offenkundig zuerst das nördliche Thrakien war, wo die Kelten die Triballer und dann in Nordostbulgarien die Geten schlugen[321]. Die Größe dieses keltischen Heerbanns[322] wird von Pompeius Trogus-Iustin mit 15000 Mann zu Fuß und 3000 Reitern im Gegensatz zu den übersteigerten Zahlen, die für Brennos überliefert werden, in einer durchaus nicht unrealistischen Größenordnung für einen solchen Heereszug angegeben. Der Heerhaufen ist vermutlich von der Dobrudscha entlang der Schwarzmeerküste nach Süden und weiter durch die Küstenzone der Propontis gezogen, wo er in der 1. Hälfte des Jahres 277 vor der Thrakischen Chersones in der Nähe von Lysimacheia auftauchte. Dort lag Antigonos Gonatas mit Heer und Flotte, nachdem Sosthenes im Sommer 278 seinen erneuten Versuch einer Festsetzung in Makedonien, der dem Friedensschluß mit Antiochos I. gefolgt war, abgewehrt hatte[323]. Die Kelten nahmen durch eine Gesandtschaft diplomatischen Kontakt mit dem König auf, der die Gesandten äußerst prunkvoll bewirtete und ihnen seine Macht durch die Zurschaustellung der Kriegselefanten und der Kriegsflotte zu demonstrieren suchte[324]. Der Bericht über das Geschehen bei Pompeius Trogus-Iustin weist zahlreiche Unstimmigkeiten auf, ja er ist in Teilen unglaubwürdig und spiegelt offenbar eine Tradition, welche die tatsächlichen, für den König weniger schmeichelhaften Vorgänge kaschierte. Schon die Begründung, die Kelten hätten nun Makedonien bedroht und Gesandte zu Antigonos geschickt, um diesem das Erkaufen eines Friedens anzubieten, ist eine offenkundige Parallele zu Ptolemaios Keraunos - nur diesmal eben mit einem für Antigonos triumphalen Ergebnis. Es besteht m. E. Grund zu der Annahme, daß die Gesandtschaft auf die Initiative des Königs zurückging, der dieses Keltenheer für einen erneuten Angriff auf Makedonien anwerben wollte, wie es ihm nur ganz kurze Zeit nach dem Sieg bei Lysimacheia mit dem Heeres- und Wanderverband des Kiderios mit seinen 9000 Kriegern gelungen ist[325]. Die Demonstration von Prunk, Reichtum und militärischer Macht zeigt nur, daß Antigonos die Regeln des diplomatischen Verkehrs mit »barbari-

321 Iust. 25, 1, 2; unrichtig Walbank 255.

322 Iust. 25, 1, 2 spricht ausdrücklich von einem Heereszug, nicht von einer Wanderbewegung; unrichtig etwa Launey 494.

323 Vgl. Iust. 25, 1, 1; Walbank 254, 256 mit Anm. 2, 581; o. S. 209.

324 Iust. 25, 1, 3-7; zur Schlacht bei Lysimacheia Iust. 25, 1, 1-2, 7; Diog. Laert. 2, 141f.; Walbank 256f. mit Anm. 5; Nachtergael 167f., 177; Strobel 108 mit Anm. 51.

325 Polyain. 4, 6, 17.

schen« Partnern sehr wohl beherrschte. Die Verhandlungen müssen jedoch zu keinem für die Kelten befriedigenden Ergebnis gekommen sein. Sie haben, so dürfen wir den Bericht in Einzelheiten korrigieren, das Lager des Königs offensichtlich überraschend bei Nacht angegriffen, das von den Söldnertruppen und ihren Familien überstürzt geräumt wurde. Erst als sie den bei den Schiffen gelagerten Troß des Heeres plünderten, wurden sie nun ihrerseits überraschend von den Rudermannschaften und den zuvor geflohenen Truppen angegriffen und in großer Zahl niedergemacht. Dieser erste große Schlachtensieg über die Kelten, deren militärische Stoßkraft gegen Griechenland und Makedonien nun nach den Niederlagen vom Winter 279/8 und im Frühjahr 277 tatsächlich gebrochen war, brachte Antigonos Gonatas überragendes Prestige und das Charisma des Retters vor der Barbarengefahr[326]. Dieser Sieg legitimierte seine Anerkennung als König, die er noch im Sommer 277 in Makedonien fand, was als Rückkehr des Antigonos in sein angestammtes Reich auf Grund des Barbarensieges und der Rettung der Hellenen stilisiert wurde[327].

Antigonos Gonatas dürfte um die Jahresmitte 277 mit seinem Heer, das durch den Verband des Kiderios erheblich verstärkt war, nach Makedonien eingerückt sein[328], wo die Herrschaft des Sosthenes wahrscheinlich etwa im Juni durch den Tod des regierenden Strategen zu Ende gegangen war. Sosthenes hatte sich nach dem Rückzug der Kelten im Frühjahr 278 weiter mit Ptolemaios, dem Sohn des Lysimachos, mit Apollodor, dem neuen Tyrannen in Kassandreia, und Antipatros Etesias auseinanderzusetzen. Letzterer scheint die Herrschaft kurzzeitig nach Sosthenes übernommen zu haben, wurde jedoch rasch von Antigonos unter Einsatz seiner keltischen Söldner besiegt[329]. Antipatros Etesias, der Enkel des Antipatros und Neffe des Kassander, floh nach Ägypten, wo ihn Ptolemaios II. offenbar als möglichen Thronprätendenten gegen Antigonos Gonatas in Reserve hielt[330]. Letzterer setzte sich, nachdem er einen Konflikt mit seinen keltischen Söldnern um die Höhe des Soldes abgewendet hatte[331], auch gegen Ptolemaios, den Sohn des Lysimachos, durch[332] und konnte nach 10monatiger, offensichtlich im Frühherbst 277 beginnender Belagerung auch die Herrschaft des Apollodor in Kassandreia beenden[333]. Mitte 276 war er als König in Makedonien allgemein anerkannt[334]. Ptolemaios, der Sohn des Lysimachos, erhielt von seinem Onkel Ptolemaios II.

326 Vgl. Iust. 25, 2, 7
327 Vgl. Strobel, Keltensieg 72; auch Walbank 258f.; Habicht 139.
328 Vgl. Walbank 257f., 581ff.
329 Polyain. 4, 6, 17.
330 Vgl. auch Walbank 257 Anm. 3.
331 Polyain. 4, 6, 17.
332 Vgl. Porphyr. FGrHist 260 F 3, 11.
333 Polyain. 4, 6, 18.
334 Vgl. Porphyr. F 3, 11–12; M. Chambers, AJPh 75, 1954, 385–394; Walbank 582f.

eine große königliche Domäne nahe Telmessos im lagidischen Lykien, wo er unter Ptolemaios III. um 240 als Stadtherr von Telmessos erscheint, der Steuerwesen und Wirtschaft erfolgreich reformierte[335].

5. Die Neuordung der keltischen Welt auf dem Balkan nach der Niederlage des Brennos und die Gründung des Keltenreiches von Tyle

Der geschlagene Heerbann des Brennos flutete Anfang 278 aus Griechenland über Thessalien, Makedonien, wo Apollodor, der Tyrann von Kassandreia, offensichtlich bereits aus ihm Söldner rekrutiert hat[336], und Dardanien in die Ausgangsgebiete um Donau, Drau und Save zurück, wo sich nun unter der Führung des Bathanattos eine übergreifende politische Ordnung in der Form des großen Stammesverbandes, genauer eines Stammesbundes der Skordisker formierte[337]. Historisch und archäologisch fassen wir die Skordisker in zwei Gruppen, den „Großen Skordiskern" westlich der Morava, den „Kleinen Skordiskern" östlich des Flusses als Nachbarn der Triballer und Moesier[338]. Siedlungsgebiete der Großen Skordis-

---

335 Vgl. M. Wörrle, Chiron 8, 1978, 201–246, bes. 218ff.

336 Vermutlich hatte Ptolemaios Keraunos Apollodor in Kassandreia eingesetzt, das bis 281/0 Besitz und Festung der Arsinoe II. gewesen war und von Keraunos nun seiner Mutter Eurydike zugesprochen wurde. Apollodor hat sich dort wahrscheinlich in der Krise nach dem Tod des Keraunos behauptet und 279 eine eigene Herrschaft errichtet, die erst Mitte 276 von Antigonos Gonatas nach zehnmonatiger Belagerung beendet werden konnte. Der Zeitpunkt der Anwerbung keltischer Söldner (Diod. 22, 5, 2) ist unklar, aber keineswegs zwingend schon für 279 zu vermuten. Vgl. zu Apollodor Diod. 22, 5, 1–2; Trog. prol. 25; Polyain. 6, 7, 1–2; 4, 6, 18; Kaerst, RE I 2, 1894, 2851; Launey 491f.; Walbank 257f. mit Anm. 4.

337 Athen. 6, 234a-c, bes. 234b = Poseid. F 402 (ed. Theiler) = FGrHist 87 F 48d; Iust. 32, 3, 6.7–8 (Ansiedlung am Zusammenfluß von Donau und Save); vgl. F. Jacoby, FGrHist II C, p. 227; J. Malitz, Die Historien des Poseidonios, München 1983, 213f.; Fluß, RE II A 1, 1921, 831–835; A. Mócsy, RE Suppl. IX, 1962, 527f.

338 Vgl. Strab. 7, 5, 2, C 313 (Die skordiskischen Galater wohnen den illyrischen und thrakischen Völkern untermischt); 7, 5, 12, C 318; B. Janović, in: Kruta - Duval (o. Anm. 1) 179–187; M. Sladić, The Pottery of the Scordisci. Latène Pottery in the Yugoslavic Danubian Region [mit engl. Resümee], Belgrad 1986; ders., Glas Beograd 6, 1990, 177–180; P. Popovic, EtCelt 20, 1983, 59–80; 28, 1991, 339–348 (mit Karte S. 341 zu LtB2-C1); ders., Le monnayage des Scordisques, Belgrad - Novi Sad 1987; ders.-B. Jovanović, Celts 337–347 (noch der antiken Topik verbunden ebd. 340 „war and plunder - their main sources of income"); zur Nekropole von Pečine B. Jovanović, EtCelt 21, 1984, 63–93; ders., Celts 380; zu Gomolava B. u. M. Jovanović, Gomolava, Novi Sad - Belgrad 1988; zu den Kelten in der östlichen Hälfte des früheren Jugoslawien

ker sind Südostpannonien und das nördliche Obermoesien (Ostslawonien, die Sremregion, Nordserbien, Batschka und Woiwodina); im nordostserbischen Gebirgsland finden sich wenig keltische Funde. Die Kleinen Skordisker sind als Bildung eines Teilverbandes im Donautiefland nach dem Eisernen Tor bis nach Nordwestbulgarien hinein zu fassen. Die Latènisierung des gesamten Gebietes war bereits im 3. Jh. erfolgt. Größere befestigte Siedlungszentren sind für das Skordiskergebiet bisher erst im 2. Jh. belegt und nehmen im 1. Jh. v. Chr. deutlich zu. Der Befund des Skordiskergebietes zeigt neben einem hohen handwerklichen und entwicklungsmäßigen Standard im 3. und 2. Jh. eine erkennbare ethnische und kulturelle Diversifizierung. So findet sich in Gomolava im Grabbrauch noch bis zum späten 1. Jh. v. Chr. eine starke lokale Kontinuität. Die engen Beziehungen zum dakischen Raum gingen über wechselseitigen Austausch und Einfluß hinaus und zeigen eine ethnische Vermischung[339]. Die birituelle Nekropole von Pečine bei Viminacium bietet einen Schlüsselbefund: 17 keltische Körperbestattungen mit Beigaben des Duchov-Münsingen-Horizonts der 2. Hälfte des 4. Jh., z. T. auch mit handgemachter lokaler Keramik, ferner 17 keltische Brandbestattungen und 9 Körpergräber mit Waffenbeigaben und eigenem Bestattungsritus, der sie mit der vorkeltischen Bevölkerung der Morawa-Donau-Gruppe verbindet. Die Skordisker erweisen sich als ethnisch und kulturell nicht einheitliche Größe, eine Mischung aus illyrischen, pannonischen, nordwestthrakischen, geto-dakischen und keltischen Gruppen, die vielfach spezifische Formen beibehalten bzw. vermittelt haben. Die häufige hellenistische Importkeramik wird durch ihren deutlichen Einfluß auf die lokale Produktion ergänzt. Fundstücke, deren Herkunft auf den griechisch-makedonischen Raum verweist, können durch die Kriegszüge 280–278/7, aber ebenso durch Handelskontakte und Söldnerdienst in die Gräber gelangt sein.

Die aus Griechenland zurückflutenden Kriegergruppen trafen 278 offensichtlich auf ein destabilisiertes, zu weiteren Migrationsbewegungen bereites Milieu in Südpannonien und dem Donau-Save-Raum. Durch den Abzug der ersten Wanderverbände unter Lutarios und Leonnorios nach Thrakien und durch den Aufbruch des Heerhaufens, der sich aus den nicht am Brennoszug teilnehmenden Kriegergruppen rekrutiert und ebenfalls Thrakien zum Ziel hatte, dürfte sich eine Migrationsdynamik entfaltet haben, die Bathanattos nur zu einem Teil stabilisieren

---

zusammenfassend M. Gustin, JRGZ 31, 1984, 305–363; zu den Gräbern von Singidunum auch Celts 315; zum großartigen Rosettengoldtorques von Gajić-Herzegmárok aus dem 3. Jh. ebd. 318; Duval (o. Anm. 1) 146 mit Abb. 356.

339 Die enge Verbindung zwischen Dakern und Skordiskern betont auch Strab. 7, 5, 2, C 313. Zur keltischen Waffenausstattung vgl. etwa die Beigaben aus einem Grab des 3. Jh. in Batina (Celts 309); dieses Ensemble keltischer Waffen ist ebenfalls zum Skordiskerbereich zu rechnen.

konnte. Andere zurückkehrende Kriegergruppen haben sich unter Anschluß von Stammesangehörigen oder weiteren Stammesabsplitterungen unter der Führung des Komontorios zu einem Wanderzug vereinigt, der sich noch 278 auf den Weg nach Thrakien begeben haben muß[340]. Zu ihnen gehörte ein Wanderverband, der aus Teilen der nach Südpannonien gelangten Volcae Tectosages gebildet war, deren Kriegeraufgebot im Heer des Brennos eine von den griechischen Beobachtern deutlich wahrgenommene Rolle gespielt hatte. Seit 278 müssen noch weitere Gruppierungen auf dem Balkan und auch im nordgriechisch-makedonischen wie illyrischen bis thrakischen Raume in verschiedenen Richtungen in Bewegung gewesen sein. Dieses Potential hat seit 277 die erheblichen Söldnerkontingente für die Auseinandersetzungen der hellenistischen Herrscher geliefert, insbesondere seit 275 die Verbände, die Pyrrhos und Antigonos Gonatas im Kampf um die Macht in Makedonien und Griechenland gegeneinander zum Einsatz brachten[341]. Gleiches gilt für die 4000 keltischen Söldner des Ptolemaios II., die dessen Beauftragter und *Philos* Antigonos 275 v. Chr. wahrscheinlich mit Unterstützung des Pyrrhos für den Kampf gegen Magas angeworben hatte und die der König dann nach ihrer Meuterei auf einer Insel im Sebennytischen Nilarm vernichten ließ, was er als seinen großen Keltensieg, als seine mit dem Sieg Apolls vor Delphi gleichrangige Siegestat über diese Barbaren feierte[342]. Keltische Söldner stellten von nun an einen ständigen Faktor in den Heeren der Antigoniden dar, die ihnen auch in größerer Zahl die Ansiedlung im makedonischen Kerngebiet des späteren Distrikts um Edessa, Beroia und Pella gewährten[343]. Die Kelten boten sich nach den vorausgehenden traumatischen Ereignissen, besonders seit dem Sieg über das makedonische Kö-

---

340 Pol. 4, 45, 10; 46, 1; Iust. 32, 3, 6 (Pompeius Trogus folgt allerdings der legendären antiken Überlieferung einer Rückkehr der Kelten von Delphi über Thrakien in ihre gallische Heimat (Iust. 32, 3, 6–7) und dürfte entsprechend im 25. Buch die Tyleni wie die nach Kleinasien hinübergegangenen Kelten (vgl. Trog. prol. 25) ebenso als Abspaltung von diesem Rückkehrzug gesehen haben wie die Skordisker selbst (Iust. 32, 3, 7–8).

341 Vgl. Walbank 259–267; zu den keltischen Söldnern der hellenistischen Mächte A.J. Reinach, REA 13, 1911, 33–74, bes. 49ff.; A. Wienicke, Keltisches Söldnertum in der Mittelmeerwelt bis zur Herrschaft der Römer, Diss. Breslau 1927, 19ff.; G.T. Griffith, The Mercenaries of the Hellenistic World, Cambridge 1935, 63f., 66ff., 118ff., 137, 143ff., 166ff., 173ff.; Launey 495ff.; B. Bar Kochva, The Seleucid Army, Cambridge u. a. 1976, 34, 51f.; Strobel, Keltensieg 75 mit Anm. 54.; wenig befriedigend Szabó, Celts 333ff.

342 Vgl. Kall. in Delum 171–188; Schol. in hymn IV, p. 70f. (ed. Pfeiffer); Paus. 1, 7, 2; Strobel 109f. mit Anm. 54; ders., Keltensieg 78f.; Nachtergael 184f.; Weber (o. S. 136 Anm. 71) 305ff.; u. Bd. II. Zur engen Verbindung des Pyrrhos mit Ptolemaios I. Plut. Pyrrh. 5; die starken Truppenkontingente, die ein Ptolemaios Pyrrhos für den Übergang nach Italien zur Verfügung stellte (Iust. 17, 2, 13–15), kamen nicht von Ptolemaios Keraunos, sondern von Ptolemaios II. (vgl. N.G.L. Hammond, Historia 37, 1988, 405–413).

343 Vgl. Liv. 45, 30, 5; ebenso die Ansiedlung illyrischer Söldner (Liv. 44, 12, 2.6).

nigsheer, und auf Grund des ihnen vorauseilenden Schreckens[344] als ein militärisch herausragender Faktor an, der zur Stärkung der eigenen machtpolitischen Position in Dienst genommen werden konnte, wozu die Schicht des keltischen Kriegeradels mit seinen Gefolgschaften geradezu prädestiniert war[345]. Entsprechend wurden Kelten wie kleinasiatische Galater seit 277 von allen hellenistischen Herrschern teils als Söldner oder angeworbene Kriegergruppen, teils als ganze Stämme mit ihrem Familienanhang in Dienst genommen. Die frühe Eingliederung keltischer bzw. galatischer Offiziere im seleukidischen Bereich durch Antiochos I. zeigt das Grabepigramm aus Maroneia für Brikkon, den Sohn des Ateuristos und Kommandeur einer Galatertruppe, der wahrscheinlich im Heere des Antiochos III. nach Thrakien gekommen war und als dessen *Patria* Apameia in Phrygien, die Gründung des Antiochos I., genannt ist[346]. Auch die Ptolemäer haben trotz der Erfahrung mit der Meuterei der 4000 Söldner im Jahre 275 und deren Vernichtung als des großen ptolemäischen Barbarensieges natürlich weiterhin Kelten respektive Galater angeworben, die als Soldaten, Offiziere und Militärsöldner einen regulären Bestandteil der ptolemäischen Heere des 3. und 2. Jh. bildeten und nicht zuletzt zur wichtigen Garnison von Alexandreia gehörten[347]. Durch das Vertragsregister von Theogenis ist in dem auf ein Jahr abgeschlossenen Anstellungsvertrag vom 18.1./15.2.231 v. Chr.[348] zwischen der Athenerin Olympias, die als selbständige Künstlerin bei großen musischen Agonen und Festen auftrat, und dem von ihr gegen hohe Entlohnung verpflichteten Flötenspieler Sosos, Syrakusaner von Abstammung, erstmals das administrative Ethnikon „Galater nach der Abstammung" belegt, das Zopyros, Sohn des Marikkos, trägt, der als Vormund der Olympias agiert und als ihr Gatte anzusehen ist[349]. Damit fassen wir in der 2. Hälfte des 3. Jh. Galater, d. h. Kelten, als Militärsiedler, Kleruchen, und als eine eigene administrative ethnische Kategorie im ptolemäischen Ägypten. Die Startänzerin Olympias ist zur griechisch-alexandrinischen Oberschicht zu rechnen, in deren Milieu Zopyros offensichtlich integriert gewesen ist.

Der Wanderzug des Komontorios gelangte wahrscheinlich über das Tal des Hebros im Jahre 277, und zwar erst nach der Niederlage des keltischen Heeres bei Lysima-

344 Vgl. explizit Iust. 25, 2, 9f.
345 Vgl. o. S. 60ff., 153ff.; u. Bd. II.
346 SEG 24, 637 = ISE 115; vgl. L. Moretti, Iscrizioni storiche ellenistiche (ISE), Florenz 1967–1975, ad Nr. 115; Strobel 123 Anm. 153; Habicht 147ff. mit Anm. 86.
347 Vgl. Pol. 5, 65, 10; SB III 7223 (186/5 v. Chr.; Abydos); A. Calderini - S. Daris, Dizionario dei nomi geografici e topografici dell'Egitto greco-romano, Kairo - Mailand 1935–1988, s.v. Γαλάτης; Strobel 110 Anm. 64; ders., Keltensieg 75 Anm. 54; ebd. zu den Grabdenkmälern hellenisierter galatischer Offiziere in der alexandrinischen Offiziersnekropole (bes. R. Pagenstecher, Nekropolis, Leipzig 1919, 45ff.; Launey 530ff., 1229).
348 P. Vindob. Gr. 49618a, Col. I, Z. 4–25 = CPR XIII, ed. B. Kramer, Wien 1991, p. 122–128.
349 Z. 6f.; vgl. Kramer a.a.O. 125.

cheia gegen Antigonos Gonatas, in die südwestliche Propontis[350], wo sich ihm die Überlebenden von Lysimacheia angeschlossen haben dürften. Ein Teilverband mit 9000 Kriegern unter der Führung des Kiderios wurde dort von Antigonos für die Eroberung Makedoniens angeworben, wo sie an seinem Sieg über Antipater Etesias beteiligt waren[351]. Der an der Bewegung nach Thrakien teilnehmende Tektosagenverband wurde hier nun nachträglich in das Symmachie- respektive Söldnerverhältnis der Tolistobogier und Trokmer mit Nikomedes I. von Bithynien und den beigeschriebenen Mitgliedern der Allianz gegen Antiochos I. aufgenommen und wohl von Nikomedes mit Zustimmung der Byzantier nach Kleinasien hinübergeführt[352]. Es ist im übrigen bezeichnend, daß nur jene Keltengruppen die Meerengen überschritten haben, die von den kleinasiatischen Mächten unter der Zusage von Sold und Land angeworben worden waren und damit ein konkretes, auf zugesagte Aufnahme und erneute Ansiedlung ausgerichtetes Ziel verfolgen konnten. Gleiches gilt 218 für die von Attalos I. angeworbenen und nach Kleinasien hinübergeführten Aigosagen[353].

Komontorios konnte sich militärisch gegen den Widerstand der Thraker durchsetzen und in einer relativen Nähe zu Byzanz eine keltische Herrschaft in Thrakien errichten[354], deren bis heute nicht lokalisierter Hauptort Tyle an den Südhängen des Haemus-Gebirges lag[355]. Dieses Reich von Tyle bzw. der Tylenoi kann nur mit einer gewissen Wahrscheinlichkeit im östlichen zentralthrakischen Raum von unterer und mittlerer Tundscha bis zum Haemus lokalisiert werden. Komontorios

350 Pol. 4, 46, 1; Trog. prol. 25. Nachtergael hat erneut zu Unrecht die Möglichkeit betont, die Kelten des Komontorios könnten mit dem von Antigonos bei Lysimacheia besiegten Heer identisch sein; vgl. dagegen bereits auch Stähelin 5 Anm. 1.

351 Polyain. 4, 6, 17; Nachtergael 170 mit Anm. 202 greift in abgeschwächter Form nochmals die weit verbreitete, aber unbegründete Hypothese auf, diese angeworbene Keltenschar sei mit den zuvor von ihm besiegten Kelten gleichzusetzen.

352 Vgl. u. S. 246; Iust. 32, 3, 6 mit Trog. prol. 25. Unzutreffend etwa Nachtergael 166 mit der Annahme, die Tektosagen hätten bereits zu dem Zug unter Leonnorios und Lutarios gehört.

353 Pol. 5, 77f.; 111; vgl. u. S. 243.

354 Pol. 4, 46, 1-2; Trog. prol. 25; vgl. Walbank I, 498-500; zum Keltenreich von Tyle, allerdings teilweise mit wenig fundierten Hypothesen, G. Mihailov, Athen. N.S. 39, 1961, 33-44; C.M. Danov, StudCelt 10-11, 1975-76, 29-39; ders., Altthrakien, Berlin - New York 1976, 368-377; ders., ANRW II 7,1, 1979, 47-59 (zu Thrakien selbst ebd. 41ff.); auch M. Domaradzki, Pulpudeva 3, 1980, 52-56. Die nicht unproblematischen Ausführungen Danovs zeigen ein teilweise eklatantes Mißverständnis der Ausführungen Stähelins.

355 Vgl. Steph. Byz. p. 640 (ed. Meineke); E. Oberhummer, RE VII A 2, 1948, 1712 (zu Recht für die Namenform Tyle in Pol. 4, 46, 2 gegenüber Tylis, allerdings zu optimistisch in der Frage der Lokalisierung).

und seine Nachfolger stellten eine ernste Bedrohung für Byzanz dar, unternahmen mehrfach Züge bis in das Landgebiet der Stadt, von wo sie nach dem Erhalt von Geldgeschenken wieder abzogen, um schließlich von Byzanz feste jährliche Subsidien in Höhe von 80 Talenten zu beziehen[356]. Letztere können wir mit gutem Grund als Teil eines Vertragsverhältnisses ansehen, eines Freundschafts- und Symmachievertrages[357], der Hilfe für Byzanz im Falle der üblichen Bedrohung durch die Thraker vorsah, wie sich an den Vorgängen des Jahres 220 zeigt. Polybios betont gerade die Zusammenarbeit der Byzantier erst mit den Kelten, dann nach dem Ende des Reiches von Tyle mehr mit den Thrakern[358].

Das Reich von Tyle wurde mehrfach als ein großes keltisches Reich über Thrakien oder zumindest als eine Oberherrschaft über die thrakischen Stämme und ihre Fürsten südlich des Haemus gezeichnet. Es ist aber zu betonen, daß bisher geschlossene Latène-Ensembles und archäologische Spuren des Keltenreiches in Thrakien fehlen. Die bekannten keltischen Objekte im thrakischen Raum bleiben in der Zahl begrenzt, allerdings sind die Einflüsse der Latènekultur durchaus markant[359]. Die Toreutik der Zeit wurde von thrakischen Handwerkern gefertigt. Neben der Herrschaftbildung der Kelten von Tyle ist von der Fortexistenz thrakischer Teilherrschaften sowohl in Zentral- wie in Ost- und Südthrakien auszugehen[360].

---

356 Pol. 4, 45, 10–46, 6.

357 Vgl. ähnlich etwa IOSPE I 32, Z. A 10ff., 35f. (Olbia, Saitaphernes); IMS I 15, Z. 14ff., 46ff., 51ff. (Histria, Rhemaxus; vgl. H. Bengtson Historia 11, 1962, 18–28 (= Kleine Schriften zur Alten Geschichte, München 1974, 377–388), bes. 21ff.; D.M. Pippidi, Scythia Minora, Bukarest - Amsterdam 1975, 31–55).

358 Pol. 4, 38, 6.

359 Vgl. I. Venedikov - T. Gerasimov, Thrakische Kunst, Wien - München 1973, 103ff.; Z. Woźniak, Germania 54, 1976, 382–402, bes. 388ff.; M. Szabó, Orpheus 1, 1991, 126–134; ders. (o. Anm. 1) 1992, 29; ders., Celts 481ff.; Gold der Thraker 193f. Szabó hebt die Kombination von lokalen Traditionen und Latène-Elementen in der 2. Hälfte des 3. Jh., den Einfluß in den Formen des Schmucks hervor, zugleich aber die Rückwirkung des thrakischen Kulturbereichs auf die donauländischen Kelten. Das Inventar der Männergräber in Thrakien verändert sich stark; Fibeln nach älterem mitteleuropäischem Schema erscheinen neu, ferner Latènewaffen respektive Schwerter und Schildbuckel in Latènemanier. Siehe etwa den Helm des hellenistischen Pilos-Typs zusammen mit einem Mittellatèneschwert aus dem Grab von Kazanlak (Bulgarien); vgl. Waurick (o. Anm. 18) 157f. mit Anm. 35. Die thrakisch-keltischen Kontakte gehen über das Ende des Reiches von Tyle hinaus weiter.

360 Vgl. in diesem Sinne Pol. 8, 22 (24) mit 4, 42, 1; die Sadalas-Inschrift aus Mesambria um 250 v. Chr. (IGBulg I^2 307; G. Mihailov auf Grund der Annahme eines übergreifenden tylenischen Reiches zu hoch im zeitlichen Ansatz der Inschrift); das Verhältnis zwischen Apollonia und Kotys ebenfalls Mitte 3. Jh. (IGBulg I^2 389; dazu auch IGBulg I^2 312); vgl. Bengtson a.a.O. 18ff., 26; Pippidi a.a.O. 44; C.M. Danov, Klio 38, 1960, 75–80; ders., RE Suppl. IX, 1962, 1062ff., 1370–1378, 1920; ders., ANRW II 7,1, 1979, 49ff., 106ff.

Zur Finanzierung der großen Aufwendungen für das gute Verhältnis mit den Keltenherrschern von Tyle als dem nunmehr für Byzanz wesentlichen innerthrakischen Bezugspunkt griff die Stadt, als ihre Suche nach finanzieller Hilfe gescheitert war[361], erst zum Mittel eines Zwangsumtausches von Fremdwährungen, wozu die umfangreiche pseudo-lysimacheische Prägung der Stadt nach dem internationalen attischen Standard durch eine überbewertete städtische Münzwährung ersetzt wurde. Schließlich erhob Byzanz Durchfahrtszölle für den Schwarzmeerhandel, was 220 v. Chr. zum Ausbruch des Krieges mit Rhodos und seinen Bundesgenossen führte, in den Prusias I. von Bithynien massiv eintrat[362]. Während er selbst die an Bithynien grenzenden kleinasiatischen Besitzungen von Byzanz an der Mündung des Bosporus, das Hieron, und auf der Halbinsel Yalova einschließlich des wichtigen Pylai eroberte, warb er thrakische Kräfte an, welche die Stadt von der europäischen Seite her bedrängten[363]. In diesem Moment intervenierte Kavaros

---

361 Pol. 4, 46, 5; vgl. zum weiteren Chr. Habicht, RE XXIII 1, 1957, 1088–1091; H. Seyrig, in: C.M. Kraay - G.K. Jenkins (Hg.), Essays in Greek Coinage pres. to S. Robinson, Oxford 1968, 183–200; O. Mørkholm, Historia 31, 1982, 298–300; H. Engelmann, ZPE 60, 1985, 173–176.

362 Pol. 4, 46, 6–47, 1. Vgl. zu dem Krieg Pol. 4, 37, 8–52, 10; Habicht a.a.O.

363 Pol. 4, 50, 2.4; 4, 51; vgl. o. Anm. 151, u. Anm. 458. Das strategisch wichtige Gebiet des Hieron am nördlichen Eingang des Bosporus auf asiatischer Seite hatte Byzanz von Kallimedes, einem Strategen des Seleukos II., vermutlich während des seleukidischen Bruderkrieges für eine große Summe erworben (vgl. Dion. Byz. 92; Pol. 4, 50, 3; Seleukos III. ist zu Recht auszuschließen). Diese strategische Schlüsselposition, die traditionell zu Kalchedon gehört hatte, war wahrscheinlich von Antiochos II. bei seinem Vorgehen im Meerengenbereich besetzt worden, wo er gegen Byzanz Krieg führte (Memnon F 15), mit dem Herakleia und wohl auch Kalchedon als Teile der Nördlichen Liga verbündet waren. Die Plünderung des Heiligtums durch die Galater, von der Dion. Byz. 92 (in einer paraphrasierenden lateinischen Übersetzung erhalten) mit dem Hinweis auf das pauschale Bild der Plünderungen der Galater in Asien berichtete, kann mit gutem Grund dem Jahre 220 zugeordnet und mit galatischen Hilfstruppen des Prusias I. verbunden werden. Die Jahre 278–277/6 sind auszuschließen. Ob auch der alte byzantinische Landbesitz (unrichtig von Corsten (o. Anm. 151) 1987, 48 zur Schenkung des Ptolemaios II. gerechnet) bei Triglia in der Küstenzone östlich von Myrleia/Apameia betroffen war, ist unbekannt; vgl. zu ihm Strab. 12, 8, 11, C 576 (gemeint ist hier allerdings sicherlich der See im Hinterland von Daskyleion ad mare, also der See von Apollonia) mit 13, 1, 3, C 582; auch Corsten a.a.O. 1f., 48f. Das ausgedehnte Landgebiet von Kyzikos wurde durch die Römer für die Standhaftigkeit im 3. Mithradatischen Krieg über den Rhyndakos nach Osten bis Daskyleion ad mare vergrößert. Während des Freiheitsentzugs 20–15 v. Chr. wird Kyzikos den östlichen Teil seines Gebietes verloren haben; die Provinzgrenze zwischen Bithynien und Asia wurde nun am Rhyndakos festgelegt (Plin. n.h. 5, 142). Das byzantinische Gebiet dürfte nach Strabons Zeugnis ebenfalls erst in augusteischer Zeit zu Apameia gekommen sein.

(oder Kauaros), der Herrscher von Tyle, zugunsten von Byzanz, befreite die Stadt von der thrakischen Belagerung und vermittelte einen Friedensschluß mit Prusias I., der noch vor dem Winter 220/19 zustande kam[364]. Prusias mußte dabei auf das bisher Erreichte ersatzlos verzichten und die gesamte Beute herausgeben. Dies ist angesichts seiner Position der Stärke nur verständlich, wenn ein mögliches Eingreifen des Kavaros eine wirkliche Bedrohung dargestellt hätte; auch dürfte nun der Druck von Seiten des Achaios spürbar geworden sein. Die nur als kurzes Exzerpt aus dem 8. Buch des Polybios erhaltene positive Zeichnung des Kavaros durch Polybios[365] hebt neben seinen Verdiensten um Byzanz bei dessen Krieg gegen die Thraker und Bithynien weiter hervor, daß dieser Herrscher von Tyle für die Sicherheit der Handelsschiffahrt in das Schwarze Meer gesorgt habe; er hat demnach eine Kontrolle oder Oberherrschaft über die Region der thrakischen Schwarzmeerküste ausgeübt. Da Polybios den Niedergang der Macht des Kavaros offenkundig im Zusammenhang der Jahre 214/212 v. Chr. berichtet[366], ist das Ende des Keltenreiches von Tyle ebenfalls in diesen Zeitraum zu setzen. Das Gebiet der Tylenoi wurde von dem Thrakern erobert, die Herrschaft des Kavaros zerstört und damit ein eigenständiges keltisches Ethnos in Thrakien beseitigt[367]. Der Zerfall des keltischen Herrschafts- und Siedlungsbereiches scheint aber schon unmittelbar nach 220, vielleicht gerade als Folge des Eingreifens gegen die Thraker zugunsten von Byzanz, eingesetzt zu haben. Der Aigosagenverband, den Attalos 218 anwarb und nach Kleinasien hinüberführte, war sicher aus Thrakien, also aller Wahrscheinlichkeit nach aus dem bereits instabil werdenden Bereich der tylenischen Kelten gekommen.

6. Der Übergang der Galater nach Kleinasien

Dem Heerbann des Brennos gegen Griechenland war im Sommer 279 ein Wanderzug keltischer Stammesgruppen unter den beiden Wander- und Landnahmeführern, *„reguli“*, Leonnorios und Lutarios gefolgt[368]. Im Lande der Dardaner trennte

364 Pol. 4, 52, 1; 8, 24 (22); zu den Friedensbedingungen 4, 52, 6–9. Vgl. auch Schoch, RE Suppl. IV, 1924, 881f.; Walbank II, 98.

365 Pol. 8, 22 (24), 1–2; vgl. Walbank II, 98.

366 Vgl. Pol. 8, 22 (24), 3.

367 Pol. 4, 46, 4.

368 Liv. 38, 16, 1. Grundlegend sind die sich ergänzenden Berichte bei Liv. 38, 16, 1–15 und Memnon F 11, 1–7. Ersterer geht auf den verlorenen zusammenfassenden Exkurs des Polybios zur Geschichte der Galater bis zum römischen Eingreifen durch den Feldzug des Manlius Vulso zurück (vgl. o. S. 108ff.). Der von Photios ausführlich wiedergegebenen Darstellung des Memnon liegt das Geschichtswerk des Zeitgenossen und maßgeblich beteiligten herakleotischen Politikers Nymphis zugrunde (vgl. o. S. 16). Das Ex-

sich dieser Wanderverband vom Brennos-Zug, um sich nach Thrakien zu wenden, wo er sich seinen Weg sehr wahrscheinlich über den Raum von Serdica und das Hebros-Tal bis an die Propontisküste mit Waffengewalt erkämpfte oder von den berührten Gebieten Kontributionen einforderte[369]. Im Gegensatz zu dem Heerbann des Brennos handelte es sich hierbei um wandernde Stammesgruppen mit dem Ziel der Landnahme, deren Größe Polybios-Livius mit an die 20000 Menschen, darunter rund 10000 Waffenfähige, angibt[370]. Dabei dürfte es sich um eine in der Größenordnung nicht unwahrscheinliche Angabe handeln, die Polybios wahrscheinlich aus Hieronymos von Kardia geschöpft hat, der den Übergang der Galater nach Kleinasien mit einer präzisen Datierung nach dem athenischen Archontenjahr auf 278/7 erwähnte[371]. Diese Wandergruppen folgten einer offensichtlich für derartige Migrationsphänomene typischen Staffelbewegung nach Thrakien[372]: zuerst diplomatische Aufklärung und Schaffung von Kontakten, was bereits 335 erstmals belegt ist, dann begrenzte Präsenz und engere Kontakte bzw. erste Vorstöße, schließlich der massive Kriegerzug, der nochmals in die Ausgangsgebiete zurückkehrte, hier der Zug des Kerethrios im Jahre 280, und nun das Vordringen von Landnahmegruppen. Bei diesem Wanderverband handelte es sich um eine Wander- und Heeresgenossenschaft, die von zwei sich in der Führerschaft unterscheidenden, zu eigenständigem Handeln fähigen und bereiten Formationen gebildet wurde, welche sich um die führenden Landnahme- und Gefolgschaftsherren gruppierten[373]. Es waren Wanderverbände mit der für Mobilitäts- und Landnahmephasen charakteristischen Fähigkeit zur Akkumulation von Personen und Gruppen einschließlich der „Leutenahme", zu Adoptions- und Ansippungsprozessen an die jeweiligen Ebenen der Abstammungsgemeinschaften

---

zerpt des Photios setzt mit dem Erscheinen der Galater vor Byzanz ein und schließt mit ihrer Landnahme in Zentralanatolien, dem nunmehrigen Galatien, ihrer Teilung in die drei Stämme und der Gründung der drei Vororte Ankyra, Tavium und Pessinus durch die Galater. Für den letzten, charakteristische Irrtümer aufweisenden Paragraphen F 11, 7 folgt Memnon einer jüngeren Überlieferungstradition (vgl. u. S. 254f.). Für die Gewichtung in Memnons Darstellung war der Bezug zur Lokalgeschichte Herakleias maßgebend. Vgl. zu dem Übergang der Galater nach Kleinasien auch Launey 492ff. (ohne Grundlage die Berechnungen ebd. 493f. Anm. 5); ders., REA 46, 1944, 217–236 (überholt ist die Chronologie zu den Stelen von Kyzikos); P. Moraux, MDAI(I) 7, 1957, 56–75; Strobel 115ff.; ders. Grenzregion 35ff.; Keltensieg 73ff.; unbefriedigend Mitchell I, 13ff.

369 Liv. 38, 16, 2–3. Das Motiv der Trennung *secessione facta* in Liv. 38, 16, 2 folgt einem topischen Erklärungsmuster für barbarisches Handeln.

370 Liv. 38, 16, 2.9.

371 Paus. 10, 23, 14. Vgl. o. S. 17f.; Habicht 137f.; diese zeitgenössische Quelle gab auch für die Aufgebote der Griechen gegen die Kelten 279/8 exakte Zahlen.

372 Vgl. bereits Strobel, Keltensieg 73.

373 Vgl. bereits o. S. 60ff., 74ff., 154ff.; u. Bd. II.

aus Überlieferung (Stämme, Teilstämme, Clans) oder an die tatsächlichen Familienverbände. Ebenso ist in dieser Situation eine hohe innere Mobilität anzunehmen. Die Gruppen haben wir uns aus Kriegergefolgschaften, Abspaltungen von Stämmen respektive Teilstämmen bzw. aus Clans und Familienverbänden oder ihren Teilen zusammengesetzt vorzustellen, wobei von einem charakteristischen, überproportionalen Anteil waffenfähiger männlicher Bevölkerung und einer überdurchschnittlich hohen Zahl von Angehörigen des frühlatènezeitlichen Kriegeradels auszugehen ist. Nach Nymphis-Memnon standen zusammen mit den beiden Wanderführern Leonnorios und Lutarios 278 v. Chr. insgesamt 17 Häuptlinge bzw. führende Gefolgschaftsherren an der Spitze des Wander- und Heeresverbandes[374]. Als Traditionskerne dieser Formationen, als die Träger der ethnischen Identität respektive der identitätsvermittelnden Abstammungstradition und Überlieferung haben wir wie in vergleichbaren Fällen die Angehörigen der Adelssippen und die Führungsgruppen der Gefolgschaften zu sehen. Die Tatsache, daß sich die Wander- und Heeresgenossenschaft der zwei, später durch den Nachzug der Tektosagen drei Wandergruppen bei ihrer Territorialisierung durch die Landnahme in Zentralanatolien nicht zu einer einheitlichen *Gens* vereinigte, sondern wieder in die traditionstragenden Stammesidentitäten der Tolistobogier, Tektosagen und Trokmer auseinanderfiel, erweist die beteiligten Stammesgruppen als feste Traditionsverbände, die sich als Abstammungsgemeinschaften aus Überlieferung, um diese Formulierung von R. Wenskus zu gebrauchen, definieren. Die Aufteilung des Landnahmegebietes, dessen größter und wichtigster Teil im Westen mit dem urbanen, regionalen Zentralort Gordion an die Tolistobogier fiel, erweist diese Stammesgruppe ohne Frage als die bedeutendste in der Wander- und Heeresgenossenschaft; die Tolistobogier spielten auch in der Folgezeit eine herausragende Rolle, wie nicht zuletzt die Tatsache zeigt, daß der Tolistobogiertetrarch Deiotaros schließlich im 1. Jh. v. Chr. zu einer zentralen Figur im Kleinasien der ausgehenden hellenistischen Zeit aufstieg. Von den beiden ursprünglichen Gruppen des Wanderverbandes, an deren jeweiliger Spitze Leonnorios respektive Lutarios standen, bildete der Verband des Leonnorios den größeren[375]. Zugleich erscheint Leonnorios als der gemeinsame Führer der Heeresgenossenschaft in Kleinasien[376]. Wir werden deshalb in der Annahme nicht fehl gehen, den von Leonnorios geführten Verband mit der Stammesgruppe der Tolistobogier zu identifizieren, jenen des Lutarios aber mit den Trokmern[377].

374 Memnon F 11, 3.

375 Liv. 38, 16, 6.

376 Vgl. Strab. 12, 5, 1, C 566; I. Erythrai I 24, Z. 14f.; zu ihm auch F. Heichelheim, RE Suppl. V, 1931, 549f.

377 Vgl. zu den Tolistobogiern F. Stähelin, RE VI A 2, 1937, 1673–1677, bes. 1673f., 1677 zu den unterschiedlichen Namensformen. Die Formen Τολιστοβόγιοι und Τολιστοβώγιοι werden durch die Grabinschrift des jüngeren Deiotaros als autentisch erwiesen (RE-

Wohl im Winter und Frühjahr 279/8 standen diese Kelten im Raum vor Byzanz, dessen Landgebiet sie verwüsteten und wo sie außerdem von den griechischen Städten an der Küste der Propontis Kontributionen erhoben[378]. Das durch den Krieg wohl gegen Antiochos I.[379] geschwächte Byzanz bat seine Bundesgenossen um Hilfe; alle kamen diesem Ersuchen nach, soweit sie dazu in der Lage waren, wobei Herakleia die erbetene finanzielle Hilfe von 4000 Goldstateren schickte[380]. Die Summe diente sicher dem Loskauf von den keltischen Plünderungen, genauer wohl der finanziellen Gegenleistung für den Abschluß eines der üblichen Friedens- und Freundschaftsverträge[381]. Wenig später warb Nikomedes I. die Keltengruppen als Symmachoi oder besser Söldner für sich und die beigeschriebenen Mitglieder der Nördlichen Liga an[382]. Als Hintergrund kann mit gutem Grund das Ausscheiden des Antigonos Gonatas aus dem Kampf gegen Antiochos I. in der 1. Hälfte des Jahres 278 angesehen werden, dem bereits der Frieden mit Ptolemaios II. vorausgegangen war. Damit sahen sich die verbliebenen Gegner des Seleukiden in Kleinasien allein dessen voller Bedrohung gegenüber, wobei Nikomedes und Herakleia zusätzlich durch den Krieg mit Zipoites d. J. bedroht waren, der seinerseits, wie anzunehmen, mit Antiochos verbündet war[383]. Trotz der merklich tendenziösen historiographischen Überlieferung wird deutlich, daß die Anwerbung der Kelten für den Kampf des Bithyniers und der Herakleoten gegen den jüngeren Zipoites und darüber hinaus für die Auseinandersetzung mit Antiochos I.

CAM II, 188 mit Fig. 2/188). Die Namensvariationen (darunter auch Tolisto/Tolosto-), insbesondere aber die Form Tolistoagioi und ihre Varianten, weisen auf eine Grundform *Tolisto-b/vogii (-boii) bzw. -b/vâgii (-agii); vgl. auch Holder II, 1872. Zu den Trokmern W. Ruge, RE VII A 1, 1939, 655–658; zu den Namensformen ebd. 655f.

378 Liv. 38, 16, 3; Memnon F 11, 1.

379 Unsicher bleibt in dem Photios-Exzerpt, ob sich dies auf den Krieg des Antigonos, Nikomedes I. und der Verbündeten gegen Antiochos I. bezieht, was sehr wohl möglich ist (vgl. F 10), oder auf den Kampf gegen die Kelten selbst.

380 Memnon F 11, 1.

381 Vgl. auch Liv. 38, 16, 3 *pacem petentibus stipendium imponendo*; zur Struktur solcher diplomatischer Beziehungen auch o. S. 62ff., 216, 218; u. Bd. II zu der bekannten Stelle Liv. 38, 16, 11–12 u. S. 263f.

382 Memnon F 11, 2–3; Liv. 38, 16, 7–8; Trog. prol. 25 (Die Reihenfolge – erst Sieg des Antigonos Gonatas über die Kelten bei Lysimacheia, Besetzung Makedoniens und Kampf gegen Apollodor, den Tyrannen von Kassandreia, dann Übergang der Galater und Krieg gegen Antiochos I. und in Bithynien, drittens Gründung des Keltenreiches von Tyle, viertens Rückkehr des Pyrrhos aus Italien – ergibt sich aus der abschnittsweisen Darstellung, wobei die Chronologie insoweit gewahrt scheint, als die Kämpfe in Kleinasien in die Jahre 277–275 fallen und ihr Beginn mit dem Sieg bei Lysimacheia, wo Antigonos offensichtlich überwinterte, gleichzeitig war. Zudem erfolgte der Übergang der dritten Stammesgruppe der Galater, der Tektosagen, erst im Jahre 277 v. Chr.

383 Vgl. o. S. 205, 213.

selbst erfolgt ist und daß die Kelten für ihre Partner auch in beiden Konflikten zum Einsatz kamen[384]. Nikomedes war der erste hellenistische Herrscher, der in dieser massiven Form keltische Barbarengruppen als Symmachoi bzw. Söldner in Dienst genommen hat[385]. Nikomedes und seine Bundesgenossen wurden damit zu den Schöpfern dieser Form des keltischen Söldnerwesens in der hellenistischen Welt des östlichen Mittelmeerraumes und zugleich zu den Verantwortlichen für den Übergang der Galater, der „Geisel Kleinasiens", nach Anatolien[386], ein Vorwurf, den selbst Nymphis-Memnon zu erkennen gibt[387]. Diese Schuldfrage wird in dem bei Zosimos in Zusammenhang der Geschichte von Byzanz überlieferten Orakelgedicht, einer *Vaticinatio ex eventu*, für die Rolle des Nikomedes I. deutlich gemacht. Vor dem Abbruch des Orakeltextes (Z. 14) wird auch die Bewahrung Ilions, das durch die von den Göttern errichteten Mauern geschützt gewesen sei, vor den Galatern des Lutarios angesprochen. Das Orakel ist der Phaennis von Epirus, der Seherin des frühen 3. Jh., zugeschrieben[388]. Ihr wird bei Paus. 10, 15, 2 auch das

---

384 Vgl. Trog. prol. 25; Iust. 25, 2, 11; Memnon F 11, 2.3.4; Liv. 38, 16, 7–9; vgl. Habicht a.a.O. 458; unzutreffend etwa Launey 492f., der entsprechend antiker Topik nach dem Kampf gegen Zipoites d. J. nur mehr eigendynamische Raubzüge der Galater sehen möchte.

385 Vgl. Memnon F 11, 5.

386 Vgl. Paus. 10, 15, 2, der Übergang des Galaterheeres von Europa nach Asien „zum Verderben der Städte".

387 Memnon F 11, 4.

388 Zos. 2, 37, 1 mit 36, 1–2 (allerdings mit Zuordnung auf Nikomedes II.); 37, 2; vgl. Paus. 10, 12, 10; 10, 15, 2; J. Krischan, RE XIX 2, 1938, 1508; Zos., ed. L. Mendelsohn, Leipzig 1887, 93ff.; Zos., ed. F. Paschoud I, Paris 1971, 237ff.; H.W. Parke, CQ 32, 1982, 441–444. Das hier aus einer Sammlung übernommene, im Text teilweise verderbt und mit einer Lücke überlieferte hexametrische Orakelgedicht setzt sich in Wirklichkeit aus zwei Orakeln zusammen, die durch die offensichtliche Lücke bei Z. 14 getrennt sind und wohl bereits in der verwendeten Vorlage wenig kunstvoll zusammengefügt waren. Zosimos konnte dieses Orakelgedicht nach seiner Vorlage nicht eindeutig einer der beiden dort möglichen Autoritäten zuweisen. Das erste Orakel (Z. 1–14; hierzu nicht überzeugend Parke a.a.O. 444) bezog sich ursprünglich auf Nikomedes I., wurde dann jedoch offenbar auf den Thronkonflikt zwischen Prusias II. und Nikomedes II. adaptiert. Daraus erklärt sich die sonst als Vaticinatio ex eventu unsinnige Angabe einer nur kurzen Regierungszeit des Königs. Prusias II. hatte für sich kurz vor seinem Sturz und gewaltsamen Tod Unterstützung aus Thrakien nach Bithynien geholt (vgl. Habicht, RE XXIII 1, 1957, 1121f.), was die konkrete Möglichkeit zur Übertragung der älteren Vaticinatio geboten haben dürfte. Das angestückelte zweite Orakel scheint eine Vaticinatio für Byzanz zu sein, die sich auf den Apollon Chresterios in Kalchedon berief (vgl. Parke a.a.O. 443f., allerdings zu Unrecht das Orakel selbst auf Kalchedon beziehend; er berücksicht das besondere Nahverhältnis zwischen dieser Stadt und Byzanz nicht). Der Inhalt ist entgegen bisherigen Annahmen auf die Bedrohung von Byzanz durch die Galater von Tyle zu beziehen, so daß beide Orakel in die Kategorie der Galater-Vaticinationes gehörten.

panegyrische Orakel für den Keltensieg des Attalos I. von Pergamon zugewiesen, das mit dem Übersetzen des „verderbenbringenden Heeres der Galater, die ohne Gesetz Asien verwüsten", einsetzt. Beide Orakelgedichte stehen zweifellos in einem direkten Zusammenhang, gehören also zu einer Folge von Prophezeiungen mit historisch-politischem Inhalt, die in dem Triumph des Attalos gipfelt und zu der pergamenischen Propaganda des späten 3. Jh. zu rechnen ist[389]. In der *Vaticinatio ex eventu* der »Phaennis« wird Nikomedes I., der „König der Thraker", davor gewarnt, den großen furchtbaren Löwen (i. e. Leonnorios), der einst die Schätze des väterlichen Landes fortführen wird (i. e. Bithynien, s. u.) und den furchtbaren Wolf (i. e. Lutarios) in die reichen aber schutzlosen Gefilde diesseits des Hellespont zum eigenen Schaden zu bringen.

Der Symmachie- respektive Söldnervertrag, den Nikomedes als Initiator mit den 17 Häuptlingen der Kelten einschließlich der Führer Leonnorios und Lutarios schloß, ist bei Memnon nach Nymphis scheinbar ausführlich überliefert[390]. Doch zeigt sich rasch eine tendenziöse Unvollständigkeit, denn es fehlen die Verpflichtungen, welche Nikomedes in seinem Namen wie natürlich auch im Namen der beigeschriebenen Mitglieder der Nördlichen Liga den Kelten gegenüber eingegangen ist. Die bei Memnon überlieferten Bedingungen für die Kelten lauten: 1. immerwährende Freundschaft gegenüber Nikomedes und seinen Nachkommen; 2. das Verbot, Symmachien ohne Zustimmung des Nikomedes zu schließen, wenn sich Dritte mit Gesandten an sie wenden werden; 3. die gleichen Freunde zu haben wie Nikomedes und denen feindlich gesinnt zu sein, die nicht seine Freunde sind; 4. militärisch, wenn erforderlich, Byzanz, Tios, Herakleia, Kalchedon und Kieros beizustehen[391], ebenso den anderen beigeschriebenen Vertragspartnern, d. h. Mithradates I. und Ariobarzanes von Pontos sowie vermutlich den paphlagonischen Fürsten von Gangra[392]. Der Vertrag war ganz offenkundig eine auf Dauer, jedenfalls langfristig angelegte Vereinbarung für das bithynische Reich, welche die Keltengruppen als Symmachoi nach Kleinasien bringen und an die Politik Bithyniens binden sollte. Die Kelten verpflichteten sich zur außenpolitischen Unterordnung, Bündnistreue und Freundschaft mit dem König und seinen Nachfolgern. Auch die Verbindlichkeit der Symmachieleistung, falls eine solche zu irgendeinem Zeitpunkt angefordert werden sollte, erweist sich als eine langfristige, nicht auf die aktuellen Konflikte beschränkte Vereinbarung für die beigeschriebenen Bündnispartner des Nikomedes. Es steht damit außer Frage, daß alle Seiten von einem

389 Vgl. Paus. 10, 15, 3; auch Diod. 34, 13 mit Suda s.v. Attalos (ed. Adler); Strobel, Keltensieg 86f.

390 Memnon F 11, 2 mit 11, 3; vgl. Schmitt (o. Anm. 244) 111f. Nr. 469; Strobel 116f.

391 Noch von Schmitt a.a.O. 112 nur als Schutzbestimmung gegen Übergriffe der Kelten interpretiert.

392 Vgl. zur Interpretation der Formel τίσιν ἑτέροις ἐθνῶν ἄρχουσιν o. S. 213f.

endgültigen Übergang der Kelten nach Kleinasien und einer dortigen Ansiedlung respektive dauerhaften Präsenz ausgingen. Zu den Zusagen des Nikomedes gehörte ohne Zweifel das Versprechen von Land zur Ansiedlung, die der bithynische König dann auch voll erfüllte[393]. Unter der gleichen Kondition der Landgabe haben die Kelten kurz nach Mitte der 70er Jahre den Mithradatiden von Pontos als Symmachoi gegen die ptolemäische Flotte und ihr Landungsheer zur Seite gestanden[394]. Mit den Zusagen der Vertragspartner an die Kelten war also unmittelbar die bereits angesprochene Schuldfrage für die »Galaterplage« verbunden. Das eindeutige Faktum, daß Nikomedes die Kelten unter Abschluß eines Söldnervertrags nach Kleinasien herübergeholt bzw. den Übergang auch selbst veranlaßt hatte, konnte dabei nicht vertuscht werden[395]. Doch hat man dies offensichtlich mit der den Barbaren nachgesagten, eigendynamischen *cupiditas in Asiam transeundi* umkleidet[396], welche der traditionellen Barbarentopik entstammte und in der gängigen Weise aus dem Endpunkt einer Migrationsbewegung auf eben diesen Zielpunkt als das von Anfang an verfolgte Motiv schloß[397]. Das Ziel der Landnahme hatte der Wanderverband unter Leonnorios und Lutarios aber ursprünglich sicherlich in Thrakien gesucht. Erst auf das Angebot und die Zusagen des Nikomedes hin, insbesondere das Versprechen von Land zur Ansiedlung, haben sich die Kelten, wie wir mit gutem Grund annehmen können, dazu entschlossen, nach Kleinasien hinüberzugehen und so ihr Ziel der Landnahme durch eine Vereinbarung nach dem gängigen Grundsatz „Land gegen Kriegsdienst" zu verwirklichen. Verhandlungen und Absprachen über die Aufnahme in einem Gastland, über Soldleistungen, Geschenke an die Fürsten und Beuteanteile, die über größere Distanzen hinweg geführt wurden, gehörten zur geläufigen Praxis, ja zu einer Grundform der angestrebten erneuten territorialen Festsetzung, die mit dem Phänomen von Wanderstämmen verbunden war und die Zielsetzung von Migrationsbewegungen jederzeit neu fixieren konnte. Das Einbrechen wie Plündern von barbarischen Hilfsvölkern im Dienste einer kriegführenden Macht des eigenen Umfeldes mußte für die Betroffenen subjektiv wie in den Folgen gleich einem Beutezug barbarischer Räuber erscheinen, war es jedoch nicht in der Sache. Hinzu kommt das Phänomen des Durchziehens solcher barbarischer Hilfsvölker, das sich aber oft nur durch die bedrohliche Fremdartigkeit von dem entsprechenden Auftreten eines regulären Heeres unterschied, wobei man sich durch Erpressung von

---

393 Iust. 25, 2, 11; vgl. u. S. 251ff.

394 Vgl. u. S. 254f.

395 Vgl. Memnon F 11, 2.3; 12, 6; Iust. 25, 2, 11; Liv. 38, 16, 7; bes. die Formulierung μετ' οὐ πολὺ δὲ Νικομήδης τοὺς Γαλάτας ... ἐπὶ συνθήκαις ὅμως παρασκευάζει περαιωθῆναι in F 11, 2.

396 Polybios bei Liv. 38, 16, 4; Nymphis bei Memnon F 11, 2.

397 Vgl. zur Frage der Strukturen solcher Migrationsbewegungen o. S. 20f., 60ff.

Kontributionen, Raub und Nötigung die erforderlichen Güter und auch Beute oder materiellen Gewinn verschaffte. Die Versorgung von vorbeiziehenden Truppen konnte jederzeit als Aussaugen oder Plündern erlebt werden.

Als Verpflichtungen gegenüber den Häuptlingen mit ihren Gefolgschaften und Wanderverbänden können auf Grund dieser Überlegungen wie einschlägiger Parallelen für den Symmachie- bzw. Söldnervertrag des Jahres 278 v. Chr. in etwa die folgenden Bestimmungen ergänzt werden: 1. Sold für die Adelsführer und ihre wehrfähigen Männer[398]; 2. Beuteanteile; so bekamen die Galater die bewegliche Beute aus dem Kampf gegen Zipoites d. J., also aus den von Herakleia und Nikomedes selbst beanspruchten Gebieten (s. u.); 3. die Zusage von Land zur Ansiedlung.

Eine besonders treffende Parallele ist hierfür die Anwerbung des Stammesverbandes der Aigosagen 218 v. Chr. durch Attalos I. von Pergamon in Thrakien, den er für seine Offensive gegen Achaios nach Kleinasien brachte[399]. Der Stamm wurde von ihm trotz einer vorausgegangenen Meuterei am Hellespont angesiedelt, und zwar, wie ausdrücklich betont wird, wegen der eingegangenen Verpflichtungen. Gegen die Aktionen der Aigosagen in der Troas und am Hellespont unternahm Attalos I. nichts. Es waren selbständige Operationen der Aigosagen, denen der erneute, von Achaios bei der Wiederaufnahme des Krieges gegen Attalos I. herbeigeführte Zusammenbruch der pergamenischen Position in Mysien vorausgegangen war. Die 218 mit Unterstützung der aigosagischen Soldscharen zurückgewonnenen Gebiete konnte Attalos offenkundig nur teilweise behaupten. Dagegen hat Prusias I. von Bithynien die Aigosagen 216 im Gebiet von Abydos angegriffen und vernichtet. Dies wurde als ein bedeutender Keltensieg und als Befreiung Asiens von der Barbarengefahr stilisiert[400]. Das Eingreifen des Prusias am Hellespont zielte ohne Zweifel auf die Ausweitung des bithynischen Macht- und Einflußbereiches in Nordwestkleinasien und sollte durch den Kampf gegen die keltischen Aigosagen das überragende Prestige des Galatersiegers wie des Euergetes und Soter für die griechischen Städte erbringen. Damit konnte Prusias ideologisch die Gleichrangigkeit als Galater-Barbaren-Sieger und damit Retter der Hellenen gegenüber Attalos I. und der pergamenischen Legitimationsstrategie beanspruchen. Zugleich konnte er mit der Vernichtung der Aigosagen einen mit Pergamon verbundenen Machtfaktor und potentiellen Verbündeten des Attalos I. ausschalten.

Der Übergang der Kelten des Leonnorios und Lutarios über den Bosporus zu ihrem Vertragpartner Nikomedes wurde aber zuerst von Byzanz, dem beigeschrie-

398 Vgl. die Anwerbung des Wanderverbandes des Kiderios mit 9000 Kriegern und ihren Familien, insgesamt etwa 30000 Menschen; Polyain. 4, 6, 17; Launey 495f.; o. S. 227f.

399 Vgl. hierzu Pol. 5, 77, 2 – 78, bes. 5, 78, 1.4.5; 111, 1–7; Strobel, Grenzregion 30f.

400 Pol. 5, 111, 5–7, bes. 7; vgl. Strobel a.a.O.; ders., Keltensieg 69 mit Anm. 19.

benen Partner des Symmachievertrages, auf dessen Territorium die Verhandlungen sicher auch geführt wurden, verwehrt[401]. Vermutlich wollte sich die stark geschwächte Stadt in der Situation des Friedensschlusses zwischen Antigonos und Antiochos gegenüber letzterem nicht zu sehr exponieren, vielleicht hoffte sie auch auf eine mögliche Regelung des Verhältnisses zu dem Seleukiden. Daraufhin versuchten die Kelten, den Übergang aus eigener Kraft nun über den Hellespont zu gewinnen, wobei sie die Stadt Lysimacheia durch eine List kurzzeitig in ihre Hand bekamen und die Halbinsel der thrakischen Chersones kontrollierten[402]. Diese war offensichtlich zu jenem Zeitpunkt ein Niemandsland; Antigonos Gonatas muß demnach seinen erneuten Versuch, Makedonien diesmal gegen Sosthenes zu gewinnen, bereits begonnen haben. Da der Übergang der Kelten erst im attischen Jahr 278/7 erfolgte, haben sich diese Ereignisse wahrscheinlich um die Jahresmitte 278 abgespielt. Die Kelten nahmen durch Gesandte Kontakt mit dem seleukidischen Strategen Antipatros[403] auf, der die asiatische Küste des Hellespont und die hier stationierten Flotteneinheiten befehligte[404]. Dieser behandelte die Angelegenheit offensichtlich dilatorisch, wohl um stärkere Kräfte heranzuführen, worauf sich der keltische Verband, nun tatsächlich uneins über das weitere Vorgehen, in die größere Gruppe des Leonnorios und diejenige des Lutarios teilte[405]. Leonnorios marschierte nach Byzanz zurück. Lutarios hingegen gelang es, den Abgesandten des Antipatros, die in Wirklichkeit als Spione gekommen seien, zwei Deckschiffe und drei Lemben wegzunehmen, mit denen er die ganze Stammesgruppe in einem ständigen Pendelverkehr unbehelligt übersetzen konnte. Leonnorios wurde kurze Zeit später nach seiner Rückkehr nach Byzanz dort mit Hilfe und auf Veranlassung des Nikomedes I. nach Kleinasien hinübergeführt[406]. Strabon zitiert nun in seinen Ausführungen zu Ilion und zu der Diskussion, ob das hellenistische Ilion mit dem homerischen Troja identisch sei, Hegesianax von Alexandreia Troas; dieser berichtete, daß die Galater, als sie von Europa übergesetzt waren, zu der Stadt hinaufgestiegen seien, weil sie einen befestigten Platz brauchten, sie hätten aber sogleich von dem Vorhaben abgelassen, da die Stadt nicht ummauert gewesen

401 Memnon F 11, 2, allerdings mit dem Versuch, Byzanz als einen grundsätzlichen Gegner des Übersetzens darzustellen, der den Galatern den angeblich schon vor dem Vertragsschluß mit Nikomedes mehrfach versuchten Übergang verwehrt habe. Die notwendigen Schiffe für ein Übersetzen hätten die Kelten selbst aber gar nicht besessen.

402 Liv. 38, 16, 4; für die Gründe dieser Bewegung wie für die Haltung von Byzanz oder für den Vertrag mit Nikomedes finden sich bei Pol.-Liv. keine Informationen.

403 Vgl. Bengtson (o. Anm. 161) 98 Anm. 2, 337.

404 Vgl. Liv. 38, 16, 5.

405 Vgl. hierzu Liv. 38, 16, 5–7.

406 Vgl. Memnon F 11, 2.3; 12, 6, der nur von einem Übersetzen durch Nikomedes weiß; ganz unpräzise von einer Überfahrt der Galater auf Schiffen sprechend Paus. 1, 4, 5.

sei[407]. Dem widerspricht die Existenz einer großen frühhellenistischen Stadtbefestigung in Ilion, wo Antigonos Monophthalmos mit der Gründung des Koinon um das Heiligtum der Athena Ilias einen politisch wichtigen regionalen Mittelpunkt geschaffen hatte; Lysimachos erstellte den Neubau des Tempels und errrichtete eine ausgedehnte Stadtmauer[408], an der 217/6 auch die Belagerung durch die Aigosagen scheiterte[409]. Es ist deshalb mit gutem Grund davon auszugehen, daß in Strab. 13, 1, 27, C 594, Z. 9 eine durchaus naheliegende Verschreibung vorliegt, die wahrscheinlich von Strabons Charakterisierung Ilions als „Dorfstadt" zu Beginn von 13, 1, 27 mit der folgenden, polemisch verzerrten und archäologisch widerlegten Zeichnung der Stadt durch Demetrios von Skepsis begünstigt wurde. Ich möchte deshalb vorschlagen, anstelle des handschriftlich überlieferten διὰ τὸ ἀτείχιστον hier διὰ τὸ εὐτείχιστον zu lesen. Es ist bezeichnend, daß von einer Plünderung Ilions durch die Galater nirgends die Rede ist.

Der historische Kontext der Stelle aus den Troiká des Hegesianax von Alexandreia Troas, eines Mannes der Umgebung Antiochos III., läßt sich überzeugend erschließen. Der am Hellespont kommandierende seleukidische Stratege Antipa-

---

407 Strab. 13, 1, 27, C 594 = FGrHist 45 F 3; die überlieferte Textgestalt des von Strabon aus Demetrios von Skepsis übernommenen Hegesianax-Zitats, das in Widerspruch zu der Erwähnung des Mauerbaus des Lysimachos in 13, 1, 26, C 593 zu stehen scheint, wurde bisher nicht hinterfragt. Vgl. dagegen demnächst ausführlich K. Strobel, Studia Troica 1997; bereits Strobel 116; o. S. 240. Zu Hegesianax F. Jacoby, RE VII 2, 1912, 2602–2606.

408 Es besteht kein Grund, die Nachricht bei Strab. 13, 1, 26, C 593 über den Ausbau und die Befestigung der Stadt Ilion durch Lysimachos, also zwischen 301 und 281 v. Chr., in Frage zu stellen, zumal dem im letzten Jahrzehnt des 4. Jh. die Gründung des Koinon der Athena Ilias, das die Troas umspannte und sich in die Propontis ausdehnte (vgl. L. Robert, Monnaies antiques en Troade, Genf - Paris 1966, bes. 18ff., 83ff.), sowie die Errichtung der für die Bundesveranstaltungen benötigten Anlagen vorausgegangen waren. Vgl. hierzu, ebenso zum neuen archäologischen Befund Strobel a.a.O. Der Versuch, die Nachrichten auf Alexandreia Troas zu beziehen und eine entsprechende Konjektur im Strabontext oder ein schwerwiegendes Versehen des Autors anzunehmen, sind keineswegs erforderlich und auch nicht überzeugend (zuletzt nach B. Leaf, Strabo on the Troad, Cambridge 1923, 141ff. auf Alexandreia Troas bezogen von K. Bringmann - B. Schmidt-Dounas, Schenkungen KNr. 245 [L.A]); Schmidt-Dounas, MDAI(I) 41, 1991, 363–415, bes. 364ff.; vgl. zur Textgestalt und ihrer Kommentierung S. Radt - J.W. Drijvers, Studia Troica 3, 1993, 201–229, bes. 202, 218. Hintergrund der ganzen Ausführungen Strabons zu Ilion ist die Ablehnung der Identifizierung des hellenistischen Ilion mit dem homerischen Troja; die in diesem polemischen Zusammenhang stehenden, bei Strabon zitierten Ausführungen des Demetrios von Skepsis sind kein zwingendes Argument. Mit „Dorfstadt" bezeichnet Strabon sehr wohl befestigte Großsiedlungen wie etwa Garsauira (12, 2, 6; 12, 6, 1) oder Tempelstädte (12, 3, 31; vgl. Magie 1019f. Anm. 65).

409 Pol. 5, 111, 4.

tros hat, nachdem er von dem gegen seinen Willen erfolgten Übergang der Kelten erfahren hatte, zweifellos militärische Gegenmaßnahmen eingeleitet. Der Verband der Trokmer unter Lutarios[410] hat sich offenbar angesichts der Bedrohung durch See- und Landstreitkräfte von der Küste in das Binnenland hinaufgewandt und versucht, in Ilion eine befestigte Schutzstellung zu gewinnen. Vor der stark ummauerten Stadt gab Lutarios das Vorhaben auf und zog aus dem Territorium der Stadt ab; ein Verharren vor den Mauern Ilions war angesichts der anzunehmenden Operationen des Strategen, der offenbar auch den militärischen Schutz der Stadt unterstützte, wohl kaum möglich. Ilion feierte Antiochos I. unmittelbar darauf als Retter der Stadt[411].

Lutarios selbst zog vermutlich auf direktem Weg durch das Binnenland und nicht durch die für ihn auf Grund der seleukidischen Flotte und der Städte eher mit Gefahren verbundene Küstenzone nach Bithynien. Wahrscheinlich im Herbst 278 vereinigten sich die beiden Keltengruppen wieder in Bithynien, wo sie von Nikomedes und seinen herakleotischen Bundesgenossen zuerst für den Krieg gegen Zipoites d. J. ausgerüstet und dann wohl in der 1. Hälfte des Jahres 277 erfolgreich zum Einsatz gebracht wurden[412]. Nikomedes konnte sich mit ihrer Hilfe des gesamten Gebietes des jüngeren Zipoites bemächtigen und ließ die abtrünnige Bevölkerung niedermetzeln, während die Galater die bewegliche Habe als Beute erhielten. Nikomedes ließ den jüngeren Zipoites und einen weiteren Bruder, der wohl an der Erhebung beteiligt war, hinrichten, während einer der Brüder den König überlebte und dessen zweite Gattin und Witwe Etazeta (oder Heptazeta) heiratete[413]. Die bereits in Kleinasien anwesenden keltischen Symmachoi des Nikomedes I., als deren gemeinsamer Heerführer Leonnorios fungierte, wurden 277 nachträglich durch den Wanderverband der Tektosagen verstärkt, der sich 278 der Bewegung keltischer Wander- und Kriegergruppen nach Thrakien angeschlossen hatte[414]. Die Gesamtstärke der nach Kleinasien hinübergegangenen Keltengruppen könnte damit eine Größenordnung von etwa 30000–35000 Menschen erreicht haben.

Nach der Beseitigung des Zipoites d. J. wurden die Galaterstämme als offenbar weiträumig und wohl teilweise auch selbständig im westlichen Kleinasien operie-

410 Ausgehend von der Annahme, daß die Galater rasch aus den „bithynischen Diensten“ entlassen worden wären und ihr „früheres Räuberleben“ in Kleinasien forgesetzt hätten, glaubte Stähelin 7f., die Galater hätten gemeinsam in Ilion einen ersten Versuch gemacht, feste Sitze für den Winter und zum Bergen von Raub und Familien zu gewinnen.

411 Vgl. o. S. 208.

412 Liv. 38, 16, 8–9; Memnon F 11, 5.

413 Memnon F 12, 6; 14, 2. Vgl. Habicht a.a.O. 457f.

414 Vgl. o. S. 172ff., 180f., 231, 233.

rende Symmachoi gegen Antiochos I. zum Einsatz gebracht[415], wobei sie 277/6 in der Küstenzone Ioniens bis über den Mäander hinaus nach Süden vorstießen. In dieser Phase des Geschehens operierten sie sicherlich als Kriegerhaufen in einer Heeresgenossenschaft der nunmehr drei Stämme unter der gemeinsamen Führung des Leonnorios, dem der gesamte Troß mit Familienangehörigen, Nichtkombattanten und Habe folgte. Eine direkte Parallele können wir in den Aigosagen sehen, die als Symmachoi als geschlossener Verband mit dem Heer des Attalos I. zogen, oder auch in den Kelten des Kiderios als Symmachoi des Antigonos Gonatas[416]. 277/6 erschienen die allgemein Schrecken verbreitenden Galater im Territorium von Milet, wo sie das Heiligtum von Didyma überfielen und plünderten[417]. Weitere konkrete Zeugnisse für den Verlauf dieses Krieges liegen kaum vor. Auf Ende Sommer 275 ist die Votivstele aus dem mysischen Thyateira an der Route von der Propontis nach Sardes datiert, die ein Vater für die Errettung des jungen Phanokritos aus Thyateira aus der Gewalt der Galater gesetzt hat; Ort und Zeit des Geschehens selbst bleiben unbekannt[418]. Ebenfalls auf diese Phase des Auftretens der Galater bezieht sich mit großer Wahrscheinlichkeit das Ehrendekret für Sotas aus Priene, das eine ausführliche Schilderung der allgemeinen Situation enthält[419]. Die Galater hatten im Territorium der Stadt viele Gefangene unter den dort lebenden Bürgern gemacht und weggeführt. Sie zeigten sich von barbarischer

---

415 Vgl. Trog. prol. 25; auch Memnon F 11, 6; Liv. 38, 16, 9. Eine Korrektur der älteren Rekonstruktionen und der Zuweisung der Zeugnisse ergibt sich aus dem neuen Ansatz des Sieges des Antiochos I. über die Galater in der sogen. Elefantenschlacht; vgl. u. S. 257ff.

416 Pol. 5, 76f.; Polyain. 4, 6, 16.

417 Vgl. I. Didyma 426; dazu A. Rehm, Didyma II, Berlin 1958, 260; zu I. Didyma 428, Z. 8–9 Wörrle 63, 66f.; auch B. Haussouillier, Études sur l'histoire de Milet et du Didymeion, Paris 1902, 64ff.; W. Günther, Das Orakel von Didyma in hellenistischer Zeit, Tübingen 1971, 48f., 50.; Otto (o. Anm. 204) 22f.; zum Auftreten der galatischen Barbaren im milesischen Territorium die romanhafte Überlieferung über das Wüten der Barbaren in Ionien, über die Gefangennahme milesischer Frauen und deren Freikauf, von denen eine durch ihren Entführer Kavaros (Kauaros) nach Gallien verschleppt worden sei, wohin ihr Ehemann gefolgt sein soll (Parth. 8 nach Aristodemos von Nysa; vgl. auch M.-P. Loicq-Berger, EC 52, 1984, 39–52), und über den Selbstmord dreier milesischer Mädchen bei der Gefangennahme (Anth. Pal. 7, 492 (nach Antonius Thallus von Milet?); Hier. adv. Iovin. 1, 41; das Motiv auf Ephesos übertragen bei Plut. mor. 309).

418 J. Keil - A. v. Premerstein, Bericht über eine zweite Reise in Lydien, Denkschriften Wien, Phil.-hist. Kl. 54, Wien 1911, 14ff. Nr. 19; die Inschrift ist kein *Terminus ante quem* für die Datierung der Elefantenschlacht; vgl. Wörrle 63, 66.

419 OGIS 765 = I. Priene 17 = S.M. Burstein, The Hellenistic Age from the Battle of Ipsos to the Death of Kleopatra VII, Cambridge u. a. 1985, 17ff. Nr. 17; vgl. Günther a.a.O. 49f.; Wörrle 63; Orth (o. Anm. 213) 102. Nur eine Ergänzung ist allerdings Z. 4f. καὶ ν[ῦν, ὅτε| πρῶτον οἱ Γ]αλάται παρε[γένοντο εἰς] τὴγ χώραγ καὶ ... Das Geschehen wird als Krieg mit den Galatern bezeichnet.

Rohheit, der niemand entgegenzutreten gewagt habe; ihre Übergriffe im Land, die gegen jedes Recht verstießen, trafen nicht nur die Gefangenen, sondern sie ließen sich alle denkbaren Frevel gegen das Göttliche zuschulden kommen, indem sie die heiligen Bezirke, Altäre und Tempel verwüsteten. Bei ihrem Rückzug brannten sie die Gehöfte nieder (Z. 4-13). Viele der in Asien lebenden Hellenen seien getötet worden, da sie den Barbaren nicht im Kampf entgegentreten konnten (Z. 13-15). Das Volk von Priene aber ist, wie das Dekret hervorhebt, den Barbaren entgegengezogen und hat sie, die gegen das Göttliche frevelten und gegen die Hellenen Verbrechen begingen, abgewehrt (Z. 15-18). Priene bot gegen die Galater die Söldner unter der Bürgerschaft als Infanterie und andere Bürger als Reiterei auf; Sotas hatte Freiwillige aus der Stadt und dem Landgebiet rekrutiert, mit denen er strategisch wichtige Punkte besetzte und außerhalb der Stadt gegen die Barbaren ausharrte, um die Bevölkerung auf dem Land mit ihrer Habe zu retten und sicher in die Stadt zu bringen. Dagegen könnten die Dekrete aus Erythrai[420] auch erst in die spätere Phase des Ringens in Kleinasien nach 271 gehören. Doch ist anzunehmen, daß sie sich auf den Zusammenhang des kriegerischen Erscheinens der Galater als Symmachoi gegen Antiochos I. 277/6 oder 276 v. Chr. beziehen, das auch in den Territorien von Milet und Priene faßbar ist. Dies zeigt besonders die Nennung des Leonnorios als Führer der barbarischen Scharen[421], ferner die Analyse der Ehrungen, die Polykritos für seinen Einsatz für die Stadt und ihr Territorium sowie für das Wohl der Bürgerschaft zuteil wurden[422]. Er hatte den seleukidischen Admiral

---

420 Strategenehrung Syll.[3] 410 = I. Erythrai 24, bes. Z. 13-15, auch 11-12, bezieht sich jedoch auf die Aufwendungen in dem Zeitraum des ersten Drittels des eponymen Amtsjahres insgesamt; die Strategen machten sich um die Verteidigung durch vorbeugende Maßnahmen verdient, kümmerten sich um das Aufbringen und Abschicken des Geldes an die Barbaren des Leonnorios, warben seleukidische Söldner für die Stadt an und streckten den Sold vor. Das Ehrendekret für Polykritos ebd. Nr. 28. Polykritos ist der Antragsteller der Ehrung I. Erythrai 24 und Bruder des dort als einer der neun Strategen geehrten Phyrson (vgl. ebd. Nr. 25; Ehrenstatue, vermutlich nach der Ehrung in Nr. 24 aufgestellt). Die beiden Dekrete sind zu trennen; der aktuelle Anlaß für Nr. 28 ist ohne Bezug auf eine Auseinandersetzung mit den Galatern. Vgl. Wörrle 63f.; Orth a.a.O. 75ff., bes. 76f., 78f. Die historische Einordnung der Strategenehrung I. Erythrai 29 ist nicht gesichert; Orth a.a.O. 95f. plädiert für die ersten Jahres des Antiochos II. (2. Syrischer Krieg).

421 I. Erythrai 24, Z. 14f.

422 I. Erythrai 28. Die Bedrohung durch die Galater liegt bereits länger zurück; für diese in der Vergangenheit liegenden Leistungen war Polykritos bereits öfters geehrt worden, und die ihm verliehenen Ehren hatte man auf einer Stele auf der Agora öffentlich dokumentiert (Z. 32-34). Der aktuellen Ehrung, die nochmals die gesamten Leistungen rekapituliert, liegen die jüngeren Wohltaten für die Stadt zugrunde, einmal Kapitalhilfe für den Getreideankauf während einer Getreideknappheit, ferner die Übernahme der Kosten für die Versorgung der Mannschaften der Flotte, als der seleukidische Admiral

Alkippos und dessen Trierarchen veranlaßt, an der Küste entlang zu fahren und denen zu helfen, die auf dem Land bedrängt wurden. Diese Seeoffiziere und ihre Mannschaften wurden von dem Demos von Erythrai geehrt und nach Kräften durch die Fürsorge der Stadt belohnt. Die Stadt kaufte sich von der Brandschatzung ihres Territoriums durch eine Kontribution an die keltischen Barbaren frei und stellte Geiseln. Polykritos hat dann die Gesandtschaft zu den Galatern übernommen, um diese Geiseln in die Stadt zurückzuführen, und kaufte dabei auch die kriegsgefangenen Bürger frei, die er bei den Barbaren fand.

Die Auflistung der Leistungen, die Philetairos von Pergamon auf seleukidischer Seite für die Stadt Kyzikos über einen Zeitraum von unbekannter Länge und keineswegs in einer Jahr für Jahr kontinuierlichen Folge erbracht hatte[423], dürfte beide Phasen der Auseinandersetzung mit den Galatern vor 274 und nach 271 v. Chr. erwähnen. Im Amtsjahr des eponymen Hipparchen Phoinix gab Philetairos Geld für den Schutz des Landes und die daraus entstehenden Aufwendungen[424]. In das gleiche Amtsjahr fallen aber auch Kampfhandlungen, wie die Dedikation einer Stele mit der Darstellung des Herakles im Kampf dokumentiert, welche die fünf Strategen und sechs Phylarchen der Stadt weihten[425]. Ob es sich bei dem dargestellten Gegner des Herakles um einen Galater handelt, bleibt aber unsicher,

---

(Alkippos?) mit schnellen Kriegsschiffen eine Gesandtschaft an Antiochos I. die Küste entlangsegelte und der Flotte die Verpflegung ausging, als sie mehrere Tage durch widrige Winde festgehalten wurde (Z. 34–41.41–48). Letzteres ist entgegen bisherigen Annahmen (etwa H. Engelmann - R. Merkelbach, I. Erythrai und Klazomenai I, Bonn 1972, 110ff.) nicht auf die Kriegsjahre bis 275/4 zu beziehen, sondern fällt wahrscheinlich in den 1. Syrischen Krieg oder vielleicht erst in die folgende Kriegsphase in Kleinasien 270–268 v. Chr. Über die hier erwähnte, auf der Flotte beförderte Gesandtschaft an Antiochos können keine Aussagen gemacht werden. Die angesprochene Getreideknappheit dürfte mit erneuten Kriegsereignissen in Westkleinasien zusammenhängen.

423 OGIS 748 = Schenkungen KNr. 241; hierzu bisher maßgeblich Launey, REA 46, 1944 217–236 (ebd. gegen M. Segrè, Athenaeum 8, 1930, 488–507); vgl. aber Wörrle 64; Buraselis 114f.; Schalles 39f. Anm. 263; Strobel 119 mit Anm. 129; Ameling, Schenkungen p. 272ff.; Anm. 62.471; unrichtig Mitchell I 16.

424 Z. 13f.; das Jahr folgt dem milesischen Kalender und beginnt mit den Frühjahrsäquinoktien bzw. dem darauffolgenden Neumond; vgl. Leschhorn 72f.; N. Ehrhardt, Milet und seine Kolonien, Frankfurt a.M. 1983, 103ff., bes. 120ff.

425 J.H. Mordtmann, MDAI(A) 10, 1885, 200–203 Nr. 28 = G. Mendel, Catalogue des sculptures grecques, romaines et byzantines (Musées impériaux Ottomans) III, Konstantinopel 1914, 70–72 Nr. 858; Launey a.a.O. 219ff. (widersprüchlich ebd. 224f.); J. u. L. Robert, REG 59–60, 1946–47, 347; U. Süssenbach, Der Frühhellenismus im griechischen Kampfrelief, Bonn 1971, 47ff. (nach Launey, mit teilweise falscher Skizze des Geschehens). Der Ovalschild mit spindelförmigem Umbo allein genügt zur Identifizierung des Gegners als Kelten nicht.

auch wenn die Beinkleider und die Schwertscheide am Gürtel darauf hinweisen können. Allerdings wäre dies auch dann entgegen der seit Launey favorisierten Chronologie keineswegs zwingend auf den Vorbeimarsch des Lutarios 278 v. Chr. bei seinem Zug nach Bithynien zu beziehen. Die Ereignisse des Amtsjahres des Phoinix gehören vielmehr mit einiger Wahrscheinlichkeit in die Kriegsjahre 277/6-275/4 v. Chr.[426] Gleiches könnte für die vorausgehende Eintragung, die Gewährung der Atelie unter dem Hipparchen Buphantides, „als das Land von Krieg überzogen war“ (Z. 8-12), gelten; diese Vergünstigung während einer akuten Kriegsphase dürfte aber eher noch in die Auseinandersetzung zwischen Antiochos I. und Antigonos Gonatas mit seinen Verbündeten Nikomedes I. und der Nördlichen Liga gehören[427]. Im Amtsjahr des Hipparchen Diomedon gab Philetairos schließlich in dem gegen die Galater geführten Krieg Weizen und Gerste; dieser Galaterkrieg ist mit der Fortsetzung des Ringens in Kleinasien 270-268 v. Chr. gleichzusetzen[428].

In dem Kampf um die Durchsetzung des Herrschaftsanspruches des Antiochos I. in der Nachfolge seines Vaters Seleukos trat offenkundig durch den 1. Syrischen Krieg eine Pause ein[429], als Antiochos im Sommer 274 Sardes mit seinem Hauptheer verließ, um nach Transpotamien (Syrien) zu ziehen, wo die ägyptischen

426 Die nächste Schenkung des Philetairos fällt in eine Friedensphase, in der sich die Bürgerschaft aber in einer sehr schwierigen Situation befunden haben muß, da der Gott Poseidon als eponymer Hipparch fungierte, ein Privatmann also zur Übernahme nicht in der Lage war (vgl. hierzu ausführlich Ameling a.a.O. 273f.). Es handelte sich um ein Stiftungskapital für Öl und die Zusammenkünfte der Jugend (Z. 15-17). Der Ansatz in der Pause des Ringens in Nordwestkleinasien 274-271 v. Chr. ist naheliegend.

427 Die ersten Schenkungen unter dem Hipparchen Gorippides sind offenkundig in zwei Abschnitte zu trennen (Z. 3-7). Dies war einmal eine Kapitalstiftung für Agone, zum zweiten aber 50 Pferde zum Schutz des Landes. Während dieses Amtsjahres scheint es zum Ausbruch eines Krieges gekommen zu sein; es liegt nahe, an das Jahr 280 zu denken. Die Schenkungen des Philetairos können erst eine gewisse Zeit nach Kurupedion begonnen haben.

428 Z. 18-23; eine Aussage über die im folgenden, zerstörten Teil der Inschrift erwähnten Leistung in der Hipparchie des Gottes Dionysos (Z. 24-?) läßt der fragmentarische Zustand nicht zu, doch belegt auch hier die außerordentliche Jahresmagistratur des Gottes die besonders schwierige Lage der Stadt.

429 Vgl. hierzu den grundlegenden Keilschrifttext A.J. Sachs - H. Hunger (Ed.), Astronomical Diaries and Related Texts from Babylonia I, Wien 1988, 334-355 Nr. -273B und -270B; vgl. M.P. Bernard, CRAI 1989, 303-306; ders., BCH 114, 1990, 513-541, bes. 532-536; die Pithomstele (K. Sethe, Hieroglyphische Urkunden der griechisch-römischen Zeit II, Leipzig 1904, Nr. 20); vgl. D. Lorton, JEA 57, 1971, 160-164; J.K. Winnicki, JJP 20, 1990, 157-167; Hauben CE 67, 1992, 155ff.; Otto (o. Anm. 204); Will I, 146ff.; Heinen CAH^2 VII 1, 1984, 416f.; Hölbl 37.

Truppen lagerten[430]. Zur Sicherung und Verteidigung der seleukidischen Position blieben die Königin Stratonike, einer der ranghöchsten Würdenträger des Hofes und seine *Philoi* in Sardes zurück, ebenso starke Truppenverbände[431]. Anlaß hierfür war der Ausbruch des Krieges mit Ptolemaios II., den letzterer mit einem Feldzug in das seleukidische Syrien eröffnet hatte. Diesem Angriffskrieg war als propagandistische Vorbereitung die Pompé des Ptolemaios II. in Alexandria vorausgegangen, der triumphale Festzug mit der riesigen Parade des ptolemäischen Heeres von über 80 000 Mann und dem eindeutigen Verweis auf den Gott Dionysos, der als Welteroberer wie Alexander aus dem Osten, aus Indien, im Triumph zurückkehrt[432]. Die Spannungen hatten sich zur Krise gesteigert, als sich Magas, der Halbbruder des Ptolemaios II. und der selbsternannte König der Kyrenaika, durch die Hochzeit mit Apame, der Tochter des Antiochos I., mit dem Seleukiden verband und dann sehr wahrscheinlich 275 versuchte, durch einen Angriff auf Alexandria den Lagidenthron zu gewinnen. Er mußte wegen eines Aufstandes lybischer Nomaden umkehren. Ptolemaios II. konnte die Situation auf Grund der Meuterei seiner 4000 keltischen Söldner, die für den Kampf gegen Magas angeworben worden waren, nicht ausnutzen; die Kelten wurden auf einer Nilinsel zerniert und schließlich vernichtet, was Ptolemaios als seinen großen Sieg über die keltischen Barbaren hochstilisierte[433].

Diese Pompé können wir aus guten Gründen mit den Ptolemaia im Winter 275/4 verbinden und entsprechend zwischen Dezember und Februar 275/4 v. Chr. ansetzen[434]. In Kleinasien blieb nach dem Weggang des Antiochos I. die seleukidische Position gesichert, wie auch die Tatsache zeigt, daß die Versorgung Babylons und der Städte Mesopotamiens mit dem täglich umlaufenden Münzgeld von Westkleinasien aus erfolgte[435]. Grundlage der Beendigung der aktuellen Kampfhandlungen in Kleinasien ist, wie wir mit großer Wahrscheinlichkeit annehmen dürfen, eine Verständigung zu einer Waffenruhe auf der Basis des Status quo gewesen, zu der sich Antiochos durch die sich abzeichnende Bedrohung der syrischen und mesopotamischen Kerngebiete seines Reiches veranlaßt sehen mußte. Die Kampfhandlungen wurden vermutlich schon im Winter/Frühjahr 275/4 eingestellt. Nikomedes I. sah sich damit wohl im Besitz der von ihm zu dieser Zeit

---

430 Tafel -273B, Rev. Z. 29'-30'.30'-32', Jahr 38 sel. = 14. 4. 274–1. 4. 273.

431 Ebd. Z. 29'; vgl. J. Renger, Orientalia N.S. 54, 1985, 257–259.

432 Kallixeinos von Rhodos FGrHist 627 F 2; vgl. E.E. Rice, The Grand Procession of Ptolemy II Philadelphus, Oxford 1983; dazu H. Maehler, JEA 74, 1988, 290–292; u. Anm. 434.

433 Vgl. Seibert (o. Anm. 160) 51ff.; Will I, 145f.; Heinen a.a.O.; Hölbl 36; Strobel, Keltensieg 78f.

434 Vgl. V. Foertmeyer, Historia 37, 1988, 91–104; Hölbl 36f., 87.

435 Tafel -273B, Z. 33'. Vgl. allgemein E.T. Newell, Western Seleucid Mints, New York 1941, bes. 242ff. (Sardes).

in der Symmachie mit den Galatern eroberten großen Teile Nordphrygiens bzw. Phrygiens am Hellespont, jenes Gebietes, das im wesentlichen von der späteren Phrygia Epiktetos und den Galaterterritorien diesseits des Halys umschrieben wird[436].

Im Ergebnis faßt Memnon nach Nymphis zusammen, daß die Verpflichtung der Kelten und ihr Einsatz ein voller Erfolg im Sinne der Initiatoren gewesen seien[437], ein Erfolg gegen die Könige (i. e. die Seleukiden), welche danach strebten, die Demokratie, die innere Freiheit der Städte, zu beseitigen: Man habe den Übergang der Galater nach Asien anfangs als ein Unglück für die Bewohner angesehen, doch habe er sich als Nutzen für sie erwiesen[438].

7. Die Landnahme der Galaterstämme in Zentralanatolien

Mit dem Ende der Feldzüge nahm die bisherige Heeresgenossenschaft der drei keltischen Stammesgruppen das Land nach eigener Entscheidung in Besitz[439], das Nikomedes I. den Galatern aus den eroberten Gebieten des nördlichen Phrygien für ihre Ansiedlung zur Verfügung stellte[440]. Es war in diesem Sinne eine Teilung des bithynischen Herrschaftsbereiches zwischen dem König und seinen galatischen Symmachoi nach dem Sieg, wie dies von der zeitgenössischen Quelle des Pompeius Trogus formuliert worden war, der hier von Iustin allerdings nur völlig verkürzt wiedergegeben wird[441]. Das den Galatern zur Ansiedlung überlassene Gebiet erstreckte sich um den großen Sangarios-Bogen mit dem alten regionalen Zentrum Gordion, das durch Antigonos Monophthalmos und Lysimachos den Ausbau zu einer hellenistischen Stadt erfahren hatte[442], sowie nach Osten bis zum Halys, wobei die Grenzlinien gegenüber dem ausgeweiteten bithynischen Reichs-

---

436 Vgl. Strobel, Grenzregion 29ff., bes. 36ff.

437 Für Nikomedes I. und Herakleia betont in Memnon F 12, 6.

438 Memnon F 11, 4.

439 Vgl. Memnon F 11, 6; Liv. 38, 16, 12.

440 Strab. 12, 5, 1, C 566 spricht von einer Inbesitznahme des Landes nach einer Phase von erfolgreichen Kriegszügen im Gebiet der bithynischen und attalidischen Herrscher, und zwar von einer Landnahme mit Billigung dieser Herrscher. Strabon vereinigt hier zwei Traditionen, jene der Landgabe durch Nikomedes I. und jene des ideologischen Anspruchs der Attaliden, die galatischen Barbaren aus Westkleinasien vertrieben und auf das zentralanatolische Gebiet beschränkt zu haben. Unter dem Gebiet der attalidischen Herrscher ist hier das westliche Kleinasien im Sinne des pergamenischen Reiches nach 188 zu sehen. Die offizielle pergamenische Version einer Ansiedlung in der Folge des Sieges des Attalos I. liegt bei Paus. 1, 4, 5; 1, 8, 1 vor.

441 Iust. 25, 2, 11.

442 Vgl. u. Bd. II.

gebiet und gegenüber den beigeschriebenen Vertragspartnern der Symmachie, soweit betroffen, sicher festgelegt wurden, während sie gegenüber dem von Antiochos gehaltenen Großphrygien wohl nur durch den Status quo der Waffenruhe bestimmt waren[443]. Die Teilungslinie dürfte Nikomedes östlich der wichtigen Beckenlandschaft von Dorylaion gezogen haben.

Herakleia hatte durch den Sieg über Zipoites d. J. im Jahre 277 seinen Machtbereich in dem Umfange des Jahres 305 bzw. 284 mit Ausnahme von Amastris wieder hergestellt. Dort hatte Eumenes, der frühere Statthalter des Lysimachos und Bruder des Philetairos von Pergamon, offensichtlich als Stadtherr die Macht in Händen behalten. Die Beendigung der aktuellen Bedrohung von seleukidischer Seite, welche das einigende Moment der sogen. Nördlichen Liga gewesen und nun durch die Bindung des Antiochos I. seit 274 im 1. Syrischen Krieg weggefallen war, dürfte Herakleia endgültig freie Hand gegeben haben, sich massiv um den Rückgewinn von Amastris zu bemühen, und zwar sowohl mit militärischen Mitteln wie mit Geld[444]. Zugleich müssen aber auch die nun eine expansive Politik betreibenden Mithradatiden ihr Interesse an einer Verständigung mit Eumenes zum Gewinn der Stadt zum Ausdruck gebracht haben. Eumenes hat sehr wahrscheinlich seine Position in Amastris nicht mehr länger als haltbar angesehen, die Stadt jedoch aus seiner Gegnerschaft zu Herakleia heraus Ariobarzanes, dem Sohn und Mitregenten des Mithradates I. von Pontos, übergeben, was nun einen schweren Konflikt zwischen den Mithradatiden und Herakleia auslöste und das Ende des Bündnisses von 281 bedeutet haben muß[445]. Für das pontische Reich bedeutete der Zuwachs den Gewinn eines ersten Teiles der paphlagonischen Küstenlandschaft und rundete mit dem Binnenterritorium von Amastris[446] den pontischen Besitz in der paphlagonischen Mesogaia zwischen Olgassys und Küstengebirge ab[447]. Ariobarzanes war vermutlich der Regent der westlichen Teile des pontischen Reiches, während Mithradates I. Ktistes in der neuen Residenzstadt Amaseia residierte.

Entgegen der allgemeinen Annahme wird der Vorgang durch die in dem Exzerpt des Photios überlieferte Memnon-Stelle F 9, 4, die ihrerseits aus der Darstellung des Nymphis schöpft, nicht auf das Jahr 279 datiert. In F 9, 4 ist der Bericht über den erfolgreichen respektive gescheiterten Rückgewinn der territorialen Verluste Herakleias zusammengefaßt und, wie schon inhaltlich naheliegend, an die Darstellung des Bündnisschlusses von 280 zwischen der Stadt und Nikomedes I. angeschlossen,

443 Vgl. Strobel, Grenzregion, bes. 37ff.; zur historischen Geographie u. Bd. II.
444 Memnon F 9, 4.
445 Vgl. Memnon a.a.O.; Olshausen 404f.
446 Vgl. Marek 88ff.
447 Vgl. auch Strobel, Grenzregion 61ff.; u. Bd. II.

der zum Rückgewinn der Verluste an Zipoites d. Ä. führte. Auch werden die sich offenkundig über eine längere Zeit erstreckenden Vorgänge um Amastris in dem überlieferten Exzerpt nur sehr summarisch zusammengefaßt. Die folgenden Exzerpte des Photios fassen in entsprechender Weise jeweils ein Geschehen zusammen[448]. Aus dem Anschluß von F 9, 5, der zudem bereits auf das Jahr 280 verweisen würde, ist deshalb eine Datierung der Übergabe von Amastris durch Eumenes nicht zu gewinnen. Herakleia war in den Jahren 281–278/7 unter dem doppelten Druck von seleukidischer Bedrohung und offenem Krieg zuerst mit Zipoites d. Ä. und anfangs noch Nikomedes I., später mit Zipoites d. J. kaum in der Lage, durch ein massives Vorgehen den Wiedergewinn von Amastris herbeizuführen. Dagegen können wir das Geschehen, das die aitiologische Notiz zu Ankyra bei Stephanus von Byzanz aus dem 17. Buch der „Kariká" des Apollonios von Aphrodisias überliefert, mit gutem Grund auf die Auseinandersetzung zwischen Herakleia und den Mithradatiden beziehen[449]. Danach haben die Galater bald nach ihrer Ankunft in Kleinasien als Symmachoi des Mithradates I. und des Ariobarzanes gegen ein ptolemäisches Landungsunternehmen an der Küste des pontischen Reiches gekämpft und die von ihnen geschlagenen Ägypter bis zum Meer verfolgt, wo sie die zurückgelassenen Schiffsanker der ptolemäischen Flotte erbeutet hätten. Als Lohn für die Symmachieleistung hätten sie von den Mithradatiden Land erhalten, wo sie die nach den erbeuteten Trophäen Ankyra benannte Stadt errichtet haben sollen; die zwei anderen von den Galatern gegründeten Städte, Tavium und Pessinus, seien von den Galatern nach ihren Führern benannt worden. Hier liegt bei Apollonios dieselbe Verwechslung der Stammesgebiete der Trokmer zugrunde, die wir auch bei Memnon F 11, 7 finden, der Ankyra den in Wirklichkeit ostgalatischen Trokmern zuweist, ferner Pessinus fälschlicherweise den Tektosagen und Tavium den Tolistobogiern. Die letztgenannte Passage kann mit gutem Grund als eine Ergänzung des Memnon in seinem wohl hochkaiserzeitlichen Geschichtswerk angesehen werden, welche die Vorlage des Nymphis um die in römischer Zeit selbstverständlichen Civitasvororte der Stämme erweiterte. Ein ähnlicher Fehler liegt bei Plinius in n.h. 5, 146 vor, wo den Trokmern erneut die mittleren Gebiete Galatiens und den Tektosagen (mit ihrem Teilstamm der Toutobodiaci) die Besetzung des

448 Es folgen die Berichte über den Krieg zwischen Herakleia und Zipoites d. J. (F 9, 5), die Auseinandersetzung zwischen Antigonos Gonatas und Antiochos I. unter Beteiligung der Liga (F 10, 1–2) und die Zusammenfassung der Vorgeschichte (Byzanz) und des Verlaufs des Überganges der Galater (F 11, 1–7).

449 FGrHist 740 F 14 = Bosch 1ff. Nr. 1; der zeitliche Ansatz des Werkes des Apollonios ist unsicher, aber wohl am ehesten dem späteren Hellenismus zuzuweisen. Vgl. zusammenfassend Strobel, Grenzregion 37f.; auch Olshausen 405. Unrichtig hierzu McGing 19f.; der Kampf gegen ein ptolemaisches Landeunternehmen beweist nicht, daß die Mithradatiden von Pontos aktiv auf Seiten des Antiochos I. am 1. Syrischen Krieg teilgenommen hätten.

reichsten Teils Kappadokiens zugeordnet ist[450]. Die Civitasvororte der römischen Zeit ordnet der ältere Plinius den drei Hauptstämmen dagegen ganz korrekt zu, ebenso das Gebiet der Tolistobogier (und ihrer Teilstämme der Voturi und Ambitouti) dem Raum um Gordion, um die ehemalige Hauptstadt Phrygiens. Wir können hier mit großer Wahrscheinlichkeit eine schon von Apollonios von Aphrodisias übernommene, in die (spätere?) hellenistische Zeit zurückgehende fehlerhafte Tradition für die von den Galatern gegründeten Städte erkennen, welche insbesondere den Trokmern, die in Wirklichkeit das urprünglich kappadokische Ostgalatien innehatten, den Raum um Ankyra zugewiesen hat.

Festzuhalten ist der historische Kern dieser Überlieferung, daß Mithradates I. und Ariobarzanes die Galater als Symmachoi gegen ein Landungsheer der ptolemäischen Flotte zu Hilfe holten, wobei sie sich als beigeschriebene Partner der Grundlage des Vertrages von 278/7 bedienen konnten. Die Galater errangen über die gelandete Streitmacht einen vollen Erfolg und wurden für ihre Symmachieleistung - ohne Frage ebenfalls den Bestimmungen des Vertrages von 278/7 hinsichtlich der von Nikomedes I. eingegangenen Verpflichtungen entsprechend - mit einer Landgabe entlohnt. Diese kann zu Recht als das östlich des Halys gelegene Trokmerterritorium identifiziert werden[451], das in seiner ursprünglichen Ausdehnung im Halysbogen die fruchtbaren Landschaften um den mittleren und unteren Kappadox (Deliceırmak) bis östlich der Linie Yerköy - Yozgat, um Boğazkale und Sungurlu, den Einzugbereich des Kılıçözü Çayı, den Raum um Kaman wie um Sorgun und den Kerkenes Dağ umfaßte[452]. Es lag südlich der damals mit Sicherheit bereits zum neuen pontischen Reich gehörenden fruchtbaren Landschaften um Çorum mit den Burganlagen am Çorum Çayı und um Alaca. Das Becken von Alaca wurde von der befestigten Siedlung und Burganlage bei den beiden monumentalen Felsgräbern des 3. Jh. von Gerdek (Gedik Kaya) beherrscht. Letztere kann mit dem von Strabon genannten Mithridation identifiziert werden, das die Trokmer bei der Neuordnung des Pompeius hinzugewannen[453]. Auch für die Mithradatiden bildete das den Galatern östlich des Halys überlassene Gebiet so einen Puffer gegen mögliche seleukidische Interventionen und deckte den Zugang zu den Kernlanden des Reiches zwischen Halys und oberem Iris. Zugleich war damit ein Gegengewicht gegen die aufsteigenden Dynasten der Ariarathiden in (Groß-)Kappadokien geschaffen, das zur seleukidischen Einflußsphäre gehörte[454].

---

450 Vgl. Strobel a.a.O. mit Anm. 84.

451 Die Vermutung etwa von Ed. Meyer, Geschichte des Königreichs Pontos, Leipzig 1879, 43ff., die aitiologische Apollonios-Notiz würde den Besitz Ankyras für Mithradates I. und eine Untertänigkeit der Galater um Ankyra gegenüber dem pontischen König erweisen, ist unbegründet.

452 Vgl. u. Bd. II.

453 Strab. 12, 5, 2, C 567; vgl. u. Bd. II.

454 Vgl. Magie 200ff., 1096 Anm. 7; Jones 174; Mehl 212ff., 296, 313; o. mit Anm. 226.

Die ptolemäische Operation ist sehr wahrscheinlich 274/3, vielleicht noch 273–272/1 v. Chr. in dem größeren Zusammenhang der ptolemäischen Flotten- und Militärpräsenz in der Ägäis und im Pontus während des 1. Syrischen Krieges zu sehen[455]. Ptolemaios II. hatte die Seestädte der Nördlichen Liga bereits früh unterstützt[456], so Byzanz mit Korn, Waffen und Geld, was wir sehr wahrscheinlich in die Phase der Bedrohung der Stadt 278 durch die Galater und durch die Etablierung der Kelten 277/276 in Thrakien setzen können[457]. Hinzu kam eine Landschenkung auf der asiatischen Seite, die auf den strategisch wichtigen Besitz von Byzanz auf der Halbinsel Yalova mit dem wichtigen Pylai bezogen werden kann[458]. Etwa in die gleiche Zeit wie die Unterstützung Herakleias im Ringen um Amastris fällt wahrscheinlich die Getreidespende an Sinope[459], das vermutlich von dem Expansionsstreben der Mithradatiden in den mittleren und späten 70er Jahren des 3. Jh. betroffen war. Die Hilfe für Herakleia selbst, das Getreide und Geld für den Bau des Heraklestempels erhielt[460], kann vermutlich während der Krisenphase auf Grund der Bedrohung durch Zipoites d. Ä., Antiochos I. und Zipoites d. J. angesetzt werden.

Der Konflikt mit Herakleia um Amastris und insbesondere die militärische Auseinandersetzung mit Ptolemaios II. haben ohne Zweifel zu einem Wandel des

455 Vgl. auch die Angabe bei Memnon nach Nymphis über eine zeitlich zusammenhängende Landnahme der Galater in Zentralanatolien im gesamten späteren Galatien (F 11, 6); die Erwähnung des Geschehens im 17. Buch der „Karika“ weist auf einen Zusammenhang mit dem 1. Syrischen Krieg hin. Eine Datierung kurz nach dem Übergang der Galater ist zwingend.

456 Vgl. zur Politik der aktiven diplomatischen und flottenmäßigen Präsenz im Pontus und der Unterstützung der wichtigen Seestädte Habicht, Gottmenschentum 116ff., bes. 120; Wörrle 69 Anm. 45; Will I, 147; Hölbl 38, 66f., 91.

457 Vgl. Dion. Byz. 41 (= Geogr. Graeci Min. II, p. 34) = Schenkungen KNr. 239; Habicht a.a.O.; Bringmann, Schenkungen p. 271; auch Dion. Byz. Anaplus Bospori, ed. R. Güngerich, 1927, XLIIIf.

458 Schenkungen KNr. 239; vgl. o. Anm. 151.158. Der Schenkung von 280/279 (vgl. Habicht a.a.O. 116ff.; Bringmann, Schenkungen p. 271) muß der Erwerb des Gebietes durch Ptolemaios II. vorausgegangen sein. Dies kann eigentlich nur auf eine Abtretung durch Nikomedes I. zurückgeführt und in Parallele zu der Rückgabe der Erwerbungen des Zipoites an Herakleia gesehen werden. Nikomedes dürfte auch die hier anzunehmende Zahlung für die Rüstungen gegen den bevorstehenden seleukidischen Angriff benötigt und zudem die Verbindung mit Ptolemaios II. gesucht haben. Das Bündnis mit Herakleia brachte zugleich die Allianz in der sogen. Nördlichen Liga mit Byzanz, so daß auch die politischen Voraussetzungen für eine gesicherte Übertragung des Gebietes an diese Stadt gegeben waren. Zu Byzanz vgl. auch Orth 15.

459 Clem. Alex. protr. 4, 42 = Schenkungen KNr. 244.

460 Memnon F 17 = Schenkungen KNr. 243.

Verhältnisses der Mithradatiden gegenüber Antiochos I. geführt; zu diesem Zeitpunkt dürfte Pontos endgültig aus dem Kreis der Gegner der Seleukiden ausgeschieden sein.

8. Der Sieg des Antiochos I. über die Galater

Die zeitliche Einordnung des Sieges des Antiochos I. in der berühmten „Elefantenschlacht" über die Galater folgt weithin dem Ansatz durch W. Otto auf 275/4 v. Chr., also in die Zeit vor dem Beginn des 1. Syrischen Krieges und vor dem Aufbruch des Antiochos aus Kleinasien, ohne daß es hierfür aber stichhaltige Argumente gibt[461]. Die Datierung ist durch die von M. Wörrle publizierte Inschrift aus der Umgebung von Denizli auf eine neue Grundlage gestellt worden[462]. Gleiches gilt für die Rekonstruktion des Geschehens in Kleinasien von Mitte der 70er bis zum Beginn der 60er Jahre des 3. Jh. Die Inschrift enthält einen Ehrenbeschluß der Komen Neoteichos und Kiddiokome für Banabelos, den Verwalter *(Oikonomos)* der Besitztümer des Achaios d. Ä. und für Lachares, den *Eglogistes* derselben, „die in allen ihre Wohltäter geworden sind und sich ihrer, gemeinsam und jedes einzelnen, in dem Galatischen Krieg angenommen haben" (Z. 6ff.). Die Funktionäre hatten weiterhin Achaios davon unterrichtet, daß viele Einwohner dieser Dörfer auf seinen Besitzungen von den Galatern gefangengenommen worden waren, und die Gefangenen dann freigekauft. Die beiden Funktionäre sollten nach dem Beschluß als Wohltäter, Achaios aber als Kyrios und Soter, als Herr und Retter, jährlich durch Opfer geehrt werden (Z. 24ff.)[463]. Der Beschluß ist auf Januar 267 datiert (Z. 1ff.) und bezieht sich auf einen unmittelbar vorausgegangenen Galaterkrieg, welcher das Gebiet der ausgedehnten Besitzungen des älteren Achaios in der Nähe des später von Antiochos II. gegründeten Laodikeia am Lykos berührt hatte. Dies ist ein Kerngebiet des seleukidischen Besitzes; der ältere Achaios selbst war ein naher Verwandter des Antiochos I. und Vater der Antiochis, der Mutter des Attalos I. von Pergamon und der Laodike, ihrer jüngeren Schwester, die Antiochos II. heiratete[464]. Der Beschluß der Komen kann nicht lange nach der Beendigung des Krieges und damit nach dem Sieg des Antiochos gefaßt worden sein, sondern muß unmittelbar nach der Wiederherstellung der Ordnung und den Leistungen der Geehrten für die Bevölkerung liegen. Die „Elefantenschlacht" ist danach mit

---

461 W. Otto (o. Anm. 204) 21ff.; vgl. Magie 731 Anm. 12; Wörrle 65ff.

462 Wörrle 69–87. Vgl. Wörrle a.a.O., bes. 61ff.; Strobel 123; ders., Keltensieg 74f.; auch Brodersen 195ff.

463 Vgl. Wörrle 72ff.

464 Vgl. zur Person des Achaios Wörrle 76ff.; Mehl 226 Anm. 32; zu Antiochis auch Hansen 27f., 40f.; Allen 181, 186.

überzeugenden Gründen wohl in das Jahr 268 zu setzen; die Alternative 269 ist deshalb weniger wahrscheinlich.

Das Ringen des 1. Syrischen Krieges war 271 mit einem Friedensschluß auf der Basis des Status quo zu Ende gegangen, größere territoriale Veränderungen hatten sich augenscheinlich für keine der beiden Seiten ergeben[465]. Antiochos I. war im 41. Jahr babyl. der Seleukidenära (10. 4. 271–20. 3. 270), d.h. im Jahre 271, noch in Transpotamien und damit in Syrien im Felde gestanden[466]. Wohl 270 nahm Antiochos den Kampf um die Durchsetzung der seleukidischen Machtstellung in Kleinasien wieder auf, um zugleich die territorialen Verluste im nördlichen Phrygien zurückzugewinnen[467]. Dieser Krieg wurde unter das Vorzeichen des Kampfes gegen die Galater gestellt und auch entsprechend benannt[468]. Die Galater erschienen nun offenkundig als die primäre militärische Bedrohung der seleukidischen Position in Kleinasien, zumal sie die maßgebliche militärische Stütze der Gegner des Antiochos waren. Darüber hinaus konnte der Krieg so unter das überaus wirksame propagandistische Schlagwort des Kampfes gegen die Barbarengefahr zum Schutze der Städte und ihrer Freiheit gestellt werden[469]. Zur Führung des Krieges respektive zu seiner unmittelbaren Vorbereitung wurde den Städten eine spezielle Galaterabgabe auferlegt, die der König nach dem Sieg wieder aufgehoben hat[470].

Eine Phase dieses „Galaterkrieges“ ist nach dem inschriftlichen Zeugnis aus Kyzikos, das die sich über einen längeren und keineswegs kontinuierlichen Zeitraum erstreckenden Hilfsleistungen des Philetairos von Pergamon für die Stadt auflistet, im Nordwesten Kleinasiens und an der Propontis zu lokalisieren[471]. Es

465 Vgl. zusammenfassend J.K. Winnicki, JJP 20, 1990, 157–167; Hölbl 37.

466 Tafel -270B, Rev. Z. 18' (Sachs - Hunger a.a.O. 349–355).

467 Zeitlich unbestimmt bleibt die allgemeine Unsicherheit, auf die das Schreiben des Antiochos I. an Meleagros hinweist (I. Ilion 33, Z. 22ff., 46ff.).

468 I. Denizli, Z. 11f.; OGIS 748, Z. 18f. (vgl. u. Anm. 470, 471).

469 Vgl. u. S. 260f.

470 Vgl. zur Aufhebung dieser „Galaterabgabe“, die nicht mit vermeintlichen Tributzahlungen an die Galater verbunden werden darf, I. Erythrai 30 und 31 = RC 15 (ebd. 78ff. allerdings auf Antiochos II. bezogen), bes. I. Erythrai 30, Z. 41; 31, Z. 26ff.; Habicht, Gottmenschentum 95ff., bes. 98f.; Günther (o. Anm. 417) 49 Anm. 135; Wörrle 70; Orth (o. Anm. 213), 79f., 85ff., 100ff.; auch Brodersen 196.

471 Unter der Hipparchie des Diomedon; OGIS 748, Z. 18–23, dazu ausführlich, aber von der fälschlichen Annahme ausgehend, es handle sich um eine Liste, deren Eintragungen mit den zur Datierung genannten eponymen Hipparchen kontinuierlich Jahr für Jahr folgen würden, Launey, REA 46, 1944, 217ff. Vgl. Strobel 119 mit Anm. 129; Wörrle 64; Schalles 39f. Anm. 263; nicht treffend Allen 136ff. mit Anm. 6; seine Annahme, IG XI 4, 1105 sei auf einen Sieg zu beziehen, den Philetairos Ktistes über die Galater errungen habe (vgl. ebd. 31 Anm. 8), bleibt unbegründet.

wird dies vor allem der Kampf um die Rückgewinnung des von Nikomedes I. besetzten und in seinem Ostteil an die Galaterstämme gegebenen Nordphrygien, der späteren Phrygia Epiktetos, gewesen sein, deren Rückeroberung mit Ausnahme der nunmehr galatischen Stammesgebiete und des Raumes um den Askanischen See mit Nikaia auch weitgehend gelang[472]. Die Galater ihrerseits müssen 268 eine Offensive eröffnet haben, die sie bis in die Kerngebiete des seleukidischen Besitzes in Südwestkleinasien, in das Hinterland von Sardes und in die Region um den mittleren und oberen Mäander führte[473]. Der wichtige Verkehrsknoten Kelainai-Apameia konnte den Angriff der Galater, begünstigt durch ein Hochwasser des Flusses, abwehren[474]. Antiochos I. scheint von der Offensive der Galater überrascht worden zu sein, da er gezwungen war, ihrem Heer - von einem Völkerzug ist nirgends die Rede - vermutlich direkt von Syrien bzw. Mesopotamien kommend mit rasch gesammelten und herangeführten, unzureichenden Kräften entgegenzutreten[475]. Im Winter und Frühjahr 268 war Antiochos zuerst in Syrien gewesen, wo er die Zeremonie des Ziegelstreichens für den Marduk-Tempel in Babylon vornahm, im März legte er den Grundstein für die Neuerrichtung des Nabu-Tempels in Borsippa[476]. Vermutlich war der Kriegsverlauf 270–269 für ihn zufriedenstellend gewesen.

An einem unbekannten Ort am Fuße nahegelegener Berge trafen die Streitkräfte des Antiochos mit dem Galaterheer zusammen; der König konnte trotz seiner Unterlegenheit durch den Einsatz seiner Kriegselefanten einen glänzenden Sieg erringen[477]. Die in den Zahlen deutlich übersteigernde, verherrlichende Überlieferung der Schlacht, wie wir sie bei Lukian von Samosata fassen können[478], gibt

472 Vgl. Strobel, Grenzregion 29ff., 39.

473 In den Zusammenhang dieser Kriegshandlungen gehören die legendenverkleideten Traditionen über das Auftreten der Galater bei Paus. 10, 30, 9 (Kelainai) und 10, 32, 4–5 (Bewohner der Region von Themisonion), nicht jedoch das Erscheinen verbündeter galatischer Truppen während des 2. Syrischen Krieges im Einsatz gegen die ptolemäischen Besitzungen in Lykien, das von dem Strategen Neoptolemos durch einen Sieg über die vereinigten makedonischen und seleukidischen Kräfte gehalten werden konnte (vgl. Strobel 125; u. Bd. II; auch zu der nicht haltbaren Interpretation eines vermeintlichen Ptolemaions in Limyra durch J. Borchardt).

474 Paus. 10, 30, 9; auch Strab. 12, 8, 18, C 578.

475 Vgl. Luk. Zeuxis 8.

476 Tafel -268 (Sachs - Hunger a.a.O.); vgl. Wörrle 71 mit Anm. 55.

477 Vgl. hierzu Luk. Zeuxis 8–11; pro lapsu 9; Simonides von Magnesia (H. Lloyd-Jones - P. Parsons (Ed.), Supplementum Hellenisticum, Berlin - New York 1983, 349 Nr. 723); App. Syr. 65; zusammenfassend Strobel 108f. Anm. 53, 123; ders., Keltensieg 74 mit Anm. 49; zur Analyse der Schilderung bei Lukian auch B. Bar-Kochva, PCPhS 199 (N.S. 19) 1973, 2f.; mehrfach gegenüber Lukian zu Unrecht skeptisch Stähelin 12f. Anm. 2.

478 Zeuxis 8 (20 000 Mann Reiterei auf jeder Flanke, 80 Sichelwagen, 160 Streitwagen).

dennoch eine relativ brauchbare Skizze des Kampfes. Dies gilt besonders für das Erscheinungsbild des Galaterheeres, auch wenn für seine Beschreibung Termini der hellenistischen Heere verwandt sind[479]: die Reiterei an den Flanken, im Zentrum vor dem Gewalthaufen der keltischen Fußkämpfer die prunkvoll gerüsteten und gepanzerten Adelskrieger, ebenso die adeligen Führer auf ihren zweiräderigen, mit zwei Pferden bespannten Kriegswagen; letztere sind noch in den Waffenreliefs vom Athenaheiligtum in Pergamon belegt. Nur die Sichelwagen, die neben den Streitwagen genannt werden, sind wohl eine Zutat entsprechend ihrem Erscheinen in östlichen hellenistischen Heeren[480]; natürlich wäre es denkbar, daß solche Sichelwagen von den Galatern zuvor erbeutet waren. Das Heer des Antiochos, das sich zu mehr als der Hälfte aus leichtbewaffneter Infanterie zusammensetzte, aber zugleich über die schwere „makedonische" Linieninfanterie, Elitetruppen in der Begleitung des Herrschers, und über 16 Kriegselefanten verfügte[481], war ihnen offenbar tatsächlich an Zahl unterlegen und hatte der galatischen Kavallerie nichts Gleichwertiges entgegenzusetzen. Doch führte die Taktik des seleukidischen Strategen Theodotas von Rhodos zum Erfolg, der die Elefanten siegreich gegen die feindliche Kavallerie und die Streitwagen zum Einsatz brachte[482]. Die Flucht der Reiter und Streitwagen durch die eigenen Reihen führte zu einem Chaos in den galatischen Formationen, durch die sich die Elefanten alles niedertrampelnd ihren blutigen Weg bahnten. Die geschlagenen Galater flohen in das Gebirge[483].

Zur Verherrlichung dieses Sieges errichtete Antiochos ein Elefantentropaion, das einen Kriegselefanten zeigte[484], wie er einen Galaterkrieger niedertrampelt; die bekannte kleinplastische Terrakottareplik aus Myrina gibt uns einen Eindruck von diesem Siegesmonument[485]. Simonides von Magnesia verherrlichte den Sieg des Antiochos in einem epischen Gedicht[486].

Nach dem Sieg über die Galater erhob Antiochos als erster den Anspruch, diese (aus Westkleinasien) vertrieben zu haben[487]. Die Rettung vor den galatischen Barbaren als eine überragende Tat respektive Soterleistung brachte ihm zahlreiche kultische Ehren in den kleinasiatischen Städten[488]. Das Ionische Koinon ehrte ihn

---

479 Zeuxis 8.

480 Vgl. Pol. 5, 53, 10 (Schlacht zwischen Molon und Antiochos III.).

481 Luk. Zeuxis 8.11.

482 Zeuxis 9–10; entsprechend Suppl. Hell. 723 (Sieg der Elefanten über die Kavallerie der Galater); zu der Taktik etwa auch Pol. 5, 53, 4ff.; 16, 18f.

483 Übersteigert die Zeichnung ihrer Verluste in Luk. Zeuxis 10.

484 Luk. Zeuxis 11.

485 Zu den archäologischen Zeugnissen ausführlich Strobel, Keltensieg Anm. 49.

486 Suppl. Hell. 723.

487 App. Syr. 65.

488 Vgl. App. Syr. 65; Luk. Zeuxis 8; CIG 3075 = D. McCabe - M. Plunkett, Teos Inscriptions, Princeton 1984 (Teos); I. Smyrna II 1, 573, Z. 101 = OGIS 229 = Schmitt (o.

als Retter und Schützer der Städte und ihrer Freiheit[489]. Antiochos I. ist ohne Zweifel mit den Galatern nach dem Sieg einen Frieden eingegangen, der ein Freundschafts- und Bündnisverhältnis zwischen den Galaterstämmen und ihm selbst sowie seinen künftigen Nachfolgern enthielt, während im Gegenzug die Landnahme der Stämme in Zentralanatolien anerkannt wurde. Zugleich muß die Frage der Grenze ihres Territoriums gegenüber dem seleukidischen Herrschaftbereich geregelt worden sein, wobei wohl auch die Sicherheit des wichtigen kultischen Zentrums Phrygiens, des Priesterstaates des Heiligtums der Kybele in Pessinus, festgeschrieben wurde. Die Stellung des Heiligtums muß zudem durch die Tatsache gestärkt worden sein, daß der Kult der Göttin, die eine deutliche Adaptation durch die Kelten erfuhr, für die Galater früh eine zentrale Rolle erlangte, wie dies nun in Gordion, dem Zentrum der benachbarten Tolistobogier, gut dokumentiert ist[490]. Die Grenzregelung sicherte den seleukidischen Besitz des östlichen Großphrygiens unterhalb des oberen Sangariosbogens bis an das Westufer des Großen Salzsees und unter Einschluß des landwirtschaftlich wichtigen Gebietes um Kulu am nördlichen Ende des Tuz Gölü[491]. Nördlich des von den Sivrihisar Dağları abgeschirmten Tempelstaates von Pessinus erstreckte sich das seleukidische Nordphrygien, die spätere Phrygia Epiktetos, über die wichtigen Beckenlandschaft um Dorylaion (Eskişehir) am mittleren Tembris (Porsuk).

Nach dem Sieg über die Galater hätte Antiochos, wie das Schicksal der Aigosagen 216 zeigen dürfte, sicher die Möglichkeit gehabt, die fremde Volksgruppe in Zentralanatolien durch ein konsequentes Vorgehen zu beseitigen. Doch wurden die Keltenstämme nun zu einem Faktor im seleukidischen Machtkalkül und Herrschaftsgefüge in Kleinasien. Die Galaterstämme bildeten bis 189 eine wesentliche, wenn auch nicht unproblematische Stütze der seleukidischen Herrschaft in Kleinasien und zugleich eine unmittelbar verfügbare Quelle willkommenen und hochwertigen Söldnermaterials. Im Prinzip nicht anders sollten sich nach 189/8 bzw. 168/166 die Römer verhalten. Auch die Haltung der Galater gegenüber den Seleukiden änderte sich seit dieser Niederlage grundsätzlich; sie schieden auf Dauer aus dem Kreis der möglichen Gegner der Seleukiden in Kleinasien aus. Erst unter dem Usurpator Antiochos Hierax, der auf die Galater als Hauptstütze seiner Macht im Bruderkrieg gegen Seleukos II. und dann im Behauptungskampf gegen Attalos I.

Anm. 244) 163ff. Nr. 492 (Smyrna); dazu Th. Ihnken, I. Magnesia am Sipylos, Bonn 1978, 30ff. Nr. 1; Syll.[3] 426, Z.21f. (Bargylia); I. Erythrai 207, Z. 22f., 36, 49, 72 (dazu I. Erythrai 30–31); Habicht, Gottmenschentum 91ff., bes. 93ff.; ders., Gnomon 59, 1987, 141; Wörrle 69ff.; Orth (o. Anm. 204) 75ff., 116ff., 134ff.; auch Brodersen 193ff.

489 Vgl. OGIS 222 = I. Klazomenai 504; Habicht a.a.O. 91ff.; Wörrle 70f.; Orth a.a.O. 87f., 97ff.; teilweise sehr problematisch F. Piejko, Phoenix 45, 1991, 126–147.

490 Vgl. u. Bd. II.

491 Vgl. Strobel, Grenzregion 54ff., 59.

von Pergamon angewiesen war, änderte sich das Verhältnis zwischen ihnen und der seleukidischen Seite zu ungunsten der letzteren. Auf Antiochos Hierax in der kritischen Situation nach der Schlacht von Ankyra gegen Seleukos II. ist mit großer Sicherheit die Nachricht bei Polybios-Livius zu beziehen, daß zuletzt *(postremum)* selbst die Könige Syriens *stipendium dare non abnuerent*[492], d. h. für die Aufrechterhaltung des Freundschafts- und Symmachieverhältnisses Gegenleistungen in der Form von Subsidienzahlungen erbrachten[493]. Sehr wahrscheinlich haben anschließend auch Seleukos II. und Seleukos III. für ihr militärisches Bemühen, die gegen Antiochos Hierax diesseits des Taurus erfolgreich durchgeführte Großmachtsbildung des Attalos I. wieder zu beseitigen, durch Zahlungen versucht, die Galater zum Kampf gegen Pargamon zu gewinnen. Die historische Einordnung ergibt sich im Grunde aus 38, 16, 13–14, wo auf diese Klimax, diesen Höhepunkt in der Entwicklung des von dem Namen der Galater in Asien ausgehenden Schreckens, kontrastierend die Haltung Attalos I. folgt, der als erster diesseits des Taurus[494] bewußt - und unter Aufgabe der bisherigen pergamenischen Politik gegenüber den Galatern, die offenkundig auf gute diplomatische Beziehungen gerichtet war und die Tolistobogier als unmittelbare Partner (s. u.) entsprechende geregelte *dona* erwarten ließ - ein feindliches Verhältnis zu ihnen herbeigeführt habe: nach Polybios-Livius ein tollkühnes Unternehmen, dem entgegen der Erwartung aller im Kampf Erfolg beschieden war.

Gegenüber Nikomedes I. war Antiochos offenkundig in seiner Rückeroberungspolitik erfolgreich. Von den Erwerbungen des Zipoites und des Nikomedes in Mysien wie im nördlichen, hellespontischen Phrygien blieben nur der nunmehr gesicherte Gewinn des Gebietes von Nikaia und der Zone um den südlichen Teil des Askanischen Sees[495]. Die Grenze Bithyniens verlief jetzt bis zur Ausdehnung des Reiches unter Prusias I., der die West- und Südwestgrenze bis zum Rhyndakos und zum mysischen Olymp (Ulu Dağ) vorschob, westlich des Sangarios in etwa auf einer Linie, die sich südlich der Einmündung des Karasu in den Sangarios in das Tal des Karasu und von dort zum Unterlauf des Göksu unterhalb Otrioa sowie weiter entlang des Gebirgszuges südlich des Sees von Iznik (Advan Dağı) hinzog. Otroia war offenbar das administrative Zentrum der Phrygia Epiktetos für die Grenzregion zu Bithynien im Göksu-Becken, das erst in der Neuordnung nach dem 3. Mithradatischen Krieg aus dem Verband der Provinz Asia gelöst und zur römischen Provinz Bithynien geschlagen wurde[496]. Ein weiterer Gewinn des Nikomedes blieb sehr

492 Liv. 38, 16, 13; vgl. u. Bd. II.
493 Vgl. u. Bd. II.
494 Entsprechend 38, 16, 12.
495 Vgl. Strobel, Grenzregion 29ff., bes. 39; o. Anm. 151.158.
496 Vgl. Strab. 12, 4, 7, C 543; Plut. Luc. 8, 6; Strobel, a.a.O. 33f. mit Anm.44.

wahrscheinlich das Gebiet südlich des Territoriums von Kieros bis in die Bolu Dağları hinein, das nach Süden von der Phrygia Epiktetos am oberen Gallos (Mudurnu) und östlich davon durch das Tolistobogiergebiet mit der Beckenlandschaft von Bolu begrenzt wurde. Der bithynische Machtbereich hat wohl bereits unter Nikomedes I. zwischen Akçakoca Dağları und dem Südkamm der Bolu Dağları bzw. Sünnice Dağı den Südwesten Paphlagoniens erreicht und sich allmählich bis zum Bereich des mittleren Ladon (Devrek Çayı) in die bisherige westpaphlagonische Grenzzone vorgeschoben[497].

Die Galater hatten nach der Bereinigung ihres Verhältnisses gegenüber Antiochos I. den zentralanatolischen Raum des früheren Kerngebietes des Hethiter- wie des Phrygerreiches unter Anerkennung aller betroffenen Seiten in ihrem Besitz[498]. Es war eine Kernzone des zeitgenössischen frühhellenistischen, in den Binnengebieten noch keineswegs urbanisierten Kleinasien, eine Zone des nördlichen Phrygien und des mittleren Kappadokien, die über reiche landwirtschaftliche Gebiete und eine bedeutende einheimische Bevölkerung verfügte. Auch war das Gebiet durch eine Reihe wichtiger Straßenverbindungen und Verkehrslinien erschlossen, die teilweise bis in die hethitische Großreichszeit bzw. in die phrygische und persische Periode zurückreichten. Sowohl landschaftlich, klimatisch wie wirtschaftlich bot sich den Galatern ein Gebiet, das in vielem den mittel- und zentraleuropäischen Räumen, vor allem aber der zuletzt besiedelten südosteuropäischen Zone entsprach und die Fortsetzung traditioneller agrarischer Wirtschaftsformen wie Sozialstrukturen der Kelten erlaubte. Für die Ansiedlung der drei Stammesgruppen, die in den Kriegsjahren erhebliche Menschenverluste erlitten haben müssen, und für eine gute wirtschaftliche Grundlage ihrer Existenz war das in Besitz genommene Gebiet mehr als ausreichend.

Antiochos hatte offenkundig die Möglichkeit der Galater, selbständig mit den autonomen Städten und Machthabern des westlichen und mittleren Kleinasiens diplomatische Kontakte zu unterhalten und für die entsprechenden Freundschaftsverhältnisse[499] geregelte Geschenkgaben und Gegenleistungen zu erlangen, nicht untersagt. Nur so ist die bei Polybios-Livius überlieferte »Aufteilung Asiens« durch die Galater zum Zwecke der Erhebung von *vectigalia* oder *tributum*[500], also *Phoroi* bzw. Subsidien, in ihrem historischen Kontext und in den Mustern des zeitgenössischen diplomatischen Verkehrs insbesondere mit solchen Stammesgesellschaf-

497 Vgl. Strobel a.a.O. 39 mit Anm. 95, 41ff., 60ff.

498 Vgl. zu einer landeskundlichen Skizze o. S. 79ff.

499 Das Bemühen um solches gutes Einvernehmen mit den Galatern und die Bereitschaft, ihnen mit diplomatischen Geschenken bzw. Leistungen entgegenzukommen, spricht ohne Zweifel Liv. 38, 16, 10 an.

500 Liv. 38, 16, 11–12.

ten[501] sinnvoll zu interpretieren, will man nicht in die traditionelle Räubertopik zurückfallen[502]. Es ist bezeichnend, daß in der »Aufteilung«, nach der die westlichen Tolistobogier die Aiolis und Ionien - und damit auch die diplomatischen Kontakte mit den Dynasten von Pergamon - erhielten, die östlichen Trokmer die Küste des Hellespontischen Phrygien und die Tektosagen das mittlere Kleinasien, genau jene Regionen im Norden fehlen, die von den Partnern des offenkundig weiter bestehenden Symmachievertrages von 278/7 eingenommen wurden[503]. Dies war eine Abgrenzung der Interessenssphären der Stämme für ihre diplomatischen Außenkontakte, die für die führenden Schichten der insgesamt 12 Teilstämme Einkünfte als Ersatz des kriegerischen Gewinns von Beute, außerdem Prestige und Machtzuwachs auch für die Stammesgemeinschaft als Ganzes bedeuteten. Dies hatte den Erwerb von Prestige und materiellen Ressourcen durch militärische Aktion als den entscheidenden Faktoren für den Gewinn respektive die Aufrechterhaltung von Gefolgschaften zu ersetzen, wofür die Präsentation und Redistribution dieses Reichtums einzusetzen waren. Um Konflikte zu vermeiden, die aus konkurrierenden diplomatischen Aktivitäten entstehen konnten, hatte man offenbar durch den Gottesentscheid des Loses diese Abgrenzung vorgenommen. Die seleukidischen Könige konnten wohl auch deshalb auf eigene Leistungen im Gegenzug für das Vertragsverhältnis der Galater verzichten; erst der Usurpator Antiochos Hierax war gezwungen, den Stämmen als den Hauptstützen seiner Macht im Bruderkrieg gegen Seleukos II. direkte Subsidien zu zahlen[504]. Zugleich konnte die seleukidische Vormacht damit indirekten Druck ausüben und den politischen Spielraum der Städte und autonomen Mächte in Kleinasien beschränken, denn das Vertragverhältnis der Galater dürfte zweifellos dieselbe Bindung an die Freund-Feind-Verhältnisse des Antiochos und seiner Nachfolger enthalten haben wie bereits das Abkommen mit Nikomedes I. beim Übergang nach Kleinasien.

501 Vgl. hierzu D. Braund, Rome and the Friendly King: The Character of Klient Kingship, London u.a. 1984, bes. 181ff.; ders., in: J.D. Barrett u.a. (Hg.), Barbarians and Romans in North-West Europe from the Later Republic to Late Antiquity, BAR Int. Ser. 471, Oxford 1989, 14–26, bes. 14, 17f.; auch C. Gosden, Man N.S. 20, 1985, 475–493; C. Renfrew - S.J. Shennan (Hg.), Ranking, Resource, Exchange, Cambridge 1982; C. Renfrew - J.F. Cherry (Hg.), Peer Polity Interaction and the Development of Socio-Cultural Complexity, Cambridge 1986; zu dem teilweise überzogenen Konzept der Prestigegüterwirtschaft o. S. 34ff., bes. 37ff.; weiter u. Bd. II.

502 Vgl. bereits Strobel 124. Die übliche Deutungen sieht eine Aufteilung Kleinasiens für Wander- und Raubzüge (so Th. Mommsen (o. S. 59 Anm. 20) 321 mit Anm. 1 „die wohlgeordnete Dreiteilung des ihren Brandschatzungen unterliegenden Gebiets", eine „regulierte Räuberwirtschaft"; ebenso Stähelin 8; noch Mitchell I 16), wovon hier aber gerade nicht die Rede ist.

503 Ähnlich bereits Brandis, RE VII 1, 1910, 540.

504 Vgl. Liv. 38, 16, 13; o. S. 261f.

Abkürzungsverzeichnis

Accame	S. Accame, Il dominio Romano in Grecia, Rom 1946.
Allen	R.E. Allen, The Attalid Kingdom. A Constitutional History, Oxford 1983.
Anderson	J.G.C. Anderson, Exploration in Galatia cis Halym II. Topography, Epigraphy, Galatian Civilization, JHS 19, 1899, 52–134.280–318.
Anton	M. Anton in: W. v. Diest - M. Anton, Neuere Forschungen im nordwestlichen Kleinasien, Petermanns Mitteilungen, Erg.-Heft 116, Gotha 1895.
Beloch	K.J. Beloch, Griechische Geschichte III 1 - IV 2, Berlin ^{2}1922–1927.
Bosch	E. Bosch, Quellen zur Geschichte der Stadt Ankara im Altertum, Ankara 1967.
Brodersen	K. Brodersen, Appians Abriß der Seleukidengeschichte (Syriake 45,232 - 70,369), München 1989.
Buraselis	K. Buraselis, Das hellenistische Makedonien und die Ägäis, München 1982.
Celti ed Etruschi	D. Vitali (Hg.), Celti ed Etruschi nell'Italia centro-settentrionale dal V secolo a.C. alla romanizzazione, Bologna 1987.
Celts	The Celts, Mailand 1991 (= I Celti, Mailand 1991).
Crawford (Cra.)	M.H. Crawford, Roman Republican Coinage, 2 Bde., London 1972.
v. Diest	W. v. Diest, Von Pergamon über den Dindymos zum Pontus, Petermanns Mitteilungen, Erg.-Heft 94, Gotha 1889.
FdD	Fouilles de Delphes.
French	D. French, Roman Roads and Milestones of Asia Minor II, BAR Internat. Ser. 392, Oxford 1988.
French, Pilgrim's Road	D. French, Roman Roads and Milestones of Asia Minor I. The Pilgrim's Road, BAR Internat. Ser. 105, Oxford 1981.
Gehrke	H.-J. Gehrke, Geschichte des Hellenismus, München 1990.
Gold der Thraker	Gold der Thraker. Archäologische Schätze aus Bulgarien, Köln-Mainz 1979.
Habicht	Chr. Habicht, Athen. Die Geschichte der Stadt in hellenistischer Zeit, München 1995.
Habicht, Athen	Chr. Habicht, Athen in hellenistischer Zeit. Gesammelte Aufsätze, München 1994.

Habicht, Gottmenschentum	Chr. Habicht, Gottmenschentum und griechische Städte, München ^{2}1970.
Habicht, Studien	Chr. Habicht, Studien zur Geschichte Athens in hellenistischer Zeit, Göttingen 1982.
Habicht, Untersuchungen	Chr. Habicht, Untersuchungen zur politischen Geschichte Athens in hellenistischer Zeit, München 1979.
Hammond	N.G.L. Hammond, The Macedonian State. The Origins, Institutions and History, Oxford 1989.
Hammond - Walbank	N.G.L. Hammond - F.W. Walbank, A History of Macedonia III. 336 - 167 B.C., Oxford 1988.
Hansen	E.V. Hansen, The Attalids of Pergamon, Ithaca - New York ^{2}1971.
Heinen	H. Heinen, Untersuchungen zur hellenistischen Geschichte des 3. Jahrhunderts v. Chr., Wiesbaden 1972.
Hoben	W. Hoben, Untersuchungen zur Stellung kleinasiatischer Dynasten in den Machtkämpfen der ausgehenden römischen Republik, Diss. Mainz 1969.
Hölbl	G. Hölbl, Geschichte des Ptolemäerreiches, Darmstadt 1994.
Holder	A. Holder, Alt-celtischer Sprachschatz I-III, Leipzig 1896–1913.
Hopp	J. Hopp, Untersuchungen zur Geschichte der letzten Attaliden, München 1977.
ISE	L. Moretti, Iscrizioni storiche ellenistiche I-II, Florenz 1967–1975.
Jones	A.H.M. Jones, The Cities of the Roman Eastern provinces, Oxford ^{2}1971.
Kelten in Mitteleuropa	Die Kelten in Mitteleuropa. Kultur. Kunst. Wirtschaft, Salzburg 1980.
KeltJt	H. Dannheimer - R. Gebhard, Das keltische Jahrtausend, Mainz 1993.
Kremer	B. Kremer, Das Bild der Kelten bis in augusteische Zeit. Studien zur Instrumentalisierung eines antiken Feindbildes bei griechischen und römischen Autoren, Stuttgart 1994.
Launey	M. Launey, Recherches sur les armées hellénistiques, 2 Bde., Paris ^{2}1987.
Leschhorn	W. Leschhorn, Antike Ären. Zeitrechnung, Politik und Geschichte im Schwarzmeerraum und in Kleinasien nördlich des Tauros, Stuttgart 1993.
Liebmann-Frankfort	Th. Liebmann-Frankfort, La frontière orientale dans la politique extérieure de la république romaine depuis la traité d'Apamée jusqu'à la fin des conquêtes asiatiques de Pompée (189/8–63), Brüssel 1969.
Lund	H.S. Lund, Lysimachus. A Study in Early Hellenistic Kingship, London - New York 1992.
Magie	D. Magie, Roman Rule in Asia Minor to the End of the Third Century after Christ, 2 Bde., Princeton 1950.
Marek	Chr. Marek, Stadt, Ära und Territorium in Pontus-Bithynia und Nord-Galatia, Tübingen 1993.
McGing	B. McGing, The Foreign Policy of Mithridates VI Eupator King of Pontus, Leiden 1986.

Mehl	A. Mehl, Seleukos Nikator und sein Reich I, Leuven 1986.
Meyer, E.	E. Meyer, Die Grenzen der hellenistischen Staaten in Kleinasien, Zürich - Leipzig 1925.
Mitchell	S. Mitchell, Anatolia. Land, Men, and Gods in Asia Minor, 2 Bde., Oxford 1993.
Nachtergael	G. Nachtergael, Les Galates en Grèce et les Sôtéria de Delphes, Mém. Academie Royale de Belge VIII 2, 63,1, Brüssel 1977.
ODByz	The Oxford Dictionary of Byzantium.
Olshausen	E. Olshausen, RE Suppl. XV, 1978, 396–442, s.v. Pontos.
Orth	W. Orth, Die Diadochenzeit im Spiegel der historischen Geographie. Kommentar zu TAVO-Karte B V 2 »Diadochenreiche (um 303 v. Chr.)«, TAVO-Beih. B 80, Wiesbaden 1993.
Polenz	H. Polenz, Gedanken zu einer Fibel vom Mittellatèneschema aus Káyseri in Anatolien, BJ 178, 1978, 181–216.
Ramsay	W.M. Ramsay, A Historical Commentary on St. Paul's Epistle to the Galatians, London ^{2}1900.
Ramsay, Geography	W.M. Ramsay, The Historical Geography of Asia Minor, London 1890 (ND. Amsterdam 1962).
RC	C.B. Welles, Royal Correspondence in the Hellenistic Period, New Haven 1935 (ND. Chicago 1974).
RECAM	Regional Epigraphic Catalogues of Asia Minor.
RECAM II	S. Mitchell, RECAM II. The Ankara District. The Inscriptions of North Galatia, BAR Internat. Ser. 135, Oxford 1982.
Rec.Gen.	W.H. Waddington - E. Babelon - Th. Reinach, Recueil général des monnaies grecques d'Asie Mineure, Paris 1908–1925 (ND. Hildesheim 1976).
Reinach	Th. Reinach, Mithradates Eupator. König von Pontos, Leipzig 1895 (ND. Hildesheim - New York 1975).
RIG	Recueil des Inscriptions Gauloises.
RGDE	R.K. Sherk, Roman Documents from the Greek East, Baltimore 1969.
Robert	L. Robert, A travers de l'Asie Mineure, Paris 1980.
Robert, OMS	L. Robert, Opera Minora Selecta I–VII, Paris 19691990.
Schalles	H.J. Schalles, Untersuchungen zur Kulturpolitik der pergamenischen Herrscher im dritten Jahrhundert v. Chr., Tübingen 1985.
Schenkungen	K. Bringmann - H. v. Steuben (Hg.), Schenkungen hellenistischer Herrscher an griechische Städte und Heiligtümer I. Zeugnisse und Kommentare, Berlin 1995.
Schmitt	H.H. Schmitt, Untersuchungen zur Geschichte Antiochos' des Großen und seiner Zeit, Wiesbaden 1964.
Schneider	R.M. Schneider, RAC Suppl. I, 1992, 895–962, s.v. Barbar II (ikonographisch).
Sherwin-White	A.N. Sherwin-White, Roman Foreign Policy in the East 168 B.C. to A.D. 1, London 1984.
Smith	R.R.R. Smith, Hellenistic Royal Portraits, Oxford 1988.
SNG	Sylloge Nummorum Graecorum.

Stähelin	F. Stähelin, Geschichte der kleinasiatischen Galater, Leipzig [2]1907 (ND. Osnabrück 1973).
Strobel	K. Strobel, Die Galater im hellenistischen Kleinasien: Historische Aspekte einer keltischen Staatenbildung, in: J. Seibert (Hg.), Hellenistische Studien. Gedenkschrift für H. Bengtson, München 1991, 101-134.
Strobel, Grenzregion	K. Strobel, Galatien und seine Grenzregionen, in: E. Schwertheim (Hg.), Forschungen in Galatien. Asia Minor Studien 12, Bonn 1994, 29-65.
Strobel, Keltensieg	K. Strobel, Keltensieg und Galatersieger, in: E. Schwertheim (Hg.), Forschungen in Galatien. Asia Minor Studien 12, Bonn 1994, 67-96.
Sullivan	R.D. Sullivan, Near Eastern Royalty and Rome, 100-30 BC, Toronto u. a. 1990.
Sydenham (Syd.)	E.A. Sydenham, The Coinage of the Roman Republic, London 1952.
TAD	Türk Arkeoloji Dergisi.
TAVO	Tübinger Atlas des Vorderen Orients.
TIB	Tabula Imperii Byzantini: F. Hild - M. Restle, Kappadokien, TIB 2, Wien 1981; K. Belke - M. Restle, Galatien und Lykaonien, TIB 4, Wien 1984; F. Hild - H.-G. Hellenkemper, Kilikien und Isaurien, TIB 5, Wien 1990; K. Belke - N. Mersich, Phrygien und Pisidien, TIB 7, Wien 1990.
TLG (CDROM)	Thesaurus Linquae Graecae (CDROM).
TLL (CDROM)	Thesaurus Linquae Latinae (CDROM).
TTAED	Türk Tarih, Arkeoloji ve Etnografya Dergisi.
Vitucci	G. Vitucci, Il regno di Bitinia, Rom 1953.
Walbank	F.W. Walbank, in: N.G.L. Hammond - F.W. Walbank, A History of Macedonia III. 336 - 167 B.C., Oxford 1988, 199ff.
Waelkens, Türsteine	M. Waelkens, Die kleinasiatischen Türsteine. Typologische und epigraphische Untersuchungen der kleinasiatischen Grabreliefs mit Scheintür, Mainz 1986.
Walbank I-III	F.W. Walbank, A Historical Commentary on Polybios I-III, Oxford 1957-1979.
Wenning	R. Wenning, Die Galateranatheme Attalos' I., Berlin 1978.
Wenskus	R. Wenskus, Stammesbildung und Verfassung. Das Werden der frühmittelalterlichen Gentes, Köln - Graz 1961 (ND. 1977).
Will (I-II)	Ed. Will, Histoire politique du monde hellénistique (323-30 av. J.-C.) I-II, Nancy [2]1979-1982.
Wilson	D.R. Wilson, The Historical Geography of Bithynia, Paphlagonia and Pontus in the Greek and Roman Periods, Diss. Oxford 1960 (MS.).
Wörrle	M. Wörrle, Antiochos I, Achaios d. Ä. und die Galater, Chiron 5, 1975, 59-87.
Wolfram	H. Wolfram, Die Germanen, München 1995.
Wolfram, Goten	H. Wolfram, Die Goten. Von den Anfängen bis zur Mitte des 6. Jahrhunderts. Entwurf einer historischen Ethnographie, München [3]1990 ([1]1979).

Für die Abkürzungen von Quelleneditionen, Periodica und Nachschlagewerken siehe *Der Neue Pauly* I, 1996, Abkürzungsverzeichnis; *Bibliographia Patristica*; O. v. Müller W. Nagel - E. Strommenger, *SAL*. Siglenschlüssel der archäologischen Literatur, Acta Praehistorica et Archaeologica 9/10, 1978/79, 167–383; für die altertumswissenschaftlichen Zeitschriften *Index des périodiques dépouillés et Index de leurs sigles*, APh Supp. 51, Paris 1981 sowie die laufenden Bände der *Année philologique*; für die Editionen von Ostraka und Papyri siehe J.F. Oates - R.S. Bagnall - W.H. Willis - K.A. Worp, *Checklist of Editions of Greek and Latin Papyri, Ostraca and Tablets*, 4th Edition, BASP Suppl. 7, 1992.

Kartographische Grundlagen

Für die historische Geographie und Topographie Kleinasiens wurden neben der Tabula Imperii Byzantini die folgenden kartographischen Grundlagen herangezogen:

Türkiye-Türkei 1:500 000. Türkiye Karayolları Haritası. Offizielle Straßenkarte der Türkei (M.S.B. Harita Genel Komutanlığı, Ankara - Kartographischer Verlag R. Ryborsch, Obertshausen b. Frankfurt a.M.).

Harta Genel Müdürlügü 1:200 000, 1940ff. (Bestand DAI, Abt. Istanbul, grundlegend!).

Türkiye Atlası. Atlas of Turkey, 1961 (Geographische Karten 1:800 000).

Autokarte Türkei (1:800 000 Türkei-West), Freytag-Brendt, Wien.

Ansiklopedik Türkiye İl Haritaları Kataloğu. Turistik İl Haritası (Özgül Yayınları, Isparta).

TAVO A I 2 (1:2 000 000).

Census of Population. Administrative Division 1990. T.C. Başbakanlık Devlet İstatistik Enstitüsü (SIS), 1990.

Vorschau auf Band 2

Im zweiten Band wird zuerst die Geschichte der Galater in Kleinasien nach Landnahme und Staatenbildung vom mittleren 3. bis zum beginnenden 2. Jh. v. Chr. behandelt werden. Schwerpunkt ist dabei die Integration der Ereignisse in die äußeren und inneren Konflikte sowie die Bündniskonstellationen der Groß- und Mittelmächte in Kleinasien. Eine zentrale Bedeutung erlangt hier nicht zuletzt für die Tradition des Galaterbildes die zeitweise Einbeziehung der Stammesstaaten in den Kampf des Attalos I. gegen die Seleukiden zur Errichtung einer eigenen pergamenischen Großmachtstellung im westlichen Kleinasien bis zum Taurus. Als nächstes werden die Verwicklung der Galater in die Auseinandersetzung des Antiochos III. mit Rom und der daraus resultierende Feldzug des Cn. Manlius Vulso betrachtet. Der Zeit der pergamenischen Hegemonie und Herrschaft wird ebenso wie der Wiederherstellung der Unabhängigkeit der Galater durch Rom und der Entwicklung des Verhältnisses zu dieser Weltmacht ein wesentlicher Abschnitt gewidmet sein. Für die innere und äußere Geschichte der Galater im 1. Jh. v. Chr. sind der 1. Mithradatische Krieg und die Neuordnung Kleinasiens durch Pompeius einschneidende Ereignisse geworden. Ihnen ist eine vertiefte Analyse gewidmet. Die Phase der Dominanz des Deiotaros I. und die Einbindung Galatiens in die römischen Bürgerkriege wie innenpolitischen Machtkonstellationen werden im Mittelpunkt der Betrachtung für die Zeit zwischen Pompeius und der Herrschaft des Amyntas stehen. Die historische Darstellung wird mit der Einrichtung der römischen Provinz Galatien nach dem Tode des Amyntas und mit einem Ausblick auf die Geschichte der Provinz abgeschlossen. Eine systematische Analyse wird die Entwicklung der inneren Strukturen der Galaterstämme in Landnahme und Staatenbildung unter besonderer Berücksichtigung der Vorgänge von Ethnogenese und Akkulturation erfahren, ebenso die Fortdauer ihrer ethnischen Tradition. Dem sind die ideologischen Inhalte und politischen Bedingungen des Galaterbildes in den literarischen und bildlichen Quellen gegenüberzustellen. Es werden abschließend die ausführlichen Register zu beiden Bänden, die ergänzenden Karten und eine Dokumentation ausgewählter Abbildungen vorgelegt.

FSC
www.fsc.org
MIX
Papier | Fördert
gute Waldnutzung
FSC® C083411

Kolibri 360 GmbH
Ferdinand-Jühlke-Straße 7
99095 Erfurt, Deutschland
produktsicherheit@kolibri360.de